따라하며 익히는

Revit Dynamo

| Dynamo 초심자가 쓴 입문서 |

저자 **이진천, 이주호**

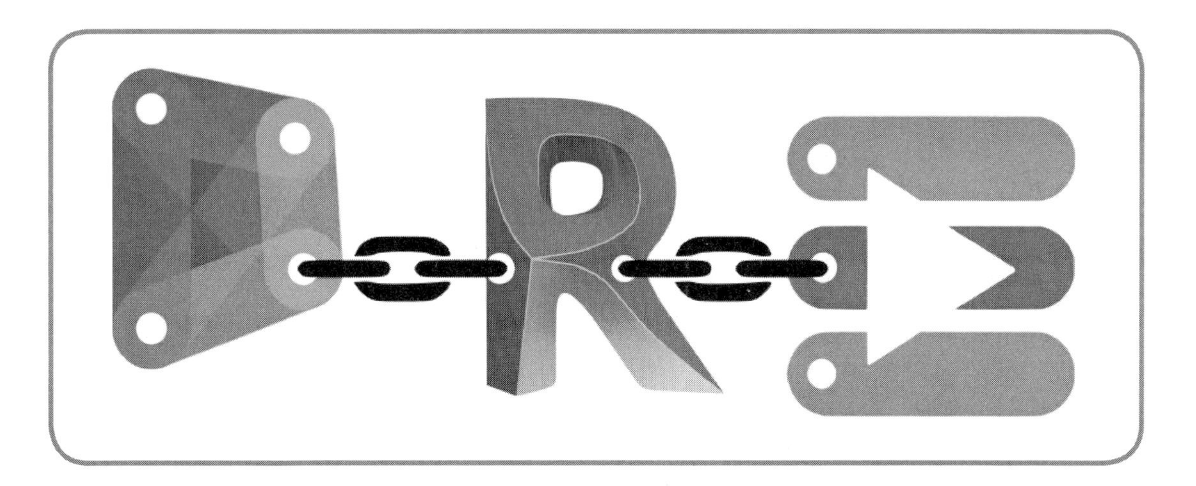

저자 소개

● 이 진 천

(주)디씨에스 대표이사(현), 저술가, 생활스포츠지도사(족구)
일본 다이쿄컴퓨터시스템 CAD 기획실(전)
대한설비공학회 부하계산위원 및 편집위원
가천대학교, 서울과학기술대, 신한대학교, 수원과학대학, 폴리텍대학, 대림대학교 겸임 및 외래교수
신기술교육 강사, 서울시공무원교육원 CAD 강사
BIM(Revit MEP) 강사

저서
건축기계설비를 위한 AutoCAD R14/2000/2002/2006/2009(도서출판 건기원)
소방설비를 위한 AutoCAD2006(도서출판 건기원)
배관 CAD(도서출판 건기원)
컴퓨터 준비운동(기한재)
너희가 진정 족구를 아느냐?(도서출판 건기원)
족구 도전하기(디씨에스)
생생 살아있는 인터넷 일본어(혜지원)
싫어도 일본으로부터 배우는 불황탈출, 나도 성공할 수 있다.(도서출판 건기원)
따라하며 배우는 Revit MEP 2010/2011(디씨에스)
21세기 신문화의 리더, 오타쿠(디씨에스)
AutoCAD 2007/2009/2010 그대로 따라하기(혜지원)
AutoCAD2012/2013/2015/2017(혜지원)
스마트한 바보들(진한엠엔비)
플랜트 배관 도면(혜지원)
따라하며 배우는 ZWCAD(도서출판 뉴웨이브)
일본을 알면 비즈니스가 보인다(피시스북)
눈으로 보며 익히는 SketchUp(도서출판 건기원)
따라하며 익히는 Revit 패밀리(혜지원)
가성비 좋은 도쿄 테마 여행(가나북스)
대박나는 전단지 작성법(혜지원)
AutoCAD2019(혜지원)

일본어
模写しながら10日で学べる、Revitファミリ

번역서
AutoCAD ADS 입문(성안당)
첨단기술 성공의 이유(도서출판 건기원)

● 이 주 호

프로그래밍에 관심이 많은 문과계열의 대학생
Revit, AutoCAD, Unity 프로그래밍에 관심이 많음
다루는 툴: Revit, AutoCAD, Blender, Unity

머 리 말

건설 분야에서 BIM(Building Information Modeling) 설계는 하지 않으면 안 되는 시대가 되었습니다. 우리나라에서 BIM설계가 소개될 때는 마술지팡이처럼 BIM 설계만 하면 간섭체크, 수량산출, 공정관리 등 모든 것을 해결해줄 것처럼 인식되었습니다. 그러나 실제 적용을 해보니 상상대로 되지 않는다는 것을 깨닫게 되었습니다. 우리가 원하는 조작이나 결과물을 얻기 위해 개발 도구를 이용하여 응용 프로그램을 개발해야 합니다. Dynamo는 Revit에서 간단한 프로그램을 개발할 수 있는 프로그래밍 개발 도구입니다.

이 책은 Revit의 활용 폭을 넓혀주는 Dynamo라는 스크립트 언어를 소개하고 있습니다. Dynamo는 하나의 프로그램 개발 언어입니다. Revit을 기반으로 하여 사용자의 환경에 맞춰 기능을 개발할 수 있는 도구입니다. 이를 통해 단순반복 작업을 단축시킬 수 있고, 대량의 입력 데이터를 엑셀(Excel)을 통해 받아들이는 등 BIM 업무를 쉽고 효율적으로 수행할 수 있도록 해줍니다. 프로그래밍 작업을 어렵게 생각하는 독자가 있는데 Dynamo는 가시적 그래픽 프로그래밍 도구이기 때문에 손쉽게 구현할 수 있습니다. 기능을 수행하는 노드가 제공되고 이를 배치한 후, 노드와 노드를 연결하는 방식의 프로그래밍 언어이기 때문에 흐름을 쉽게 파악하고 이해할 수 있습니다.

이 책의 구성을 보면 다음과 같습니다.

Part 1에서는 Dynamo의 개요와 맛보기 프로그램을 통해 Dynamo를 이해하는데 초점을 맞췄습니다.

Part 2에서는 데이터의 다루는 방법을 학습하고 Dynamo에서 중요한 개념인 리스트에 대해 학습합니다.

Part 3에서는 지점 코드를 입력할 수 있는 코드 블록에 대해 학습합니다.

Part 4에서는 형상을 만들고 조작하는 지오메트리에 대해 학습합니다.

Part 5에서는 본 학습서의 목표인 Revit에서 요소를 다루고 데이터를 주고받는 방법에 대해 학습합니다.

Part 6에서는 여러 사용자가 만들어 놓은 함수(기능)를 활용할 수 있는 패키지에 대해 학습합니다.

이 책을 통해 Revit을 이용하여 BIM 설계를 수행하는 사용자들이 자신의 설계 업무에 맞춰 효율적인 작업 방법을 모색하고 시간을 단축시켜 보다 효율적인 BIM 작업이 가능해졌으면 합니다. 프로그래밍을 모르는 초보자라 하더라도 부디 포기하지 마시고 끝까지 도전해보시기 바랍니다. 설령 직접 Dynamo를 활용하여 프로그래밍을 하지 않더라도 남들이 구현한 Dynamo를 활용하는데 도움이 될 수 있었으면 합니다.

사실 필자들도 Dynamo를 능숙하게 다루지 못합니다. 필자가 Dynamo를 학습하면서 정리한 자료이기 때문에 입문하는 독자에게 가장 적합한 참고서가 아닐까 생각합니다. 혹시 내용 중 미흡한 부분이 있다 하더라도 높은 수준의 레퍼런스가 아닌 기초 도서로서, Dynamo를 이해하고 입문하는 가이드북으로 이해해주시기 바랍니다. 이 책이 나오기까지 자료를 준비해주고 도와준 ㈜디씨에스의 임직원과 항상 곁에서 힘이 되어주는 가족 모두에게 감사의 뜻을 전합니다.

저자 이진천, 이주호

CONTENTS

Part_1

Dynamo 기초

Dynamo란 어떤 도구이며, 어떤 특징이 있으며, Revit과 Dynamo와의 관계, 화면 구성 및 주요 용어에 대해 살펴보겠습니다.

01_ 개요

Dynamo를 본격적으로 학습하기 앞서 Dynamo 도구의 특성, 기본 용어와 개념, 화면 구성 등 기초적인 내용에 대해 알아보겠습니다.

1. Dynamo란?

Dynamo는 비주얼 프로그래밍 도구입니다. 즉, 프로그래밍 언어의 하나입니다. 프로그래밍은 일반적으로 어떤 문제 해결을 위해 논리적인 절차에 따라 사용하는 언어의 문법에 맞춰 코딩을 하게 됩니다. 프로그램 언어는 크게 두 가지로 나눌 수 있습니다.

(1) **컴파일(Compile) 방식의 언어** : 코딩을 한 후 기계가 인식할 수 있는 언어(기계어)로 번역하는 방식을 말합니다. 컴파일 방식의 대표적인 언어가 C++, C#, JAVA, FORTRAN 등이 있습니다.

(2) **인터프리터(Interpreter) 방식의 언어** : 컴파일 방식과는 달리 기계어로 변환하지 않고 소스 코드를 바로 실행하는 언어를 말합니다. 스크립트(Script) 언어라고도 합니다. 컴파일을 하지 않기 때문에 코딩과 함께 바로 실행할 수 있습니다. Python, JAVA script, Dynamo가 이에 해당됩니다.

컴파일 언어는 컴파일을 하는 번거로움이 있지만 기계어 형태이기 때문에 실행 속도가 빠르고 보안에 강점이 있습니다. 스크립트 언어는 컴파일 언어에 비해 속도가 떨어지고 보안에 취약하지만 바로 실행해서 결과를 볼 수 있어 구현하기 쉽고 배우기 쉬운 장점이 있습니다.

Dynamo의 가장 큰 특징은 가시적인 그래프를 이용한 '비주얼 프로그래밍 도구'라는 점입니다. 문자로 코딩을 하는 다른 언어와 달리 노드와 노드 사이의 관계를 와이어로 연결하며 논리적인 흐름을 만들어갑니다. 이런 가시적인 코딩 방법은 코드를 읽기 쉽기 때문에 배우기 쉽다는 장점이 있습니다. Dynamo는 하나의 어플리케이션에서 단독으로 사용할 수도 있지만 MAYA와 같은 Autodesk의 다른 소프트웨어와 결합하여 사용할 수도 있습니다.

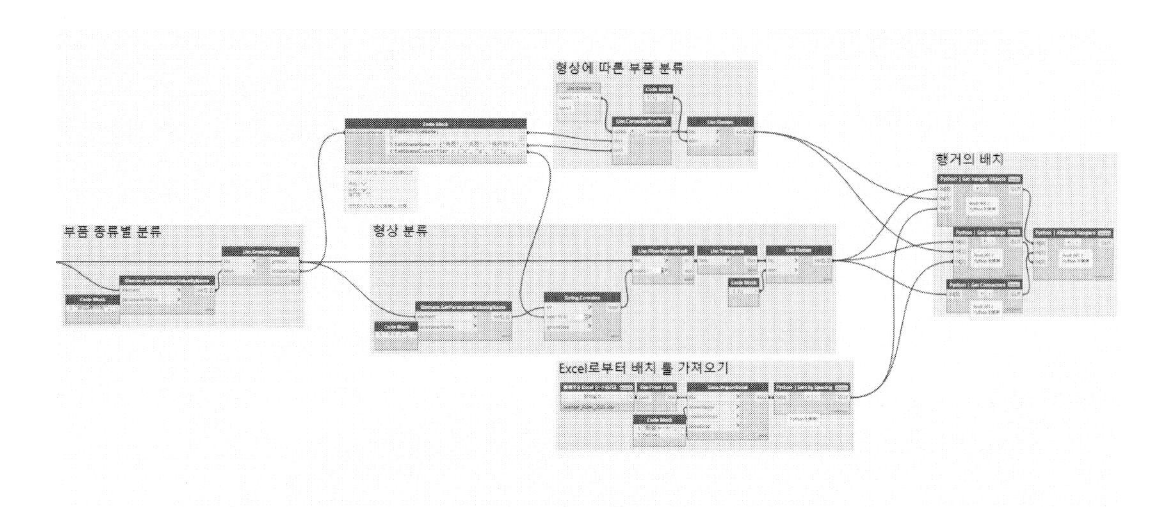

[다이나모 코드의 예]

Dynamo를 활용하여 어떠한 작업을 할 수 있는지 알아보겠습니다.

(1) 단순반복 작업을 자동화하여 단순화 시켜줍니다. 여러 단계를 거쳐야 하는 작업을 단순화하여 효율적인 작업을 가능하게 합니다.

(2) Revit의 특정 매개변수(파라미터) 값을 읽어오거나 값을 바꿀 수 있습니다. 특정 매개변수의 값을 일괄로 교체할 수 있습니다.

(3) 일람표 작업에서는 하기 어려운 복수의 카테고리를 집계할 수 있습니다.

(4) Revit의 좌표 정보를 취득할 수 있습니다.

(5) 엑셀과 데이터를 주고받을 수 있습니다. 특정 필드의 많은 양의 데이터를 엑셀에서 입력하여 Revit의 특정 매개변수에 입력할 수 있으며, Revit의 데이터를 엑셀로 내보내 별도의 레포트를 만들 수 있습니다.

(6) 패밀리 배치를 자동화 할 수 있습니다. 일정 간격의 구성요소 배치를 자동화할 수 있습니다.

(7) 기타 일정한 패턴의 작업이나 형상을 단순화하여 모델링하거나 단순화합니다. 2D CAD의 해치와 같이 일정한 패턴의 모양을 손쉽게 작도할 수 있습니다.

2. Dynamo의 특징

Dynamo의 특징에 대해 알아보겠습니다. Dynamo만의 특징이라기 보다 Dynamo for Revit에 대한 특징입니다.

(1) **비주얼 프로그래밍 도구** : 반복해서 강조하는 것입니다만 가시적으로 그래프를 통해 프로그래밍을 할 수 있다는 점입니다. 따라서 데이터와 업무 프로세스를 쉽게 파악할 수 있습니다. 즉, 논리 구조를 쉽게 파악할 수 있다는 점입니다.

(2) **학습하기 쉬운 도구** : 텍스트 중심의 프로그래밍 언어에 비해 익히기 쉽다는 장점이 있습니다. 프로그래밍에 대한 기초 지식이 없다고 하더라도 업무 절차에 따라 노드를 배치하고 연결하는 형식이기 때문에 이해하기 쉽습니다. 다른 언어의 경우는 변수의 타입을 정의하는 등의 절차가 필요한데 Dynamo는 그러한 절차를 생략할 수 있어 배우기 쉽습니다.

(3) **오류 체크가 쉽고 수정이 용이** : 프로그래밍 과정에서 데이터가 부족하거나 유형이 달라 실행이 안 되는 경우, 색상으로 오류 메시지를 표시해주므로 바로 수정할 수 있습니다. 일반적인 프로그래밍 언어의 경우는 디버깅(수정)하는데 많은 시간이 소요되지만 Dynamo는 상대적으로 손쉽게 찾아내고 수정할 수 있습니다. 또, 전체 논리 구조를 파악하기 쉽기 때문에 그만큼 읽기가 쉽습니다. 논리적 에러도 줄일 수 있으며 쉽게 파악하여 수정하기 쉽습니다.

(4) **도큐멘테이션의 단순화** : 로그램 도큐멘테이션 중 플로우챠트(Flowchart)를 작성하는 경우가 있는데 이를 생략할 수 있습니다. Dynamo 코드 자체가 플로우챠트가 됩니다. 데이터와 프로세스를 그래프로 표현하기 때문에 프로그래밍과 동시에 도큐멘테이션이 가능하다는 점입니다.

(5) **다른 프로그래밍 언어와 연계** : Dynamo 자체뿐 아니라 인공지능 언어로 각광받고 있는 파이썬(Python)을 비롯해 Design Script, C#의 코드를 활용할 수 있습니다. 이러한 언어를 사용하면 그만큼 확장 범위가 넓어집니다.

(6) **커뮤니티를 통한 문제 해결** : Dynamo 커뮤니티를 활용하면 풀리지 않는 문제를 해결할 수도 있고, 다른 사람의 사례를 참고할 수 있어 유용합니다. Dynamo를 사용하는 전세계 사람이 모이는 공간이기 때문에 유용한 정보를 많이 얻을 수 있습니다. 해결되지 않는 문제를 업로드하면 빠른 시간 내에 회신을 받을 수 있습니다. 한 사람뿐 아니라 여러 사람의 의견을 받아볼 수 있어 매우 유용합니다.

3. Revit과 Dynamo의 관계

Revit에서 Dynamo를 활용하면 Revit의 기능을 확장해서 사용할 수 있습니다. 관점에 따라 Revit의 기능은 제한적일 수 있습니다. 실제 업무를 수행하다 보면 단순 반복적인 작업이나 복잡한 계산을 통해 처리해야 하는 작업이 있습니다. 같은 설비라 할지라도 각 국가, 단체 또는 회사마다 고유의 업무 스타일이나 방법이 있습니다. 일반적으로 Revit에서 제공하는 API를 이용해 C#과 같은 프로그래밍 언어를 이용하여 알맞는 프로그램을 개발할 수 있습니다. 하지만 프로그래밍 언어를 모르는 초보자들에게는 접근하기 어렵습니다.

특정 소프트웨어(Revit, AutoCAD 등)를 베이스로 하여 추가로 개발한 프로그램을 3rd 파트 프로그램이라고 말합니다. Dynamo는 Revit을 베이스로 하여 새로운 기능을 개발해주는 프로그래밍 도구(언어)로, 3rd 파트 프로그래밍 도구라고 할 수 있습니다.

Dynamo는 전문적인 프로그래머가 아니더라도 Dynamo의 시각적 기능을 이용하여 비교적 빠르게 배울 수 있으며 구현할 수 있습니다. 시각적 기능으로 데이터와 논리적 알고리즘을 적용하면 Revit의 활용 범위를 얼마든지 넓힐 수 있습니다. 이를 통해 BIM 설계의 활용 폭을 넓힐 수 있으며 업무 효율을 향상시킬 수 있습니다.

Revit 2020 이전에는 별도로 Dynamo를 설치해야 사용할 수 있었지만 Revit 2020부터는 Revit을 설치하면 하나의 기능처럼 메뉴에서 나타납니다. Revit 버전과 Dynamo 버전과의 호환 관계는 다음과 같습니다.

Revit 버전	가장 안정된 Dynamo 버전	지원 가능한 Dynamo for Revit 버전
2013	0.6.1	0.6.3
2014	0.6.1	0.8.2
2015	0.7.1	1.2.1
2016	0.7.2	1.3.2
2017	0.9.0	1.3.4 / 2.0.3
2018	1.3.0	1.3.4 / 2.0.3
2019	1.3.3	1.3.4 / 2.0.3
2020	2.1.0 Revit에 삽입되었음	

Revit 2020 이후 버전을 사용하는 사용자라면 버전에 상관없이 Revit에 포함된 Dynamo를 사용하면 됩니다. 이 책에서는 별도의 파일을 다운받아 설치하지 않고 Revit에 내장된 Dynamo를 이용하는 방법으로 설명하겠습니다.

Dynamo for Revit은 Revit의 Add-in 프로그램이기 때문에 Revit의 데이터를 가져오기도 하고 조작하기도 하지만 반대로 Revit의 값을 바꾸면 Dynamo에서도 변화가 발생합니다. 이렇듯 Dynamo와 Revit은 서로 유기적으로 연결되어 동작합니다.

02_ 사용자 인터페이스

Revit 을 실행하여 [관리] 탭의 가장 오른쪽에 '시각적 프로그래밍'이라는 패널이 있습니다. 이 패널에 'Dynamo'와 'Dynamo 플레이어'가 배치되어 있습니다.

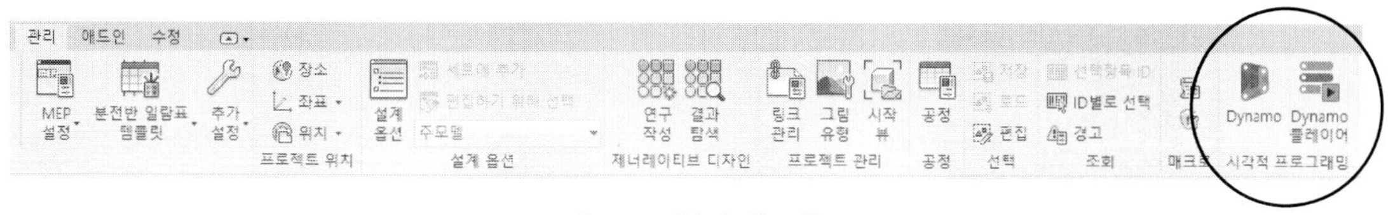

[Revit의 '관리' 탭]

(1) **Dynamo** : Dynamo 프로그래밍 도구를 실행합니다. 클릭하면 별도의 Dynamo 작업 창이 열립니다.

(2) **Dynamo 플레이어** : Revit에서 Dynamo 프로그램 리스트를 표시하고 실행합니다. Dynamo 플레이어에는 지정된 디렉토리의 Dynamo 프로그램 리스트가 각 그래프의 현재 상태와 함께 표시됩니다.

1. 초기 화면

'관리' 탭 '시각적 프로그래밍'패널에서 'Dynamo'를 클릭하면 다음과 같은 초기 화면이 나타납니다. 초기 화면에서는 새로운 파일을 만들고 기존 파일을 열어 작업을 수행합니다. 또, 커뮤니티(포럼)에 접근하거나 튜터리얼, 사전, 웹사이트 등 Dynamo관련 사이트에 접근하여 도움을 받을 수 있습니다.

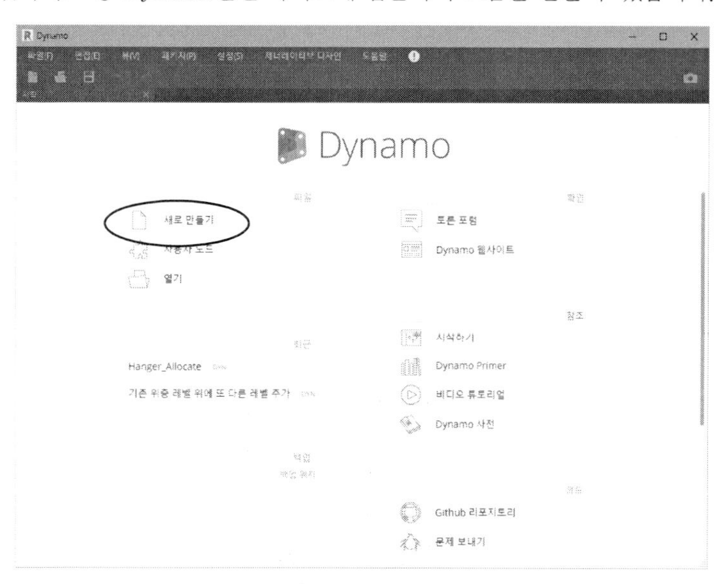

새로 시작하려면 '새로 만들기', 기존 파일을 열려면 '열기'를 클릭합니다.

2. 작업 화면

'새로 만들기' 또는 '열기'를 누르면 다음과 같이 Dynamo 작업 화면이 나타납니다.

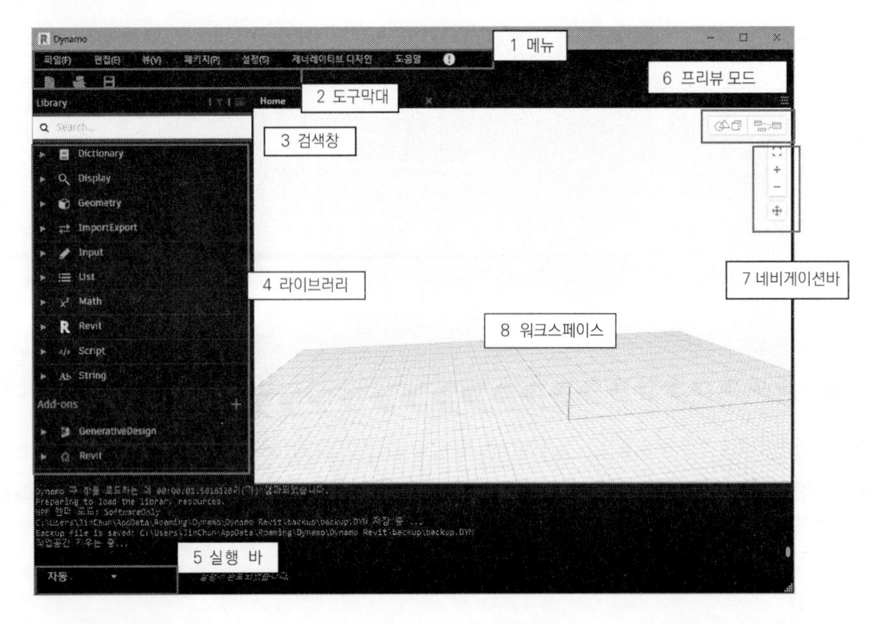

(1) **메뉴** : 파일 관리(열기, 닫기), 편집, 뷰, 패키지, 설정 등 Dynamo 작업에 필요한 모든 기능에 대한 풀다운 메뉴를 제공합니다.

(2) **도구막대** : 파일 관리를 위한 도구막대를 제공합니다.

(3) **검색창** : 라이브러리에서 노드를 검색하여 표시해줍니다.

(4) **라이브러리** : 기본 노드, 커스텀 노드, 추가된 패키지 등 이용가능한 노드 일람을 표시합니다. 작성 노드, 액션 노드, 쿼리 노드가 배치되어 있습니다.

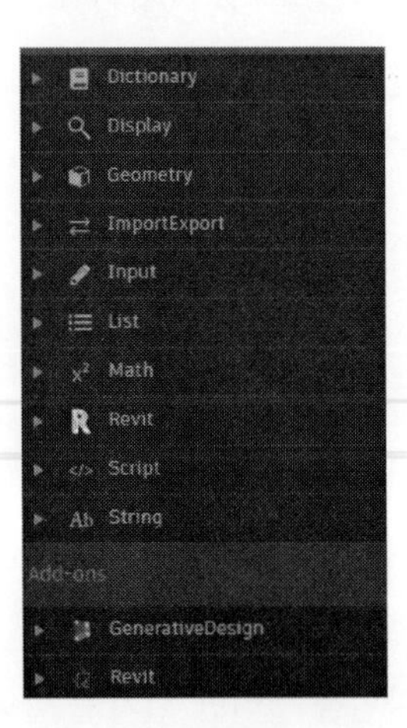

(5) **실행바** : 현재의 워크 스페이스 내용을 실행합니다. 기본 값은 '자동'으로 설정되어 있습니다. 그래프(코드)가 변경되면 즉시 실행됩니다. '수동'을 선택하면 코드를 작성한 후 [실행]을 클릭해야 코드가 실행됩니다.

Tip

'자동'으로 설정하면 바로 실행되니까 좋을 것 같지만 경우에 따라서는 시간이 소요되기도 합니다. 복잡한 코드를 작성하거나 특정 요소를 선택한 후 실행하고자 할 때는 '수동'으로 설정한 후 코딩이 끝나면 [실행]을 눌러서 실행하는 것이 유용할 수 있습니다. 경험을 통해 설정하면 되는데 일반적으로 단순한 코드나 워크스페이스 내에서 동작하는 코드는 '자동'으로 설정하고 복잡한 코드나 Revit에서 요소를 선택하여 액션을 일으키는 기능은 '수동'이 유용합니다.

(6) **프리뷰 모드** : '3D 프리뷰' 또는 '그래프 뷰' 모드를 선택합니다. 3D 프리뷰는 실행되는 형상을 표시하고, 그래프 뷰는 Dynamo 코드의 그래프를 표시합니다. 마우스 오른쪽 버튼을 눌러 바로가기 메뉴로도 전환할 수 있습니다. 단축키 〈Ctrl〉 + B를 눌러 전환할 수도 있습니다.

(7) **네비게이션 바** : 줌 확대, 축소, 초점 이동 등 화면 조정 메뉴입니다. Revit의 기능과 유사합니다.

(8) **워크스페이스(작업공간)** : 실제 그래프 작업(노드 배치, 와이어 연결)을 수행하고 결과(형상)를 직접 보여주는 공간입니다.

3. 바로가기 메뉴

노드 또는 워크스페이스에서 마우스 오른쪽 버튼을 클릭하면 메뉴가 나타납니다. 이 메뉴를 바로가기 메뉴라 부릅니다. 이 바로가기 메뉴는 커서가 놓인 위치에 따라 메뉴의 항목이 달리 나타납니다. 노드에서 바로가기 메뉴는 노드의 제거, 그룹 만들기, 레이싱 설정, 미리보기 여부, 레이블 설정, 노드 이름 바꾸기 등의 기능이 있습니다. 그룹에서의 바로가기 메뉴는 그룹의 삭제 및 해제, 색상 및 글꼴 크기, 노드 배치 등의 기능이 있습니다.

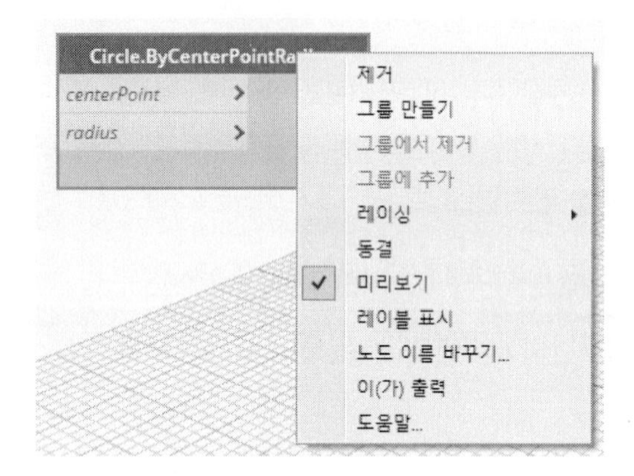

[노드에서의 바로가기 메뉴]

[그룹에서의 바로가기 메뉴]

워크스페이스의 빈 공간에 마우스 오른쪽 버튼을 누르면 다음과 같은 바로가기 메뉴가 나타납니다. 검색 창에 키워드를 입력하면 노드를 검색할 수 있습니다.

[워크스페이스에서 바로가기 메뉴]

03_ 주요 개념 및 조작

Dynamo를 학습하는데 있어 주요 개념과 용어, 간단한 조작 방법에 대해 알아보겠습니다.

1. 기본 구조

Dynamo는 다음과 같은 그림(그래프)으로 구성됩니다. 기능을 수행하는 노드(사각형)와 노드를 와이어(엣지)를 이용하여 연결합니다. 따라서 프로그램이 복잡해질수록 노드와 와이어가 많이 발생합니다. 노드와 노드를 연결한 와이어를 통칭하여 '그래프'라 부릅니다. 일반적으로 프로그램의 흐름은 왼쪽에서 오른쪽 방향으로 진행됩니다.

필요에 따라 주석을 붙일 수도 있고 주요 기능별로 묶어서 그룹으로 관리할 수도 있습니다. 다음 그림은 각 그룹을 묶어 관리하고 있는 예입니다.

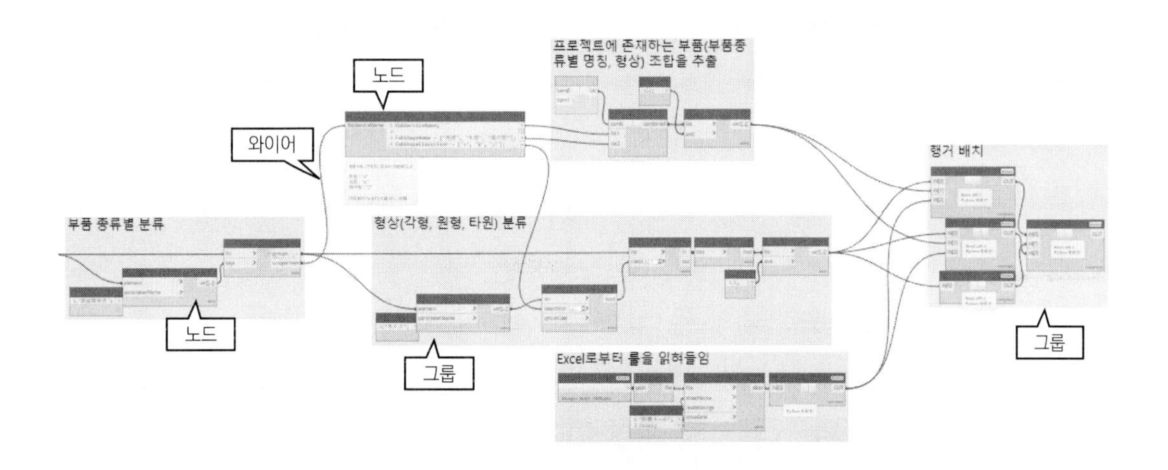

[Dynamo 프로그램의 구조]

2. 노드(Node)

시각적인 표현에 있어 가장 핵심이 되는 요소가 노드(Node)입니다. 각 노드는 작업을 수행하는 요소입니다. 간단한 숫자나 문자를 입력하거나 사칙연산 등 계산을 수행하기도 하고 형상을 작성하고 편집하거나 조회하는 등 다양한 작업을 수행할 수 있습니다. 와이어를 이용하여 노드와 노드를 연결하여 시각적인 프로그램을 작성합니다. 다음과 같은 사각형 하나 하나가 노드입니다.

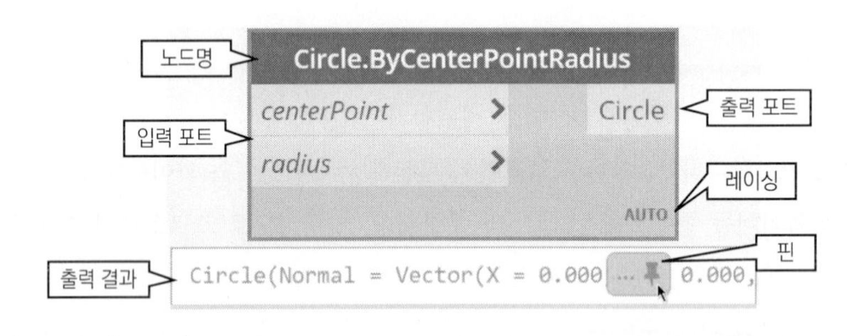

(1) **노드명** : 노드 이름을 표시합니다. 노드 이름은 사용자가 바꿀 수 있습니다. 노드 이름을 더블클릭하거나 마우스 오른쪽 버튼을 눌러 바로가기 메뉴에서 '노드 이름 바꾸기'를 클릭하여 이름을 바꿀 수 있습니다.

노드명에 마우스를 대고 있으면 해당 노드의 도움말(기능 설명 및 입력 요소)을 툴팁으로 표시해줍니다.

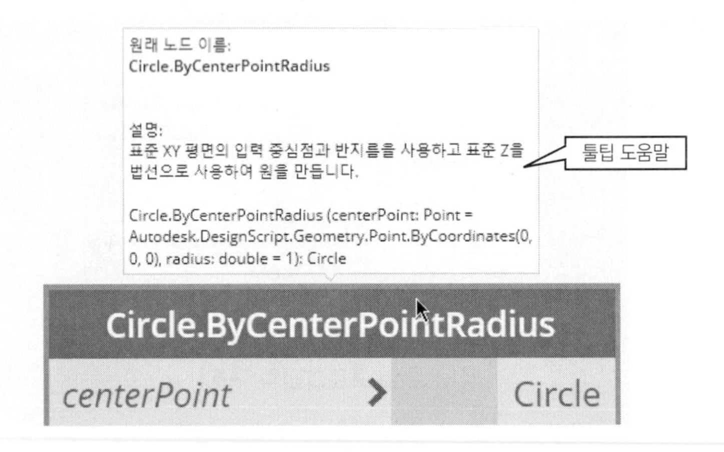

(2) **입력 포트** : 입력 요소를 지정(연결)하는 커넥터입니다. 입력 포트에 마우스 커서를 대고 있으면 입력 요소의 데이터 유형(타입)을 툴팁으로 표시해줍니다. 예에서는 원을 작도하는 노드로 중심점(center-Point)과 반지름(radius)이 입력 요소입니다.

입력 포트의 요소 값을 지정하지 않았을 때 노드에 따라 기본값(디폴트 값)을 제공하기도 합니다. 입력 포트에 마우스를 가져가면 입력 요소에 대한 데이터 유형과 기본값이 표시됩니다.

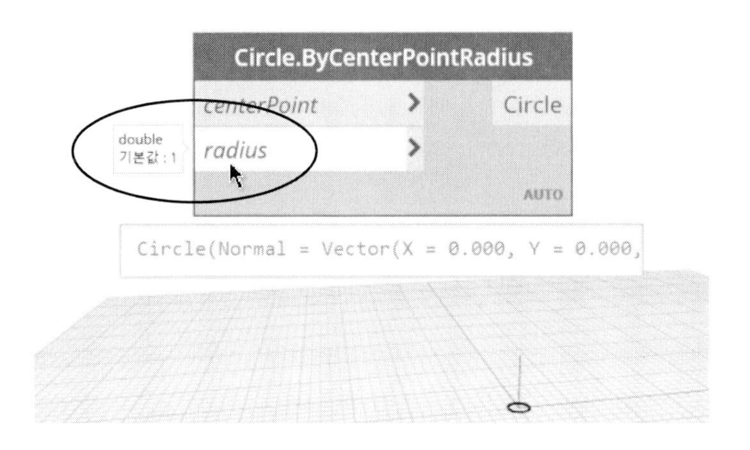

Tip

마우스 오른쪽 버튼을 눌러 '기본값 사용' 체크를 끄면 기본값을 사용하지 않을 수 있습니다.

(3) **출력 포트** : 노드에서 기능을 수행한 결과를 표시하고 제어합니다.

입력 포트 또는 출력 포트 위에 마우스 커서를 놓으면 예상 데이터 타입과 디폴트 값이 포함된 툴팁이 표시됩니다.

(4) **출력 결과** : 마우스 커서를 노드의 하단으로 가져가면 핀 아이콘과 함께 흰색으로 바뀝니다. 흰색 부분에 마우스 커서를 가져가면 노드의 결과값을 볼 수 있습니다. 결과값을 계속 표시하려면 핀을 클릭하여 고정합니다.

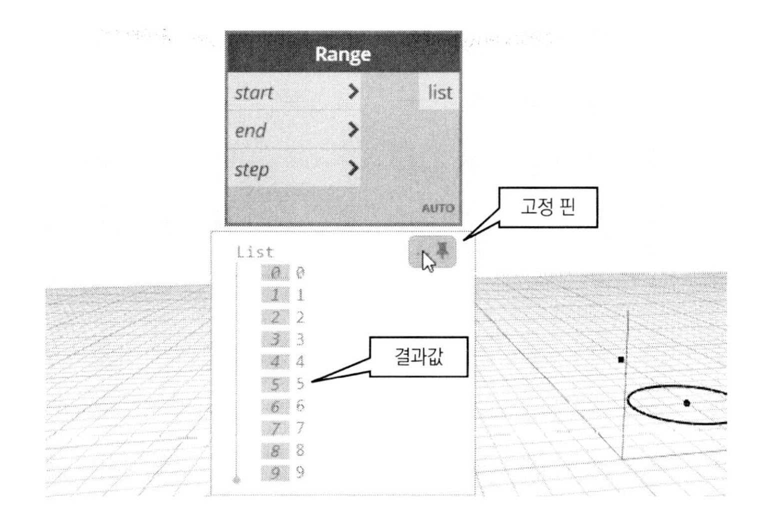

(5) **레이싱 옵션** : 리스트 입력에 대해 지정되어 있는 레이싱 옵션을 표시합니다. 노드가 작성할 배열을 변환하게 되는데 최단(Shortest), 최장(Longest), 외적(Cross Product), 자동(Auto)이 있습니다. 이 옵션에 따라 하단에 표시하는 아이콘이 다르게 표시됩니다. 이를 레이싱이라고 하는데 리스트의 '레이싱'을 참조합니다.

(6) **실행 결과 미리보기** : 노드에 마우스를 대고 오른쪽 버튼을 누르면 바로가기 메뉴가 나타납니다. 바로가기 메뉴에서 '미리보기'를 체크하면 실행 결과를 미리 볼 수 있습니다.

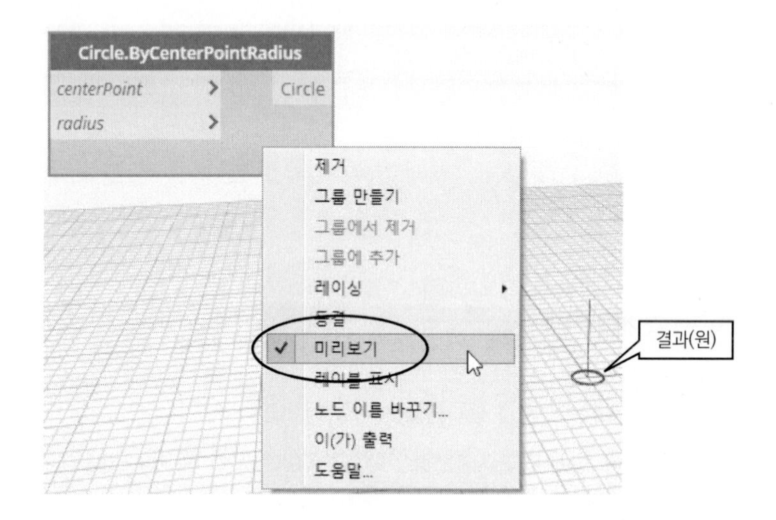

Tip

Dynamo에서 같은 노드를 반복적으로 사용할 경우가 자주 발생합니다. 이때는 기존에 배치된 노드를 복사에서 사용하는 방법을 권장합니다. 복사하고자 하는 노드를 클릭하고 〈Ctrl〉 키를 누른 채로 마우스 커서를 이동합니다. 그러면 선택한 노드가 마우스 커서 위치에 복사됩니다.

참고 : 노드의 상태

노드의 상태에 따라 색상으로 구분하여 표시합니다. Dynamo는 가시적인 프로그래밍 도구이기 때문에 노드의 상태를 이해하고 필요에 따라 조치를 취할 필요가 있습니다.

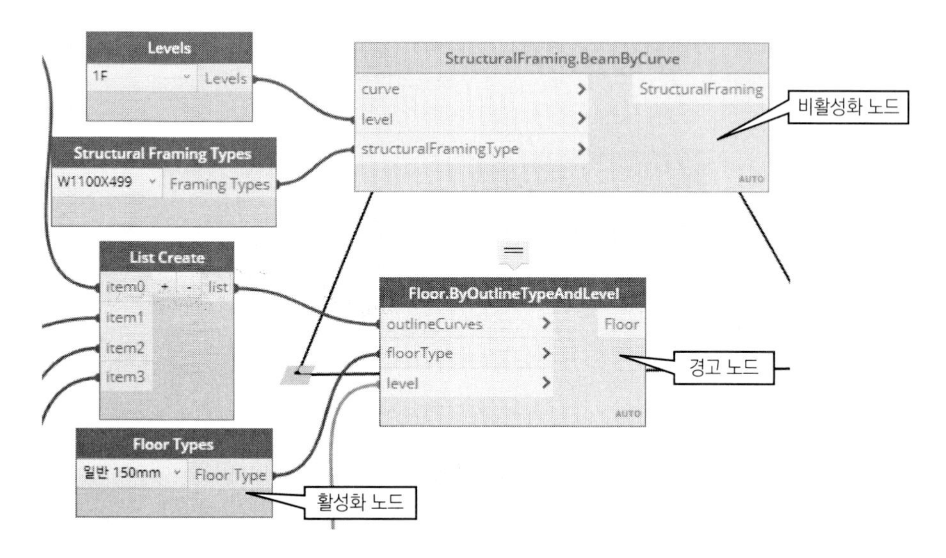

(1) 다크 그레이(진회색) : 활성화된 노드입니다. 일반적으로 배치하면 나타나는 별다른 문제가 없는 노드입니다.

(2) 그레이(연회색) : 비활성화된 노드로 데이터가 연결되지 않은 상태입니다. 노드를 배치하면 옅은 회색의 노드가 배치됩니다. 이 노드는 와이어로 연결하여 활성화할 필요가 있습니다.

(3) 빨간색 : 에러 상태의 노드입니다. 정상적으로 동작하지 않습니다. 대부분은 사용한 노드의 패키지가 정상적으로 설치되지 않는 경우가 많습니다.

(4) 진한 노란색 : 경고 상태의 노드입니다. 에러나 경고 상태의 노드 상단에 메시지 아이콘이 표시됩니다. 여기에 마우스 커서를 가져가면 에러 또는 경고에 대한 원인 및 조치 메시지가 표시됩니다. 데이터 타입이 잘못된 경우가 많습니다. 예를 들어, 입력 포트에 숫자를 입력해야 하는 문자가 입력된 경우는 경고 상태로 표시됩니다.

(5) 파란색 테두리 : 선택된 노드를 나타냅니다. 워크스페이스에서 마우스 커서를 클릭하면 노드가 선택되면서 파란색 테두리로 표시됩니다. 선택된 와이어도 파란색으로 표시됩니다.

(6) 반투명과 점선 테두리 : 노드 주변에 점선으로 표시되며 동결 상태를 나타냅니다. 실행이 중단된 상태입니다. 특정 부분이 잘 실행되는지 확인하거나 전체를 실행하면 많은 시간이 소요될 때 일부를 일시 중지할 때 사용합니다.

노드가 선택된 상태에서 마우스 오른쪽 버튼을 눌러 바로가기 메뉴에서 '동결'을 선택합니다.

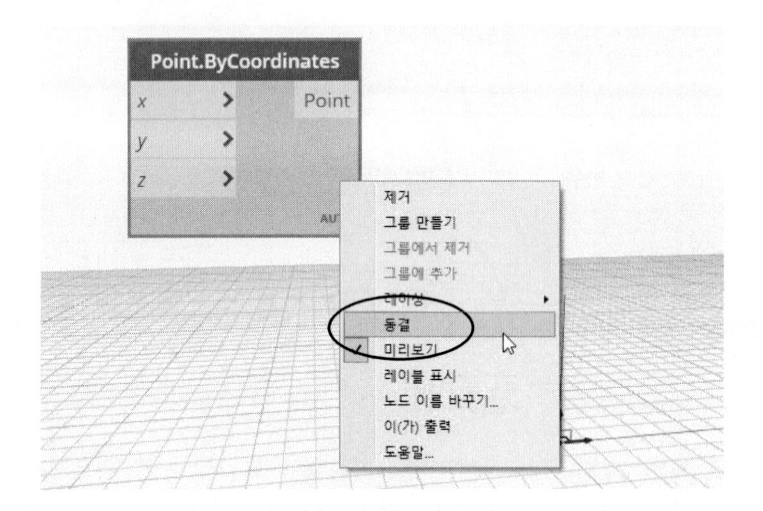

동결된 노드는 다음과 같이 노드의 테두리에 점선으로 표시되면서 옅은 회색으로 표시됩니다.

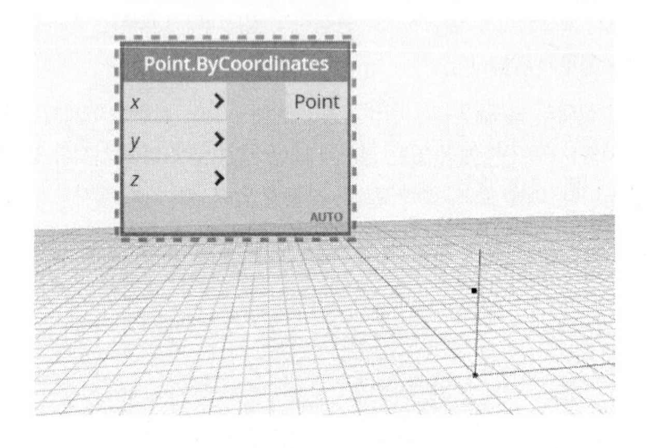

3. 와이어(Wire)

와이어는 노드와 노드를 연결합니다. 특정 노드의 출력포트를 다른 노드의 입력 포트로 연결하는 방식입니다. 와이어는 논리적 흐름을 완성시키는 역할을 수행합니다. 일반적으로 출력 포트는 노드의 오른쪽에 배치되어 있고, 입력 포트는 노드의 왼쪽에 배치되어 있어 왼쪽에서 오른쪽 방향으로 진행되도록 구성되어 있습니다. 출력 포트는 여러 개의 와이어를 연결할 수 있지만 입력 포트는 하나의 와이어만 연결할 수 있습니다.

와이어를 클릭하여 선택하면 와이어는 파란색으로 표시되어 활성화되었음을 표시합니다. 선택에서 해제되어 비활성화된 노드는 검정색으로 표시됩니다.

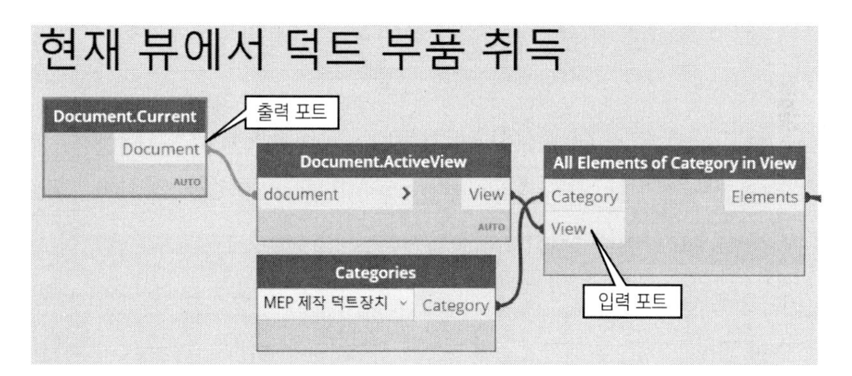

(1) **와이어의 연결** : 와이어를 연결하려면 출력 포트에 커서를 대고 클릭하면 파선(점선)으로 표시됩니다. 이때 연결하고자 하는 노드의 입력 포트로 가져가 클릭하여 연결합니다. 와이어가 연결되면 실선으로 바뀝니다. 와이어는 출력 포트는 여러 와이어를 연결할 수 있지만 입력 포트는 하나의 와이어만 연결할 수 있습니다. 이미 연결되어 있는 입력 포트에 다른 와이어를 연결하면 기존 와이어는 자동으로 끊어집니다.

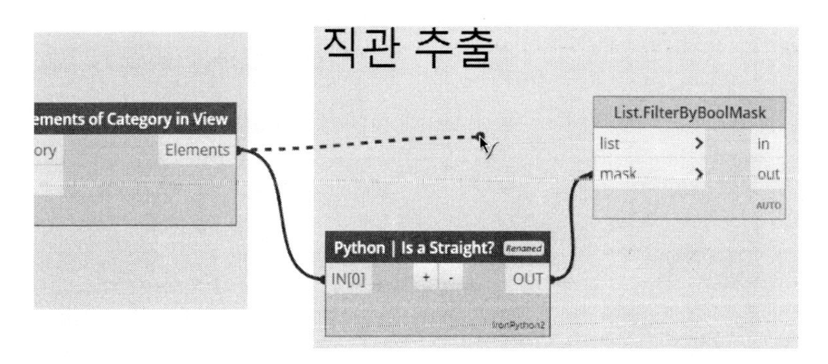

(2) **와이어의 편집** : 기존 연결된 와이어를 다른 노드에 연결하고자 할 때는 와이어가 연결된 입력 포트에

커서를 대고 클릭합니다. 그러면 와이어가 파선(점선)으로 바뀝니다. 이때 마우스를 움직여 연결하고자 하는 새로운 노드의 입력 포트를 지정합니다.

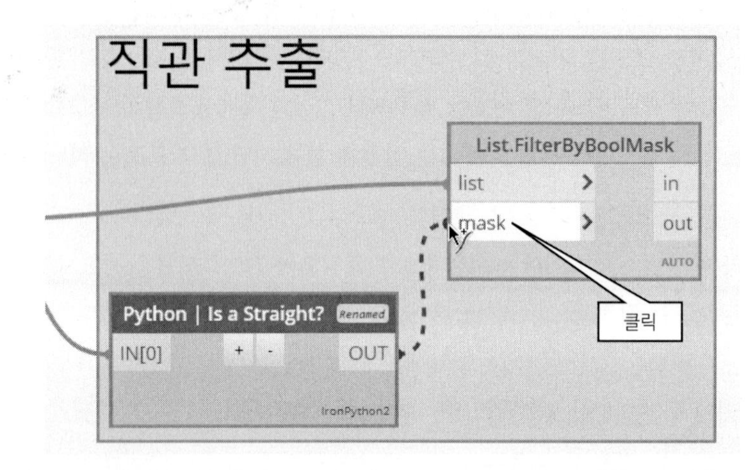

(3) **와이어의 삭제** : 와이어를 삭제하고자 할 때는 편집에서와 같이 먼저 연결된 와이어의 입력 포트를 클릭하여 편집 모드로 바꿉니다. 그러면 와이어가 파선인 상태로 바뀌는데 이때 워크 스페이스의 빈 공간을 클릭합니다. 또는 파선인 상태에서 〈Esc〉 키를 누릅니다.

(4) **〈Shift〉 키의 사용** : 출력 포트에는 여러 개의 와이어를 연결할 수 있다고 했는데 이를 한 번에 다른 노드로 이동하려면 〈Shift〉 키를 누른 채로 출력 포트를 클릭하면 연결된 모든 노드가 선택되며 점선으로 바뀝니다. 이동하려면 이동하고자 하는 노드의 출력 포트를 클릭하고 삭제하려면 빈 공간을 클릭합니다.

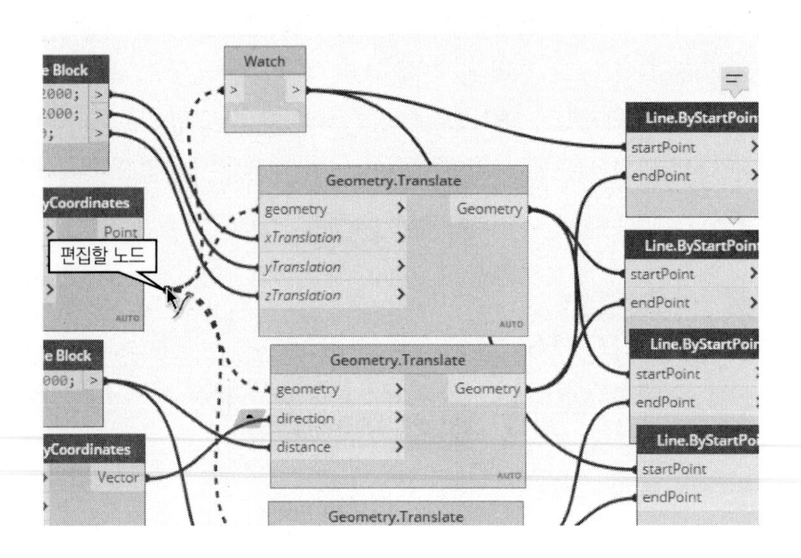

(5) **와이어의 표시 형식** : 와이어의 표현 방식은 곡선과 직선으로 구분됩니다. 이를 설정하고자 하려면 '뷰(V)'– '커넥터(C)'– '커넥터 유형(C)'에서 '곡선' 또는 '폴리선'을 선택합니다.

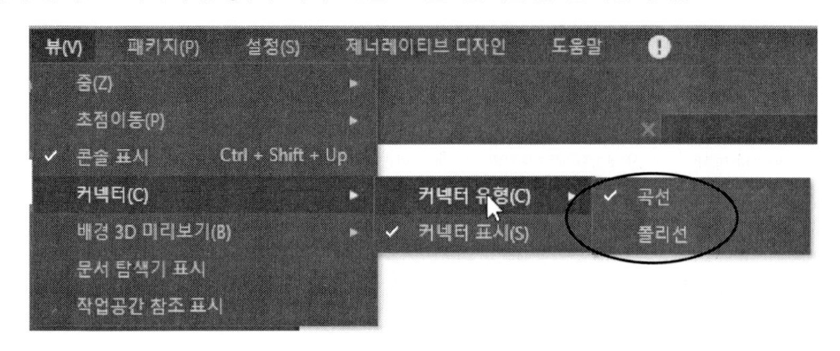

다음과 같이 '곡선'은 와이어가 부드러운 곡선으로 표시되고 '폴리선'은 와이어가 직선으로 표시됩니다.

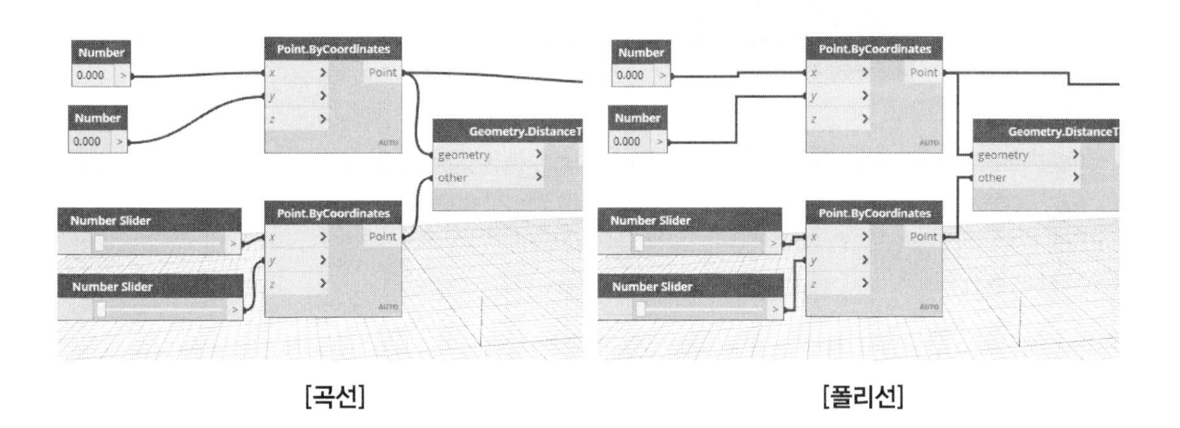

[곡선] **[폴리선]**

참고 : 코멘트(주석) 달기

프로그램은 특정 목적을 구현하기 위한 코드입니다. 잘 만든 프로그램은 누가 보더라도 읽기 쉬운 프로그램입니다. 취미 수준으로 개발한 프로그램이라면 자신만 이해하면 되지만 그렇지 않은 경우라면 제3자가 읽기 쉽게 코딩하는 것이 중요합니다. Dynamo는 읽기 쉬운 그래프 중심의 프로그램이지만 코드가 길어지면 혼란스러울 때가 있습니다. 필요에 따라 코멘트(주석)를 붙여 읽기 쉽게 작성할 필요가 있습니다. 혼자 사용하기 위한 프로그램이라 하더라도 시간이 지나서 수정하기 위해서는 코멘트를 작성해두는 것이 좋습니다.

메뉴에서 '편집(E)–참고 만들기'를 클릭하거나 〈Ctrl〉 + 'W'를 누릅니다. 다음과 같이 하늘색 바탕의 사각형에 '새 참고'라는 문자가 나타납니다.

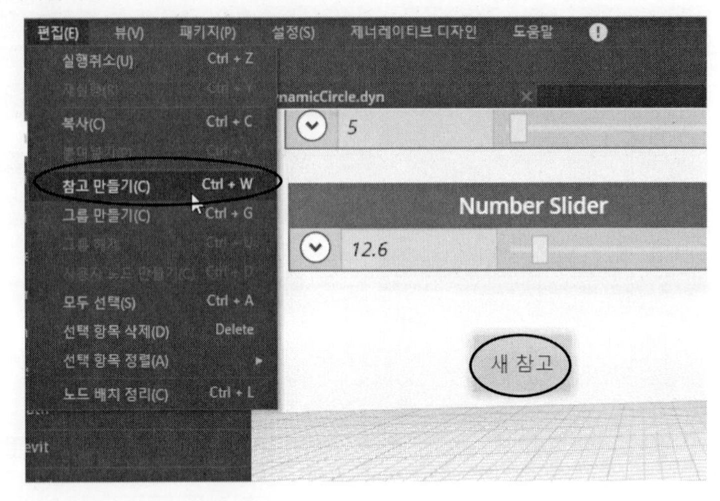

이 문자를 더블클릭하여 주석 문자를 입력합니다. 문자 입력이 끝나면 [동의]를 누릅니다. 다음과 같이 코멘트(주석)가 작성됩니다. 모든 노드에 코멘트를 할 수 없으므로 주요한 기능 노드나 외부 패키지를 사용했을 때 커스텀 노드 등에 간단하게라도 코멘트를 첨부하는 것이 좋습니다.

4. 노드 그룹

배치된 노드와 노드를 와이어로 연결한 후 각 작업 그룹별로 묶을 수 있습니다. 예를 들어, 엑셀(Excel) 데이터를 받아들여 특정 필드 값만을 추출하고자 할 때 쓰이는 몇 개의 노드를 하나의 그룹으로 관리할 수 있습니다. 이렇게 그룹으로 관리하게 되면 차후에 코드를 읽기도 쉽고 수정하기도 쉽습니다. 그룹화하는 데는 특별한 룰이 있는 것은 아닙니다. 프로그래머의 편의에 의해 그룹화합니다. 그룹화 하고자 할 때는 다음과 같이 실행합니다.

(1) 두 점을 지정하여 그룹으로 분류할 노드의 범위를 선택합니다. 또는 〈Shift〉 키를 눌러 그룹화하고자 하는 노드를 선택합니다.

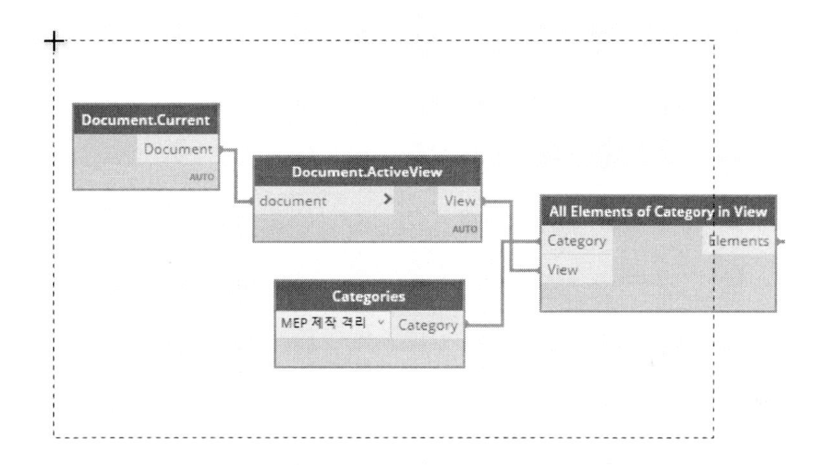

(2) 메뉴에서 '편집(E)'를 눌러 '그룹 만들기(C)'를 클릭합니다. 또는 워크스페이스에서 마우스 오른쪽 버튼을 눌러 바로가기 메뉴에서 '그룹 만들기'를 클릭합니다.

(3) 그룹 이름을 지정합니다. 가능한 이해하기 쉬운 이름을 지정합니다.

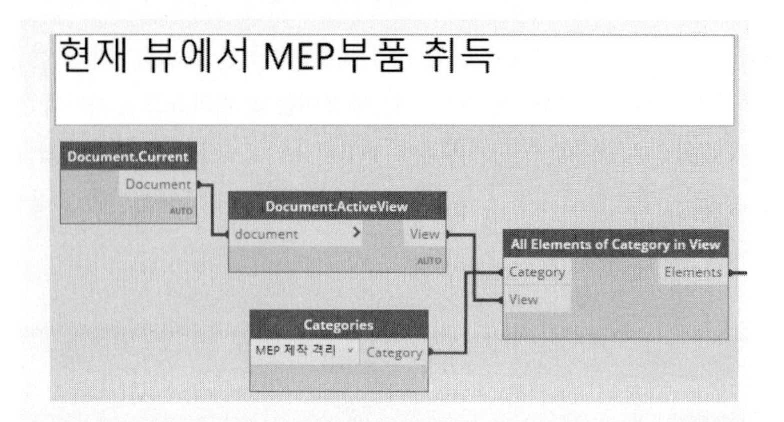

다음과 같이 그룹이 만들어집니다. 그룹의 색상도 지정할 수 있습니다. 그룹을 선택한 후 마우스 오른쪽 버튼을 눌러 바로가기 메뉴에서 색상을 지정합니다.

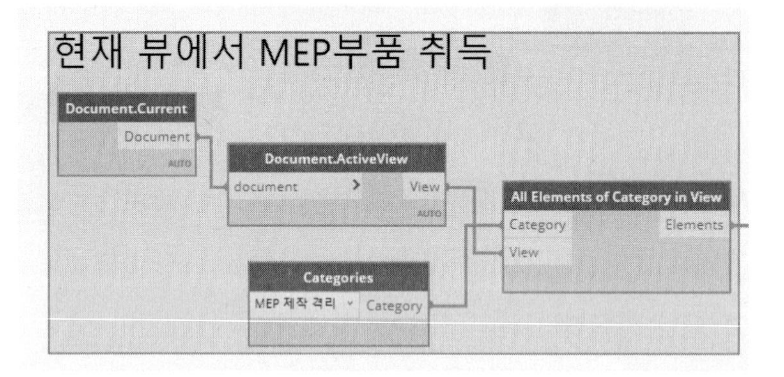

Tip

기존에 만들어진 그룹에 노드를 추가하고자 할 때는 그룹을 선택한 후 〈Shift〉 키를 누른 채로 노드를 선택하여 마우스 오른쪽 버튼을 클릭합니다. 바로가기 메뉴에서 '그룹에 추가'를 클릭합니다.

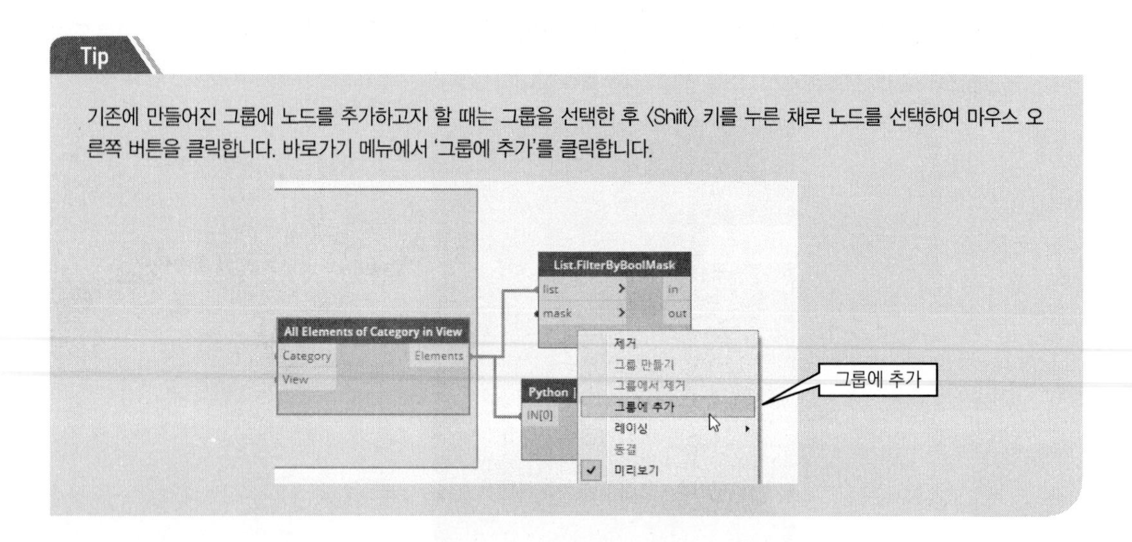

참고 : 그룹 삭제와 해제

노드 그룹을 삭제하거나 해제할 수 있습니다. 삭제하고자 할 때는 그룹을 선택한 후 마우스 오른쪽 버튼을 눌러 바로가기 메뉴에서 '그룹 삭제', 해제하고자 할 때는 '그룹 해제'를 클릭합니다.

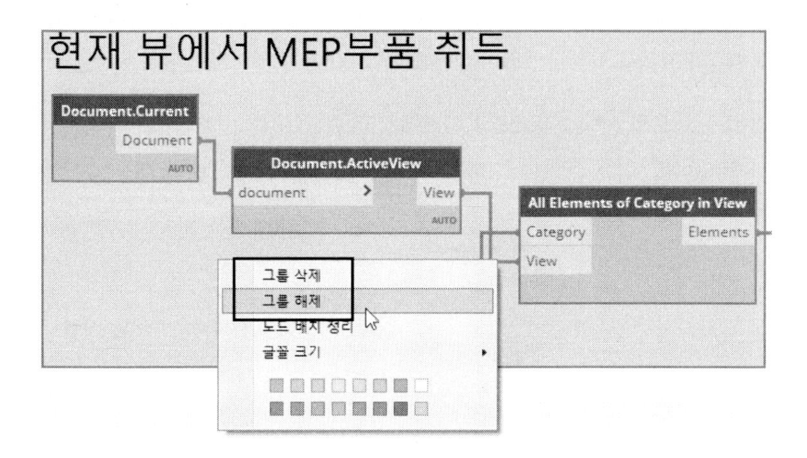

그룹 삭제 : 그룹에 속한 노드와 와이어를 통째로 지웁니다.

그룹 해제 : 노드와 와이어는 삭제하지 않고 그룹을 해제하여 개별의 노드와 와이어로 만듭니다.

5. 노드 정렬

Dynamo는 노드의 배치와 와이어로 연결하는 가시적 프로그램 도구입니다. 따라서 노드와 와이어가 보기 쉽게 정렬되어 있어야 읽기도 쉽고 이해하기 쉽습니다. 뒤죽박죽으로 놓여 있으면 추적해가며 읽기가 어렵습니다. 노드가 업무 플로우대로 잘 정돈되어 있어야 추적해가며 읽기 쉽습니다. Dynamo는 노드를 정렬하는 기능을 제공하고 있습니다. 정렬하는 방법을 간단히 설명하겠습니다.

(1) **정렬하고자 하는 노드의 선택** : 워크스페이스에서 정렬하고자 하는 노드를 선택합니다. 두 점을 지정하여 범위로 선택할 수도 있고 〈Shift〉 키를 누른 채로 하나씩 추가하여 선택할 수도 있습니다.

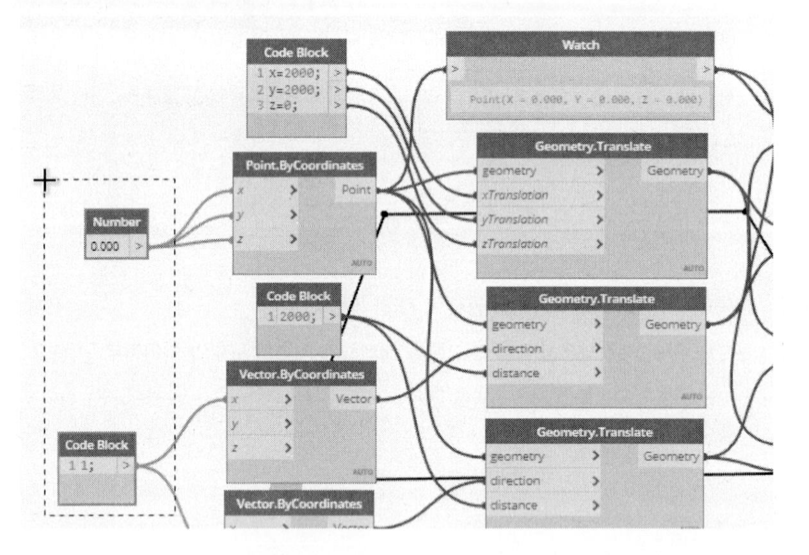

(2) **바로가기 메뉴** : 노드를 선택한 후 마우스 오른쪽 버튼을 클릭하여 바로가기를 펼칩니다. 바로가기 메뉴에서 '선택 항목 정렬(A)'를 클릭하면 정렬 목록이 표시됩니다. 정렬하고자 하는 메뉴를 클릭합니다.

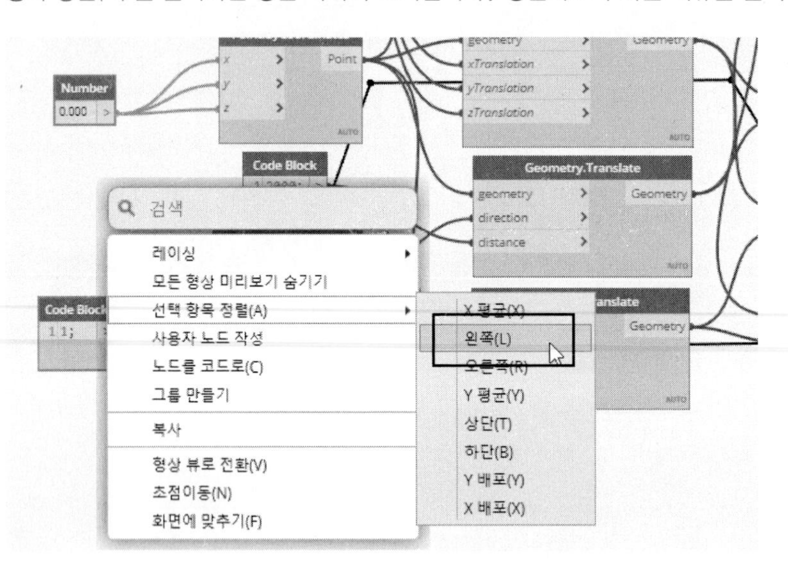

(3) '왼쪽(L)'을 클릭하면 다음과 같이 왼쪽에 정렬됩니다. 선택한 노드의 가장 왼쪽에 있는 가장자리(모서리)에 맞춰 정렬됩니다.

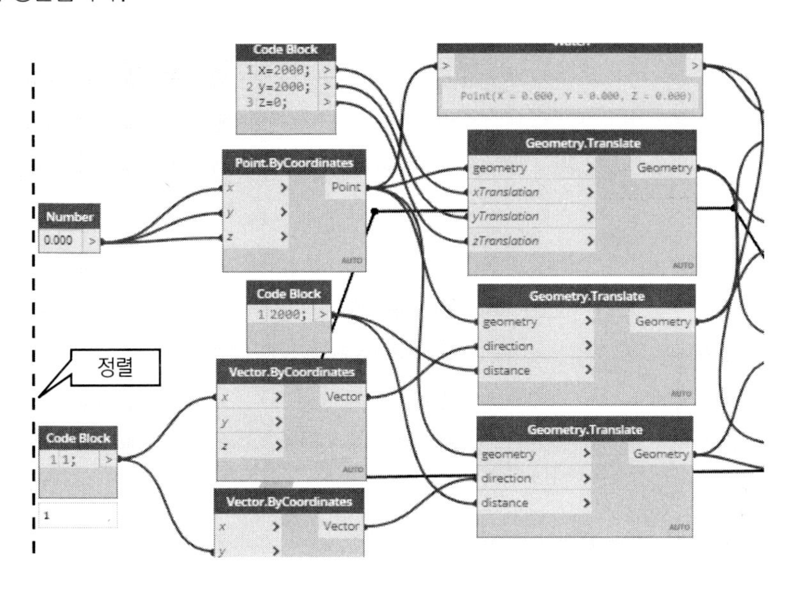

참고 : 정렬 옵션

노드를 정렬하기 위해 바로가기 메뉴를 펼치면 다음과 같이 8개의 옵션이 있습니다.

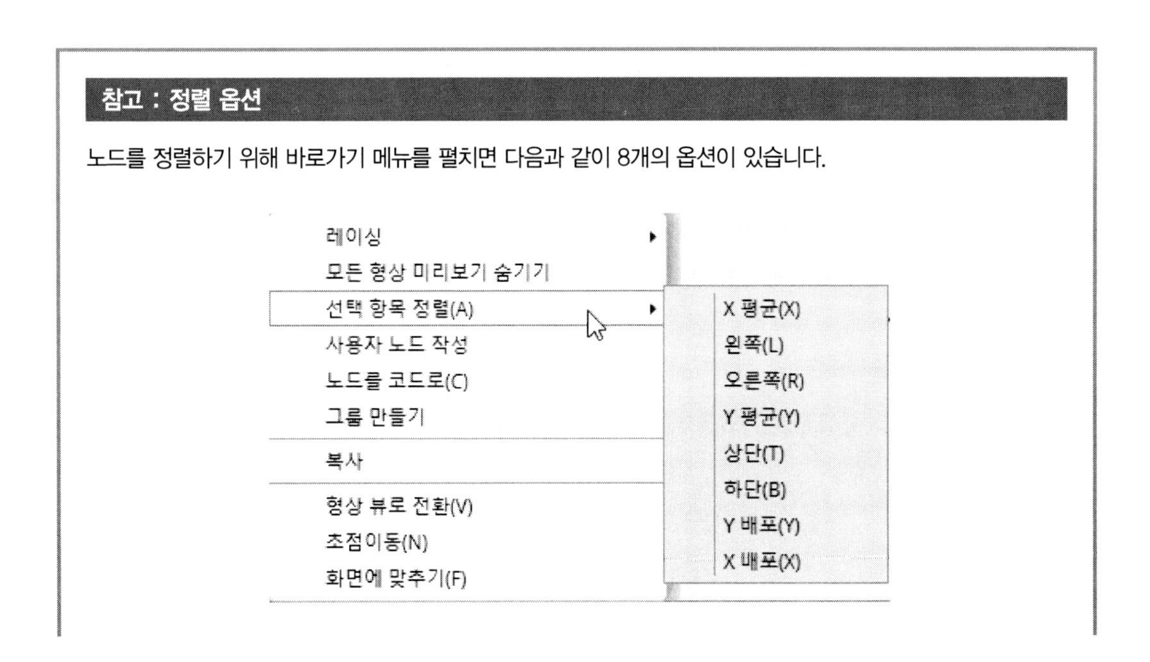

(1) X평균(X) : 선택한 노드들의 X 방향(수평)을 기준으로 중간 지점에 정렬합니다.

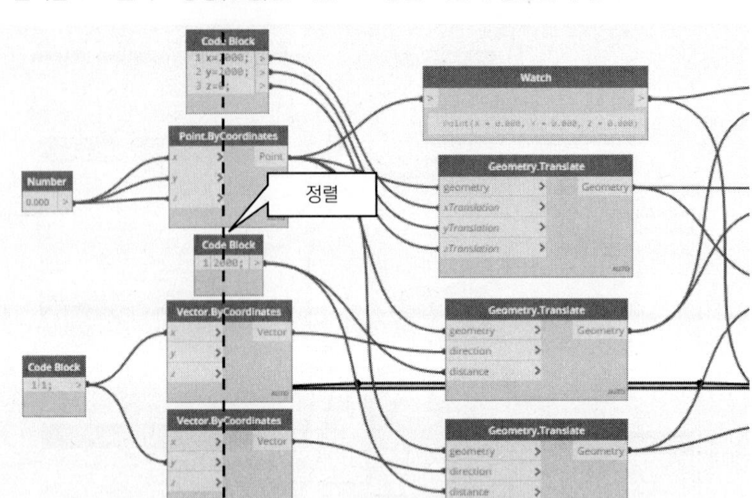

(2) 왼쪽(L) : 가장 왼쪽에 위치한 노드를 기준으로 정렬합니다.

(3) 오른쪽(R) : 가장 오른쪽에 위치한 노드를 기준으로 정렬합니다.

(4) Y평균(Y) : 선택한 노드들의 Y 방향(수직)을 기준으로 중간 지점에 정렬합니다.

(5) 상단(T) : 선택한 노드 중 가장 윗쪽에 위치한 노드에 정렬합니다.

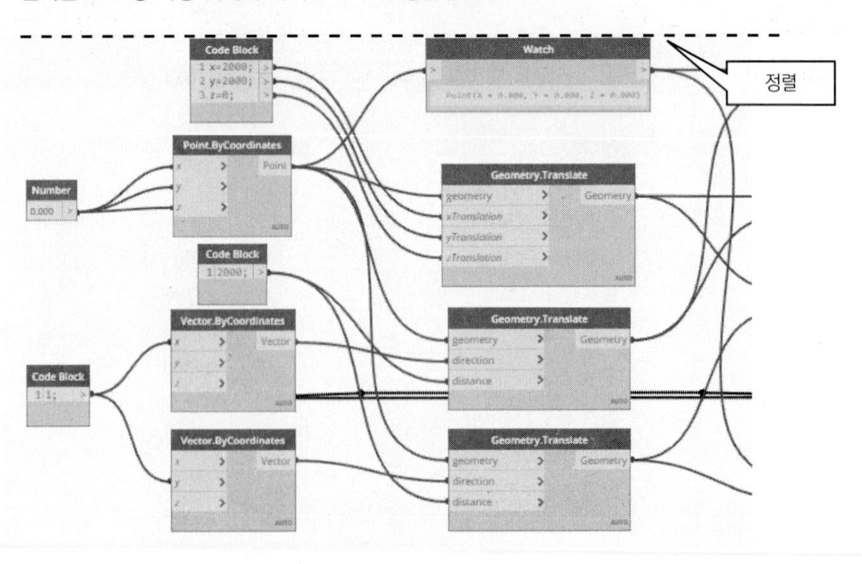

(6) 하단(B) : 선택한 노드 중 가장 아래쪽에 위치한 노드에 정렬합니다.

(7) Y배포(Y) : 선택한 노드들의 Y방향(수직)에 맞춰 균등한 간격으로 정렬합니다.

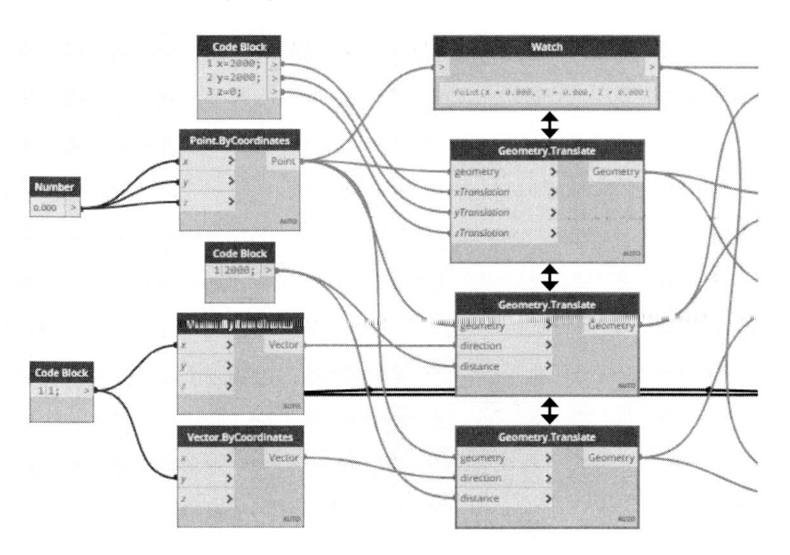

(8) X배포(X) : 선택한 노드들의 X방향(수평)에 맞춰 균등한 간격으로 정렬합니다.

6. 라이브러리(Library)

시각적 프로그램을 구현하기 위해 필요한 노드 일람입니다. 기본적으로 제공하는 노드와 함께 사용자가 작성한 커스텀(사용자) 노드 및 패키지 노드를 포함하고 있습니다. 라이브러리에서 노드를 검색하거나 찾아볼 수 있습니다. Dynamo 라이브러리는 각각 카테고리(범주) 별로 그룹화된 노드를 포함하는 기능 일람입니다. 메인 카테고리 아래에 하위 카테고리가 있습니다.

다음 그림을 보면 Geometry 카테고리 아래에 Points 카테고리가 있고 Points 카테고리 아래에 여러 개의 노드가 있습니다.

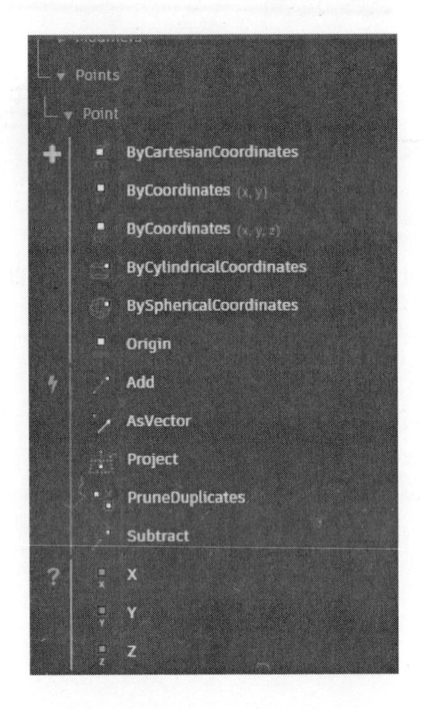

노드는 크게 다음과 같이 세 종류로 구분됩니다.

작성(Create): 요소(데이터)를 작성하는 노드를 나타냅니다. 이 노드의 이름 대부분은 무언가를 '~에 의해' 작성한다는 의미로 앞에 'By'가 붙습니다.

동작(Action): 이미 존재하는 요소를 동작시키는 노드입니다. 작업을 실행하는 노드입니다.

조회(Query): 요소에 대한 정보를 취득(조회)하기 위한 노드입니다.

일반적으로 노드의 이름에는 카테고리가 포함됩니다. 이를 통해 동일한 이름이라 하더라도 카테고리가 다른 경우를 쉽게 구별할 수 있습니다. 예를 들면, ByCoordinates는 출처가 Point(Point.ByCoordinates)도 있고 UV(UV.ByCoordinates)도 있습니다.

라이브러리에서 노드를 검색하여 배치하기 위해서는 다음과 같은 방법이 있습니다.

(1) **카테고리 검색** : 각 카테고리를 펼쳐서 원하는 노드를 찾아 배치합니다. 일반적으로 카테고리 아래에 서브 카테고리가 있습니다.

예를 들어, 숫자를 입력하는 노드를 배치하려면 Input 카테고리를 클릭한 후, 서브 카테고리인 Basic 카테고리를 클릭합니다. 그러면 다음과 같이 노드 리스트가 나타납니다. 이때 Number를 클릭하여 배치합니다.

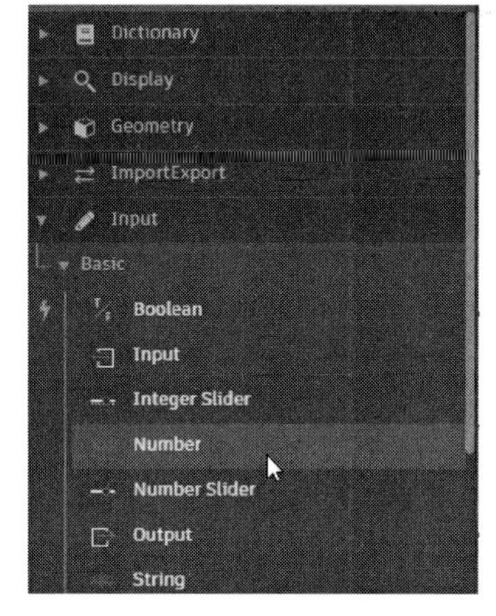

(2) **검색 창** : 검색 창에서 직접 검색하는 방법이 있습니다.

검색 창에서 'Number'를 입력합니다. 그러면 Number와 관련된 많은 노드가 검색되어 표시됩니다. 이 목록에서 원하는 노드를 선택하여 배치합니다.

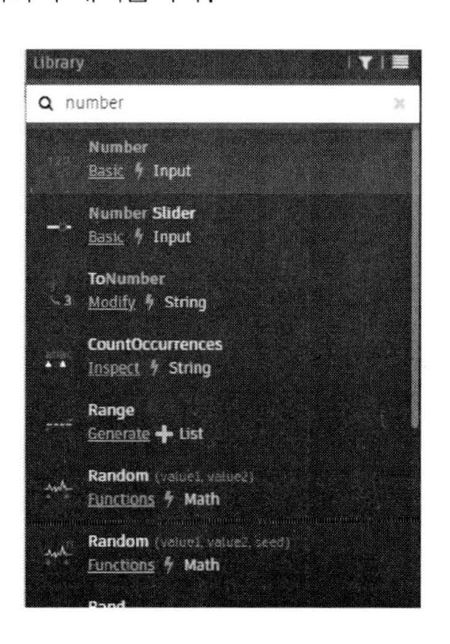

Tip

워크스페이스에서 마우스 오른쪽 버튼을 눌러 바로가기 메뉴의 검색창에서 키워드를 입력하여 검색할 수도 있습니다.

각 노드에 대한 기능 설명이 필요한 경우 툴팁 도움말을 참조합니다. 툴팁 도움말을 확인하려면 해당 노드에 카우스 커서를 대고 있으면 다음과 같이 노드에 대한 설명이 나타납니다.

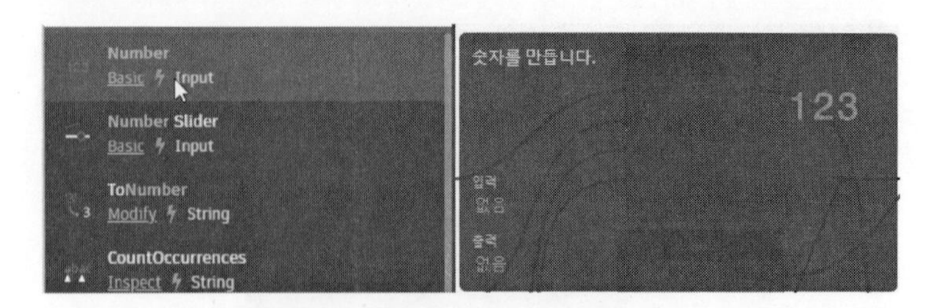

Tip

대부분의 노드 이름은 '카테고리 명칭.노드 명칭'으로 구성됩니다만 일부 예외가 있습니다. 내장 함수(Built-in Functions), 입력(Core.Input), 뷰(Core.View), 조작(Operators) 계열의 노드는 카테고리 명칭이 붙지 않는 경우가 있습니다.

7. 마우스의 기본 조작

Dynamo는 가시적 프로그래밍 도구이다 보니 다른 프로그래밍 작업에 비해 마우스의 사용 빈도가 훨씬 높습니다. 마우스는 요소를 선택하거나 화면의 초점 이동, 줌 확대 및 축소 등 다양하게 조작할 수 있습니다. 마우스의 조작 방법에 대해 간단히 알아보겠습니다. 그래프를 다룰 때와 3D 뷰 상태에서 약간 차이가 있습니다.

마우스 조작	그래프 프리뷰	3D 프리뷰
왼쪽 클릭	노드 및 와이어 선택	동작 없음
오른쪽 클릭	바로가기 메뉴	줌 옵션(상하/좌우)
휠 클릭	초점 이동	초점 이동
휠 스크롤	줌 확대/축소	줌 확대/축소
더블클릭	코드 블록을 작성	동작 없음
드래그	선택한 요소(노드, 와이어, 그룹)의 이동	동작 없음

참고 : 노드 및 와이어의 선택

노드 및 와이어를 선택하는 방법은 Revit에서 요소를 선택하는 방법과 같습니다. 선택하고자 하는 요소에 커서를 가져가서 왼쪽 버튼을 클릭하면 선택됩니다. 〈Ctrl〉 키를 누르고 선택하면 여러 개를 선택할 수 있습니다. 또, 범위를 지정하여 선택할 수 있습니다. 마우스를 왼쪽에서 오른쪽 방향으로 드래그하여 지정하면 범위 안에 있는 노드와 와이어가 선택되고(윈도우 선택), 오른쪽에서 왼쪽 방향으로 드래그하여 지정하면 범위 내부와 걸쳐있는 노드나 와이어도 선택됩니다.(크로싱 선택)

04_ 단축키

Dynamo를 학습하는 초기에는 메뉴나 아이콘을 이용하는 것이 쉽습니다. 하지만 어느 정도 숙지한 후에는 단축키를 이용해 조작하는 방법이 보다 빠르게 접근할 수 있습니다. Dynamo에서는 다양한 단축키를 제공하고 있습니다.

다음 표는 Dynamo에서 제공하는 단축키 일람입니다.

단축키	기능
[F5]	처리를 실행합니다. [실행] 클릭과 동일
[Alt] + [F4]	Dynamo를 끝냅니다.
[Delete]	선택한 노드를 지웁니다.
[Esc] + 마우스 조작	그래프 뷰 화면 상태에서 3D 화면을 조작합니다.
[Ctrl] + [A]	모든 노드를 선택합니다.
[Ctrl] + [B]	그래프 뷰와 3D 뷰를 전환합니다.
[Ctrl] + [C]	노드나 텍스트를 복사합니다.
[Ctrl] + [D]	선택한 노드의 커스텀 노드를 작성합니다.
[Ctrl] + [G]	그룹을 작성합니다.
[Ctrl] + [I]	선택한 노드의 지오메트리 하이라이트 표시/비표시
[Ctrl] + [L]	새로 만듭니다. (새로 만들기)
[Ctrl] + [Shift]+[N]	신규 커스텀 노드를 작성합니다.
[Ctrl] + [O]	파일을 엽니다. (열기)
[Ctrl] + [S]	파일을 저장합니다.
[Ctrl] + [Shift]+[S]	다른 이름으로 저장합니다.
[Ctrl] + [U]	그룹을 해제합니다.
[Ctrl] + [V]	노드나 텍스트를 붙여넣기 합니다.
[Ctrl] + [W]	주석을 추가합니다.
[Ctrl] + [Y]	다시 실행합니다. (REDO)
[Ctrl] + [Z]	뒤로 되돌립니다. (UNDO: 실행 취소)
[Ctrl] + [Shift]+[↑]	콘솔의 표시/비표시를 전환합니다.
[Ctrl] + 드래그&드롭	선택한 노드를 복사 후 붙여넣기합니다. 노드의 복사
노드 선택 + [Tab]	선택한 노드와 연결된 노드를 선택합니다.

05_ Dynamo 맛보기 예제

Dynamo를 이해하기 위해 실제 프로그램으로 맛보기 조작을 해보겠습니다. 여기에서는 다이나모 프리미어(Dynamo Primer)에서 제공한 예제를 통해 학습하겠습니다. 아직 Dynamo 노드에 대해 학습하기 전이므로 그대로 따라 해보면서 어떻게 코딩하는지 이해하는데 초점을 맞춰 보시기 바랍니다.

1. 문제 정의

아무리 작은 프로그램도 주어진 문제 해결을 위해 존재합니다. 예를 들어, 사칙연산을 위한 프로그램도 사칙연산의 결과를 얻기 위함입니다. 프로그램을 개발할 때는 문제를 명확하게 정의해야 합니다. 그런 다음 해법을 연구하여 문법에 맞춰 절차와 해결 로직을 코딩해야 합니다. 어떤 순서로 어떻게 해결할 것인가는 프로그래머가 해결해야 할 과제입니다.

여기에서는 동적으로 크기(반지름)를 바꿀 수 있는 원을 그리는 프로그램입니다. 숫자를 입력하여 원의 중심점을 지정하고 슬라이드 바를 이용하여 다른 점을 지정하여 원을 작성합니다. 또, x, y 변수를 이용하여 원의 크기(반지름)를 동적으로 조정하는 코드를 작성하겠습니다.

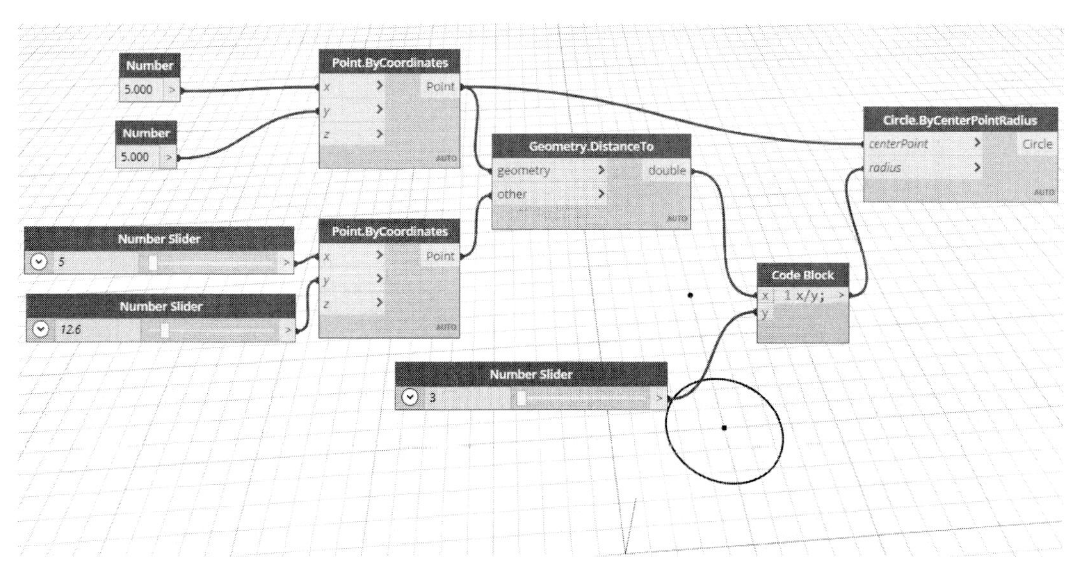

[결과 화면]

2. Dynamo 시작

Dynamo 프로그램 작업 및 실행을 위한 환경을 준비해야 합니다. Revit에서 Dynamo를 실행합니다.

(1) Revit의 '관리' 탭의 '시각적 프로그래밍' 패널에서 'Dynamo'를 클릭하여 실행합니다.

(2) 새로운 프로그램을 작성할 것이기 때문에 초기 화면에서 '새로 만들기'를 클릭합니다.

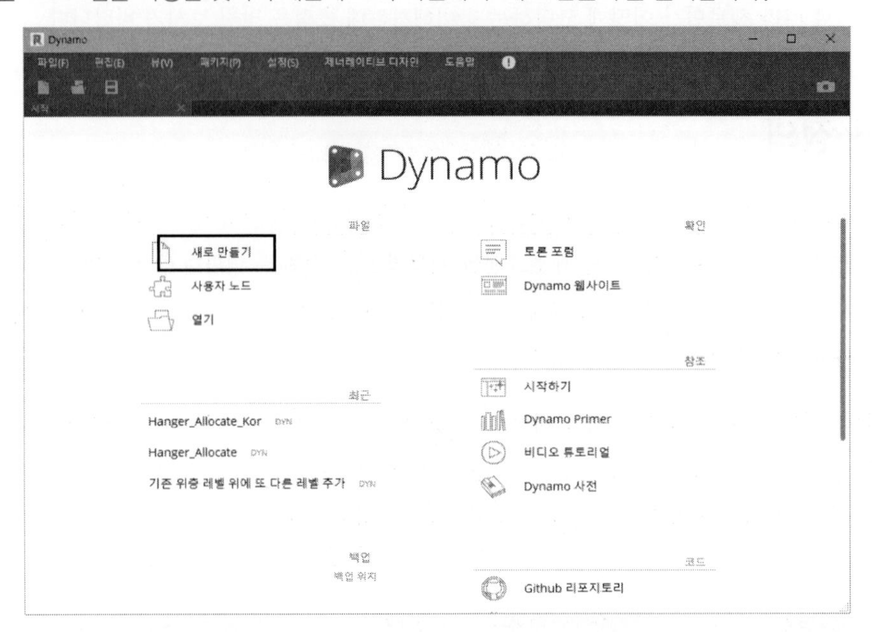

(3) 다음과 같이 Dynamo가 나타납니다. 이렇게 하면 프로그램의 작성과 실행할 준비가 된 것입니다.

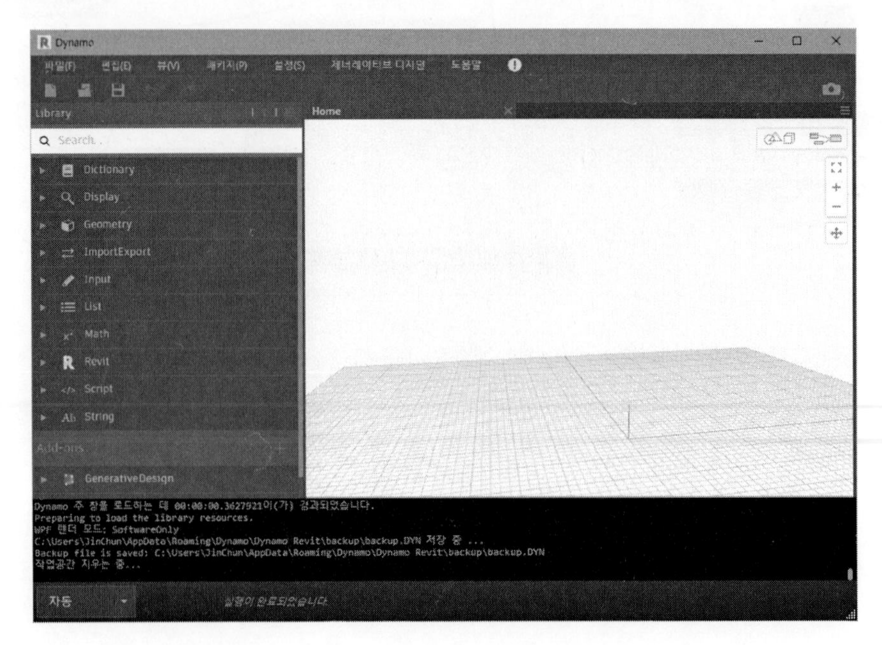

3. 동적으로 위치와 크기가 바뀌는 원

중심점과 반경을 지정하면 동적으로 원의 위치와 크기가 바뀌는 기능을 작성합니다.

(1) 라이브러리로부터 노드를 선택하여 워크스페이스에 배치합니다. 원을 그리는 노드는 라이브러리에서 Geometry → Curves → Circle 순으로 탐색합니다. 그러면 다음과 같이 원을 그리는 다양한 방법의 노드가 표시됩니다.

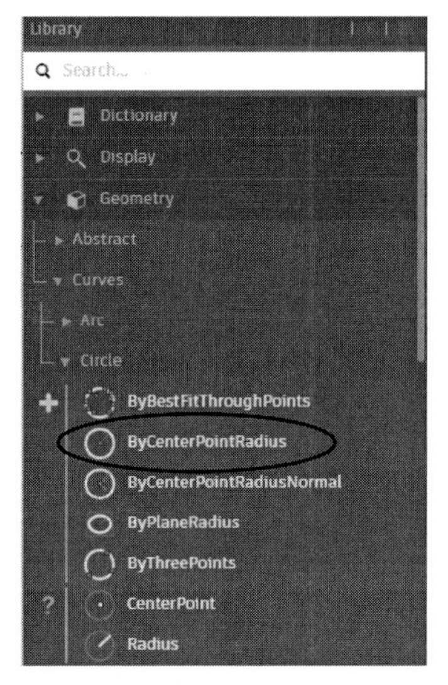

(2) 여기에서는 중심점과 반지름을 이용하여 원을 그리는 코드를 작성하겠습니다. 이에 해당하는 노드가 ByCenterPointRidus입니다. 클릭하면 워크스페이스에 배치됩니다. 노드의 이름이 있는 위치(노드 헤더)를 마우스 커서로 드래그하여 적당한 위치에 배치합니다.

Tip

마우스 휠로 확대/축소를 할 수 있으며 휠을 누른 채로 움직이면 초점을 이동할 수 있습니다.

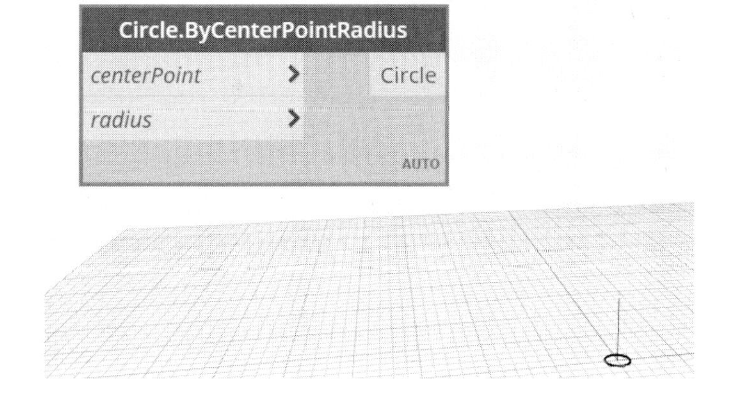

(3) ByCenterPointRidus노드의 입력 포트를 보면 centerPoint와 radius가 있습니다. 중심점을 지정하기 위한 centerPoint에 할당할 포인트(점) 노드를 배치하겠습니다. 라이브러리에서 Geometry → Points → Point 순으로 탐색합니다. Point 하위의 ByCoordinates(X,Y,Z) 노드를 클릭합니다. 반복하여 두 번 클릭하여 두 개의 노드를 배치합니다.

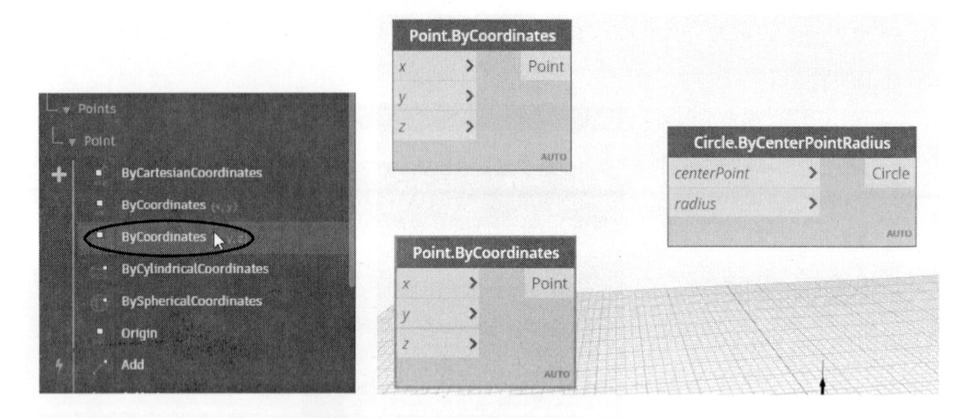

(4) 특정 기능의 명칭을 알고 있는 노드를 배치하고자 할때는 검색 기능을 이용하여 배치합니다. 두 점 사이의 거리를 구하는 노드가 DistanceTo입니다. 검색 창에서 DistanceTo라고 입력합니다. 그러면 라이브러리에 해당 키워드의 노드가 표시됩니다. 클릭하면 DistanceTo 노드가 배치됩니다.

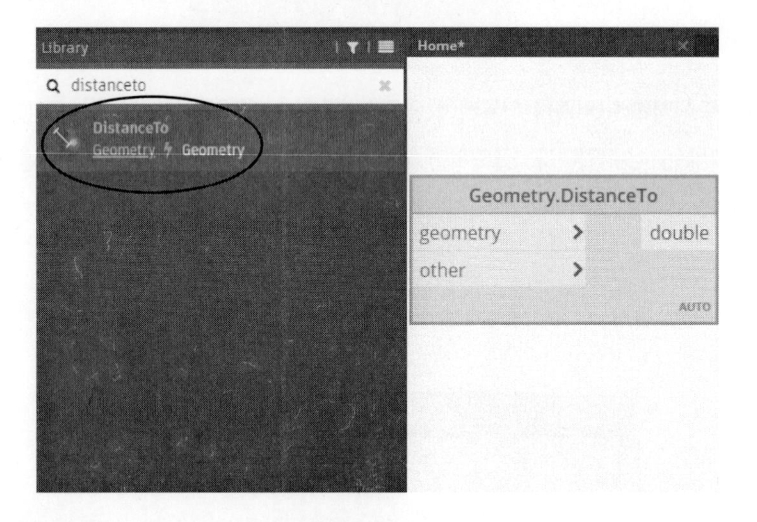

(5) 다음은 숫자를 입력하는 Number 노드를 배치합니다. Input → Basic → Number를 클릭하거나 검색창에서 'Number'을 입력하여 해당 노드를 배치합니다. 반복해서 클릭하여 Number 노드를 두 개 배치합니다.

다음은 슬라이드 바를 이용하여 숫자를 지정하는 NumbeSlider를 배치합니다. Input → Basic → NumerSlider 를 한 번 클릭한 후, 다시 한 번 클릭하여 NumberSlider 노드를 두 개 배치합니다. 총

8개의 노드가 배치되었습니다. 절차(프로세스)에 따라 다음과 같이 배치합니다. Number, Number Slider → Point.ByCoordinates → Geometry.DistanceTo → Circle.ByCenterPointRidus 순으로 배치합니다.

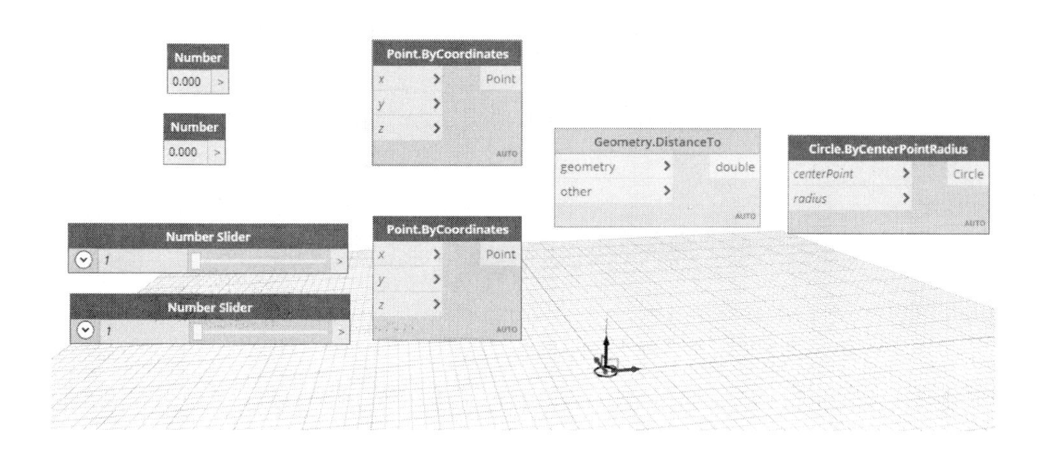

(6) 노드를 모두 배치했으므로 와이어로 노드와 노드를 연결합니다.

Tip

반드시 노드를 모두 배치한 후 와이어로 연결할 필요는 없습니다. 작업하기 편한 수만큼 노드를 배치하고 연결한 후 다시 노드를 배치할 수도 있습니다.

Number 노드의 출력 포트를 클릭한 후 파선의 와이어가 나타나면 Point.ByCoordinates 노드의 X 입력 포트에 연결합니다.

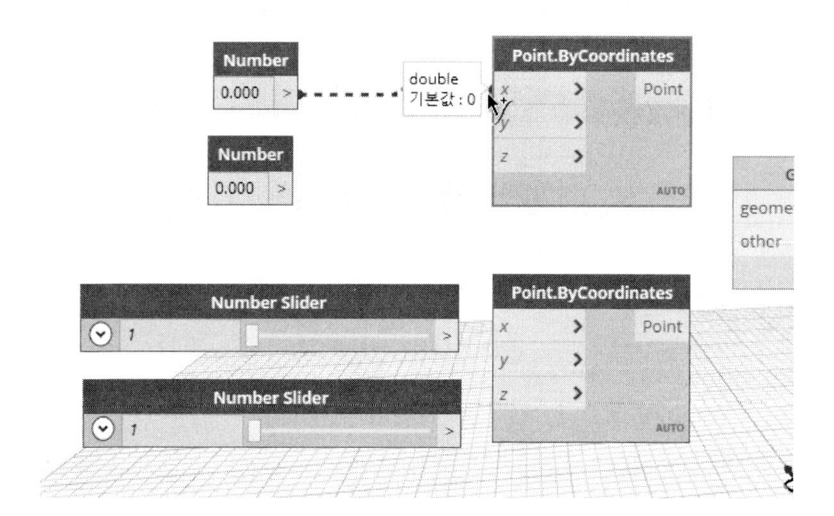

동일한 방법으로 아래쪽의 Number 노드의 출력 포트를 Point.ByCoordinates 노드의 Y 입력 포트에 연결합니다. 다음과 같이 연결됩니다.

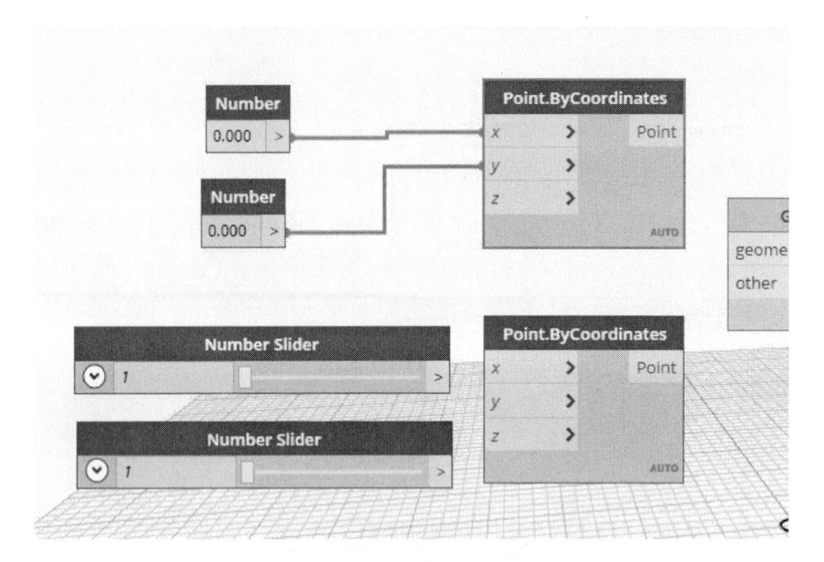

(7) 앞에서와 같은 방법으로 Number Slider노드의 출력 포트를 아래쪽의 Point.ByCoordinates 노드의 X, Y 입력 포트에 연결합니다. 다음과 같이 연결됩니다. 이렇게 하여 (0,0)과 (1,1) 두 점이 구해졌습니다.

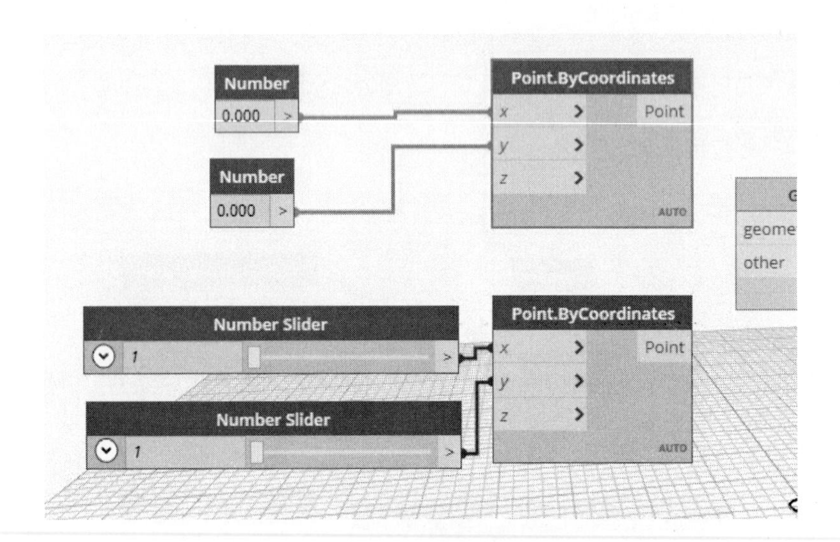

(8) 다음은 점과 점 사이의 거리 값을 구하겠습니다. 거리를 구하는 노드가 DistanceTo 입니다. 아래쪽의 Point.ByCoordinates 노드의 출력 포트를 DistanceTo 노드의 입력 포트에 연결합니다. 다음과 같이 두 노드를 DistanceTo 노드의 입력 포트에 연결합니다.

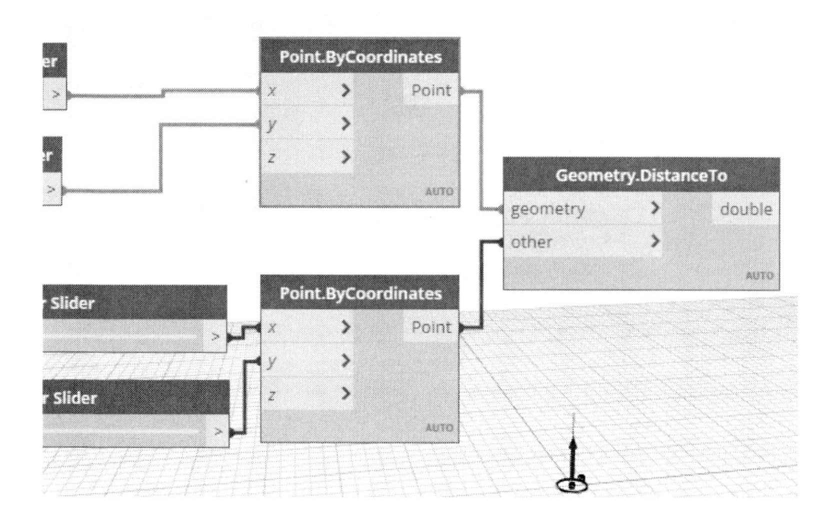

Tip

와이어의 표현 방법(직선, 곡선)을 바꾸려면 메뉴에서 '뷰(V)'–'커넥터(C)'– '커넥터 유형(C)'에서'곡선' 또는 '폴리선'을 선택합니다.

(9) 이제 마지막 노드(Circle.ByCenterPointRadius)의 입력 포트 값을 연결하겠습니다. 여기에서는 위쪽에 있는 Point.ByCoordinates 노드의 출력 포트를 원의 중심점으로 지정하겠습니다. 위쪽의 Point.ByCoordinates 노드의 출력 포트(Point)를 클릭하여 Circle.ByCenterPointRadius의 centerPoint 입력 포트에 연결합니다.

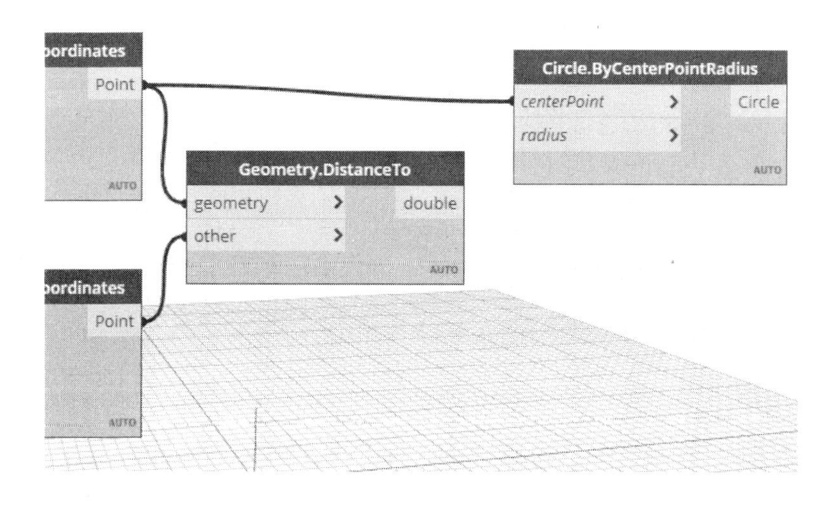

Geometry.DistanceTo 출력 포트(double)를 Circle.ByCenterPointRadius의 radius 입력 포트에 연결합니다.

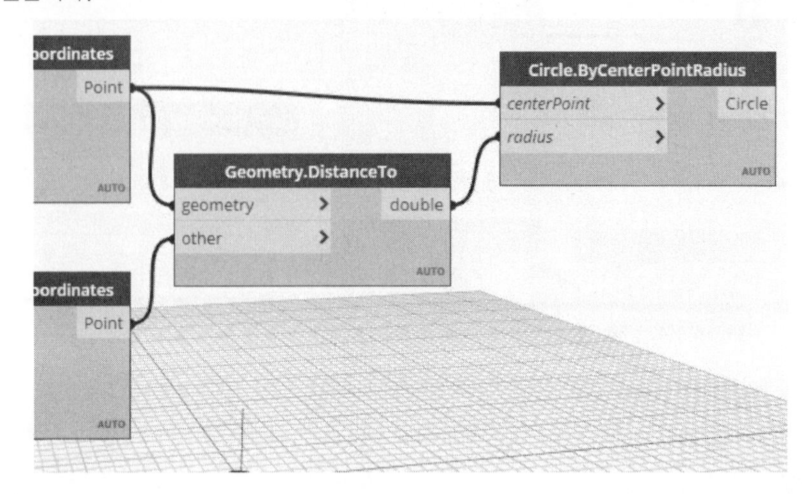

(10) Circle.ByCenterPointRadius 노드에 연결됨과 동시에 3D 뷰에 원이 모델링됩니다.

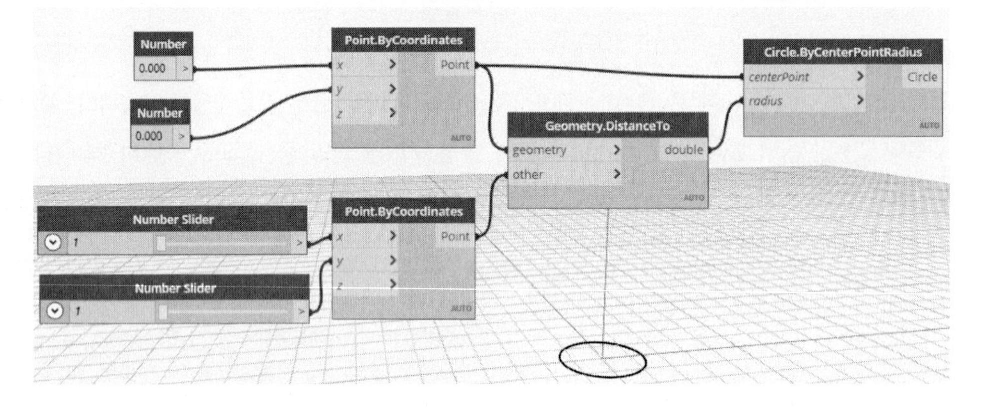

(11) 동적으로 좌표와 크기가 바뀌는지 테스트 해보겠습니다.

Number 노드에 각각 '5'를 입력합니다. 그러면 다음과 같이 X,Y좌표가 (5,5)로 바뀌고 원의 크기가 커진 것을 알 수 있습니다.

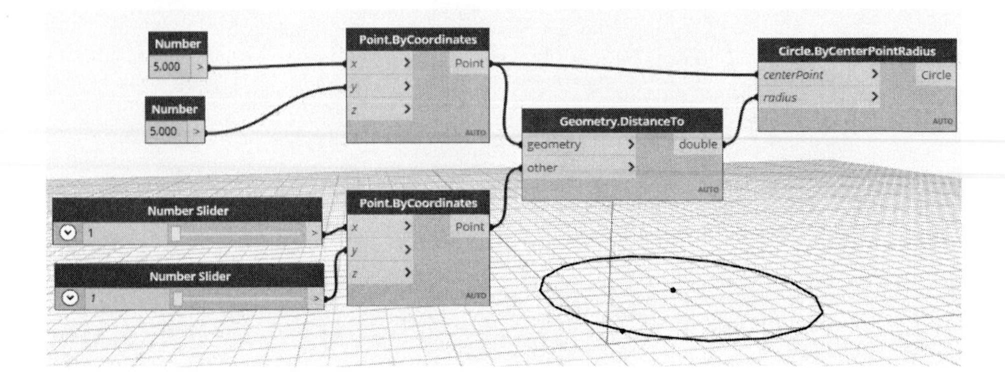

(12) 이번에는 마우스로 Number Slider 노드의 슬라이드 바를 움직입니다. 슬라이드 바의 위치에 따라 원의 크기가 동적으로 바뀌는 것을 확인할 수 있습니다.

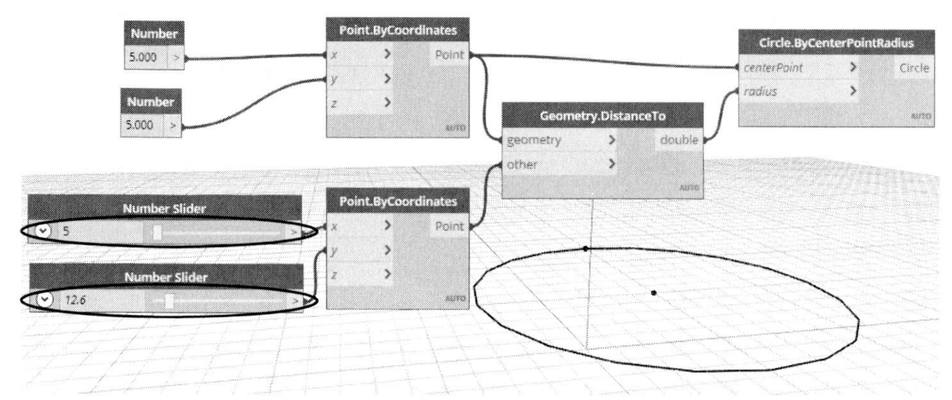

이와 같이 노드를 배치하고 와이어로 연결하는 방식으로 프로그램을 개발합니다. 이처럼 프로세스를 눈으로 확인할 수 있으므로 읽기 쉽고 배우기 쉽다는 것을 확인할 수 있습니다.

(13) 화면을 '3D 뷰 모드'로 바꾸어 표현해보겠습니다. 화면 오른쪽 상단의 '배경 3D 미리보기 탐색 사용' 아이콘을 클릭하거난 〈Ctrl〉 + 'B'를 누릅니다. 다음과 같이 그래프(노드, 와이어)가 사라집니다.

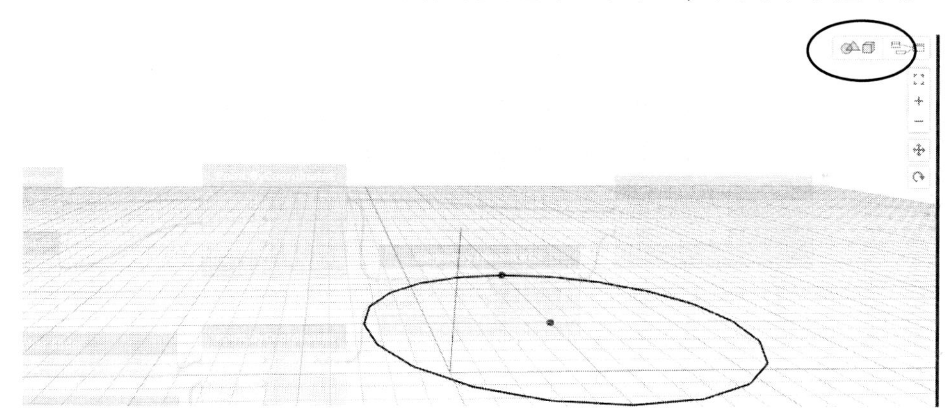

(14) 마우스를 이용하여 다양한 뷰를 펼칠 수 있습니다. 마우스 오른쪽 버튼을 누른채로 움직이면 3D 뷰를 회전할 수 있습니다.

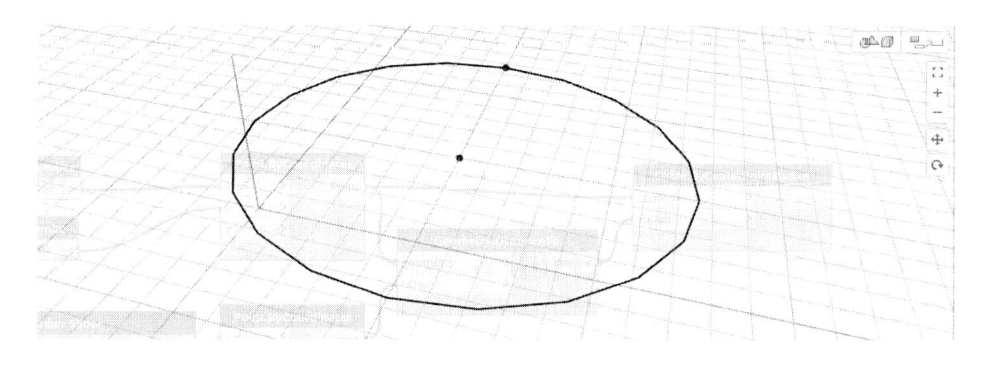

4. 코드 블록의 활용

이번에는 코드 블록(Code Block)을 이용하여 코딩을 해서 원의 크기를 바꾸는 작업을 해보겠습니다. 코드 블록은 아무것도 설정되어 있지 않은 노드로 프로그래머가 직접 텍스트 형식으로 코드를 작성하는 노드입니다. 여기에서는 나눗셈 하나의 수식만 사용하지만 Python 등 프로그래밍 언어를 작성할 수 있습니다. 코드 블록의 사용이 프로그래밍다운 프로그래밍이 아닌가 생각됩니다.

(1) 먼저 Number Slider 와 Code Block 노드를 배치합니다. Input → Basic → Number Slider 를 클릭하여 배치합니다. 코드 블록은 워크스페이스에서 더블클릭하면 배치됩니다. 또는 검색 창에서 'Code Block' 키워드를 입력하여 배치합니다.

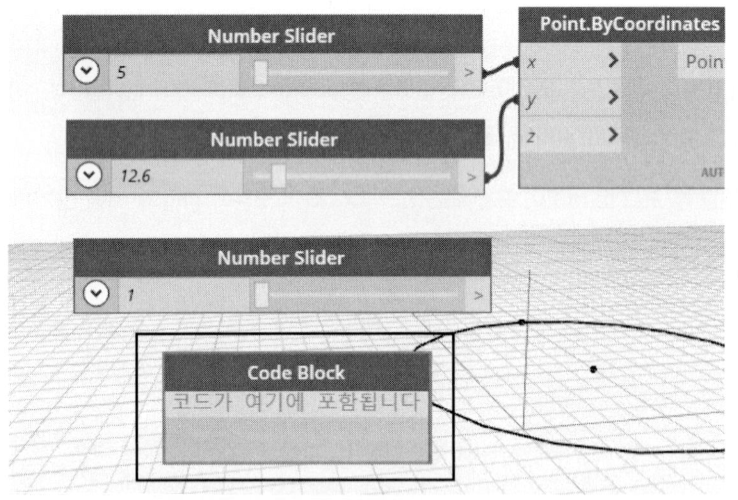

(2) 코드 블록에 코드를 작성하겠습니다. 코드 블록을 클릭한 후 'x/y;'를 입력합니다. 그러면 다음과 같이 입력 코드가 표시되고 입력 포트에 변수(x, y)가 나타납니다.

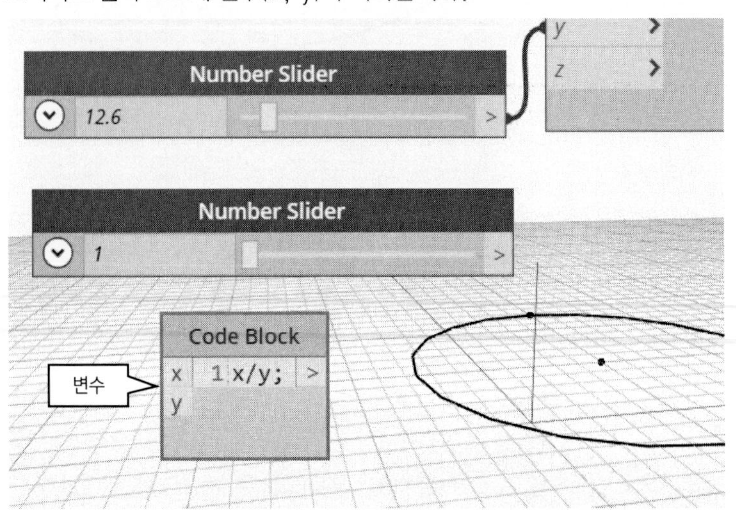

(3) 이제 변수에 입력 값(x, y)을 정의합니다. x는 앞에서 정의한 DistanceTo의 값을 지정하고 y는 Number Slider의 값을 지정합니다. DistanceTo의 값을 Number Slider의 값으로 나누는 결과가 나오게 됩니다.

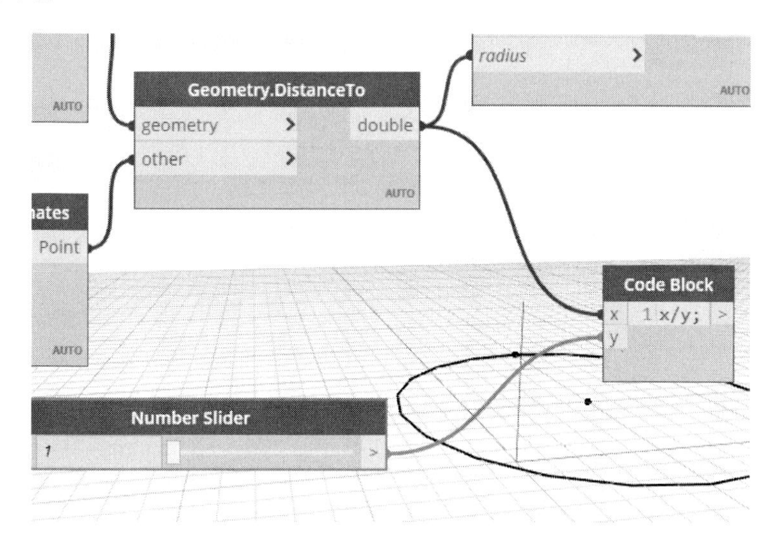

(4) 여기에서 수행하고자 하는 작업은 앞에서는 원의 반경을 두 점의 거리(DistanceTo)로 했으나 코드 블록을 통해 측정한 거리(DistanceTo)를 지정한 값(y)으로 나누어 반경 값으로 지정하는 코드입니다. 먼저, Circle.ByCenterPointRadius의 입력 포트에 연결된 DistanceTo 와이어를 지우고 코드 블록의 출력 포트를 Circle.ByCenterPointRadius의 radius에 연결합니다.

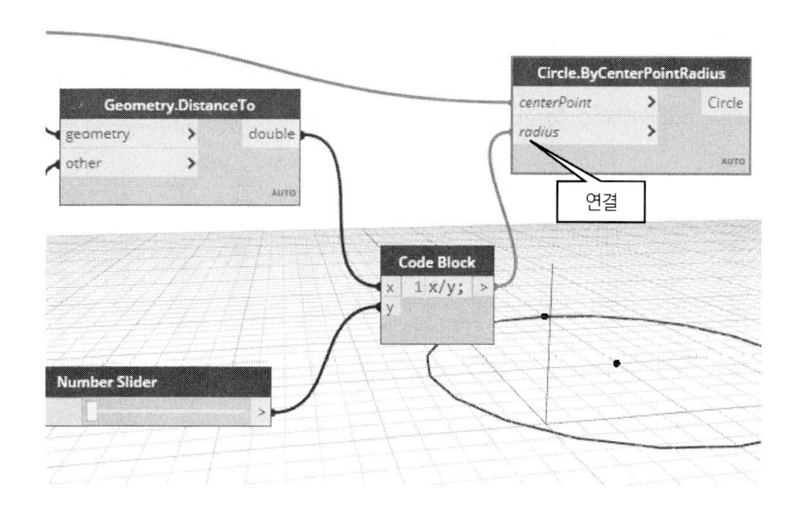

(5) 이제 테스트를 해보겠습니다. Number Slider의 바를 움직이거나 숫자를 입력하여 y값을 조정합니다. 동적으로 원의 크기가 바뀌는 것을 확인할 수 있습니다. 여기에서는 코드 블록에 하나의 수식(x/y)을 입력했지만 다양하고 복잡한 코드를 작성하면 보다 효율적인 프로그램을 작성할 수 있습니다.

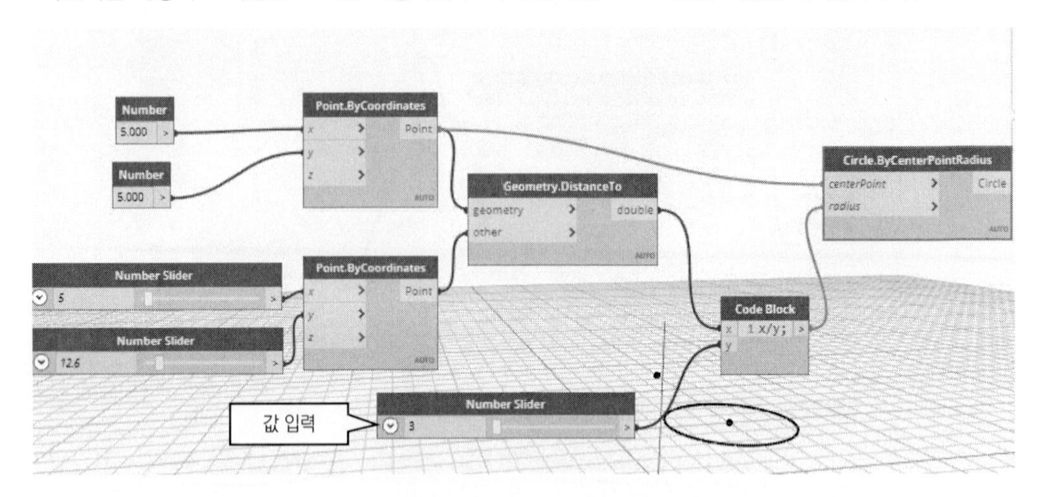

(6) 작성된 프로그램은 저장합니다. 뒤에서 이 코드를 이용하여 좀더 복잡한 기능을 구현해보겠습니다. 저장할 때 파일명은 이해하기 쉬운 이름으로 저장합니다. 여기에서는 '01_DynamicCircle.dyn'이라는 이름으로 저장하겠습니다. 다이나모는 파일을 저장하면 확장자가 '*.dyn'이 됩니다.

지금까지 노드와 노드를 와이어로 연결하여 동적으로 원의 중심과 크기를 바꾸는 프로그램을 작성해봤습니다. 지금까지의 조작으로 Dynamo의 구조와 흐름을 이해하셨으리라 생각됩니다. 예제를 통해 확인했듯이 노드를 배치하고 와이어로 노드와 노드를 연결하는 방식의 가시적 프로그래밍 작업이기 때문에 읽기 쉽고 이해하기도 쉽습니다. 한 단계씩 난이도를 높혀가면서 프로그램을 작성해보면 보다 재미있게 작업할 수 있습니다.

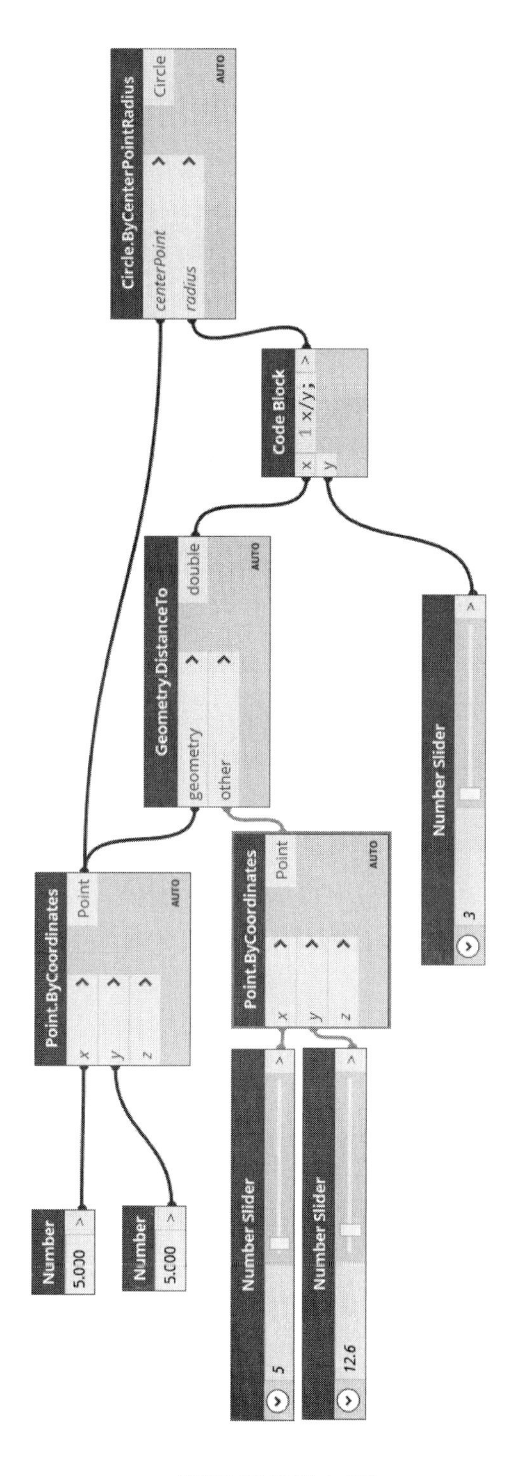
Circle.ByCenterPointRadius
centerPoint
radius
Circle
AUTO
Code Block
x
y
1 x/y;
Geometry.DistanceTo
geometry
other
double
AUTO
Number Slider
3
Point.ByCoordinates
x
y
z
Point
AUTO
Point.ByCoordinates
x
y
z
Point
AUTO
Number
5.000
Number
5.000
Number Slider
5
Number Slider
12.6

[동적 원 전체 노드]

Part_2

데이터와 리스트

Part1을 통해 Dynamo라는 도구에 대해 알아보았습니다. 이제부터 본격적으로 Dynamo에 대해 학습하겠습니다. Dynamo는 노드와 와이어로 구성되지만 결국은 데이터를 연결하고 처리하여 결과를 출력하는 작업입니다. 데이터 중에서도 리스트 형태의 데이터를 많이 이용하게 됩니다. 이번에는 데이터와 리스트에 대해 알아보겠습니다.

01_ 데이터의 이해

프로그램의 시작은 데이터 입력(좌표, 점, 요소 등)에서 시작합니다. 노드와 노드를 연결할 때 사용하는 입력 포트와 출력 포트는 데이터를 연결하는 커넥터(Connector)입니다. 데이터에 대해 알아보겠습니다.

1. 데이터 유형(Type)의 이해

노드는 입력 포트와 출력 포트로 이루어집니다. 포트는 데이터의 입출력을 담당하는 출입구입니다. 각 포트에는 데이터의 유형(Type)이 정해져 있습니다. 즉, 출입할 수 있는 신분(자격)이 정해져 있습니다. Dynamo에서 발생하는 대부분의 에러는 해당 데이터 유형이 맞지 않아서 발생합니다.

01. 데이터의 종류

어느 프로그램에서나 데이터를 취급하게 됩니다. 우리가 알고 있는 가장 단순한 데이터는 1.0, 2와 같은 숫자나 "이진천", "Dynamo"와 같은 문자 데이터 입니다. Dynamo에서 데이터의 종류는 다양합니다. 숫자, 문자 외에도 참(True)/거짓(False)도 불리언(Boolean) 데이터이며, 선분도 데이터이며 벽체, 지붕과 같은 Revit 요소도 데이터입니다.

Dynamo에서 데이터는 종류에 따라 유형(Type)으로 구분됩니다. 각 입력 포트는 받아들일 수 있는 유형이 정해져 있습니다. 정해진 유형이 입력되지 않으면 에러가 발생하거나 엉뚱한 결과를 가져올 수 있습니다. 컴파일(Compile) 방식의 대부분의 언어는 이러한 유형을 미리 정의하도록 규정하고 있지만 Dynamo는 데이터의 유형을 정의하는 과정이 생략됩니다. 하나의 변수에 숫자를 넣으면 숫자형 변수가 되고 문자를 넣으면 문자형 변수가 됩니다. 이런 점이 Dynamo의 장점의 하나이지만 반대로 유형이 불명확하여 에러가 발생하는 경우도 있습니다.

Dynamo는 다양한 방식으로 데이터를 입력할 수 있습니다. 직접 숫자나 문자를 입력할 수도 있고, 특정 요소를 선택하여 이를 받아들이는 방법도 있습니다. 다음과 같이 같은 숫자를 입력하더라도 Number노드, 슬라이드 바를 이용하는 Number Slider 노드, 직접 코딩하는 코드 블록 노드를 이용하는 등 다양한 입력 방법을 제공합니다. 또, 다른 노드의 출력 포트에서 값을 받을 수도 있습니다.

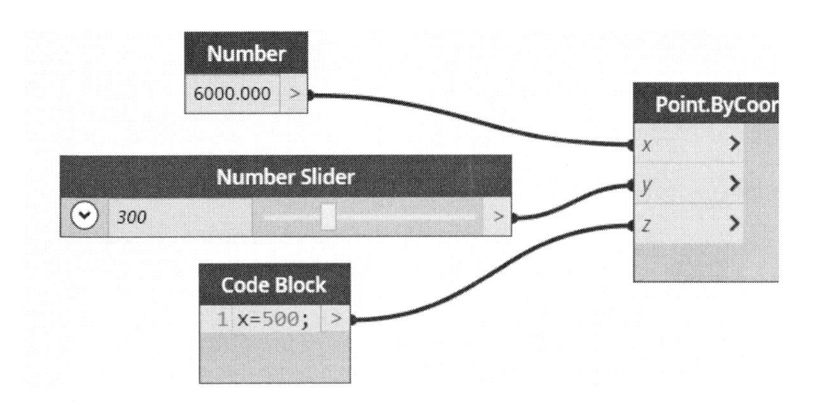

숫자는 정수(Integer)와 실수(Real)로 구분됩니다. Number 노드에서 소수점을 넣으면 실수(Real, Double)가 되고, 소수점을 넣지 않으면 정수(Integer)가 됩니다. Number 노드에서 직접 입력할 수도 있고 Integer Slider 노드에 의해 입력 받을 수도 있습니다.

데이터를 취급하기 위해서는 리스트(List)를 이용하는 경우가 많이 발생합니다. 데이터를 배열과 같이 계층 구조 형식으로 다루기 위해서는 리스트가 필수입니다. Dynamo에서는 리스트를 다룰 수 있어야 프로그램다운 프로그램을 구현할 수 있습니다. 리스트(List)에 대해서는 뒤에서 별도로 다루겠습니다.

02. 데이터 유형의 확인

노드와 노드를 연결하면서 데이터의 흐름과 처리를 제어하는데, 각 노드의 입력 포트 및 출력 포트의 데이터 유형을 확인할 수 있습니다. 유형을 확인하는 방법은 다음과 같습니다.

(1) **라이브러리에서 도움말** : 라이브러리에서 해당 노드의 툴팁 도움말에서 '입력'과 '출력'이 설명되어 있습니다. 배치하고자 하는 노드 이름에 마우스 커서를 대고 있으면 툴팁 도움말이 나타납니다. 노드의 기능과 함께 입력과 출력 포트의 데이터 유형이 표시됩니다.

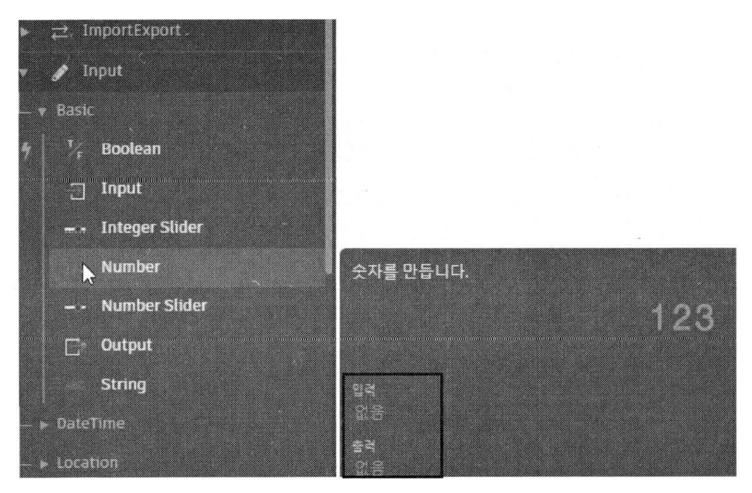

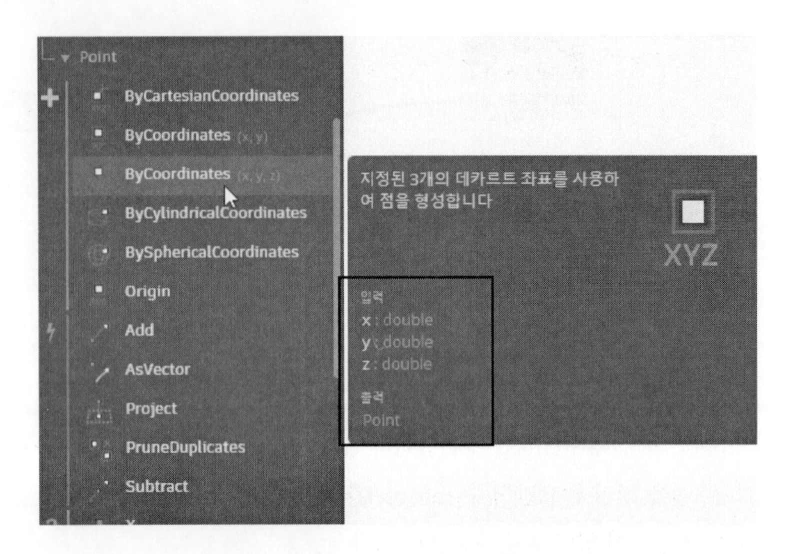

(2) **입/출력 포트** : 배치된 노드의 이름, 입력 또는 출력 포트에 마우스 커서를 가져가면 데이터 유형을 알 수 있습니다. 노드 상단의 노드 이름에 마우스 커서를 대면 노드에 대한 설명이 나타납니다. 이때 데이터 유형도 표시됩니다.

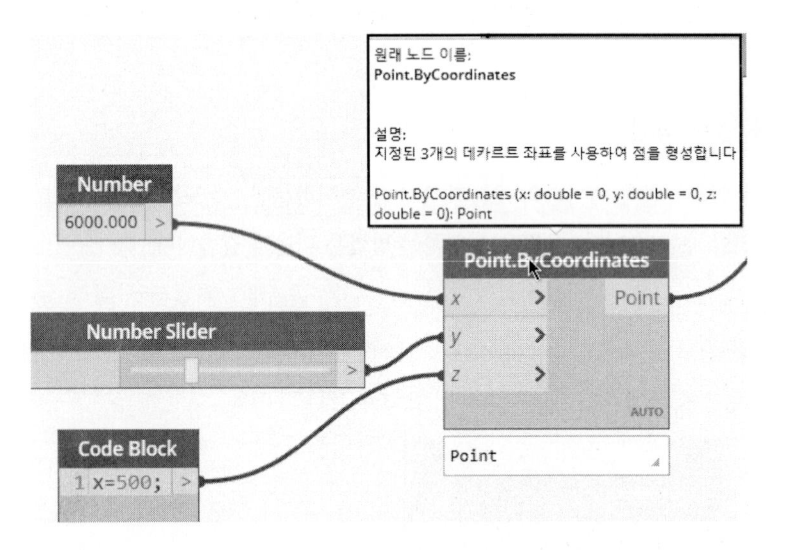

(3) 노드의 입력 및 출력 포트에 마우스 커서를 가져가면 각 포트의 데이터 유형이 표시됩니다. '기본값'이 있는 경우는 사용자가 별도로 정의하지 않으면 노드가 기본적으로 가지고 있는 값(디폴트 값)을 의미합니다. 다음의 예에서 '기본값:0'은 사용자가 별도로 정의하지 않으면 입력 값을 0으로 설정한다는 의미입니다. 기본값을 채용하지 않으려면 마우스 오른쪽 버튼을 눌러 '기본값 사용' 체크를 끕니다.

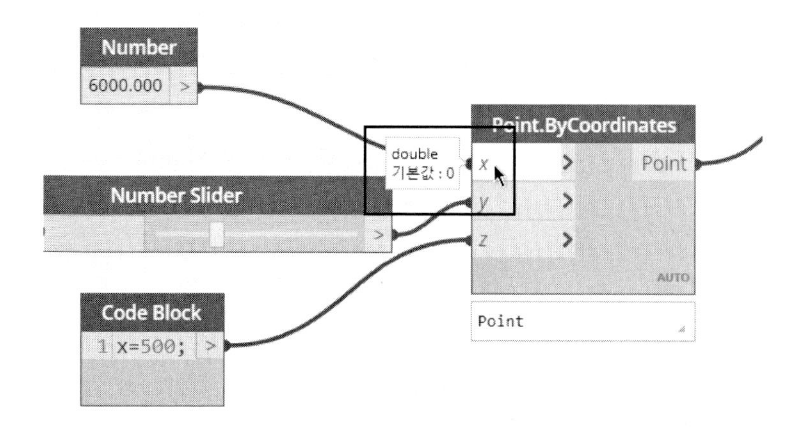

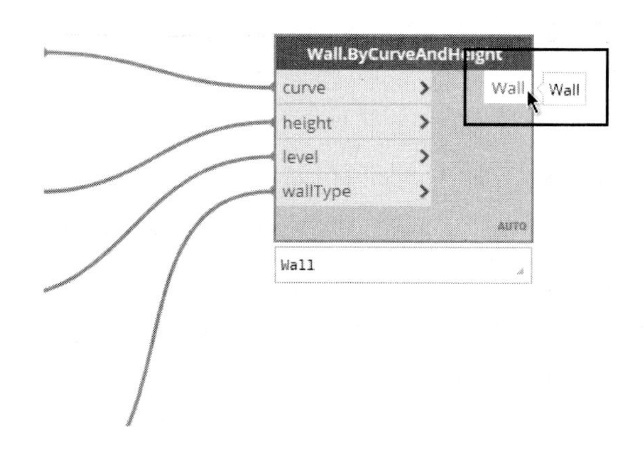

(4) Object Type 노드, Watch 노드 : Object Type 노드는 데이터의 종류를 문자로 출력해줍니다. Watch 노드는 노드의 출력을 시각적으로 표시해줍니다. 즉, 출력 포트의 값을 보여주는 노드입니다. 두 노드를 이용하여 데이터의 유형을 확인할 수 있습니다.
다음과 같이 노드를 배치한 후 와이어로 연결합니다. Watch 노드를 보면 각각의 데이터 유형이 표시됩니다.

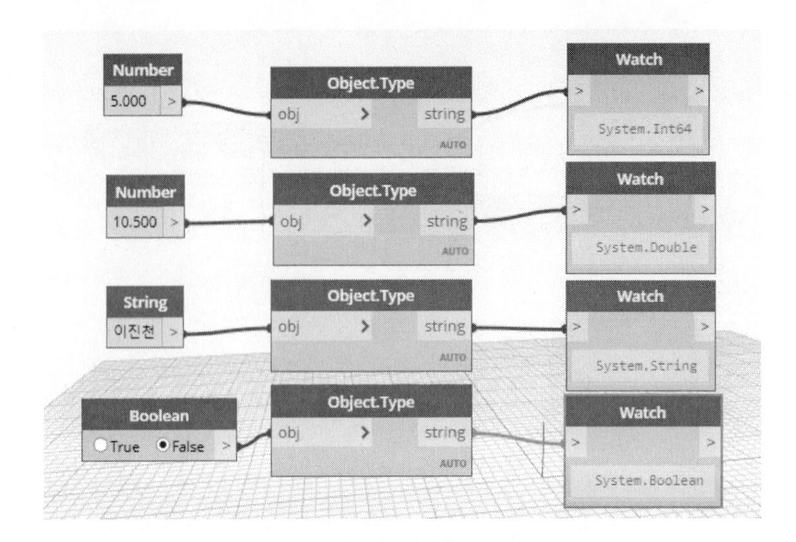

Number 노드에서 정수를 입력하느냐, 실수를 입력하느냐에 의해 Int64, Double로 구분됩니다. Int64는 64비트 정수를 말합니다. Boolean 노드의 결과는 역시 Boolean인 참(True)/거짓(False)으로 나타냅니다.

(5) 다음은 x, y좌표를 입력하여 점을 작도하는 코드입니다. Watch 노드를 통해 데이터 유형을 보면 'Autodesk.DesignScript.Geometry.Point'라는 유형을 보여줍니다. 즉, 지오메트리 포인트라는 데이터 유형을 말합니다.

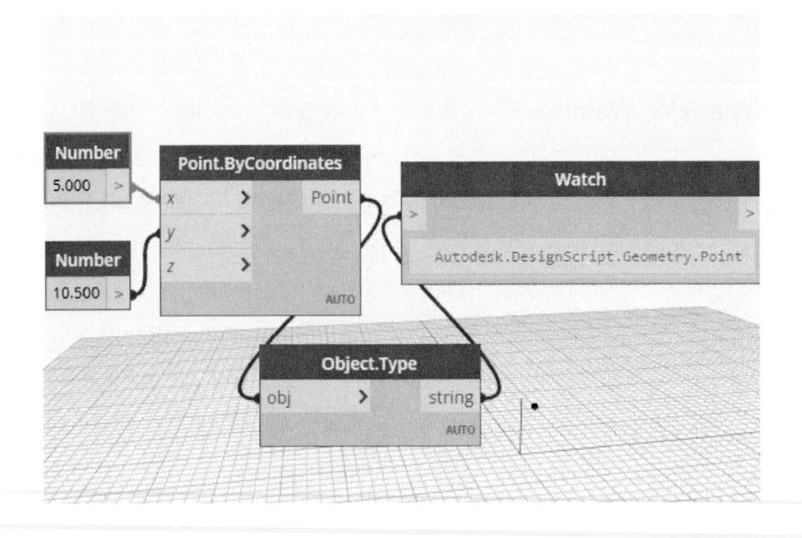

참고 : Watch 3D 노드

Watch 노드는 데이터를 텍스트로 표시하는 노드인데 반해 Watch 3D 노드는 형상을 미리보기로 보여주는 노드입니다. Watch 3D 노드를 배치한 후 표시하고자 하는 데이터 노드를 입력 포트에 연결합니다. 다음과 같이 Watch 3D 노드를 통해 형상을 미리보기 형식으로 나타납니다.

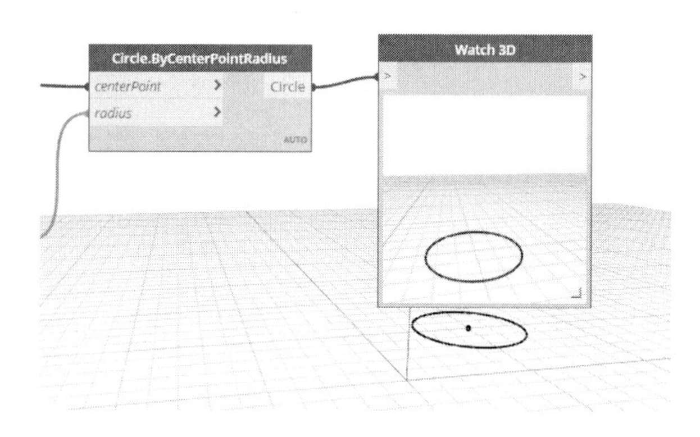

2. 데이터 유형(Type)

Dynamo는 다양한 종류의 유형을 갖고 있습니다. 데이터를 취급하기 위해서는 데이터 유형을 정확히 알고 있어야 합니다. 데이터 유형이 맞지 않으면 경고 또는 에러가 발생하게 됩니다. 이번에는 Dynamo에서 취급하는 데이터 유형에 대해 알아보겠습니다.

01. 일반적인 데이터 유형

숫자, 문자와 같은 일반적으로 사용하는 데이터 유형입니다. 다음과 같은 종류의 유형이 있습니다.

데이터 유형	설 명
Number	숫자를 표현하는 유형
Double	소수점을 포함한 숫자를 표현하는 유형
Int	정수를 표현하는 유형
String	문자열을 저장하는 유형
bool	True/False(참/거짓)를 표현하는 유형(Boolean)
Variant	목적으로 하는 정보의 입력에 의해 가변적인 유형
Object	모든 유형에 적용 가능한 유형
void	형이 아닌(없는) 것을 표현하는 유형
FileInfo	파일의 경로를 표현하는 유형
DirectoryInfo	폴더의 경로를 표현하는 유형
DateTime	날짜와 시간 등을 표현하는 유형
TimeSpan	경과시간을 표현하는 유형
List	배열 형태(리스트)를 가진 유형
Dictionary	키와 값이 저장된 정보의 유형
Empty	빈 리스트 정보
Null	정보(데이터)가 없는 유형. 작업을 통해 유효한 결과가 작성되지 않는 경우 노드에 null을 반환합니다.
Function	인수가 완전하지 않은 상태의 함수를 표현하는 유형

(1) **숫자** : 숫자는 가장 일반적인 데이터 유형입니다. 숫자는 소수점을 포함한 Double과 소수점이 없는 정수인 Int형이 있습니다. Number 노드는 실수와 정수에 관계없이 사용하는 유형의 노드입니다.

(2) **문자** : String유형의 문자열은 각 문자마다 인덱스(Index)를 갖고 있습니다. 예를 들어, "Revit"이라는 문자열을 입력하게 되면 0부터 차례로 인덱스가 붙습니다. R=0, e=1, v=2, i=3, t=4가 됩니다. 이 인덱스를 이용하면 원하는 문자를 추출할 수 있습니다.
다음의 예는 "재미있는 다이나모"라는 문자열에서 String.IndexOf 노드를 이용하여 "다"가 몇 번째 인덱스인지 찾아주고, 해당 인덱스 위치에 String.Insert 모드를 이용하여 "Revit과"라는 문자열을 삽입합니다. Watch 노드를 이용하여 결과를 확인하면 "재미있는 Revit과 다이나모"라는 문자열을 확인할 수 있습니다. 이처럼 문자열을 이용하는 다양한 기능의 노드를 제공하고 있습니다.
String.IndexOf는 문자의 인덱스를 찾습니다. 인덱스를 찾을 수 없으면 -1을 반환합니다. 입력 포트는 str: 대상 문자열, search: 참고자 하는 문자, ignoreCase: 대소문자 구분 여부
String.Insert는 지정한 인덱스에 문자를 삽입합니다. 입력 포트는 string: 대상 문자열, index: 삽입 위치, toinsert: 삽입하고자 하는 문자
String.Remove는 지정한 인덱스로부터 길이만큼 문자를 지웁니다. 입력 포트는 string: 대상 문자열, startindex: 지우고자 하는 문자의 시작 인덱스, count: 지우고자 하는 문자 개수

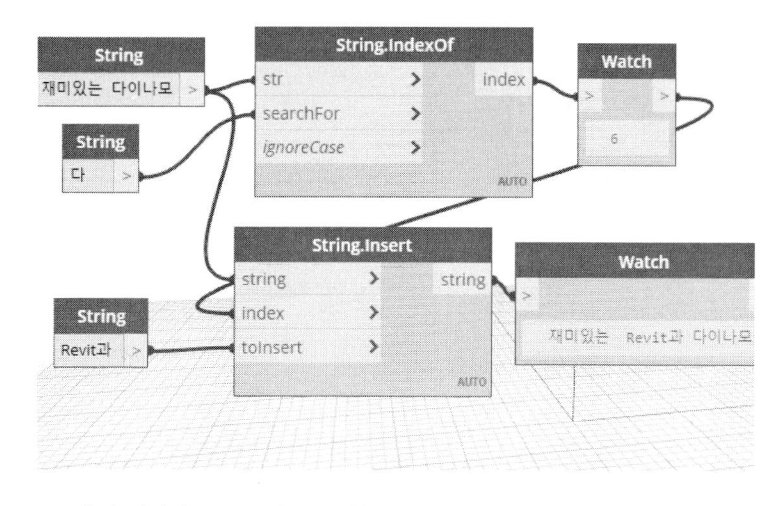

(3) List: Dynamo에서 데이터를 구조적으로 사용하기 위해서는 리스트를 이용합니다. 데이터의 계층 구조를 나타내는 것이 리스트입니다. Dynamo에서 데이터를 다루는데 가장 많이 사용하는 유형입니다. 리스트를 이해해야 Dynamo를 제대로 다룰 수 있습니다. 리스트는 뒤에서 별도로 설명하겠습니다.

(4) Null: Null은 데이터가 없다는 것을 나타냅니다. 데이터가 없는 값을 입력 포트에 연결하면 오류 또는 경고 메시지가 표시되며 정상적으로 실행되지 않습니다. 데이터가 Null인지 아닌지 판단하는 노드는 ObjectIsNull입니다. 결과(출력)는 True/False입니다. 데이터가 없는 Null이면 결과가 True(참)입니다.

02. 지오메트리 관련 데이터 유형

지오메트리와 관련한 데이터 유형에 대해 알아보겠습니다. 다음과 같은 종류의 유형이 있습니다.

데이터 유형	설 명
Color	색(RGBa)을 표현하는 유형
ColorRange	색의 분포를 표현하는 유형
Geometry	점이나 선, 면 등 위치나 형상 정보 전반을 표현하는 유형
BoundingBox	형상을 포함하는 육면체상의 공간을 표현하는 유형, 지오메트리 이용에 변환을 요합니다.
CoodinateSystem	3차원 좌표를 표현하는 유형
Plane	직행하는 두 축으로 표현되는 평면을 나타내는 유형
Edge	3차원 유형상의 변을 표현하는 유형, 지오메트리 이용에 변환을 요함
Face	3차원 유형상의 표면을 표현하는 유형, 지오메트리 이용에 변환을 요함
Vertex	3차원 유형상의 정점을 표현하는 유형, 지오메트리 이용에 변환을 요함
Topology	연결 관계를 가진 면 등 기하학 형상을 표현하는 유형, 면이나 솔리드가 해당됨
Vector	방향과 크기로 표현되는 유형
Curve	직선을 포함한 곡선 전반을 표현하는 유형
Arc	호를 표현하는 유형
Circle	원을 표현하는 유형
Ellipse	타원을 표현하는 유형
EllipseArc	타원 호를 표현하는 유형
Helix	나선형을 표현하는 유형
Line	방향을 가진 직선을 표현하는 유형
PolyCurve	일련의 곡선을 표현하는 유형
Polygon	다각형을 표현하는 유형
Rectangle	직사각형을 표현하는 유형
NurbsCurve	다차원의 유기적 곡선을 표현하는 유형
Mesh	연결관계를 가진 삼각형 또는 사각형의 메쉬를 표현하는 유형
IndexGroup	메쉬를 연결하는 점을 표현하는 유형
GeometoryColor	지오메트리의 색을 표현하는 유형

데이터 유형	설 명
Solid	솔리드를 표현하는 유형
Cone	원추(원뿔)를 표현하는 유형
Cuboid	육면체를 표현하는 유형
Cylinder	원통을 표현하는 유형
Sphere	구를 표현하는 유형
Surface	면(서페이스)을 표현하는 유형
PolySurface	일련의 면을 표현하는 유형
NurbsSurface	다차원의 유기적 곡면을 표현하는 유형

지오메트리 관련 데이터 유형에는 중요한 포인트가 있습니다. 상위 클래스와 하위 클래스가 있어 계승 관계를 가지고 있어 하위 클래스의 데이터 유형은 상위 클래스의 인수를 그대로 사용할 수 있는 경우가 있습니다. 예를 들어, 지오메트리(Geometry) 하위에는 커브(Curve)가 있고, 커브 하위에는 선(Line), 원(Circle) 등이 있습니다. 일부 예외적인 경우는 있습니다만 입력 유형이 지오메트리에 있다면 커브나 선, 원은 그대로 사용할 수 있습니다. 계승 관계를 아느냐 모르느냐에 따라 그래프의 구성이나 방법이 전혀 달라질 수 있습니다. 즉, 계승 관계를 잘 알고 있으면 그래프의 구성을 심플하고 읽기 쉽게 구현할 수 있어 효율적인 프로그램이 됩니다.

다음 그림은 지오메트리 데이터 유형의 계승 관계도입니다. 화살표는 상위로의 계승을 나타냅니다.

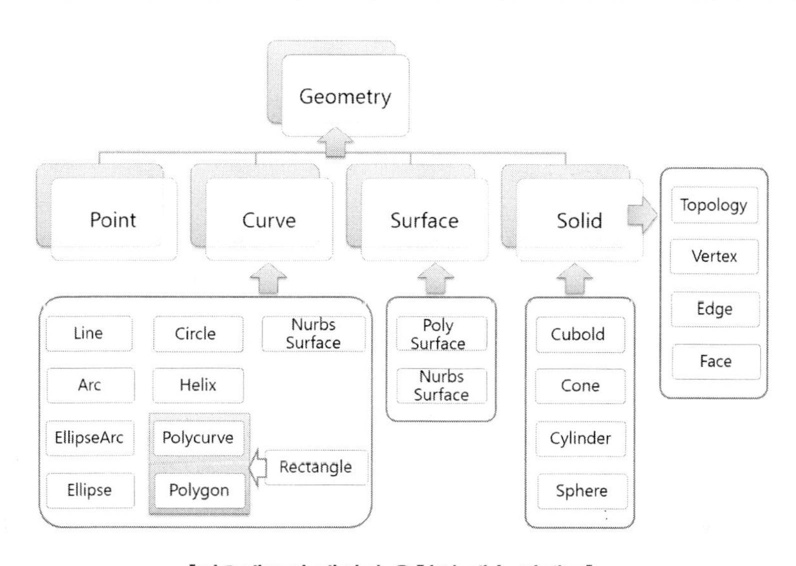

[지오메트리 데이터 유형의 계승 관계도]

03. Revit관련 데이터 유형

Revit 모델에 어떤 처리나 조작을 위한 데이터 유형입니다. Dynamo는 Revit 작업을 효율적으로 수행하기 위한 프로그래밍 도구이기 때문에 Revit에 대한 기초 지식과 데이터 유형을 이해해야 합니다.

Revit은 크게 네 개의 요소로 구분됩니다.

(1) **카테고리(Category)** : Revit에서의 모델링 작업은 여러 패밀리의 조합이라 할 수 있습니다. 각 패밀리는 특정 카테고리에 속해 있습니다. 예를 들어, 파이프에 들어가는 밸브는 Pipe Accessories(배관 엑세서리, 밸브류) 카테고리에 속합니다. 엘보나 티는 Pipe Fittings(배관 부속류) 카테고리에 속합니다. 카테고리는 요소의 특징에 따라 분류한 가장 상위의 개념입니다. 모델화 또는 문서화하는데 사용하는 요소의 그룹으로 가장 최상위 분류 기준입니다.

(2) **패밀리(Family)** : 패밀리는 특정 목적을 위해 여러 요소를 모아 만든 요소의 집합입니다. 카테고리 범주 내에서 특징과 용도에 따라 구분되는 하위 개념입니다. 일반적으로 Revit 프로젝트에서 모델은 패밀리의 집합입니다. 즉, Revit의 모델을 구성하는 기본 요소입니다. 예를 들어, 덕트 카테고리 안에 원형 덕트, 각형 덕트와 같은 시스템 패밀리가 있습니다.

(3) **유형(Type)** : 패밀리의 하위 개념입니다. 패밀리는 각각 서로 다른 유형을 지정할 수 있습니다. 다음 그림을 보면, 각형 덕트 패밀리가 있고 각형 덕트에서는 각 사이즈별 유형을 정의합니다. 패밀리에서는 복수의 유형을 지정할 수 있습니다.

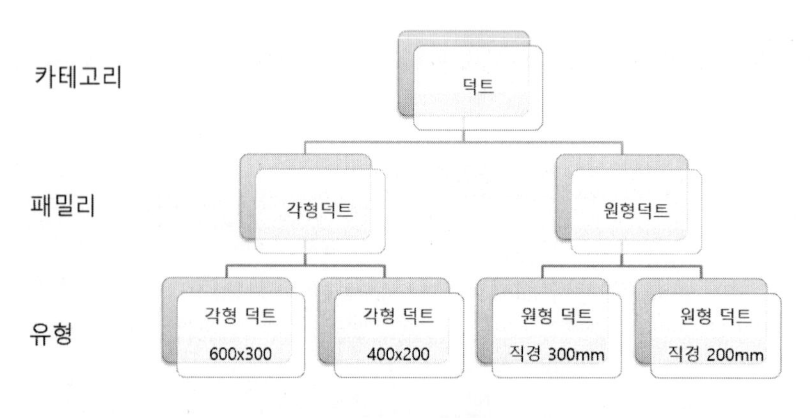

[카테고리, 패밀리, 유형 관계도]

(4) **인스턴스(Instance)** : 프로젝트에 배치된 각 요소를 말합니다. 프로젝트에 생성되어 있는 모델 또는 도면 시트(주석 인스턴스) 상에 특정의 장소를 가진 개별적인 요소입니다. AutoCAD의 객체(Object) 개념으로 이해하면 됩니다. 인스턴스는 패밀리에 속하고 그 패밀리 안에서는 특정 유형(Type)에 속합니다.

Dynamo에서 요소를 처리하기 위해 Revit 모델의 데이터를 가져오기 위한 노드를 제공하고 있습니다. 대표적인 노드를 살펴보면 다음과 같습니다. 구체적인 사용 방법은 뒤에서 다루도록 하겠습니다.

-. All Element of Category: Revit 모델에서 지정한 카테고리에 있는 모든 요소를 추출합니다. 입력 포트는 Category를 요구합니다.

-. All Element at Level: Revit 모델에서 지정한 레벨에 있는 모든 요소를 추출합니다. 입력 포트는 Level을 요구합니다.

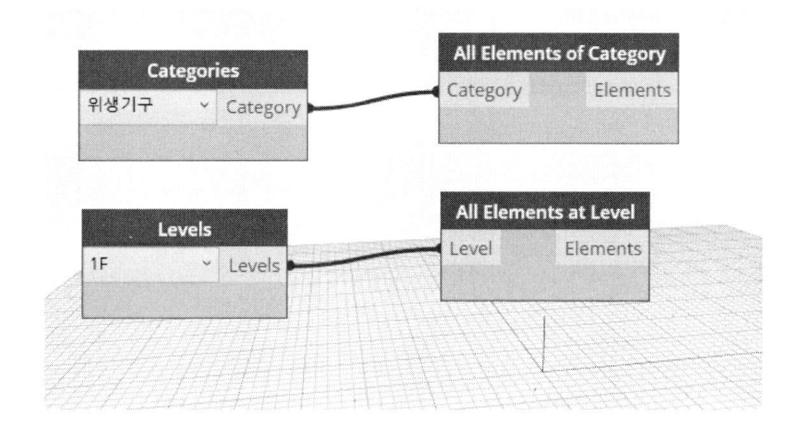

-. All Element of Category in view: Revit 모델에서 지정한 뷰에서 지정한 카테고리의 모든 요소를 추출합니다. 입력 포트는 Category와 View를 요구합니다.

-. All Element of Family Type: Revit 모델에서 지정한 패밀리 유형(Type)의 모든 요소를 추출합니다. 입력 포트는 Family Type을 요구합니다.

-. All Element of Type: Revit 모델에서 지정한 유형(Type)의 모든 요소를 추출합니다. 입력 포트는 Element Type을 요구합니다.

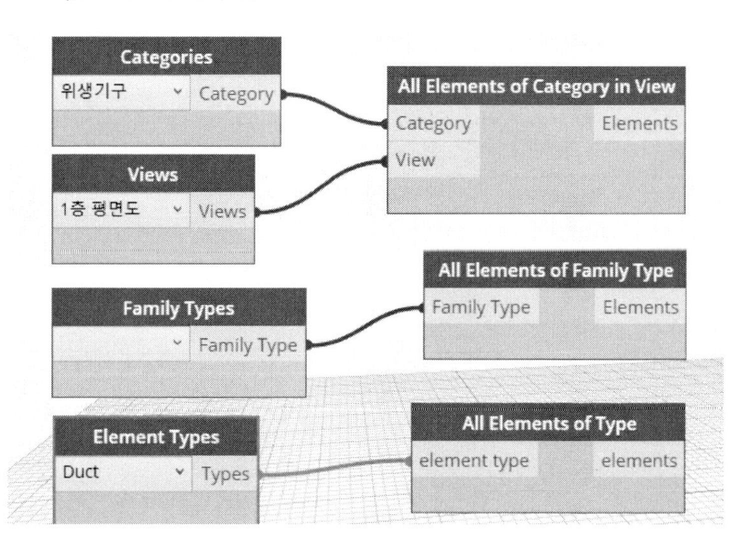

-. Select Model Element / Select Model Elements: Revit 프로젝트에서 사용자가 모델 요소를 선택하는 노드입니다. Select Model Element는 하나의 모델 요소만 선택하는 노드이고, Select Model Elements는 복수 개의 요소를 선택할 수 있는 노드입니다.

대표적인 Revit 데이터 유형을 살펴보면 다음과 같습니다.

● Revit 모델 일반 데이터 유형

데이터 유형	설 명
Document	Revit 도큐멘트를 나타내는 유형
Category	카테고리를 나타내는 유형
Element	모델의 요소를 나타내는 유형
FilledPatternElement	해치 패턴을 나타내는 유형
GlobalParameter	글로번 파라미터를 나타내는 유형
Grid	그리드를 나타내는 유형
ImportInstance	가져오기 인스턴스 요소를 나타내는 유형
Level	레벨을 나타내는 유형
LinePatternElement	선 종류를 나타내는 유형
Material	재질(재료)를 나타내는 유형
ModelCurve	Revit 모델 요소를 나타내는 유형
Parameter	파라미터(매개변수)를 나타내는 유형
Room	룸 요소를 나타내는 유형
SketchPlane	스케치 평면(장업평면)을 나타내는 유형
Topology	지반면(서페이스)를 나타내는 유형

● 컴포넌트 패밀리 유형

데이터 유형	설 명
Family	패밀리를 나타내는 유형
FamilyType	패밀리 유형을 나타내는 유형
FamilyIntance	패밀리 인스턴스를 나타내는 유형
CurtainPanel	커튼 패널 요소를 나타내는 유형
Tag	태그 요소를 나타내는 유형

● 시스템 패밀리 유형

데이터 유형	설 명
Wall	벽을 나타내는 유형
WallType	벽의 패밀리 유형을 나타내는 유형
Floor	바닥을 나타내는 유형
FloorType	바닥의 패밀리 유형을 나타내는 유형
Roof	지붕을 나타내는 유형
RoofType	지붕의 패밀리 유형을 나타내는 유형
Duct	덕트를 나타내는 유형
DuctType	덕트의 패밀리 유형을 나타내는 유형
Pipe	파이프를 나타내는 유형
PipeType	파이프의 패밀리 유형을 나타내는 유형
Dimension	치수를 나타내는 유형
DimensionType	치수의 패밀리 유형을 나타내는 유형
ModelText	입체 문자를 나타내는 유형
ModelTextType	입체 문자의 패밀리 유형을 나타내는 유형
TextNote	문자를 나타내는 유형
TextNoteType	문자의 패밀리 유형을 나타내는 유형

이 밖에도 패밀리 작성과 관련된 유형, 뷰(표시)와 관련된 유형, 해석과 관련된 유형 등 Revit의 모델링과 도큐멘테이션을 위한 다양한 데이터 유형이 있습니다.

3. 데이터의 입력

어느 프로그램이든 데이터를 입력하여 이를 처리하고 결과를 출력하는 루틴으로 이루어집니다. 데이터의 종류는 숫자나 문자가 될 수도 있고 객체(요소)가 될 수도 있습니다. 기능을 실행하기 위해 데이터 입력을 위한 주요 노드에 대해 알아보겠습니다. 라이브러리의 Input 카테고리를 중심으로 알아보겠습니다.

01. 기본(Basic)

숫자나 문자와 같은 기본적인 데이터를 입력하는 노드입니다.

(1) Number : 숫자를 입력하는 노드입니다. 입력한 후 〈Enter〉 키를 누르거나 노드 바깥쪽을 클릭합니다.

(2) Number Slider : 숫자, 정수(Integer)를 슬라이드 바를 이용하여 입력하는 노드입니다. 노드 창을 펼치면 Min, Max, Step 값을 지정하여 값의 한계와 값의 증감을 설정할 수 있습니다. Min은 최소값, Max는 최대값, Step은 값의 증감입니다.

(3) Integer Slider : 정수(Integer)를 슬라이드 바를 이용하여 입력하는 노드입니다. 넘버 슬라이더와 마찬가지로 Min, Max, Step 값을 지정하여 값의 한계(하한, 상항)와 값의 증감을 설정할 수 있습니다.

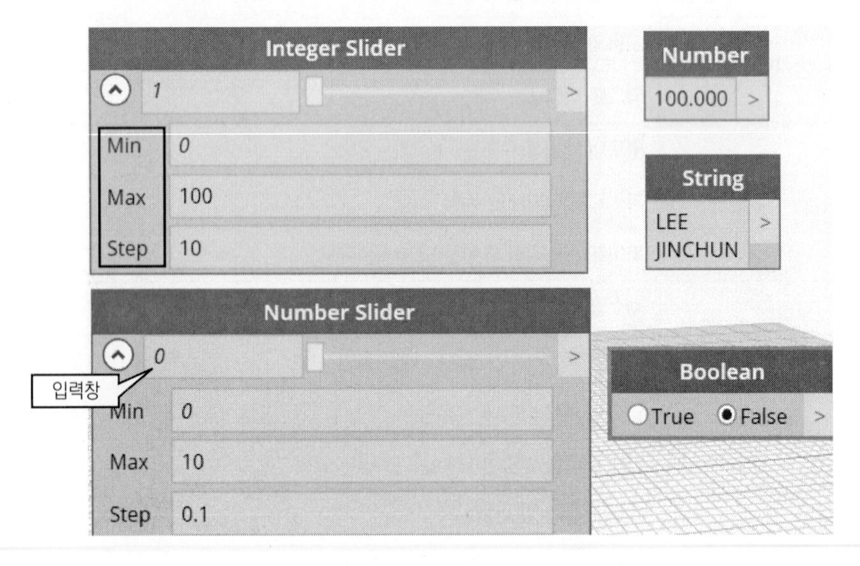

(4) String : 문자를 입력하는 노드입니다. 입력한 후 〈Enter〉키를 누르면 다음 줄로 이동합니다. 종료하려면 마우스 커서를 노드 바깥쪽으로 가져가서 클릭합니다. 코드 블록을 통해서도 문자를 입력할 수 있습니다만 코드 블록에서는 문자열의 시작과 끝에 쌍따옴표("")을 입력해야 합니다.

String은 각 개별 문자별로 인덱스를 가진 문자열입니다. 인덱스를 이용하여 삽입, 삭제가 가능하며 + 노드를 이용하여 문자를 연결할 수 있습니다.

(5) Code Block : 직접 코드 또는 데이터(문자, 숫자)를 기입하여 입력합니다. Dynamo에서 제공되는 노드를 코드로 변환할 수도 있습니다.

(6) Boolean : True/False를 지정하는 노드입니다. 참과 거짓, ON과 OFF를 정의할 때 사용합니다. 다음 그림의 코드 블록(Code Block)은 숫자, 문자, 불 값을 입력하는 예입니다.

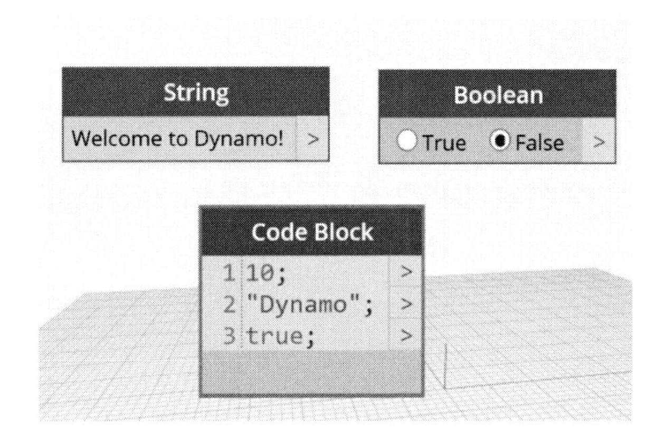

02. 날짜 시간(Date Time)

날짜와 시간을 반환하거나 지정하는 노드입니다. 대표적인 노드를 살펴보면,

(1) DateTime.Now : 현지의 날짜와 시간을 반환하는 노드입니다. DateTime.Today도 오늘 날짜와 현재 시간을 알려줍니다.

(2) Date Time : 현재의 날짜와 시간을 반환하는 노드입니다.

(3) DayOfWeek : 입력된 날짜의 요일을 반환하는 노드입니다.

(4) DayofYear : 입력된 날짜를 1월1일을 기준으로 카운트하여 반환하는 노드입니다.

(5) DayofMonth : 연과 월을 받아들여 해당 월의 일수를 반환하는 노드입니다. 예를 들어, 2022년 2월은 28일입니다.

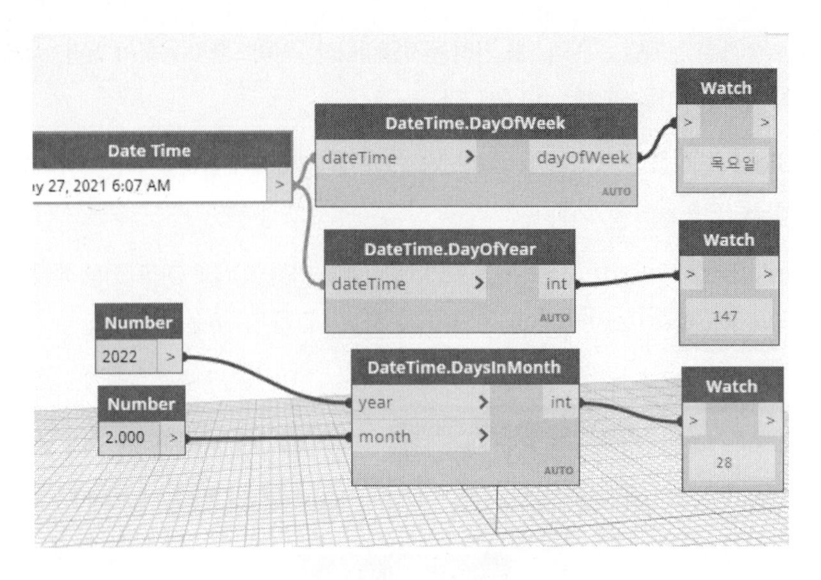

(6) Format : 날짜와 시간(DateTime)을 지정한 형식(format)의 문자열로 반환합니다.

(7) FromString : 문자로부터 날짜와 시간을 추출하여 날짜와 시간 형식으로 반환합니다. F: 전체(기본값), Y: 연월, D: 연월일 요일, T: 시간

(8) IsLeapYear : 입력된 해가 윤년인지, 아닌지 불(Boolean)으로 반환합니다. 윤년이면 True를 반환합니다.

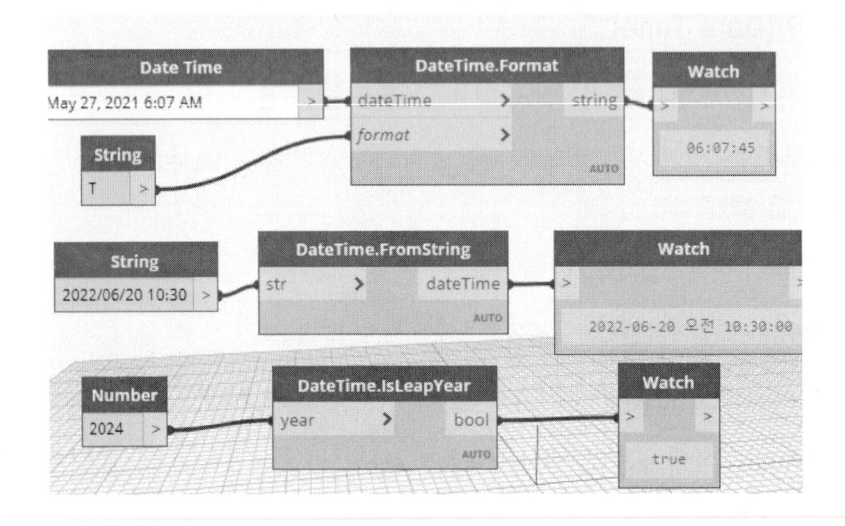

03. 위치(Location)

위치 정보를 지정하고 출력하는 노드입니다.

(1) ByLatitudeAndLongitude : 경도, 위도, 문자를 입력하여 위치(Location)를 반환하는 노드입니다.

(2) Longitude, Latitude, Name : 위치를 입력하여 경도와 위도, 이름을 반환하는 노드입니다.

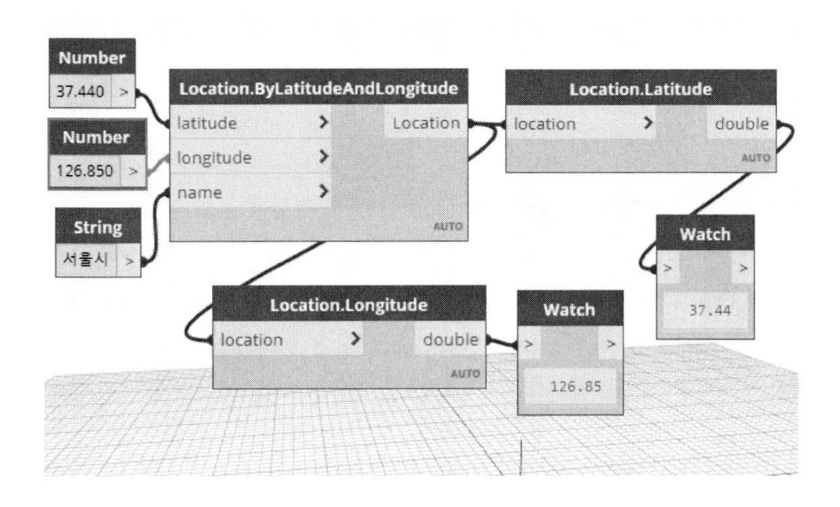

02_ 리스트의 이해

리스트(List)는 Dynamo에서 데이터를 담는(다루는) 기법의 하나입니다. 데이터를 저장하고 추출하는데 필수적인 요소이며 자주 사용하게 됩니다. Dynamo를 제대로 다루기 위해서는 리스트에 대해 정확히 이해하고 다룰 수 있어야 합니다.

1. 리스트란?

리스트(List)는 데이터를 다루는 기법의 하나로 쉽게 표현하면 데이터를 나열하여 표현하는 데이터 유형입니다. 나열하는 데이터를 나열하는 방법으로 '배열', '행렬'이 있습니다. 수학에 자신이 없는 사람들은 '행렬'이라는 단어만으로 어렵게 생각할 수 있습니다만 가로, 세로 데이터를 배열하는 2차원 배열로 생각하면 됩니다.

리스트 데이터를 다루는 배열과 행렬에 대해 알아보겠습니다.

01. 배열

배열은 데이터를 열로 순서대로 배치한 것입니다. 데이터 하나 하나를 '요소(Element)'라 부릅니다. 따라서 데이터가 배열된 순서대로 인덱스(Index)가 부여되어 있습니다. 인덱스는 0번부터 시작합니다. 예를 들어, 10번째 데이터의 인덱스는 9가 됩니다. 요소의 수는 (인덱스 최대값 + 1)이 됩니다.

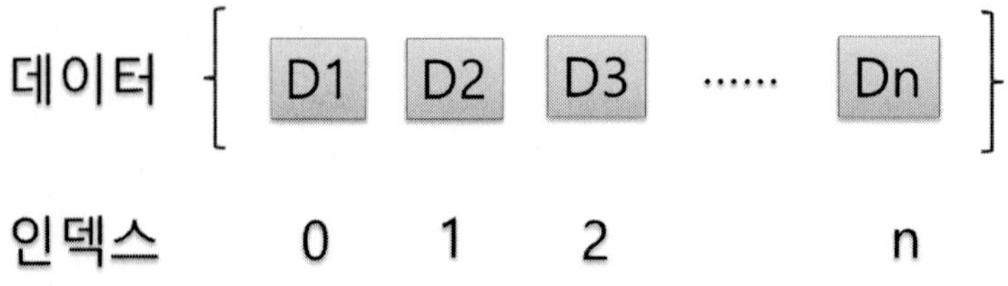

데이터 [D1 D2 D3 …… Dn]
인덱스 0 1 2 n

데이터의 입력은 꺾쇠 괄호[ ] 안에 콤마(,)로 구분하여 나열합니다. 다음과 같이 코드 블록 노드를 이용하여 데이터를 입력하여 Watch 노드를 이용하여 살펴보면 다음과 같이 배열(리스트)을 확인할 수 있습니다.

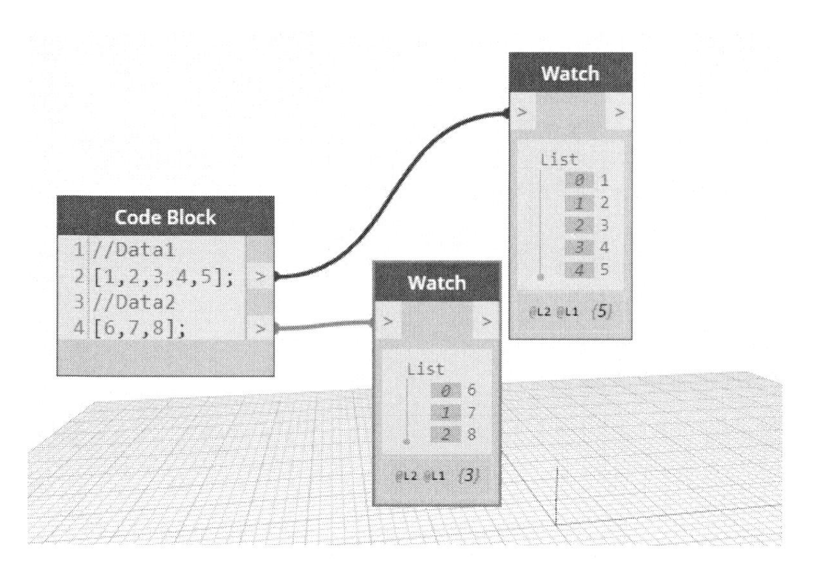

Watch 노드로 살펴보면 데이터가 리스트임을 알리는 문자인 List, 인덱스와 데이터를 쌍으로 하여 순서대로 표시됩니다. 하단에는 '@L2 @L1 {5}'라는 문자가 나타납니다. 이는 리스트의 깊이와 요소의 수를 표시하고 있습니다. 가장 안쪽을 첫 번째로 취급하고 바깥쪽 방향으로 두 번째, 세 번째로 카운트합니다.

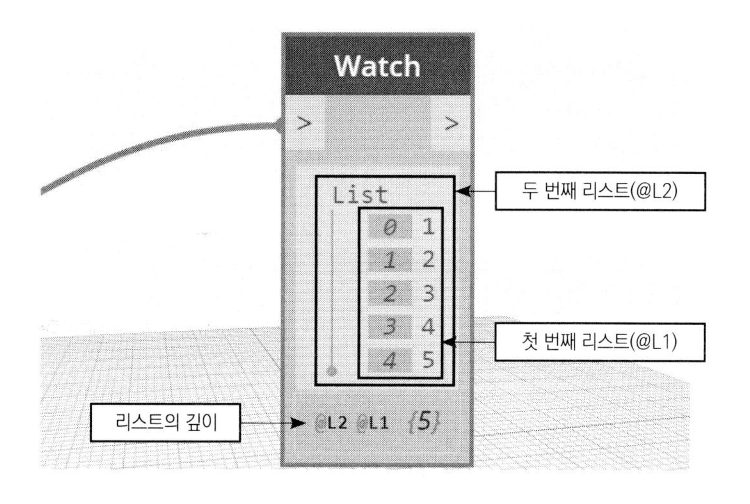

02. 행렬(2차원 배열)

행렬은 배열의 배열을 말합니다. 즉, 배열을 한 번 더 배열하는 2차원 배열을 말합니다. 앞에서의 배열이 하나의 요소가 되어 이를 배열하는 형식입니다. 예를 들어 한 반이 30명이고 5반이 있다고 가정하면, 한 반이 배열이며 이를 5개 늘어놓은 것이 2차원 배열이 됩니다. 데이터의 수는 150이 됩니다.

첫 번째 배열의 깊이는 @L1, 배열이 하나의 리스트가 되면 배열의 깊이는 @L2, 이를 포함한 리스트가 @L3이 됩니다.

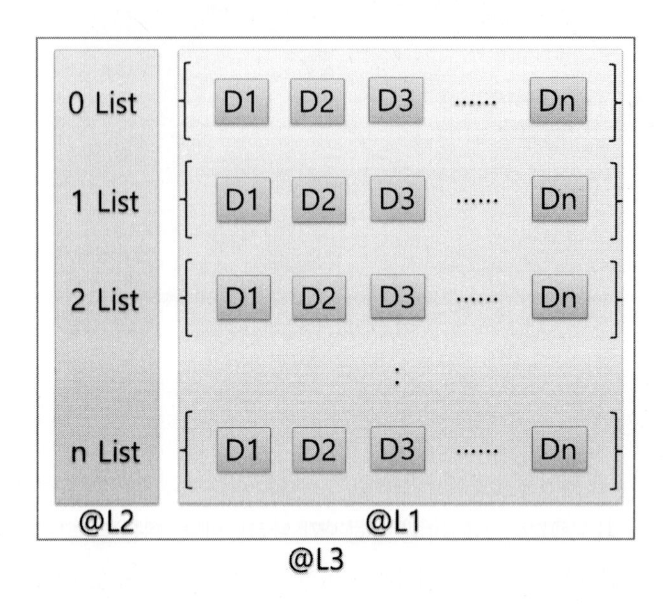

다음과 같이 코드 블록에서 리스트[…] 밖에 다시 리스트[…]를 만들어 Watch로 보면 깊이가 '@L3 @L2 @L1'으로 표시되고 수량은 8개가 됩니다. 0List와 1List가 묶여서 리스트를 구성합니다.

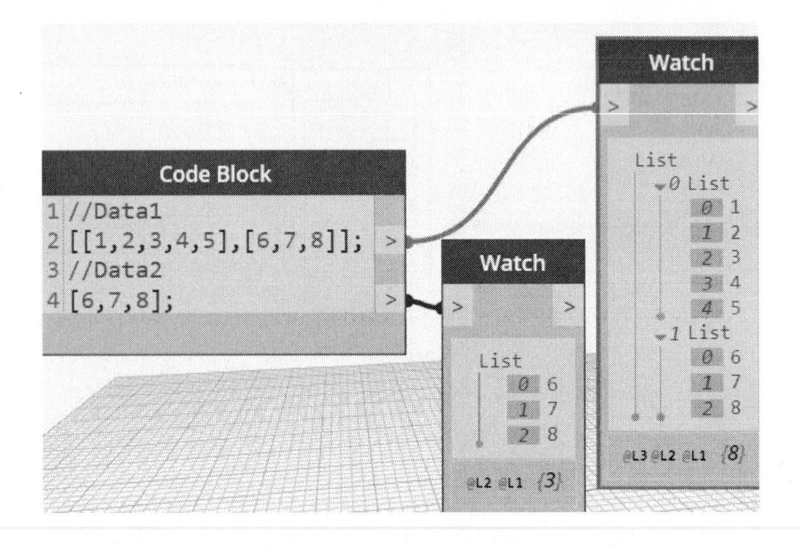

행렬이 배열과 가장 큰 차이는 순서를 바꾸는 치환(Transpose)이 가능하다는 점입니다. 다음의 예는 행렬(@L3 @L2 @L1)과 배열(@L2 @L1)을 Transpose 노드를 이용하여 치환하는 예입니다.

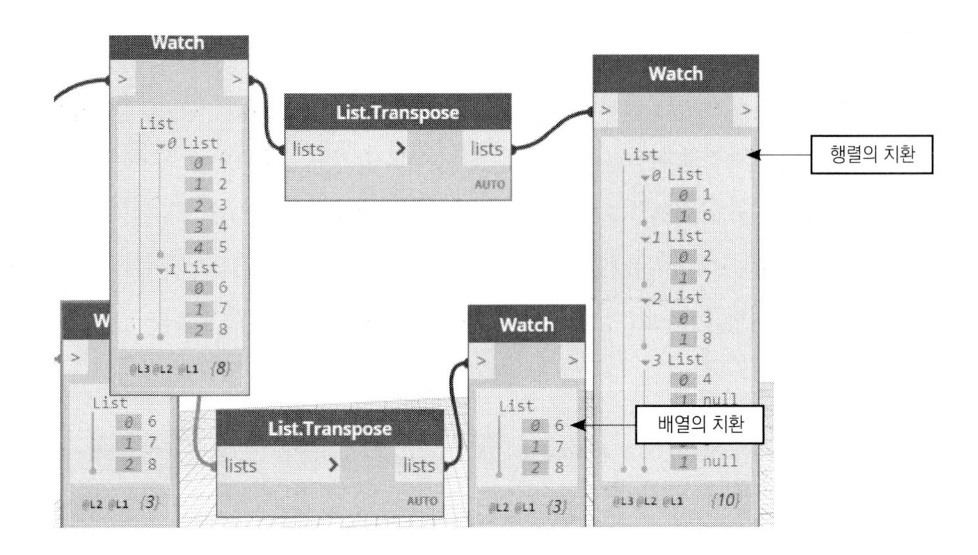

행렬의 경우는 [1 2 3 4 5]와 [1 2 3]을 쌍으로 만들어주는 Transpose 노드를 거치면 [1 6], [2 7], [3 8], [4 null], [5 null]이 됩니다. 두 개 리스트를 쌍으로 하는 리스트가 만들어집니다. 짝이 없는 4와 5는 null과 한쌍이 됩니다. 배열의 요소 수가 맞지 않으면 null을 null이 삽입됩니다.

배열은 Transpose 노드를 통해 처리하더라도 변화없이 입력 포트의 리스트를 그대로 반환합니다.

좀더 쉽게 이해하기 위해 다음과 같이 하나의 리스트를 행렬로 만든 리스트([[1,2,3,4,5]])를 Transpose 노드를 거치면 다음과 같이 1행5열이 5행1열이 됩니다.

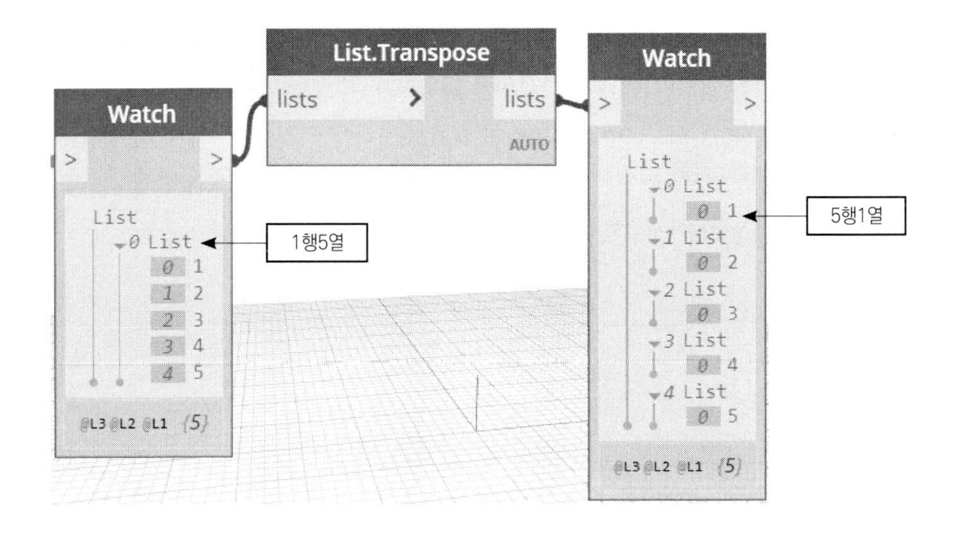

03. 인덱스(Index)

리스트 데이터는 순서대로 번호가 부여되어 있습니다. 이 번호가 인덱스(Index)입니다. 리스트의 데이터를 추출하기 위해서는 인덱스를 이용합니다. 인덱스는 0부터 시작하는 숫자입니다. 예를 들어, Index = 0은 리스트의 첫 번째 데이터를 말하며, Index = 3은 리스트의 네 번째 데이터를 말합니다.

리스트에서 인덱스를 이용하여 데이터를 추출하는 노드는 GetItemAtIndex 노드입니다. list 입력 포트에는 리스트 데이터를 연결하고, index 입력 포트에는 추출하고자 하는 인덱스 번호를 정의합니다.

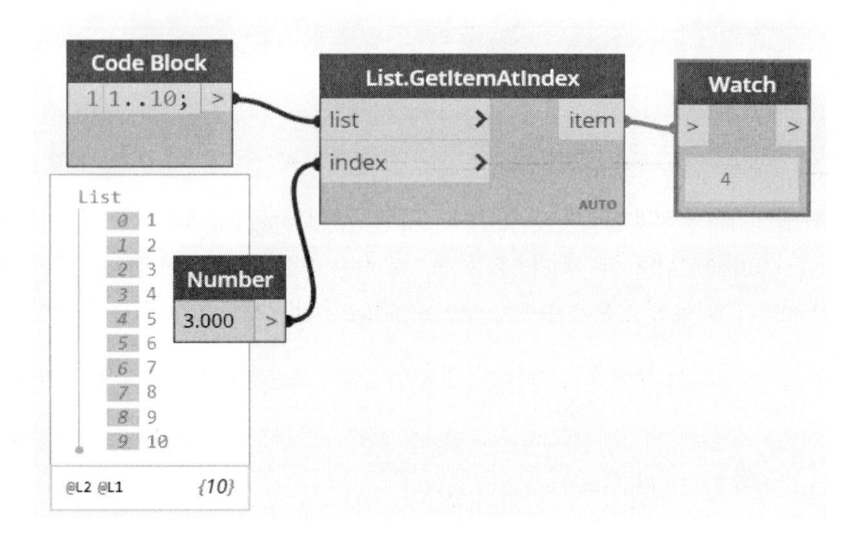

인덱스가 범위를 벗어나면 경고 메시지와 함께 null값을 반환합니다. 즉, 10개의 데이터가 있는 리스트에서 인덱스를 10이라고 지정하면 11번째 데이터가 없기 때문에 null 값을 반환합니다. 또 마이너스(−) 값을 지정해도 null을 반환합니다. 실수를 입력하면 사사오입을 통해 정수로 변환하여 인덱스를 결정합니다. 예를 들어, 인덱스를 3.5를 지정하면 인덱스가 4가 되어 5번째인 5를 반환하고, 3.4를 지정하면 인덱스는 3이 되어 4번째인 4를 반환합니다.

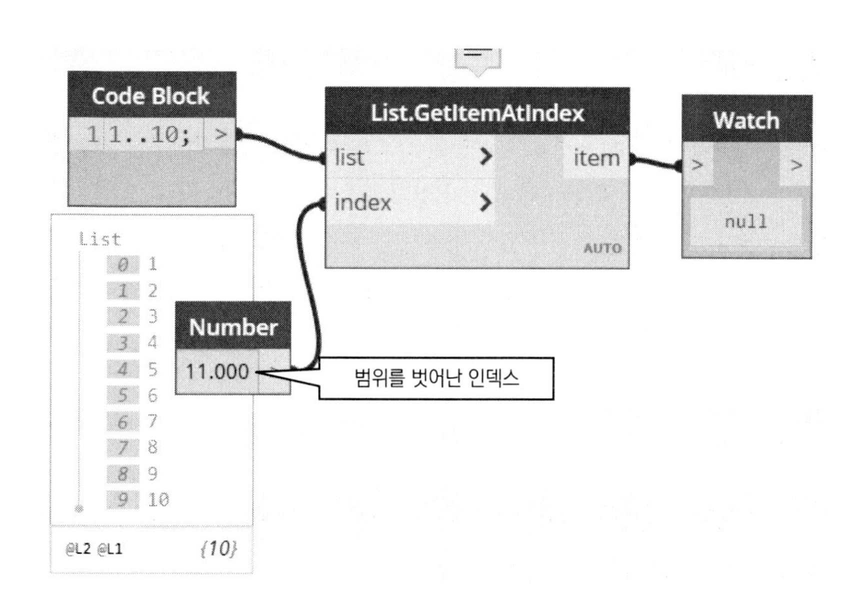

이 밖에도 리스트에서 데이터를 추출하는 노드는 요소의 인덱스를 반환하는 IndexOf, 첫 번째 요소를 추출하는 FirstItem, 마지막 요소를 추출하는 LastItem 등 여러 노드를 제공하고 있습니다.

2. 레이싱(Lacing)

레이싱(Lacing)은 끈(줄)과 같이 리스트에 포함된 요소의 대응관계를 설정하는 것입니다. 앞에서 다룬 리스트의 Transpose 노드에서 보았듯이 배열 수가 맞지 않으면 null로 대체한다고 했습니다. 이는 장점도 있지만 복잡한 리스트를 다룰 때는 예상치 못한 결과가 나올 수가 있습니다. 논리적 에러가 발생하면 찾아내기 어렵습니다. 하지만 레이싱을 유용하게 활용하면 요소 수가 다르더라도 처리 목적에 따라 처리할 수 있습니다.

01. 레이싱의 확인 및 설정

레이싱의 설정은 노드의 하단 오른쪽에 표시됩니다. 앞의 예에서 사용한 Transpose 노드를 보면 'Auto'라는 문자가 표시되는데 이것이 레이싱의 설정 상태입니다.

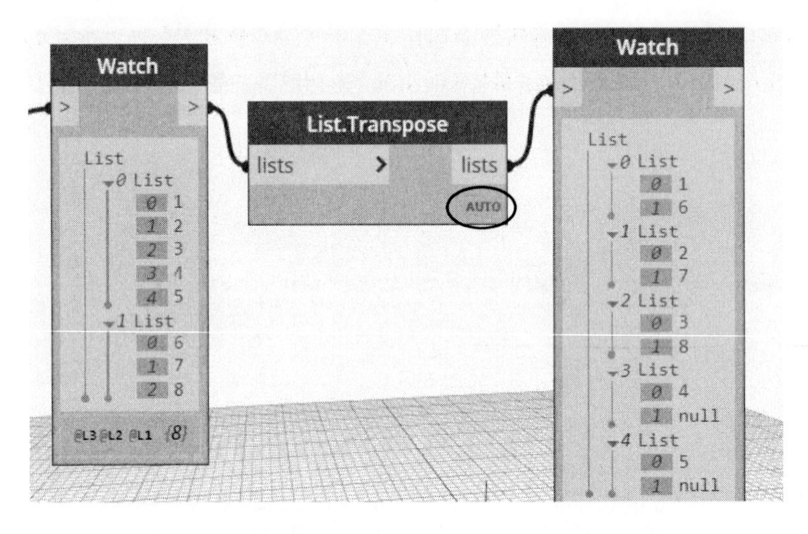

'Auto'에 마우스를 대로 오른쪽 버튼을 눌러 바로가기 메뉴에서 '레이싱'을 클릭하면 자동(Auto), 최단(Shortest), 최장(Longest), 외적(Cross Product) 네 개의 모드가 있습니다. 네 개의 모드 중에서 설정하고자 하는 레이싱 모드를 선택하여 설정합니다. 설정된 모드에 따라 데이터가 달라집니다.

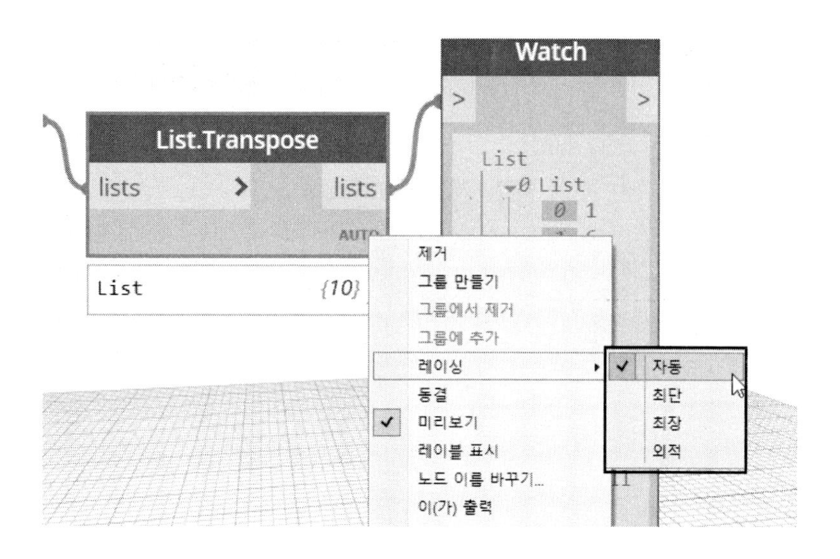

02. 레이싱 종류(모드)

레이싱은 다음과 같은 네 가지 모드가 있습니다.

(1) **최단(Shortest)** : 리스트의 요소 수가 적은 쪽에 맞춰 처리합니다. 요소 수가 적은 리스트가 3이므로 처리 후 요소 수도 3이 됩니다.

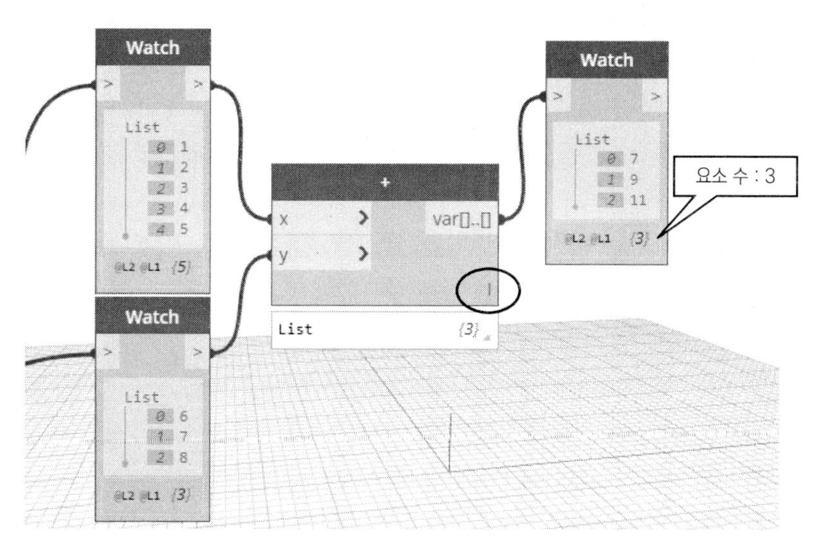

1+6, 2+7, 3+8이 되어 결과 리스트는 7, 9, 11입니다.

(2) **최대(Longest)** : 리스트의 요소 수가 많은 쪽에 맞춰 처리합니다. 요소 수가 많은 리스트가 5이므로 처리 후 요소 수도 5가 됩니다. 대응하지 못한 요소는 가장 마지막 요소로 대치합니다.

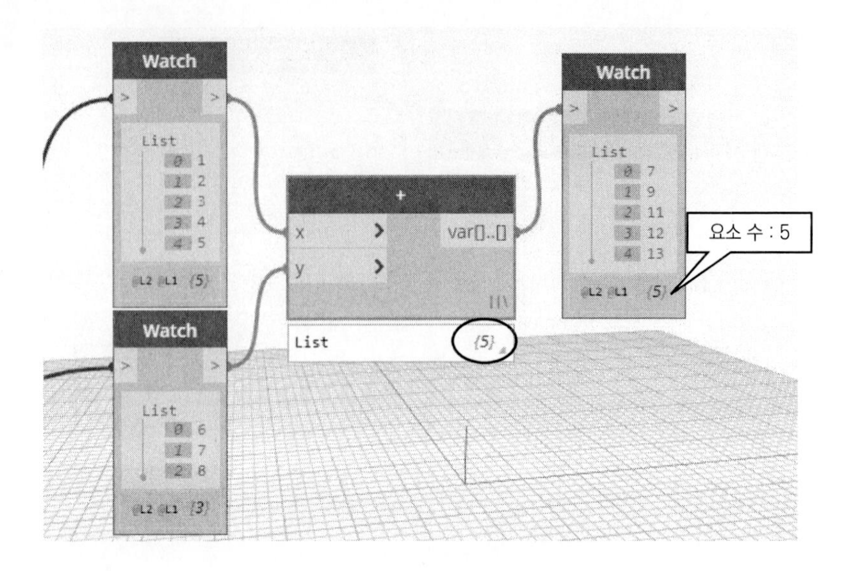

1+6, 2+7, 3+8, 4+8, 5+8이 되어 결과 리스트는 7, 9, 11, 12, 13입니다. 4와 5는 대응하는 숫자가 없기 때문에 가장 마지막 요소인 8이 되어 12, 13이 됩니다.

(3) **외적**(Cross Product) : 모든 요소를 조합하여 처리합니다. 리스트 수가 5와 3이므로 모두 조합하면 5 x 3 = 15이므로 처리 후 요소 수는 15가 됩니다.

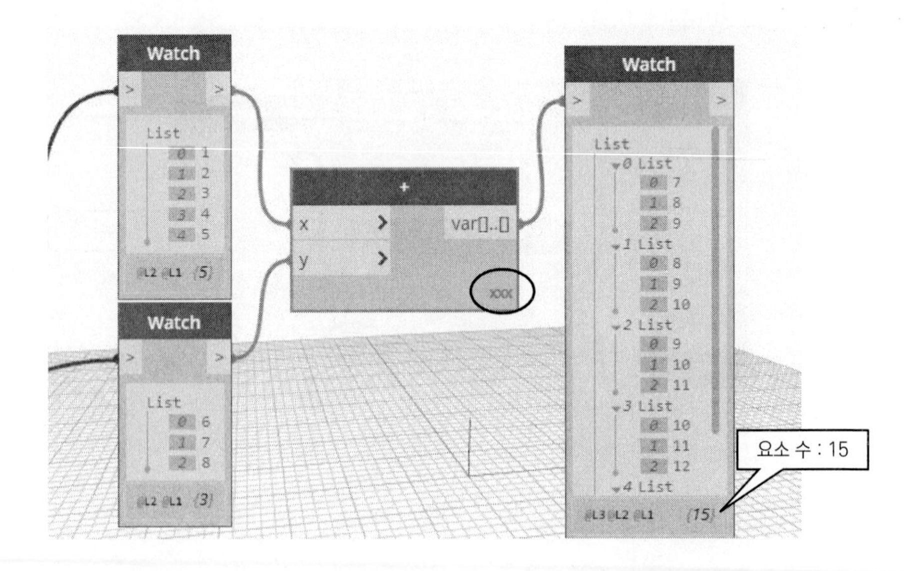

{6+1, 7+1, 8+1}, {6+2, 7+2, 8+2}, {6+3, 7+3, 8+3}, {6+4, 7+4, 8+4}, {6+5, 7+5, 8+5}가 되어 결과 리스트는 {7, 8, 9}, {8, 9, 10},{9, 10, 11},{10, 11, 12},{11, 12, 13}가 됩니다. 여기에서 외적의 중요한 포인트는 순서가 y에 x를 더한다는 점입니다. y에 접속한 배열의 요소

에 x에 접속된 배열 요소가 연산됩니다. y가 메인(주)이고 x가 서브(부)가 됩니다. [6, 7, 8] [6, 7, 8] [6, 7, 8] [6, 7, 8] [6, 7, 8]에 반복해서 x값을 덧셈하게 됩니다.

(4) **자동** : 자동으로 설정되는 레이싱으로 일반적으로 '최단'과 동일한 결과가 됩니다.

각 모드의 처리하는 대응 관계를 그림으로 표현하면 다음과 같습니다. 최단은 요소 수가 작은 쪽에, 최장은 요소 수가 많은 쪽에 외적은 모든 요소 사이에 연결됩니다.

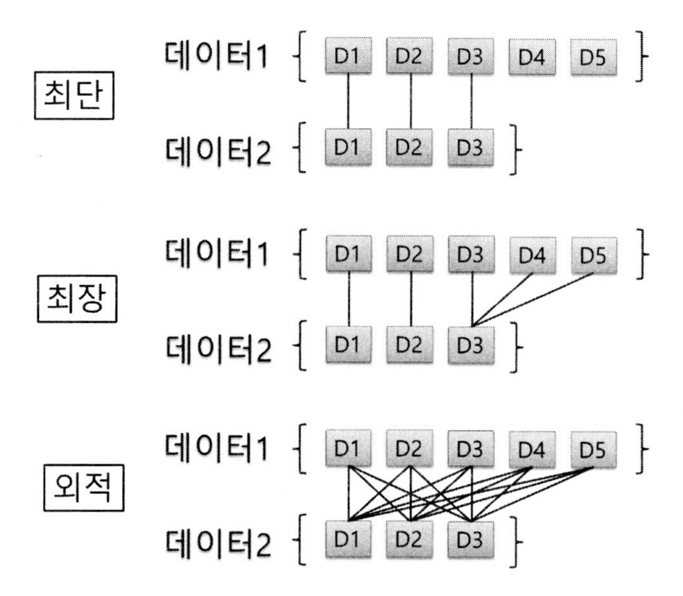

3. 리스트 라이브러리

라이브러리에서 List를 클릭하면 다음과 같이 크게 5개의 카테고리가 나타납니다. Generate, Inspect, Match, Modify, Organize입니다. 주요 노드를 중심으로 알아보겠습니다.

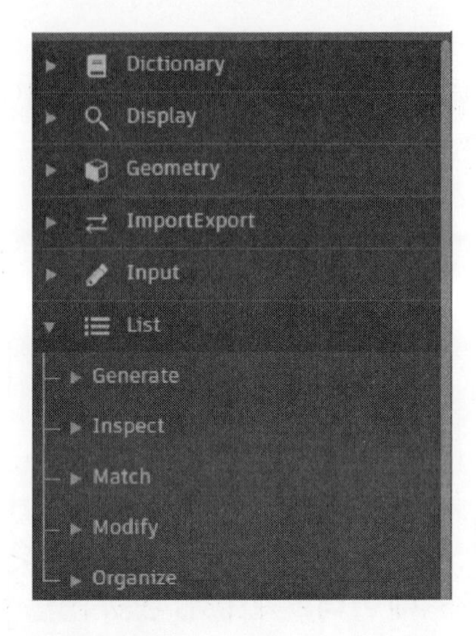

01. Generate : 리스트를 생성하는 카테고리입니다.

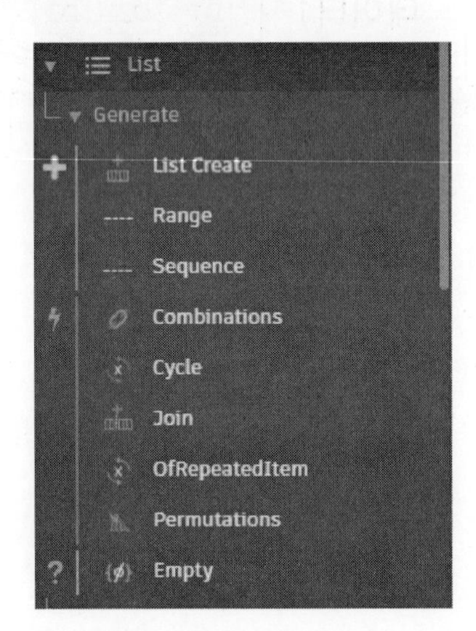

(1) List Create : 새로운 리스트를 생성합니다. 입력 포트의 아이템 수량에 의해 출력 포트의 리스트가 생성됩니다. '+'와 '–' 컨트롤을 이용하여 입력 포트의 아이템을 추가 또는 제거합니다.

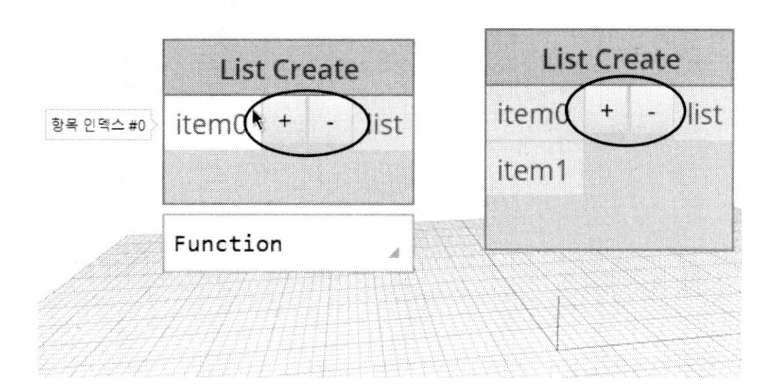

(2) Range : 데이터의 범위를 지정하여 리스트를 생성합니다. 입력 포트는 시작값(start)과 끝값(end), 증분값(step)을 지정하여 리스트를 생성합니다. 시작값(start)을 생략하면 0부터 시작합니다. 다음 예는 시작 값이 2, 끝 값이 10으로 설정한 후 2씩 증가합니다. 문자도 지정이 가능합니다.

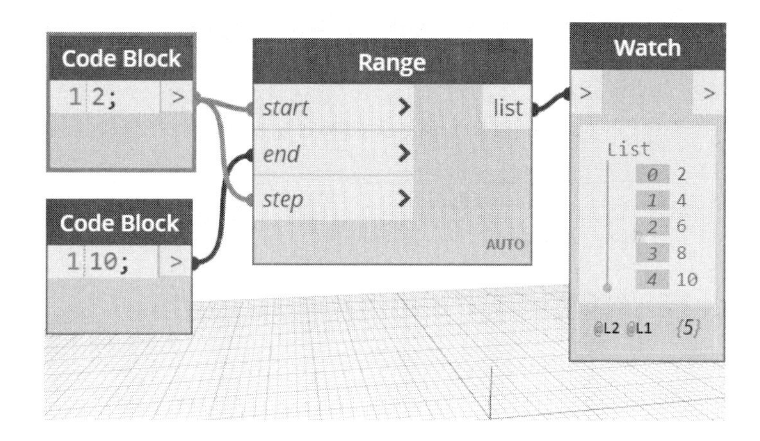

(3) Sequence : 데이터의 범위를 지정하여 리스트를 생성합니다. 입력 포트는 시작값(start)과 생성할 데이터의 수(amuont), 증분값(step)을 지정하여 리스트를 생성합니다. 시작값(start)을 생략하면 0부터 시작합니다. 다음 예는 문자 A로 시작하여 3간격으로 5개의 리스트를 생성합니다.

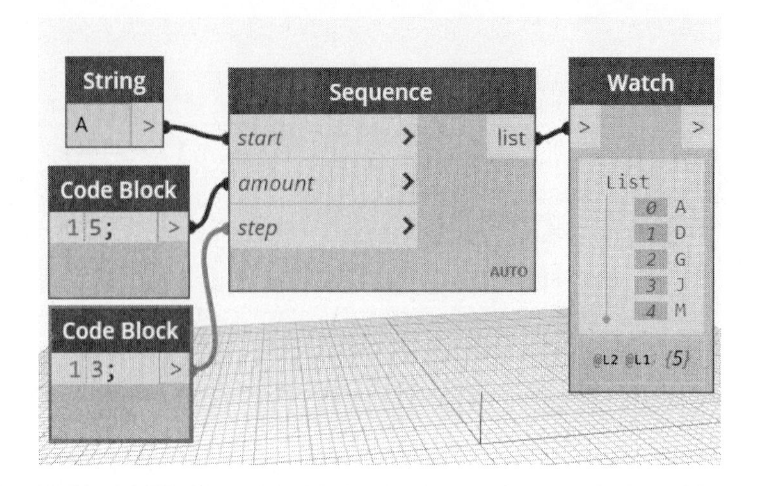

(4) Combinations : 선택한 리스트에 입력된 데이터(list)를 지정된 개수(length)만큼 묶어서 서브 리스트(comb)로 출력합니다. replace 설정에 의해 동일한 값을 조합(true)할 것인지 다른 데이터만으로 조합(false)할 것인지 결정합니다.

다음은 True로 설정한 경우, 값은 값을 조합하여 12개의 데이터가 출력됩니다. (1 1), (3 3), (5 5)와 같이 동일한 값끼리 조합합니다.

replace 값을 지정하지 않으면 디폴트는 false로 설정됩니다.

다음 예는 False로 설정한 경우, 같은 값은 조합하지 않기 때문에 6개의 데이터가 출력됩니다.

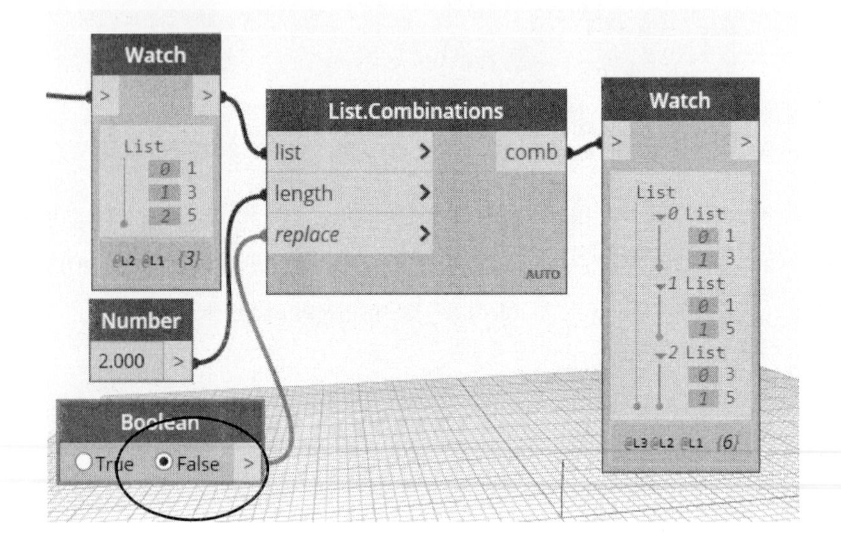

(5) Cycle : 입력된 데이터(리스트)를 지정한 수만큼 반복하여 리스트를 재생성합니다. 다음의 예는 입력 리스트 (1 3 5)를 2회 반복해서 리스트를 작성합니다.

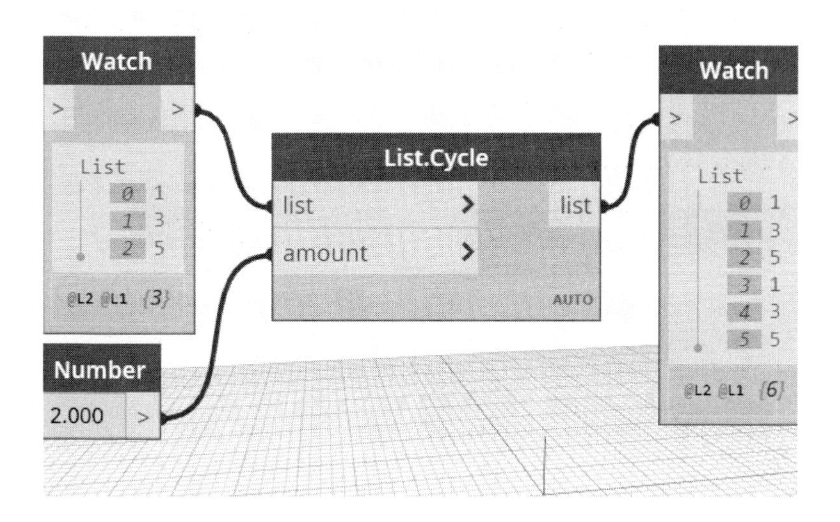

(6) Join : 여러 개의 리스트를 하나로 결합합니다. 다음의 예는 홀수로 구성된 5개의 리스트와 짝수로 구성된 3개의 리스트를 결합하여 8개의 리스트로 만들었습니다. List Create는 리스트를 추가하지만 Join은 리스트와 리스트를 결합하여 하나의 리스트로 만듭니다.

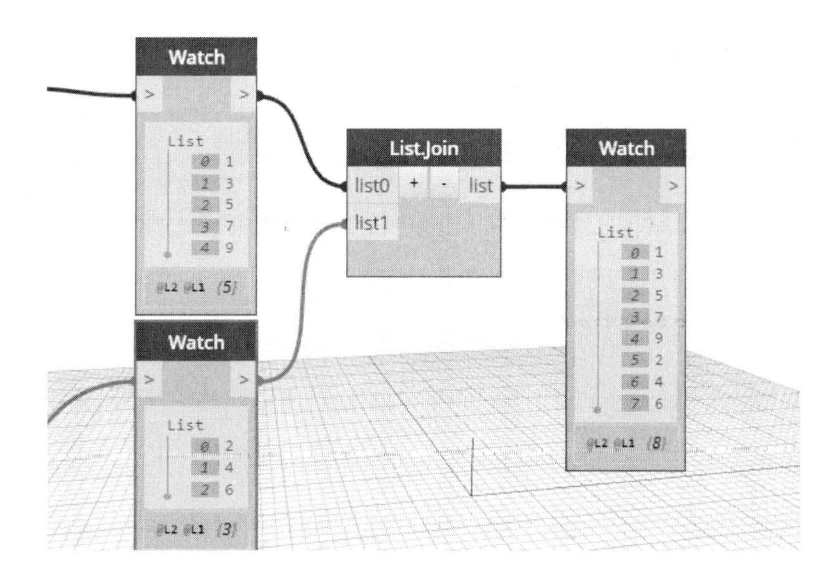

(7) List.OfRepeatedItem : 지정된 항목(item)을 지정한 수(amount)만큼의 리스트를 작성합니다.

02. Inspect : 작성된 리스트를 진단하고 리스트의 수, 특정 리스트의 인덱스나 값의 여부를 반환 노드의 카테고리입니다.

(1) Contains : 리스트에 찾고자 하는 데이터가 있는지 여부를 True/False로 반환합니다.

(2) Count : 입력된 리스트의 수를 계산하여 숫자로 반환합니다.

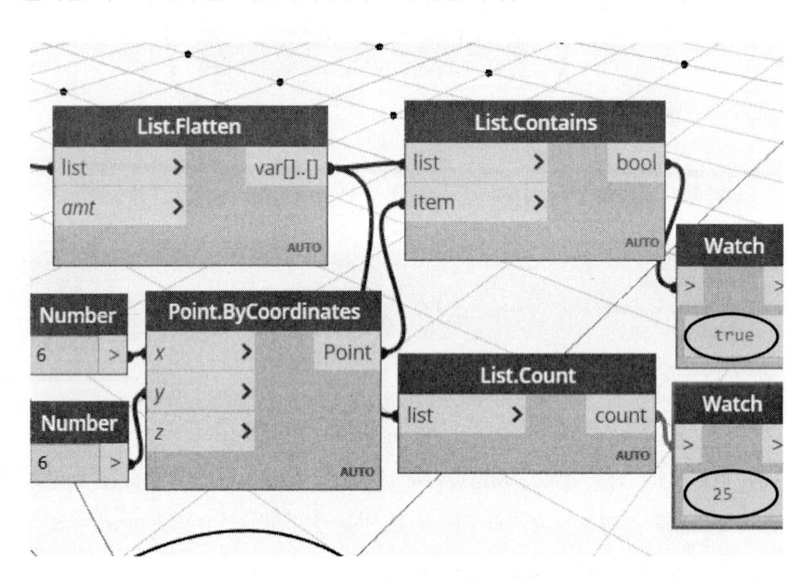

참고 :레벨의 설정

Count 노드는 배열의 레벨을 설정하여 요소 개수를 확인할 수 있습니다. 입력 포트 옆의 꺽쇠 화살표(〉)를 누르면 '레벨 사용'을 체크를 하면 리스트의 레벨을 지정하는 스핀 버튼(▲▼)이 나타납니다.

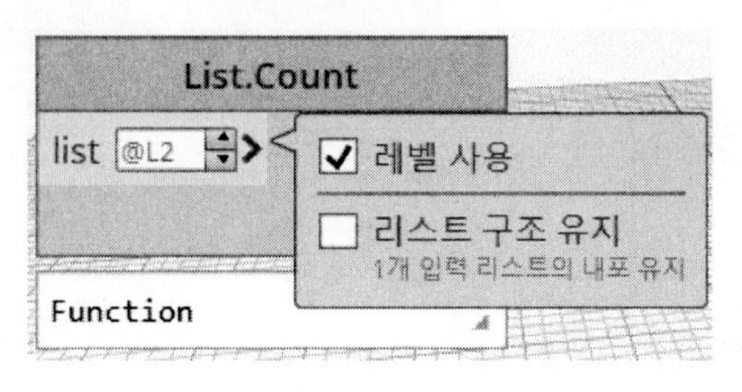

스핀 버튼을 눌러 원하는 리스트의 레벨을 지정합니다. 다음의 예는 한 반에 20명인 클래스가 2반이 있고, 3학년인 고등학교의 예입니다. 리스트는 개수는 @L3(학년)은 3, @L2(총 클래스)는 6, @L1(총 학생수)은 120입니다. 전교생이 120명입니다. 각 노드의 리스트 결과는 다음과 같습니다.

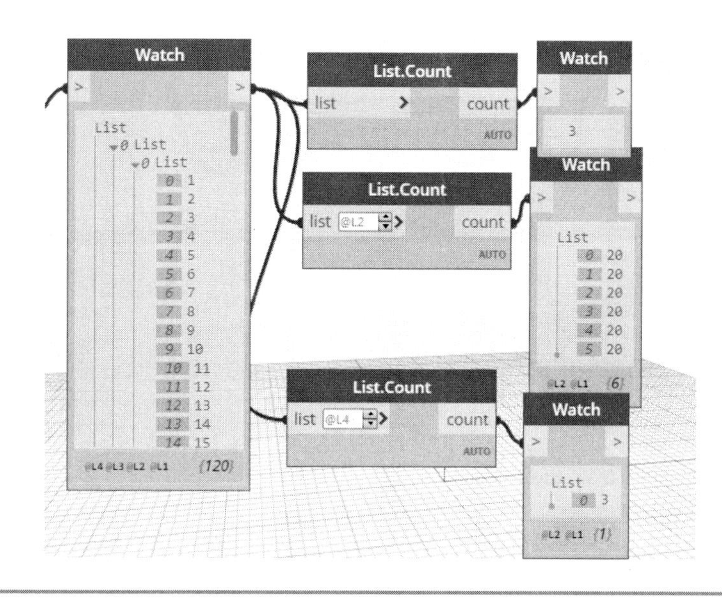

(3) DiagonalLeft : 데이터의 열 개수만큼 나열한 후, 대각선 왼쪽 방향부터 묶어서 서브 리스트로 출력합니다.

(4) DiagonalRight : 데이터의 열 개수만큼 나열한 후, 대각선 오른쪽 방향부터 묶어서 서브 리스트로 출력합니다.

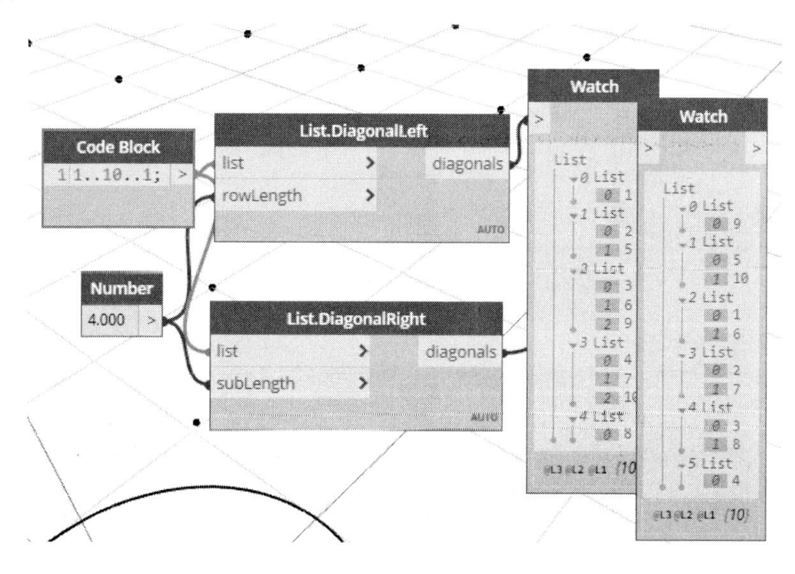

상기의 두 리스트를 그림으로 표현하면 다음과 같습니다. DiagonalLeft는 4(rowLength)개씩 나열한 데이터 중에서 왼쪽 위에서부터 대각선 방향으로 값을 취해 리스트를 만듭니다.
DiagonalRight는 4(rowLength)개씩 나열한 데이터 중에서 오른쪽 아래에서부터 대각선 방향으로 값을 취해 리스트를 만듭니다.

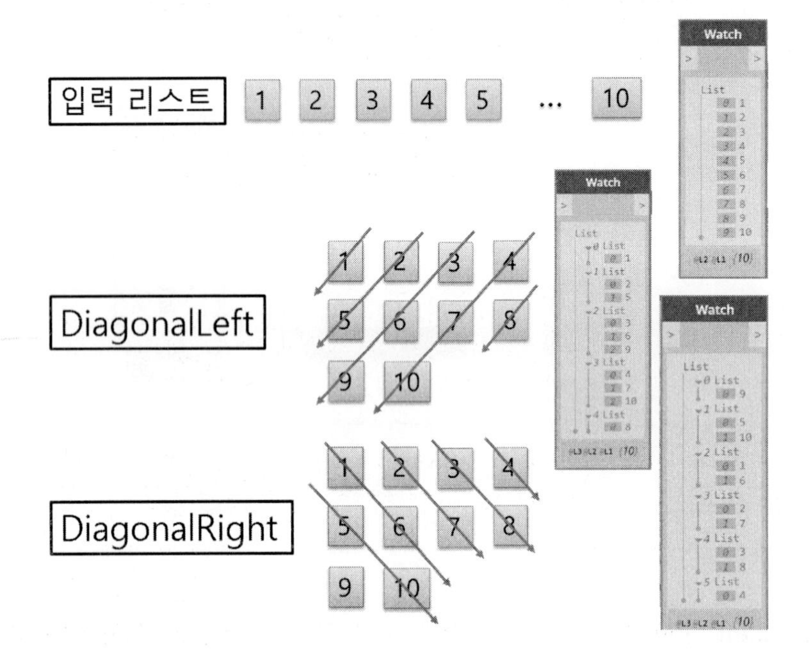

(5) Equals : 두 데이터가 같은지 비교하여 True/False로 반환합니다. 다음은 코드 블록으로 작성한 데이터와 Sequence로 작성한 데이터가 같은지 비교하여 같으면 True로 반환합니다.

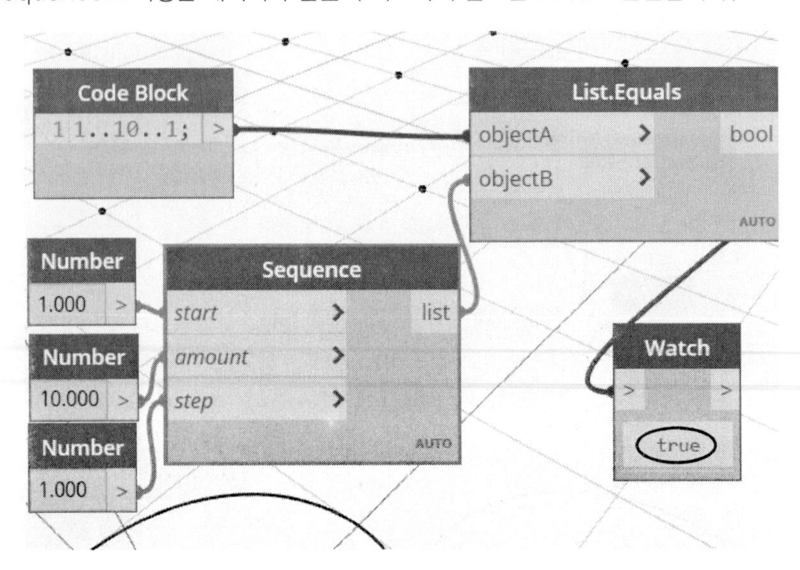

(6) FirstIndexOf : 데이터에서 찾고자 하는 데이터가 있으면 인덱스 번호를 반환하고 없으면 -1을 반환합니다.

(7) FirstItem : 리스트의 첫 번째 데이터를 반환합니다.

다음은 2부터 시작하는 짝수 리스트(Sequence)입니다. FirstIndexOf에서 10을 검색하면 인덱스 번호가 4가 나옵니다. FirstItem은 2를 반환합니다.

LastItem 노드는 리스트의 마지막 데이터를 반환합니다.

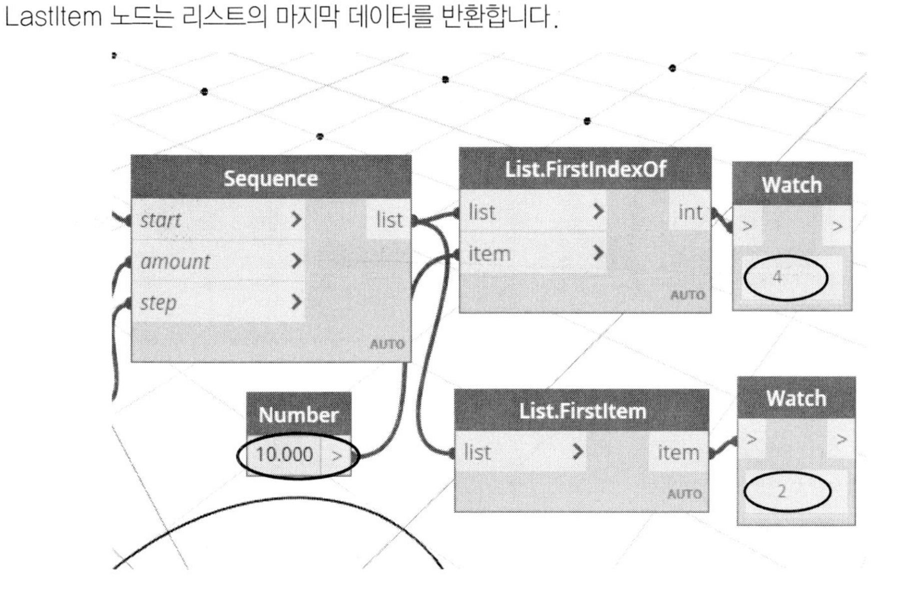

(8) GetItemAtIndex : 입력한 리스트(list)에서 특정 인덱스(index)의 데이터만 반환합니다.

(9) MaximumItem, MinimumItem : 리스트에서 가장 큰 데이터와 가장 작은 데이터를 찾아서 반환합니다. 다음 A부터 J까지 나열된 문자열의 예입니다.

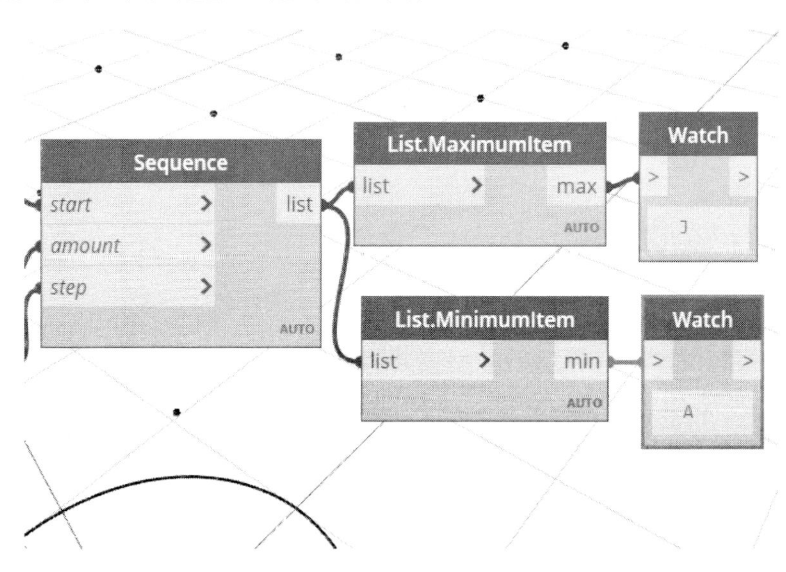

(10) SetDifference : List1에는 있지만 List2에는 없는 데이터만 추출하여 리스트로 반환합니다. List2와 중복된 데이터를 제외하고 반환합니다.

(11) SetUnion : List1과 데이터와 List2의 데이터를 합하여 리스트로 반환합니다. 단, 중복된 데이터는 하나만 반환합니다.

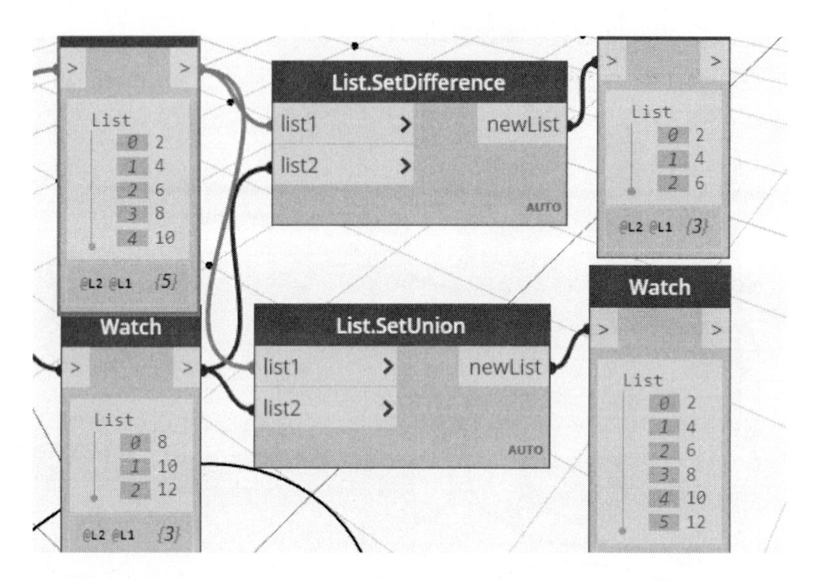

(12) SetIntersection : List1과 데이터와 List2의 데이터 중 중복된 데이터만 리스트로 반환합니다.

03. Match : 리스트를 조합하는 노드의 카테고리입니다.

(1) CartesianProduct : 두 개이상의 리스트를 곱집합의 쌍으로 조합자를 이용하여 새로운 리스트를 생성합니다.

(2) Combine : 두 개 이상의 리스트를 조합자(combinefunction)를 이용하여 새로운 리스트를 생성합니다.

다음은 문자인 두 리스트에 대해 + 조합자를 적용하여 새로 생성된 리스트입니다.

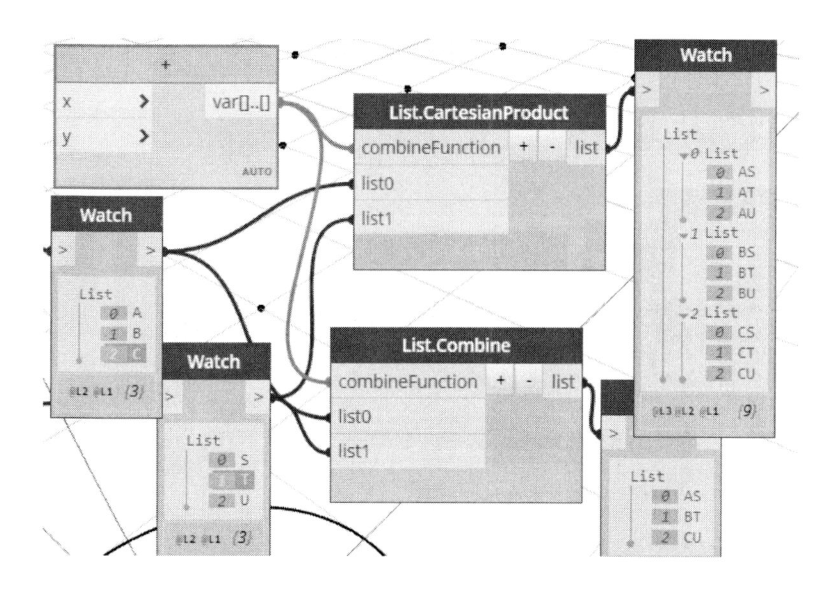

다음은 숫자인 두 개의 리스트를 이용하여 * 조합자를 적용하여 생성된 리스트입니다.

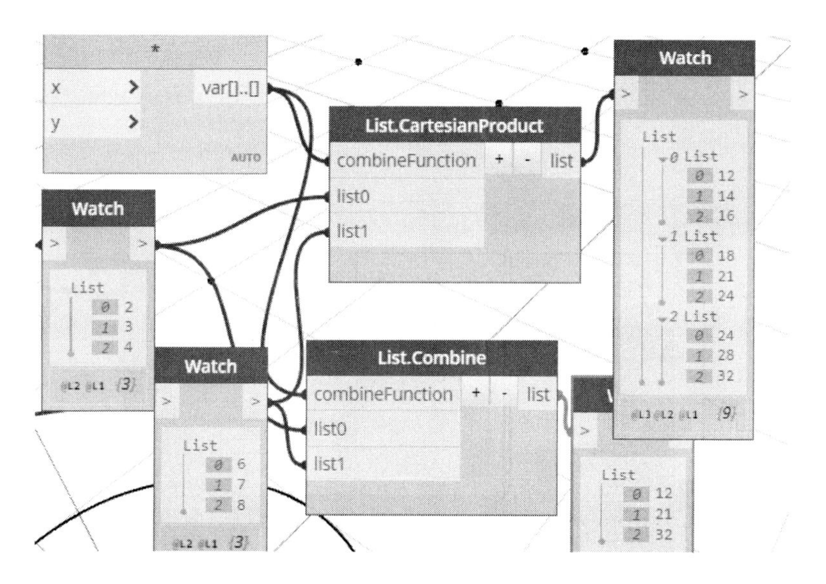

(3) LaceLongest : 입력된 리스트 중에서 제일 긴 리스트를 기준으로 조합자(combinefunction)를 적용해 새로운 리스트를 생성합니다.(레이싱 참조)

(4) LaceShortest : 입력된 리스트 중에서 가장 짧은 리스트를 기준으로 조합자(combinefunction)를 적용해 새로운 리스트를 생성합니다.(레이싱 참조)

다음은 두 리스트를 * 조합자를 이용하여 LaceLongest와 LaceShortest 노드를 적용한 예입니다.

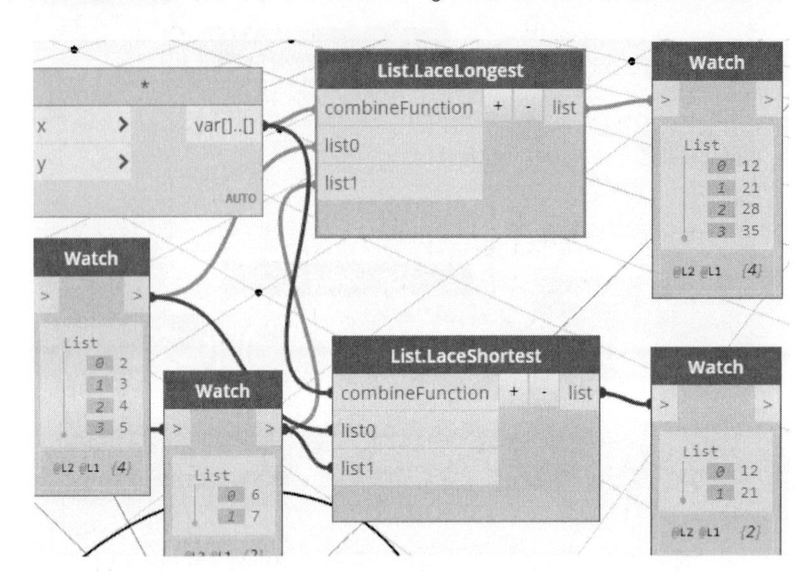

(5) Map : 입력된 리스트를 새로운 기준(function)에 의해 새로운 리스트를 생성합니다. 다음은 입력 리스트의 요소 수를 카운트하는 기준(Count)을 적용하여 출력한 결과입니다.

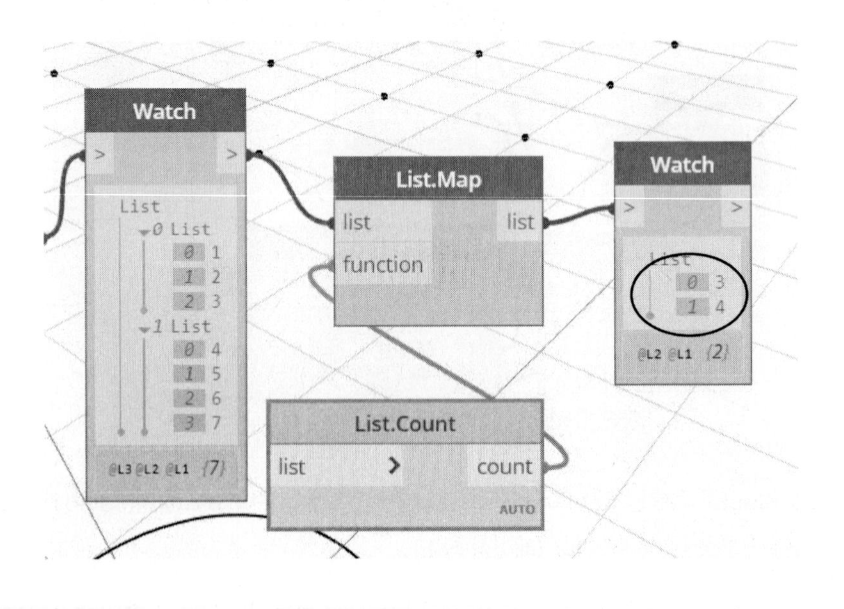

04. Modify : 리스트를 편집(수정)하는 노드의 카테고리입니다.

(1) AddItemToFront : 리스트의 첫 부분에 입력 데이터(item)를 추가합니다.

(2) AddItemToEnd : 리스트의 마지막 부분에 입력 데이터(item)를 추가합니다.

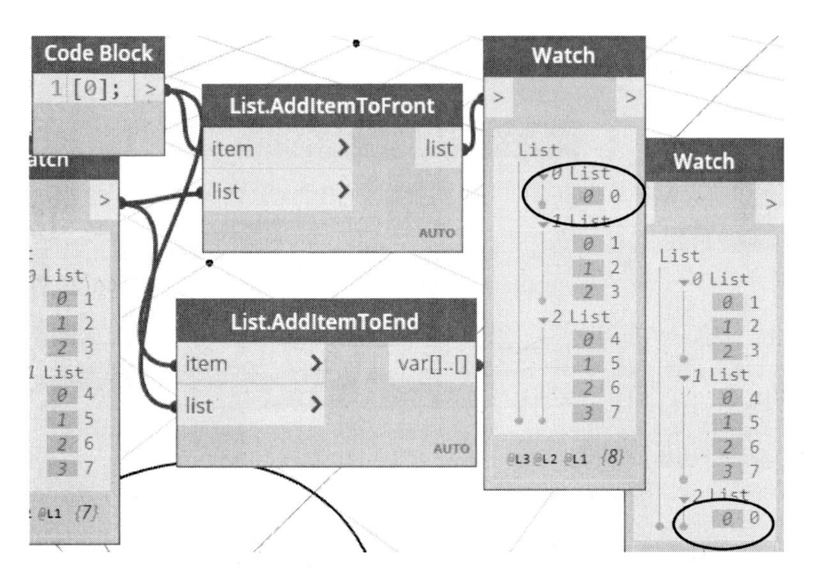

(3) Chop : 입력된 리스트를 지정된 길이(lengths)로 묶어 서브 리스트를 생성합니다.
다음은 리스트를 두 개씩 묶어 서브 리스트를 생성합니다.

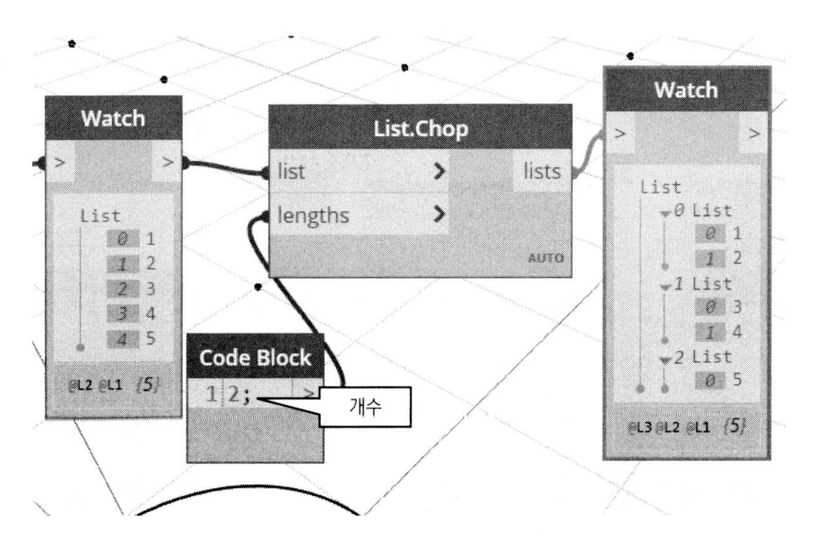

(4) Clean : 입력된 리스트에 null 데이터나 empty 데이터가 있으면 제거합니다. Preserveindices는 불(boolean)이 연결되는데 False일때 제거됩니다.

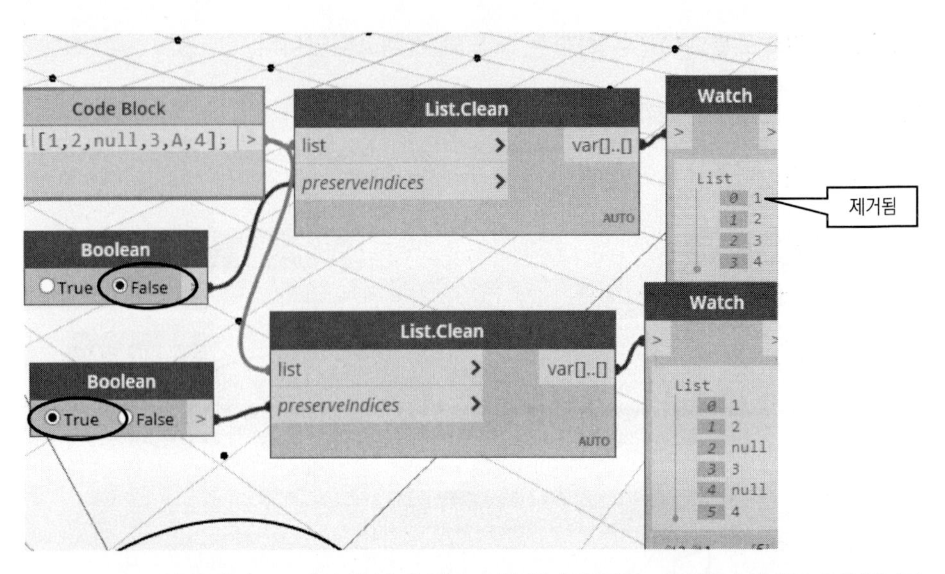

(5) Deconstruct : 입력된 리스트에서 첫 번째 항목과 첫 번째 항목을 제외한 데이터를 추출합니다.

(6) DropEveryNthitem : 입력된 리스트에서 offset번째부터 n간격으로 데이터를 제거한 리스트를 생성합니다.

다음 예는 두 번째(B)와 B에서 3번째인 E가 빠진 리스트를 생성합니다.

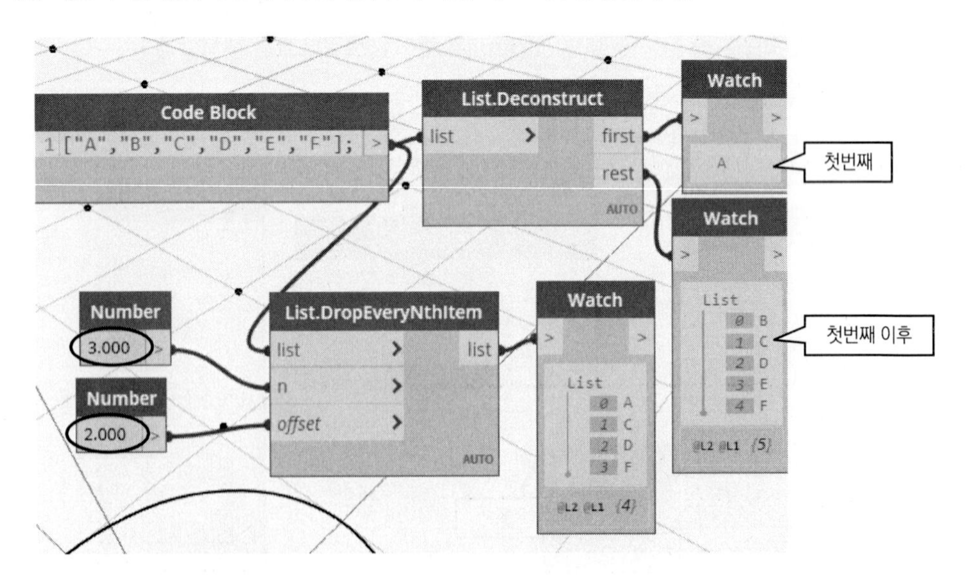

(7) DropItems : 리스트에서 amount의 수만큼 데이터를 제거합니다. amount가 음수인 경우 뒤에서부터 제거합니다.

(8) Flatten : 서브 리스트가 있는 경우 단순화합니다. 계층 구조를 해체시켜 단층 구조로 만듭니다. 지정

된 숫자로 묶어주는 Chop과는 반대되는 개념입니다. (예제 참조)

DropItems에서는 첫 번째 요소(리스트)를 제거합니다. Flatten은 두 개의 리스트를 해체하여 하나의 리스트로 생성합니다.

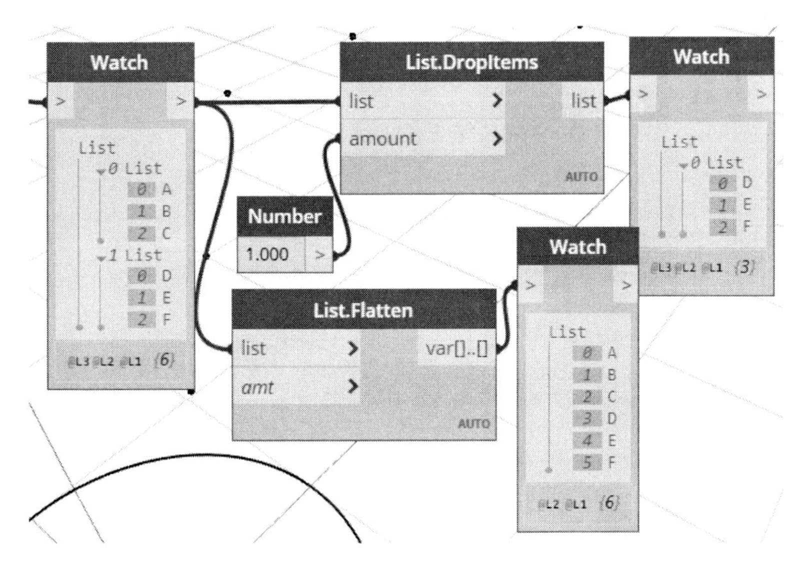

(9) Insert : 리스트에서 주어진 요소(element)를 지정한 위치(index) 앞에 삽입합니다. 다음 예는 'BC'를 'C'앞에 삽입합니다.

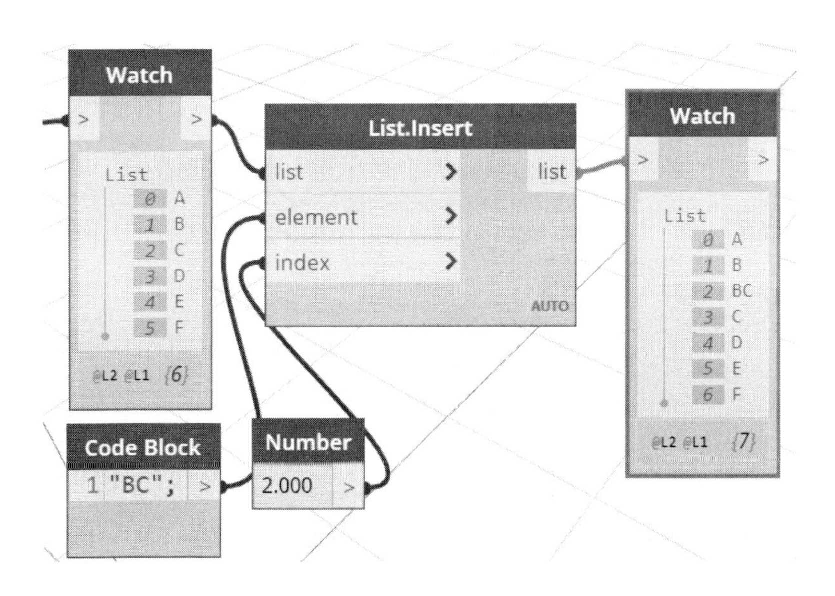

(10) Reduce : 입력된 리스트를 재생성 기준값(seed) 데이터와 재생성할 규칙(reducefunction)에 의해 값을 반환합니다.

다음 예는 입력된 리스트에 규칙(reducefunction)을 + 와 − 를 적용했을 때 값을 나타내고 있습니다. 덧셈(+)은 리스트의 숫자와 기준값을 모두 더해서 13이 나옵니다. 그러나 뺄셈(−)은 조금 다릅니다. 순서대로 보면 (1−3)= −2, (2−(−2))= 4, (3−4)= −1, (4−(−1))= 5가 됩니다. 순서(1, 2, 3, 4)대로 진행하는데 뺄 때는 앞의 결과 값을 뺍니다.

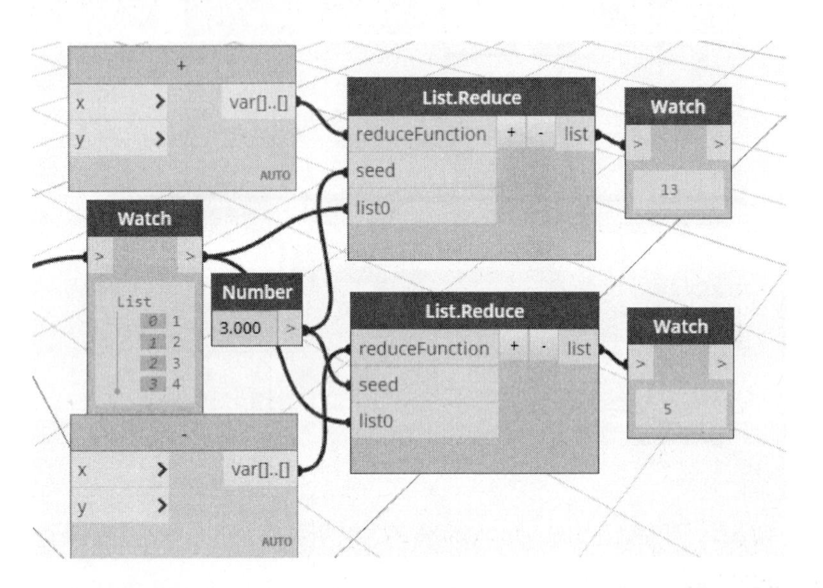

(11) RemoveItemAtIndex : 입력된 리스트에서 지정한 위치(index)의 데이터를 삭제합니다.

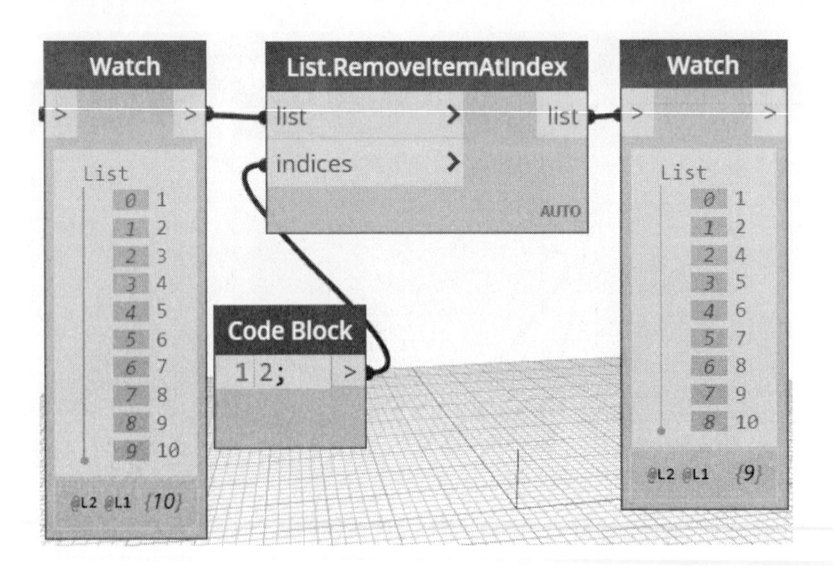

(12) ReplaceByCondition : 입력된 리스트 중에서 주어진 조건(condition)의 데이터를 주어진 값(re-plceWith)으로 교체합니다. 5보다 큰 값을 'Lee'로 교체합니다.

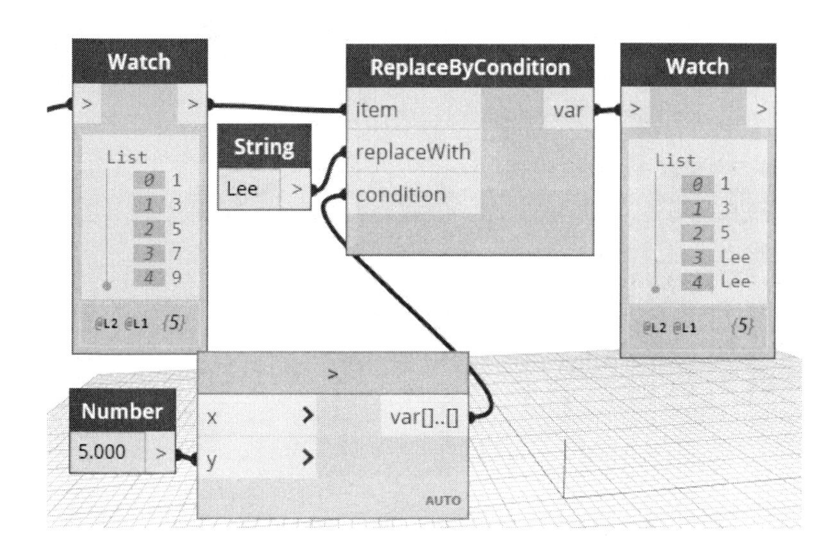

(13) ReplaceItemAtIndex : 입력된 리스트 중에서 주어진 인덱스의 데이터를 찾아서 주어진 값(item)으로 교체합니다. 세 번째 인덱스(2)를 'Lee'로 교체합니다.

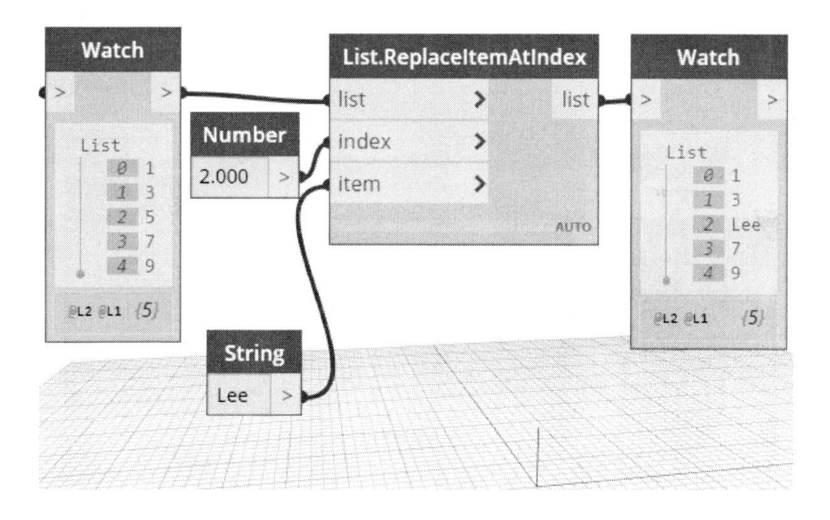

(14) RestOfItems : 리스트에서 첫 번째 아이템(데이터)를 제외한 나머지 데이터를 출력합니다.

(15) Scan : 입력된 리스트를 규칙에 의해 재생성하여 출력합니다.
다음의 예는 +를 하여 재생성합니다. 기준값(Seed)을 3으로 하여 (3+1)=4, (4+3)=7, (7+5)=12, (12+7)=19, (19+9)=28의 리스트가 생성됩니다.

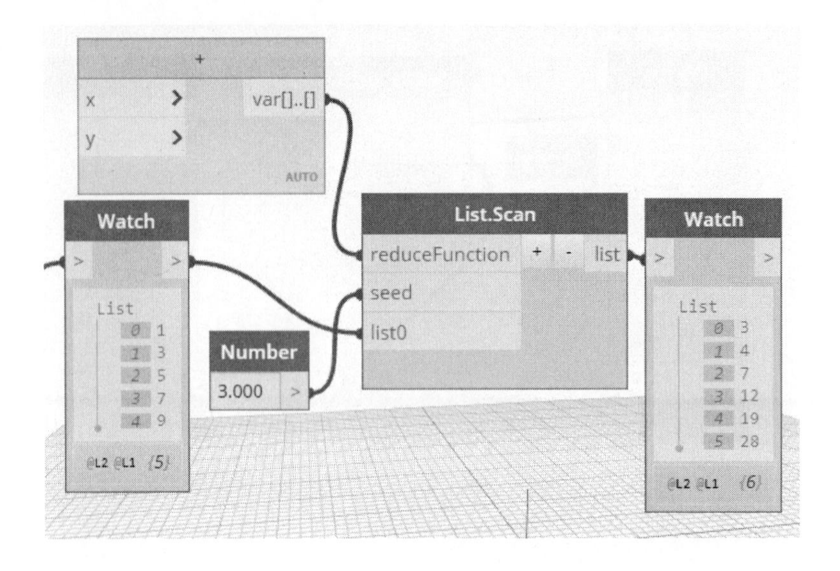

(16) Slice : 입력된 리스트에서 지정한 간격의 데이터만 따로 분리하여 출력합니다.

(17) Sublists : 입력된 리스트에서 지정한 범위와 간격을 기준으로 서브 리스트를 출력합니다.
다음의 Slice노드는 리스트에서 1번 인덱스에서 6번 인덱스 범위 내에서 2간격(step)으로 추출합니다.
Sublists 노드는 리스트에서 1번 인덱스부터 2의 간격(offset)으로 데이터를 추출합니다.

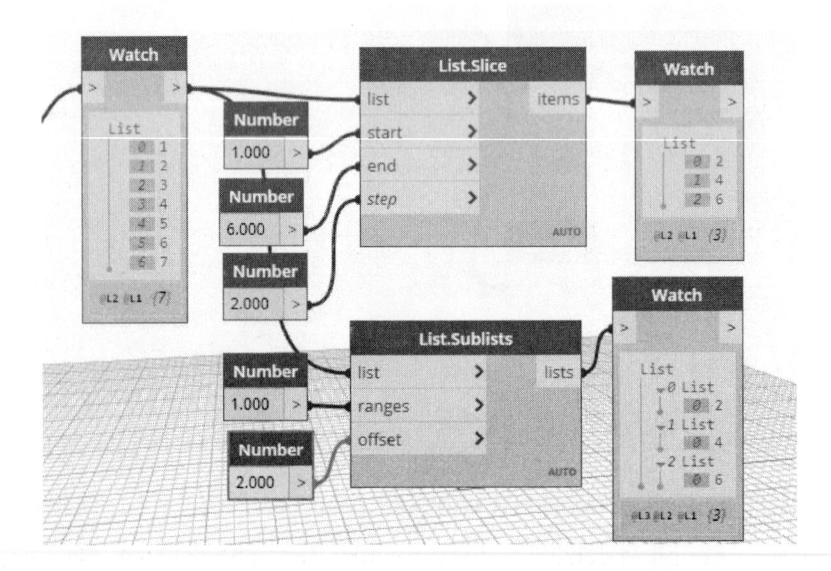

(18) TakeEveryNthItem : 입력된 리스트에서 지정한 간격의 데이터만 추출하여 출력합니다.

(19) TakeItems : 첫 번째 데이터부터 지정한 수만큼 분리해서 추출하여 출력합니다.

다음의 TakeEveryNthItem 노드는 리스트에서 2번째(offset) 데이터부터 3칸(n)의 간격으로 추출합니다. TakeItems 노드는 리스트에서 5개의 데이터만 추출합니다.

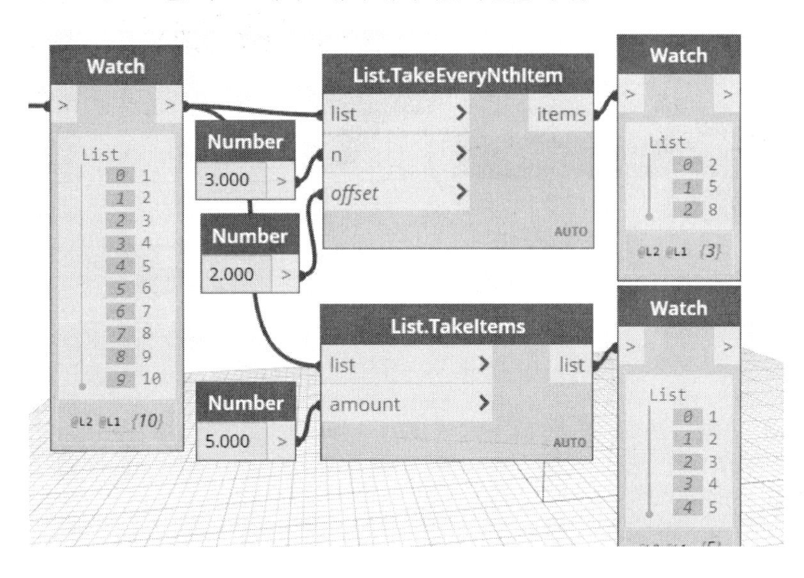

05. Organize : 리스트를 재정리하거나 정렬합니다.

(1) MaximumItemByKey : 입력된 리스트 중에서 키(keyfunction)를 기준으로 가장 큰 값을 출력합니다.

(2) MinimumItemByKey : 입력된 리스트 중에서 키(keyfunction)를 기준으로 가장 작은 값을 출력합니다.

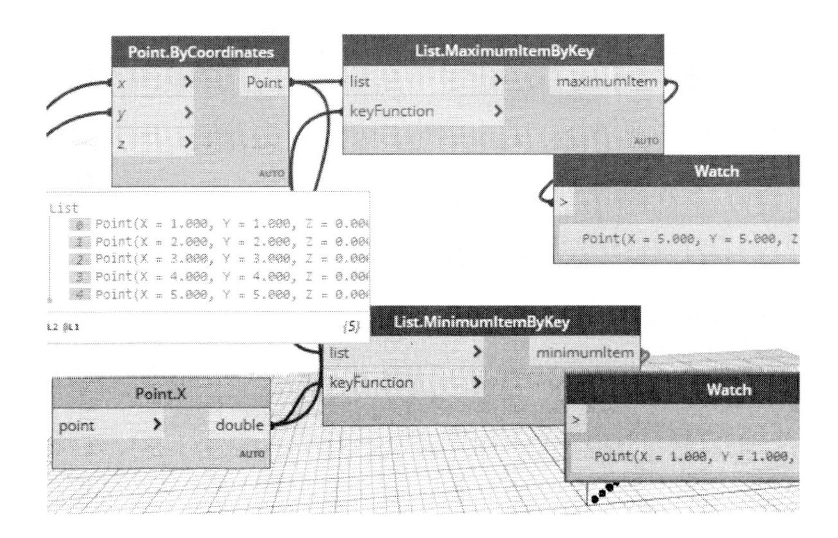

(3) Reorder : 색인(indecs) 리스트에 맞춰 입력된 리스트(list)를 재생성합니다.

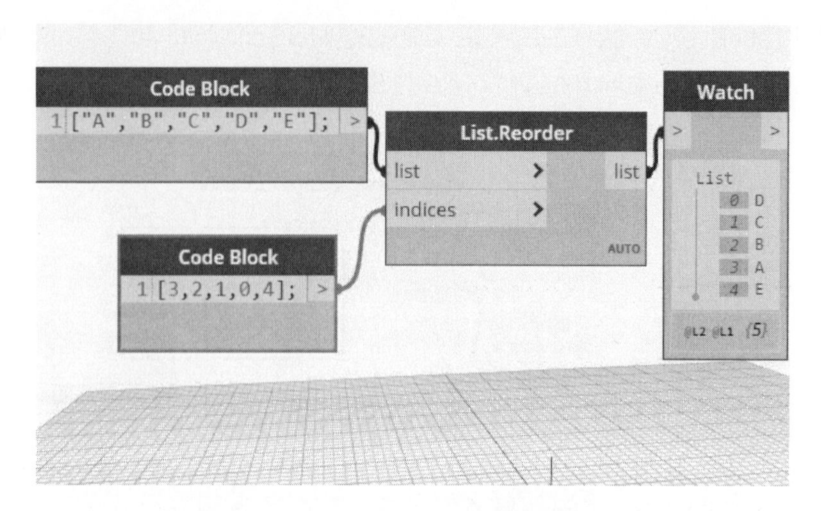

(4) Reverse : 입력된 리스트의 순서를 반대로 배열한 리스트를 출력합니다.

(5) ShiftIndices : 리스트를 지정한 인덱스 수만큼 오른쪽으로 밀어서 새로운 리스트를 생성합니다.
다음의 예에서 Reverse 노드는 입력한 리스트를 역으로 배열한 리스트를 생성합니다.
ShiftIndices 노드에서는 amount를 2로 지정했기 때문에 뒤의 두 개의 인덱스 값(7, 9)이 앞으로 배열되고 나머지는 뒤로 밀립니다.

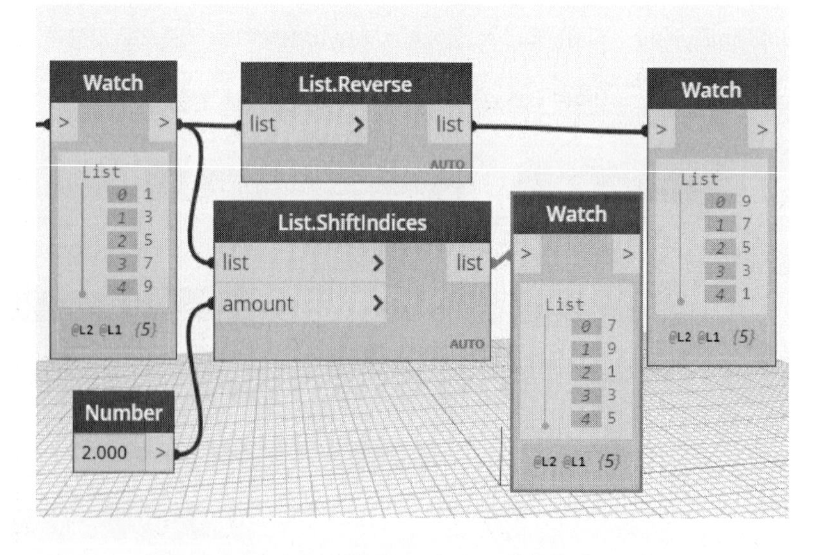

(6) Shuffle : 입력된 데이터의 순서를 무작위(랜덤)로 섞어서 재배열하여 출력합니다. 다음의 예는 동일한 입력 리스트인데 서로 다른 결과 리스트를 생성합니다.

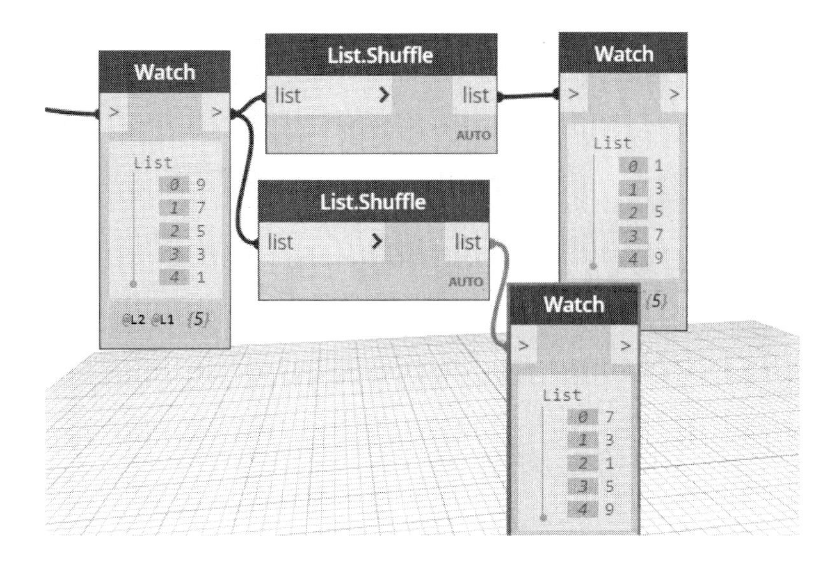

(7) Sort : 입력된 데이터를 데이터의 유형과 크기에 따라 정렬합니다.

(8) SortByKey : 입력된 데이터를 지정한 키를 기준으로 정렬합니다. 다음의 예를 보면 Key가 2,1,5,4,3이므로 키의 순서대로 B,A,E,D,C로 구성된 리스트가 출력됩니다. 데이터 리스트의 수와 키의 수가 쌍으로 구성되며 개수가 동일해야 합니다.

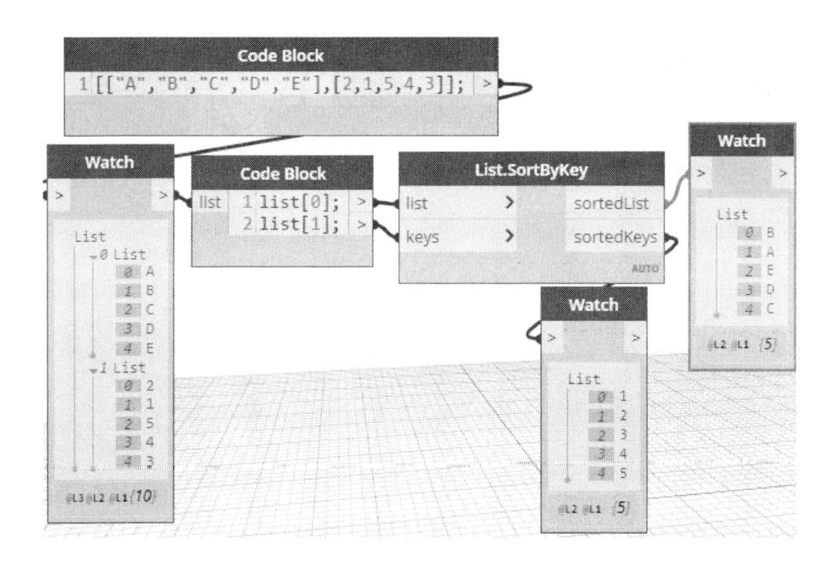

(9) SortByFunction : 입력된 리스트를 지정한 함수를 기준으로 정렬합니다.
다음의 예는 1부터 6까지 리스트에서 4보다 크거나 같은 값을 기준으로 정렬합니다.

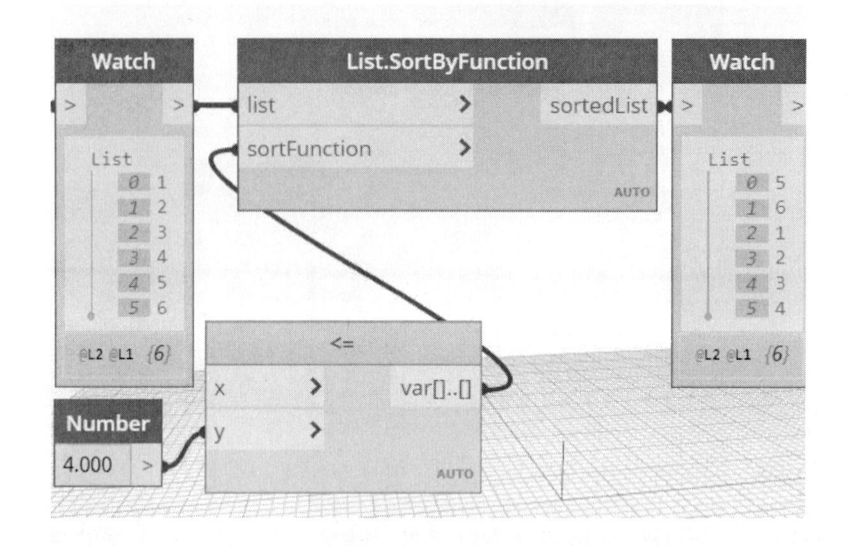

(10) Transpose : 입력된 리스트를 각 서브 리스트에 있는 같은 인덱스 번호를 묶어 새로운 서브 리스트로 출력합니다. 한쪽 리스트의 수가 부족하면 null 값을 표시합니다.

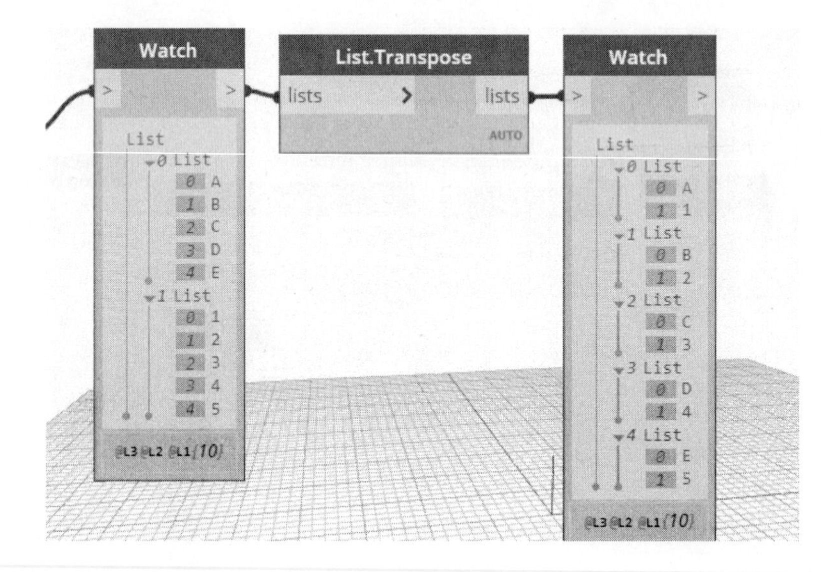

03_ 예제

Dynamo에서 데이터를 다룰 때 가장 중요하고 유용하게 사용하는 것이 리스트(List)입니다. 예제를 통해 리스트를 학습하겠습니다.

1. 리스트 예제 : 원의 배열

Dynamo Primer의 예제를 이용하여 실습하겠습니다. 개요에서 맛보기로 코딩한 '동적으로 위치와 크기가 바뀌는 원'을 열어서 코딩하겠습니다. 이번 예제에서는 앞에서 작성한 원을 가로, 세로 방향으로 배열하겠습니다. 그리고 원의 위치나 크기, 배열 수를 자유롭게 바꿀 수 있는 코드입니다. 앞에서 설명한 노드에 대해서도 구체적으로 설명하겠습니다.

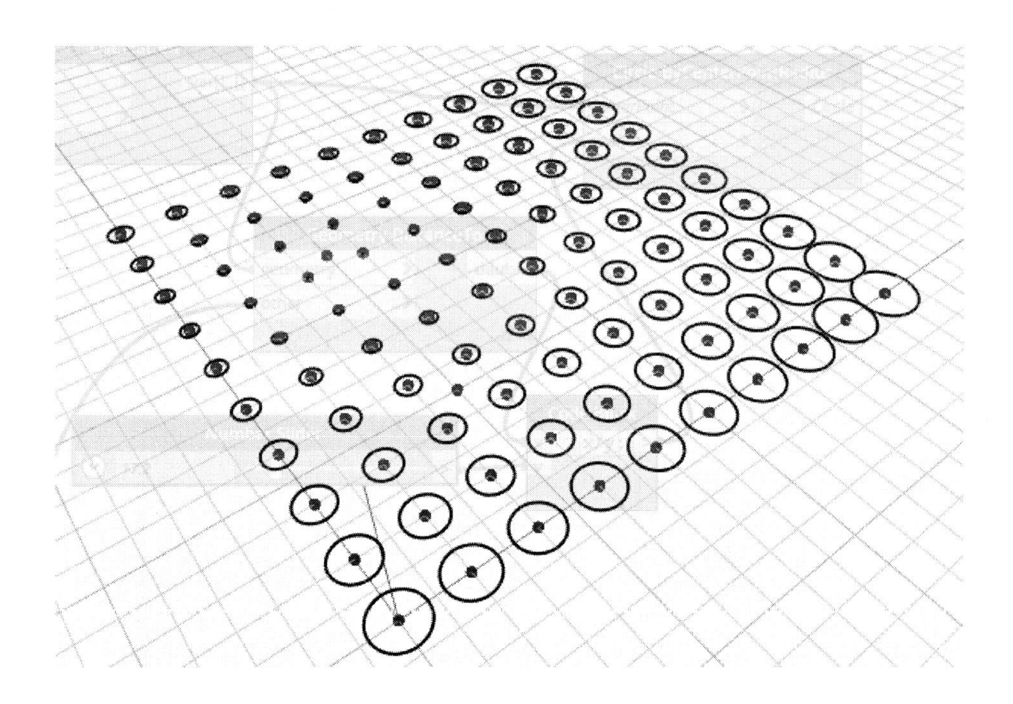

(1) 이전에 작업했던 예제 프로그램(01_DynamicCircle.dyn)을 엽니다. 다음과 같이 이전에 작업했던 프로그램(코드)이 열리면서 실행됩니다.

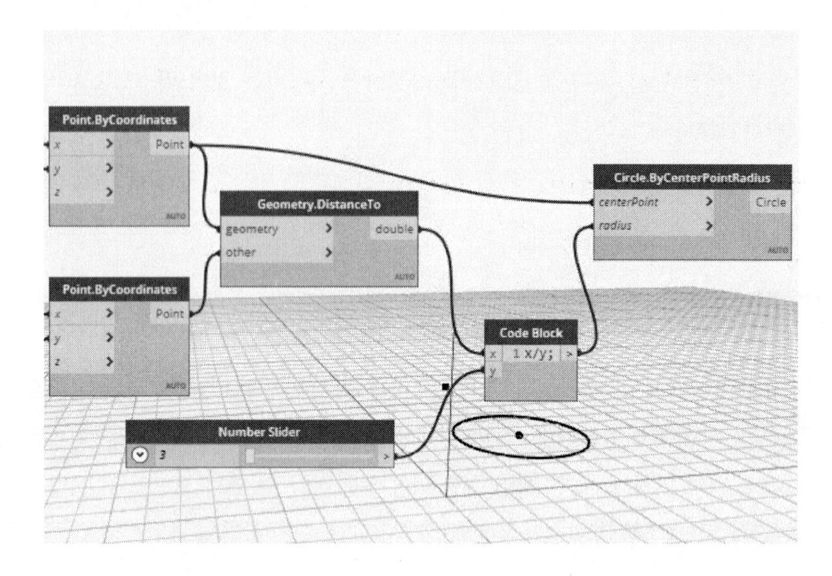

(2) 먼저, 데이터의 범위를 지정하여 리스트를 생성하는 Sequence 노드를 배치합니다. 입력 포트의 각 요소(start, amount, step)에 대해 숫자를 지정할 수 있도록 number노드를 배치하여 연결합니다. amount에 값을 '10', number에 '2'를 설정합니다. 0부터 2간격으로 10개의 데이터(리스트)가 생성됩니다.

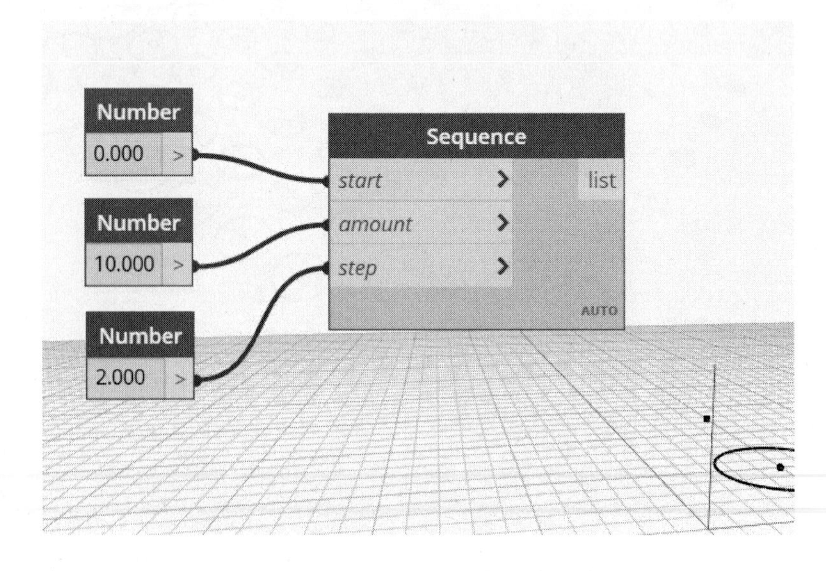

(3) 다음은 Point.ByCoordinates 노드를 배치합니다. 입력 포트 x, y에 앞의 Sequence 노드의 출력(list)으로부터 와이어를 연결합니다. 다음과 같이 좌표에 점이 찍힙니다.

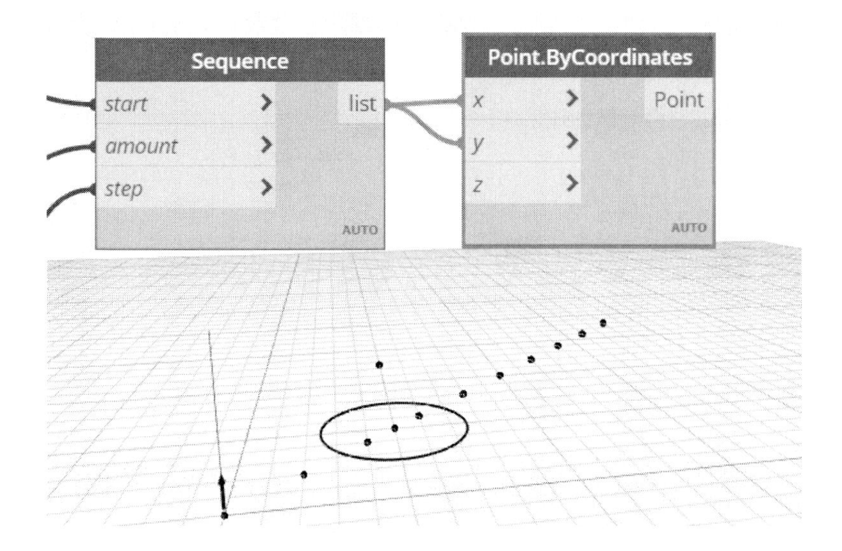

(4) 레이싱을 설정하겠습니다. Point.ByCoordinates 노드에 마우스를 대고 오른쪽 버튼을 눌러 바로가기 메뉴에서 '레이싱→외적'을 설정합니다. 외적으로 설정하면 노드 하단에 외적의 아이콘인 'xxx'가 표시됩니다. 설정과 함께 다음과 같이 각 좌표에 점이 찍힙니다.

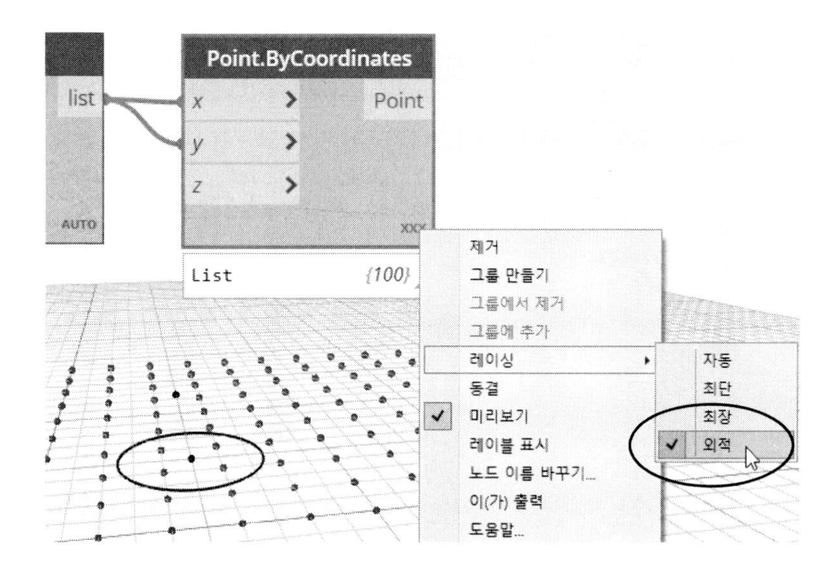

참고 : 레이싱

레이싱은 리스트에 포함된 요소의 대응관계를 설정하는 기능입니다. 여기에서는 좌표를 지정하는네 있어 x, y 값을 어떻게 조합하느냐를 결정합니다. 최단, 최장, 외적이 있습니다. 구체적인 내용은 '레이싱'을 참조합니다.

(5) 이번에는 리스트를 단순화시키는 List.Flatten 노드를 배치합니다. List.Flatten 의 입력 포트(list)에는 Point.ByCoordinates 노드의 출력 포트를 와이어로 연결합니다. 이렇게 함으로써 Point.ByCoordinates의 좌표를 단순화해줍니다.

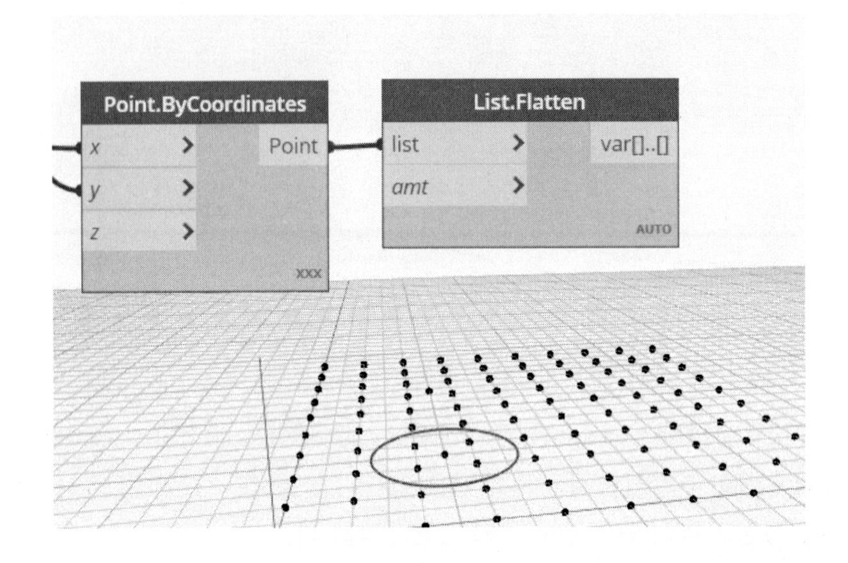

참고 : List.Flatten 노드

List.Flatten 노드는 서브 리스트가 있는 경우 단순화해줍니다. 여러 리스트를 하나의 리스트로 만든다고 이해하면 됩니다. 즉, 계층 구조를 해체시켜 단층 구조로 만듭니다. 왼쪽은 List.Flatten 노드를 거치기 전의 데이터로 리스트가 여러 개(@L3 @L2 @L1) 임을 알 수 있습니다. 오른쪽은 List.Flatten 노드를 거친 데이터로 단순화된 리스트(@L2 @L1)임을 알 수 있습니다.

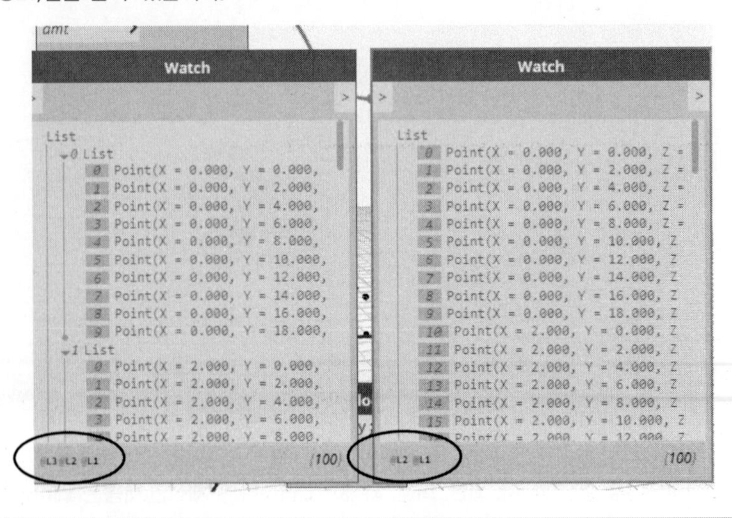

(6) List.Flatten 노드의 출력 포트를 거리를 측정하는 Geometry.DistanceTo 노드의 입력 포트(geometry)와 원을 작도하는 Circle.ByCenterPointRidus 노드의 입력 포트(centerPoint)에 연결합니다. 연결과 함께 다음과 같이 원이 배열됩니다.

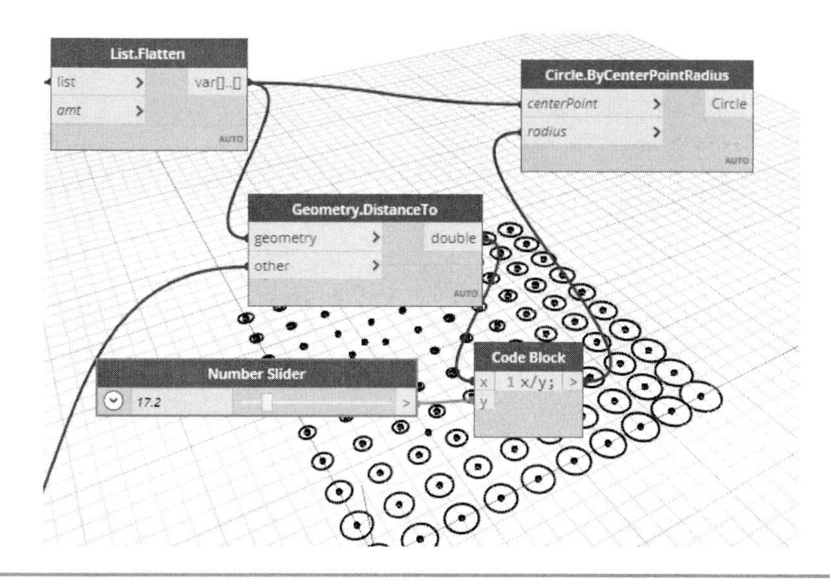

참고 : Sequence, ByCoordinates, Flatten 노드 데이터

프로세스에 따라 Sequence, Point.ByCoordinates, Flatten 노드의 데이터 내용을 표시한 예입니다.

(1) Sequence : 수열로 데이터를 나열하는 개념입니다. 0부터 18까지 숫자 리스트가 생성됩니다.

(2) Point.ByCoordinates : 숫자 리스트를 입력받아 2차원 포인트 리스트가 생성됩니다. 리스트는 리스트 안에 리스트를 만들 수 있습니다.

(3) Flatten : 앞의 2차원 포인트 리스트를 이를 단순화시켜 1차원 포인트 리스트로 변환합니다.

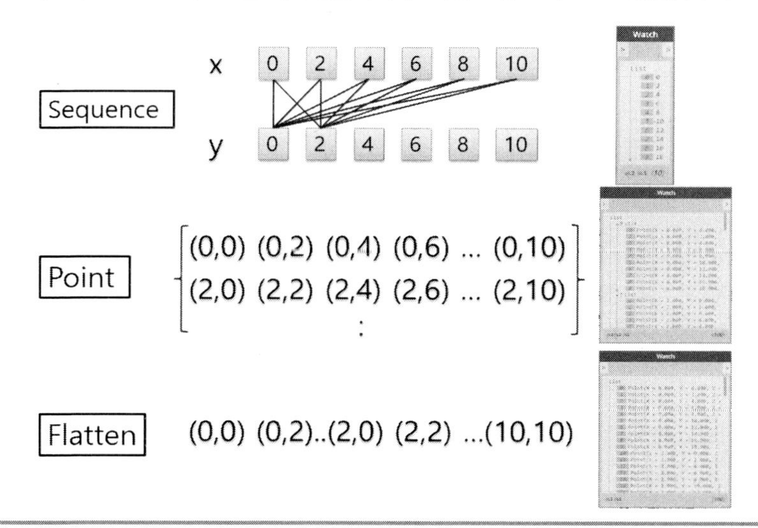

(7) 이번에는 작성된 프로그램(코드)를 테스트 해보겠습니다. Sequence의 amount 입력을 5로 설정합니다. 다음과 같이 가로x세로 5개씩 배열됩니다.

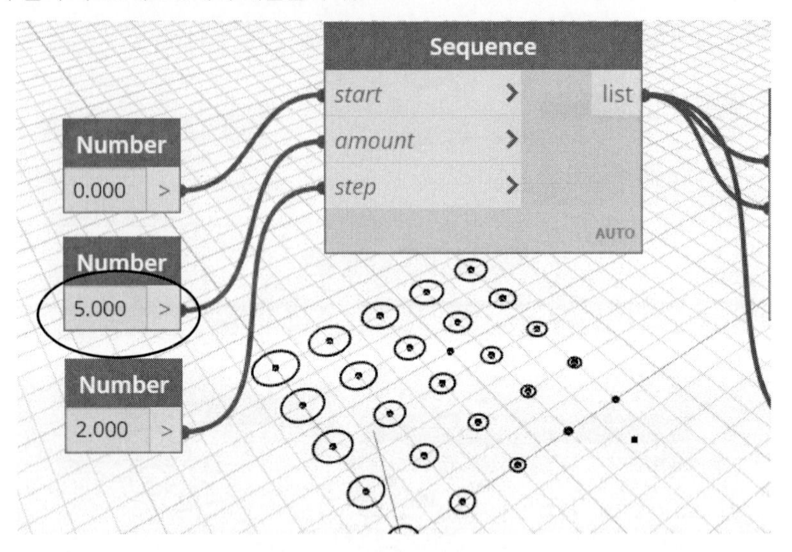

Sequence의start 입력을 2로 설정합니다. 그러면 시작 좌표가 (2, 2)에서 시작하는 것을 알 수 있습니다.

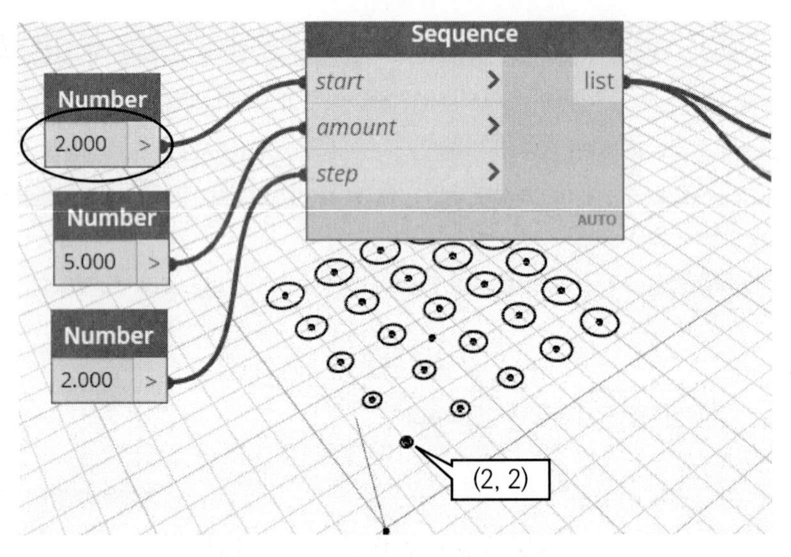

(3) 이번에는 오른쪽 상단의 '3D 미리보기 모드'로 바꿉니다. 좌표계 아이콘을 마우스로 드래그하여 움직여 봅니다. 그러면 좌표계 아이콘에 가까운 쪽의 원은 작고 멀어질수록 커지는 것을 알 수 있습니다.

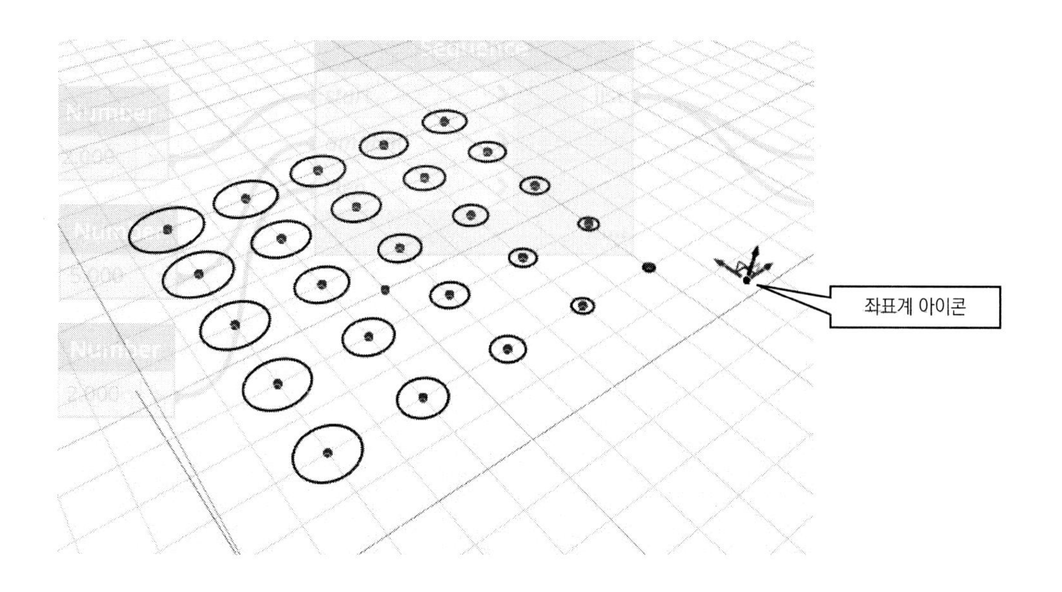

Tip

해당 노드의 요소를 확인하려면 노드를 클릭하면 워크스페이스의 요소가 하일라이트됩니다. 예를 들어, 좌표계 아이콘을 확인하려면 좌표계 아이콘에 해당하는 노드를 클릭합니다. 다음과 같이 좌표계 아이콘이 나타납니다.

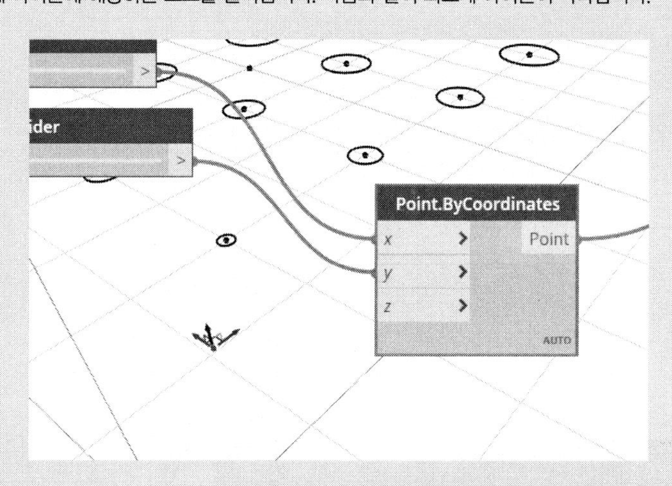

작도된 원을 확인하고자 한다면 Curve.ByCenterPointRadius 노드를 클릭합니다.

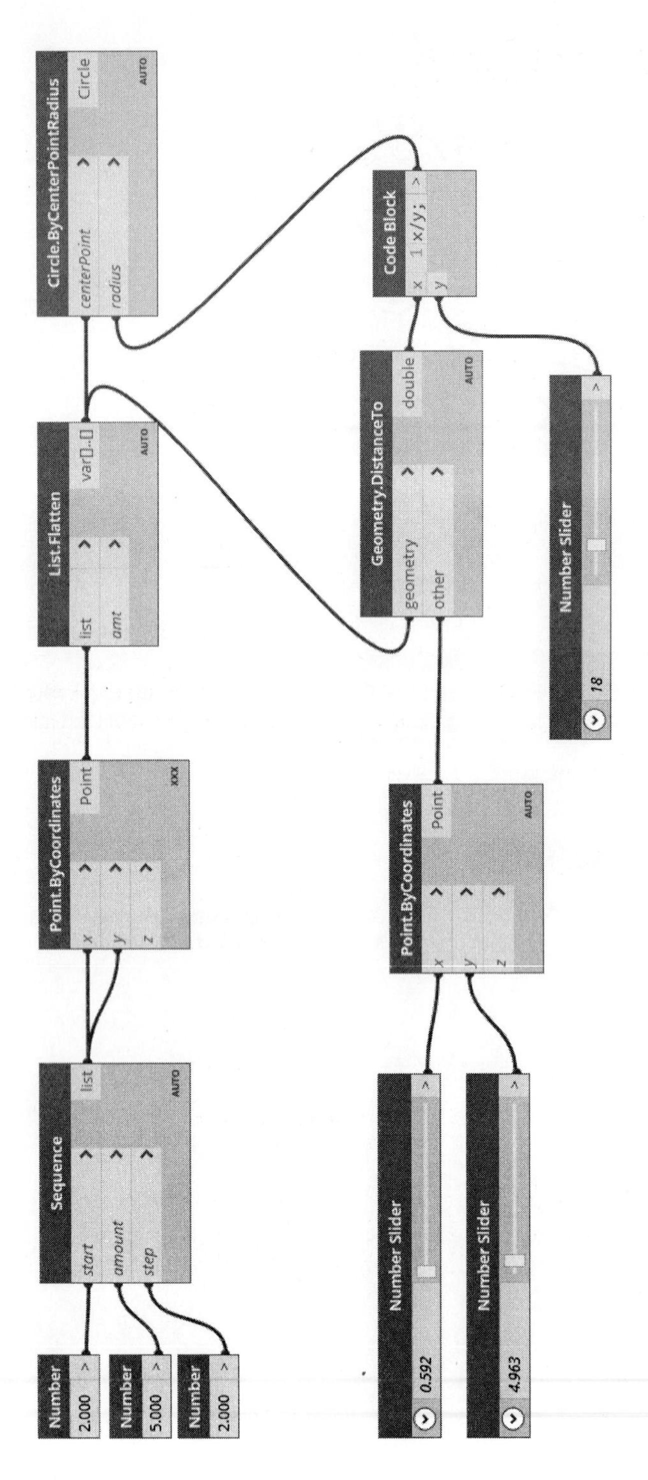

Circle.ByCenterPointRadius
centerPoint
radius
Circle
List.Flatten
list
amt
Point.ByCoordinates
x
y
z
Point
Sequence
start
amount
step
list
Number
2.000
Number
5.000
Number
2.000
Code Block
x/y;
Geometry.DistanceTo
geometry
other
double
Number Slider
18
Number Slider
0.592
Number Slider
4.963

[동적 원의 배열 전체 노드]

2. 리스트 예제 : 트위스트 원

리스트의 개념을 이용하여 다양한 데이터를 만드는 샘플 예제를 코딩해 보겠습니다. 다음과 같이 상하 두 개의 원이 있고 이들의 점을 이어 비틀어진 형상의 지오메트리를 작성합니다.

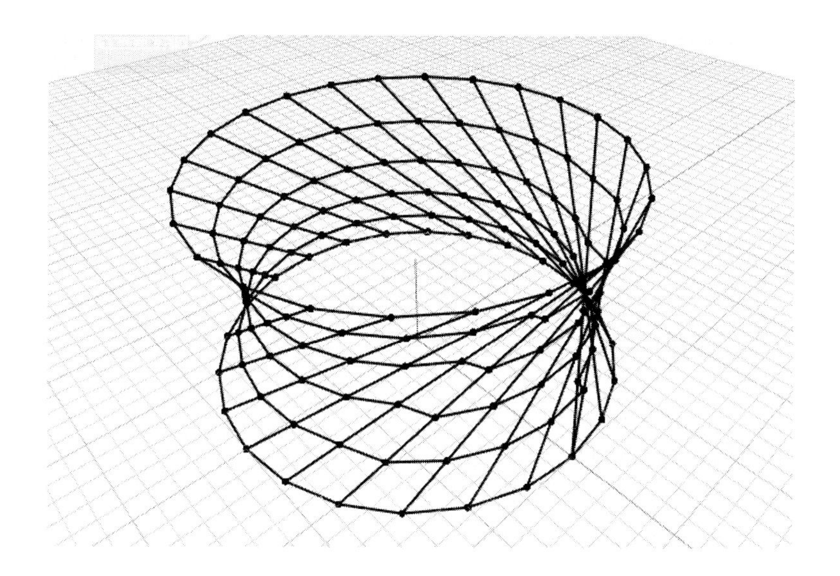

(1) 원을 작성하기 위해 수학 함수 Math.Cos(수평)와 Math.Sin(수직) 노드를 배치한 후 코드 블록을 이용하여 0도부터 360도를 15도 간격으로 정의합니다.

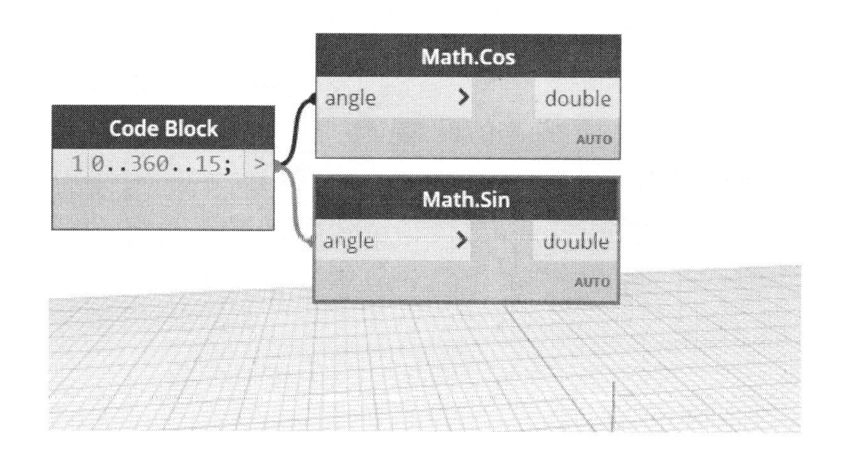

(2) Point.ByCoordinates 노드를 이용하여 점을 지정합니다. 다음과 같이 원을 따라 점이 작도됩니다.

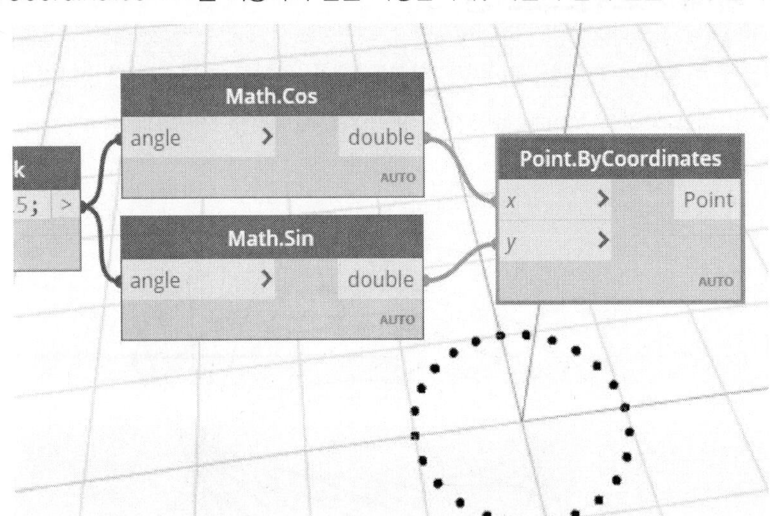

(3) 원에 스케일을 더해 크기를 조정하겠습니다. 슬라이드 바를 이용하여 숫자를 지정하고 코드 블록에서 받아들인 숫자를 x, y에 각각 대입하여 서로 곱합니다. 슬라이드 바를 움직이면 원의 크기가 바뀝니다.

Tip

코드 블록에서 수식을 입력할 때 변수를 사용하면 해당 변수의 입력 포트가 생성됩니다. 여기에서는 r, x, y 변수를 사용하니까 입력 포트 3개가 생성됩니다.

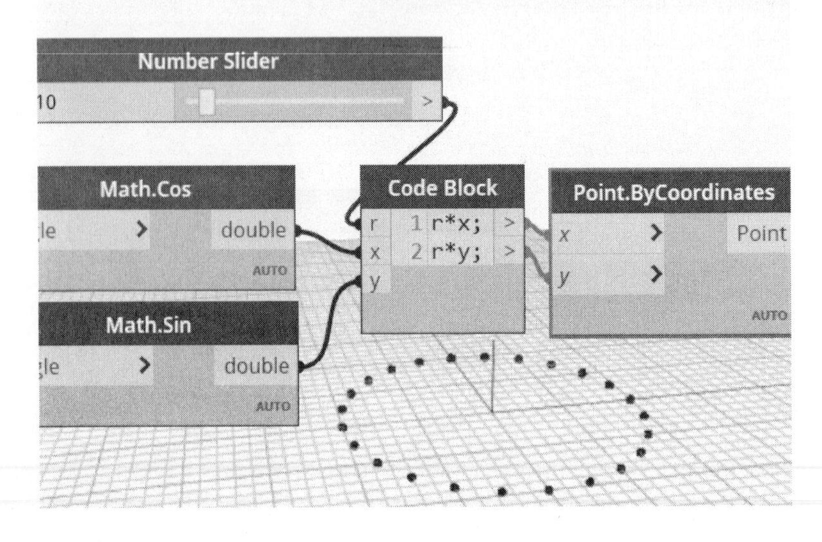

(4) Polygon.ByPoints 노드를 이용하여 각 점을 잇는 폴리곤을 작성합니다. Polygon.ByPoints 노드는 점에 의해 폴리곤을 작성하는 노드입니다.

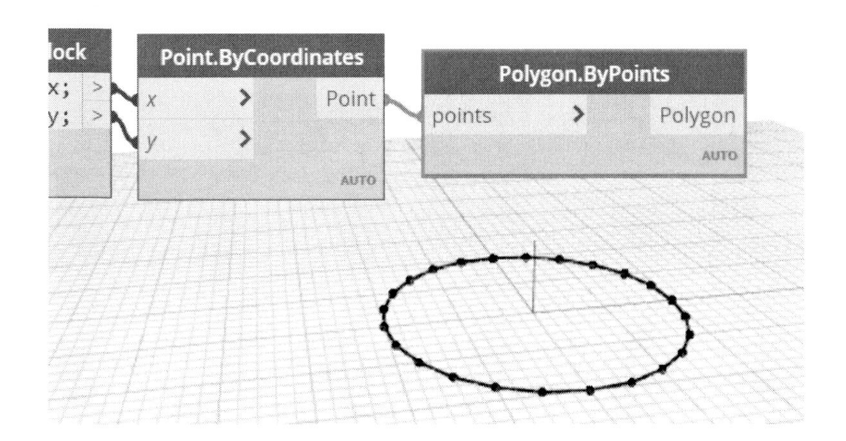

(5) 이번에는 Z축 방향으로 원을 작도하겠습니다. Z축을 정의하는 Vector.ZAxis 노드를 배치하고, 벡터 축척을 지정하는 Vector.Scale노드를 배치합니다. 형상을 길이(Vector.Scale)만큼 변환하는 Geometry.Translate 노드를 배치합니다. Geometry.Translate 노드는 각 포인트에 Z값(scale factor)을 부여합니다. 다음과 같이 Z축 방향으로 점이 배치됩니다.

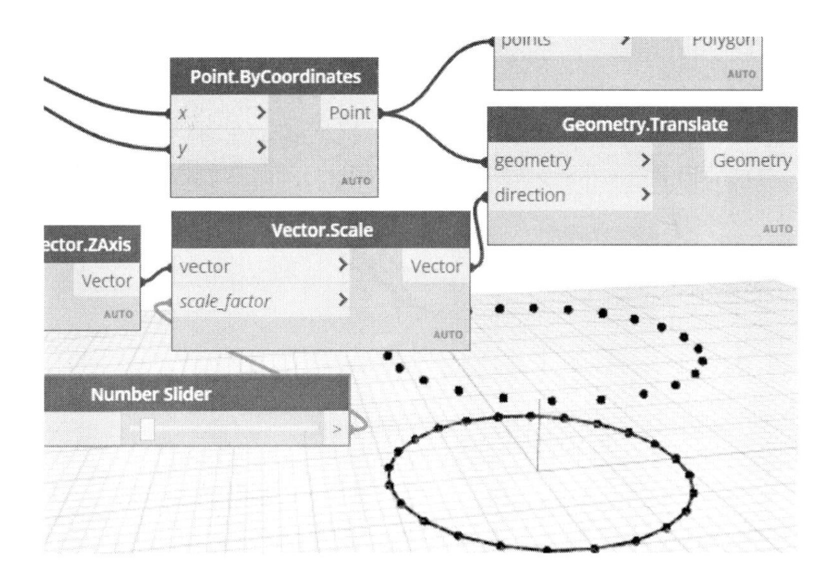

(6) 작성된 점을 잇는 폴리곤을 작성합니다. 다시 Polygon.ByPoints 노드를 이용하여 폴리곤을 작성합니다.

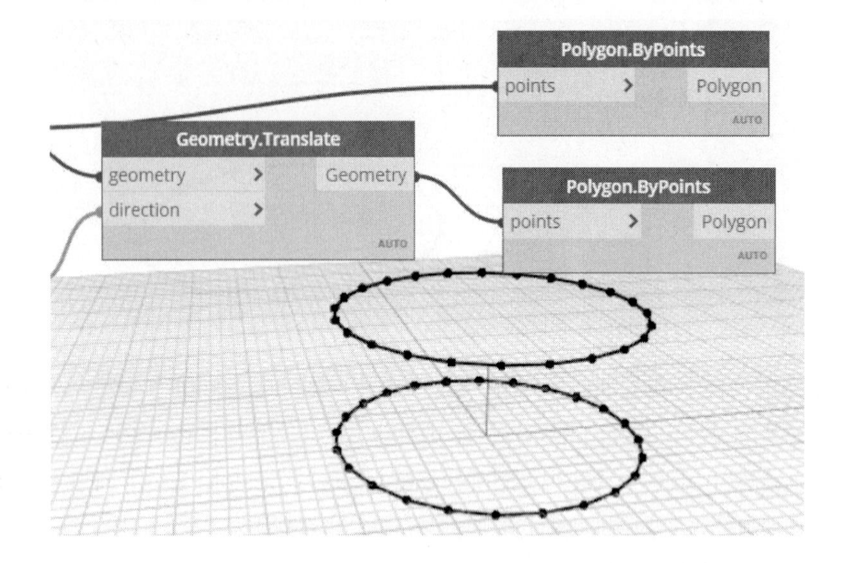

(7) Line.ByStartPointEndPoint 노드를 이용하여 위쪽 포인트와 아래쪽 포인트를 선으로 연결합니다.

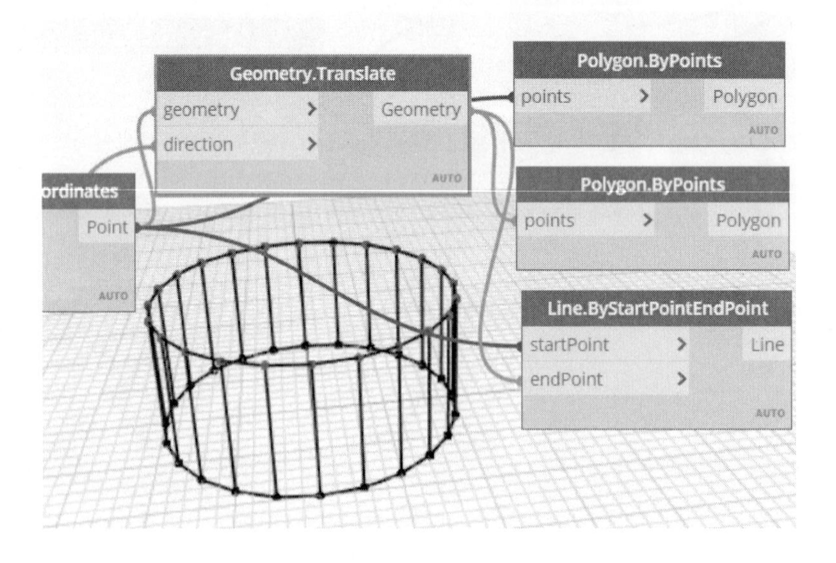

(8) 이번에는 대응하는 점을 비틀어서 연결하겠습니다. 리스트를 이동시키는 List.ShiftIndices 노드를 배치합니다. 정수 슬라이드 바를 이용하여 이동 수(amount)를 지정합니다. 다음과 같이 위의 대응점이 3개 이동한 선이 연결됩니다.

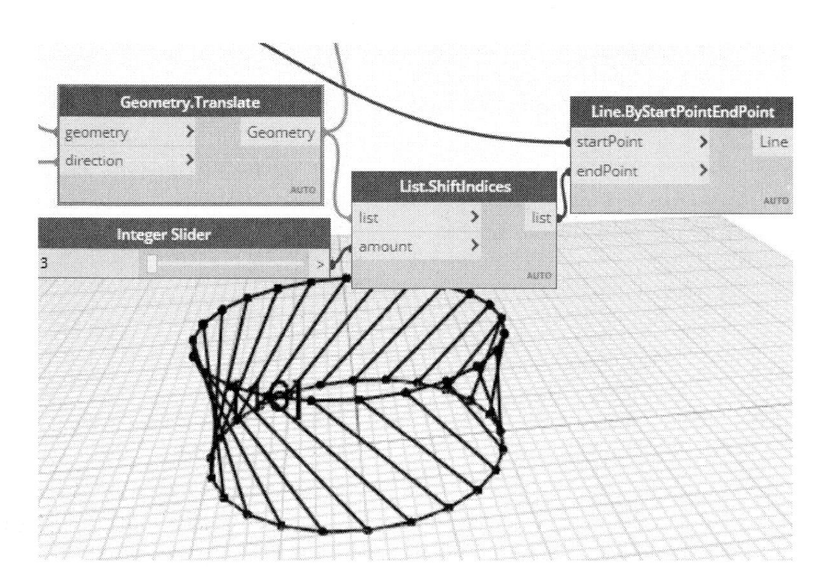

슬라이드 바를 움직이면 이동하는 점의 수에 따라 동적으로 바뀝니다.

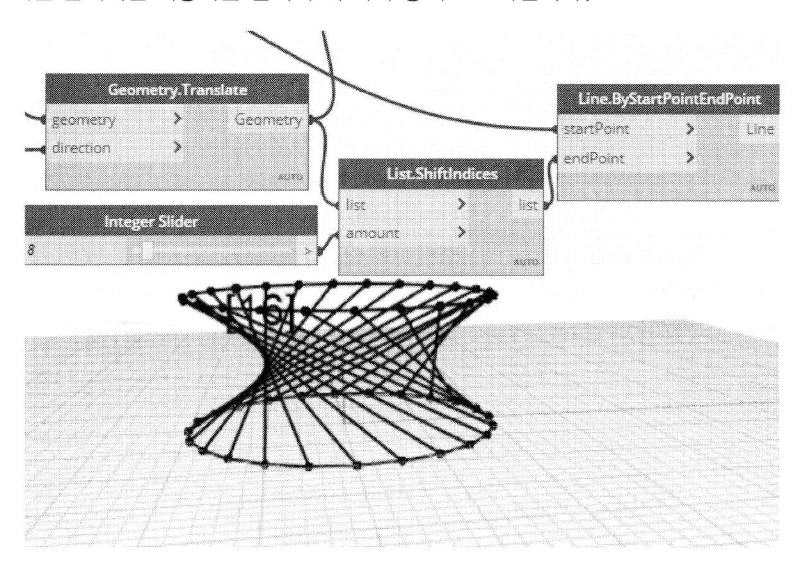

(9) 세로 방향의 선을 분할하겠습니다. 매개변수에 의해 점을 분할하는 Curve.PointAtParameter 노드를 배치합니다. 매개변수(param)는 0부터 1까지 0.1 간격으로 지정합니다.

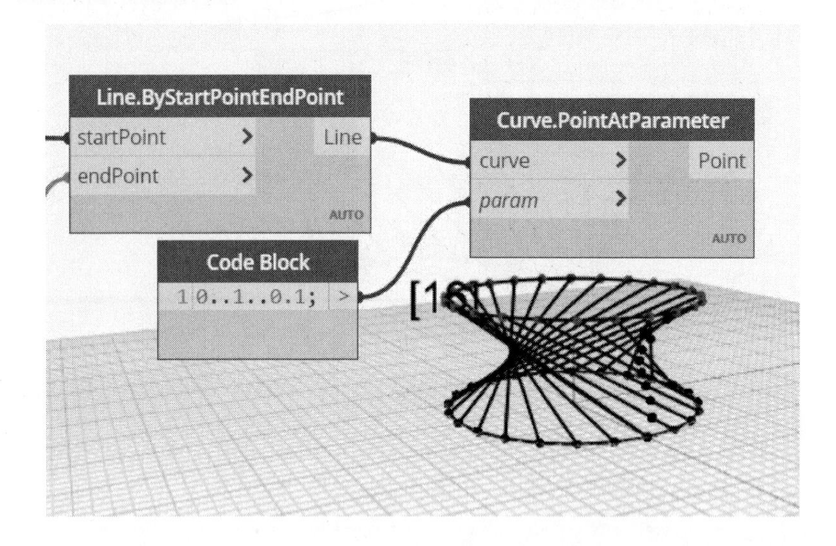

(10) Curve.PointAtParameter 노드의 레이싱을 '외적'으로 정의합니다. 다음과 같이 각 선에 점이 11개씩 정의됩니다. 코드 블록의 값을 0.1을 0.2로 수정하면 그 간격만큼 점이 줄어듭니다.

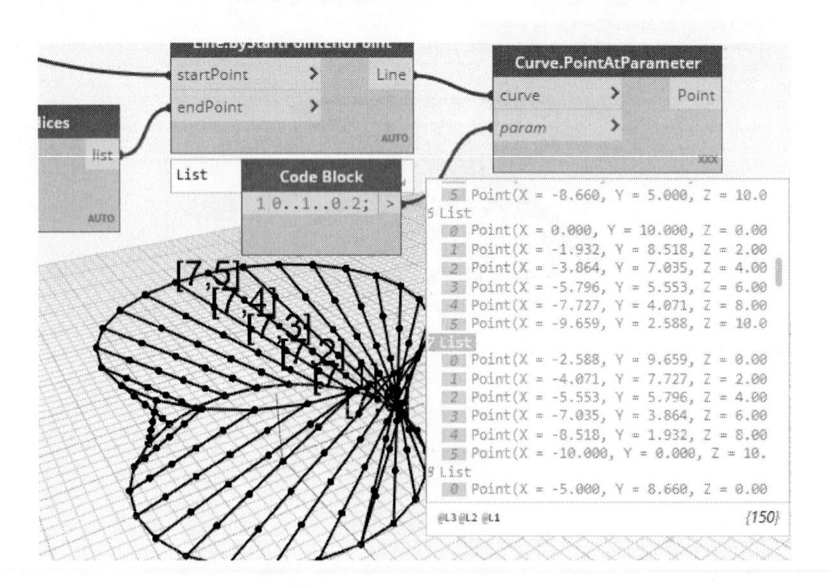

코드 블록에서 [0..1..0.2]로 정의한 후 데이터 구조를 보면 Z값이 0.2 단위로 증가합니다. 리스트 명칭(예: 7 리스트)을 클릭하면 해당 선분에 찍힌 점에 대해 번호가 표시됩니다. 아래쪽부터 [7,0] [7,1] [7,2] [7,3] [7,4] [7,5]가 부여됩니다.

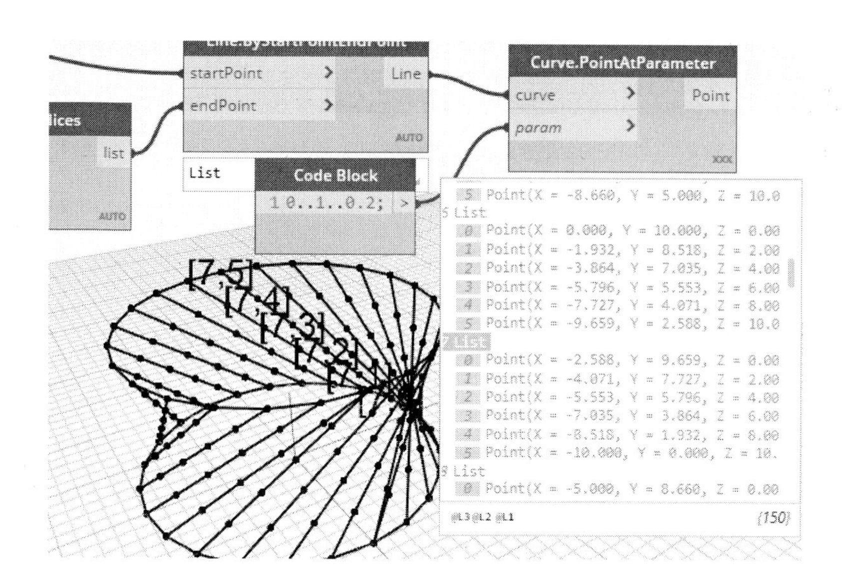

(11) 입력된 리스트를 각 서브 리스트에 있는 같은 인덱스 번호를 묶어 새로운 서브 리스트로 출력하는 Transpose 노드를 배치합니다. 원 주변의 24개의 리스트를 6개의 리스트로 치환합니다. 이들 각 점을 잇는 폴리곤(Polygon.ByPoints)을 작성합니다.

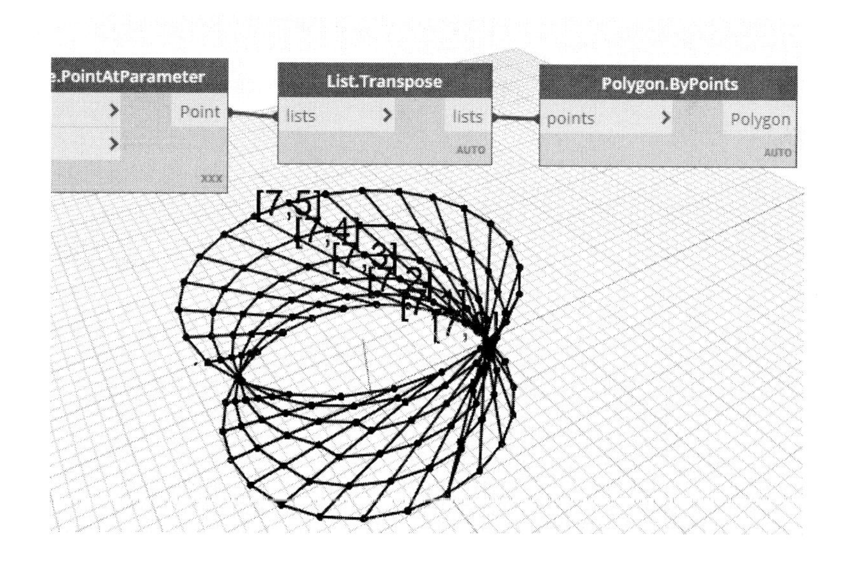

참고 : Transpose

기존 리스트는 6개씩 24개의 리스트였는데 Transpose노드를 거치면 24개씩 6개의 리스트가 작성됩니다. 즉, 가로와 세로를 치환합니다.

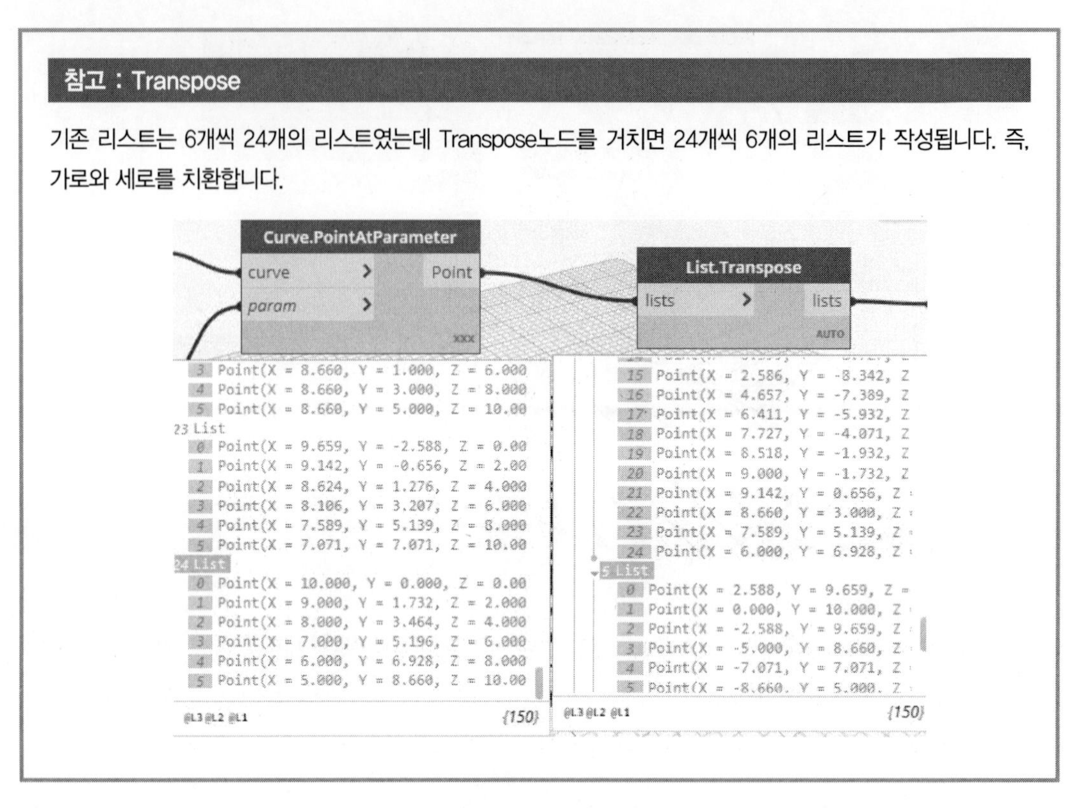

배치된 슬라이드 바를 움직여보면서 각 노드의 리스트가 어떻게 바뀌는지 확인해보면서 리스트에 대해 이해하도록 합니다.

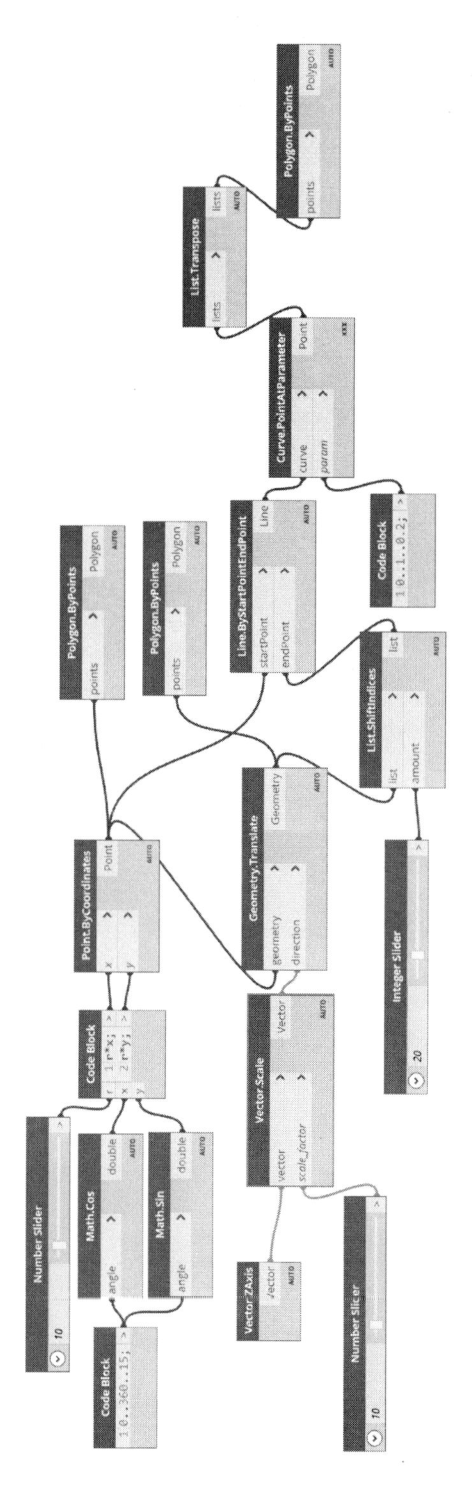
Polygon.ByPoints
points
Polygon
List.Transpose
lists
Curve.PointAtParameter
curve
param
Point
Line.ByStartPointEndPoint
startPoint
endPoint
Line
Code Block
0..1..0.2;
Polygon.ByPoints
Polygon.ByPoints
List.ShiftIndices
list
amount
Geometry.Translate
geometry
direction
Geometry
Point.ByCoordinates
x
y
Point
Integer Slider
20
Code Block
r*x;
r*y;
Vector.Scale
vector
scale_factor
Vector
Number Slider
10
Math.Cos
angle
double
Math.Sin
angle
double
Code Block
0..360..15;
Vector.ZAxis
Vector
Number Slider
10

[트위스트 원 전체 노드]

Part_3

코드 블록

Dynamo는 가시적인 노드와 와이어를 이용하여 프로그램을 구성하는 프로그래밍 도구입니다. 하지만 프로그램다운 프로그램은 코드 블록(Code Block)을 통해 구현할 수 있습니다. Python과 같은 다른 언어를 활용할 경우 더욱 유용합니다. 이 책에서는 Python에 대해서는 다루지 않겠습니다.

01_ 코드 블록의 이해

코드 블록(Code Block)은 프로그램 코드를 텍스트 형식으로 입력하는 노드를 말합니다. 프로그래밍 작업에 익숙할수록 많이 사용하게 됩니다. 코드 블록에 대해 구체적으로 알아보겠습니다.

1. 코드 블록이란?

코드 블록(Code Block)은 텍스트를 이용하여 코드를 입력하는 도구입니다. 비주얼 스크립트 환경을 텍스트 스크립트 환경으로 구현할 수 있는 인터페이스입니다. DesignScript는 Dynamo 내부의 모든 기능을 구현하는 엔진입니다. 코드 블록을 이용하면 Dynamo의 메인이 되는 프로그래밍 언어 DesignScript를 보다 용이하게 구현할 수 있습니다. 노드를 배치하고 와이어로 노드와 노드를 연결하는 작업은 초보자들에게는 배우기 쉬운 작업 패턴이지만 어느 정도 활용할 수 있는 사용자는 번거롭고 시간이 걸리는 작업이 될 수 있습니다. 코드 블록을 활용하면 몇 줄만으로 수 많은 노드를 대체할 수 있습니다. 코드 블록을 이용하여 코딩하는 작업이 프로그래밍다운 프로그래밍이라 할 수 있습니다. 유용하게 활용할 수 있도록 해봅시다.

코드 블록 노드를 배치하는 방법은 라이브러리에서 〈/〉Script → Editor → Code Block을 클릭하거나 검색 창에서 'Code Block'를 검색합니다. 또는 워크스페이스에서 더블클릭합니다. 다음과 같이 코드 블록 노드가 나타납니다. 다른 노드와 달리 입력 포트, 출력 포트가 없는 빈 공간의 창이 나타납니다.

코드 블록의 특징에 대해 알아보겠습니다.

(1) 노드를 코드화하고 호출할 수 있습니다.

프로그래밍을 위해 배치하는 노드를 코드화 할 수 있고 노드를 호출하여 활용할 수 있습니다. 다음과 같이 두 점을 정의하여 선을 긋는 코드가 있다고 가정하겠습니다.

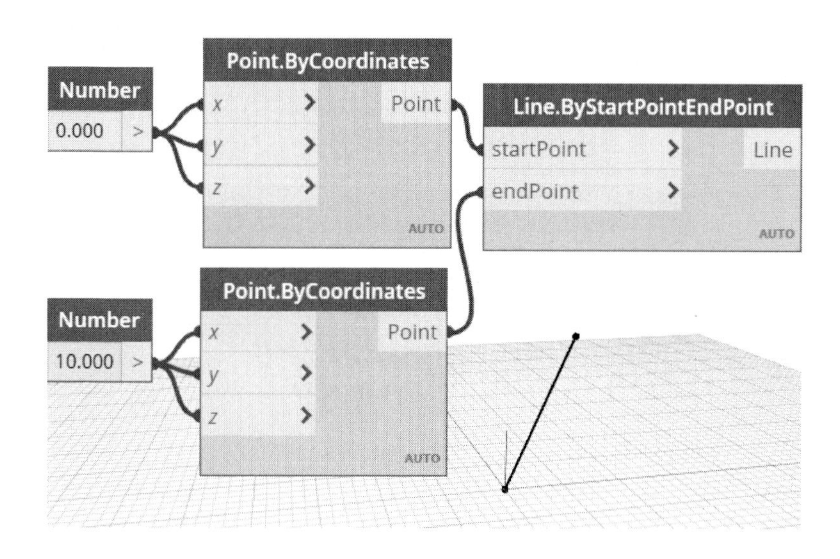

코드 블록을 활용하면 Line.ByStartPointEndPoint 노드를 코드 블록에서 텍스트로 직접 입력하여 호출할 수 있습니다.

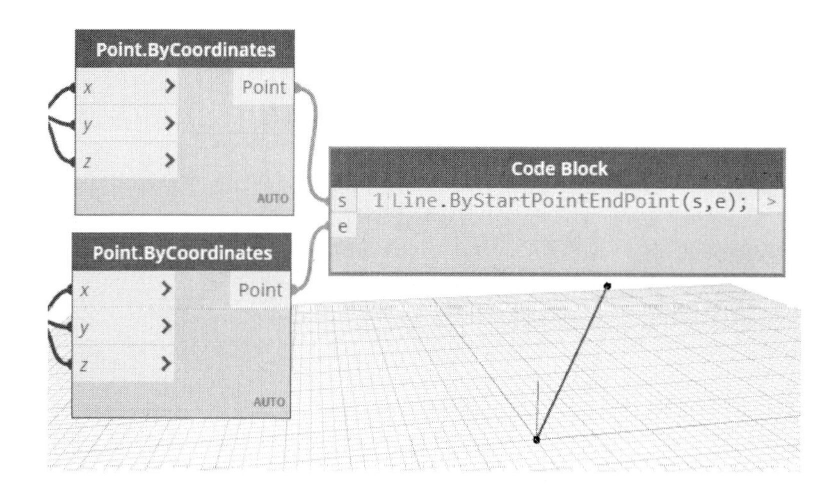

(2) 프로그램이 간결하고 단순해집니다.

여러 개의 노드와 와이어로 구성된 코드를 몇 줄만으로 코딩할 수 있기 때문에 프로그램이 간결하고 단순해집니다. Dynamo에 익숙할수록 코드 블록을 보다 유용하게 활용할 수 있습니다. 복잡한 프로그램일수록 더욱 효과를 발휘할 수 있습니다.

다음은 앞에서 코딩했던 선을 긋는 코드입니다. 앞에서 5개의 노드와 8개의 와이어로 구현된 코드를 코드 블록을 사용하여 세 줄의 텍스트로 구현했습니다.

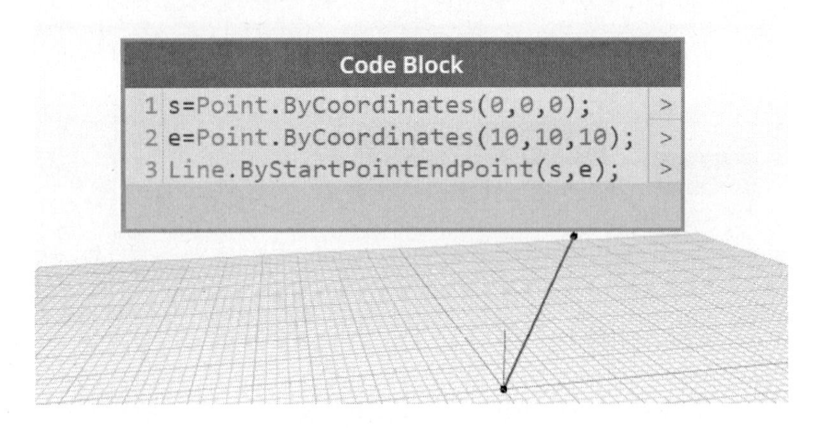

(3) 데이터를 정의할 때 각각의 노드를 이용하지 않고 코드 블록으로 빠르고 쉽게 정의하며 원하는 값을 출력할 수 있습니다.

왼쪽은 데이터 유형에 따라 Number, String, Formula 노드를 배치하여 정의한 경우이고, 오른쪽은 코드 블록으로 정의한 경우입니다. 이처럼 코드 블록으로 간단히 데이터를 정의할 수 있습니다.

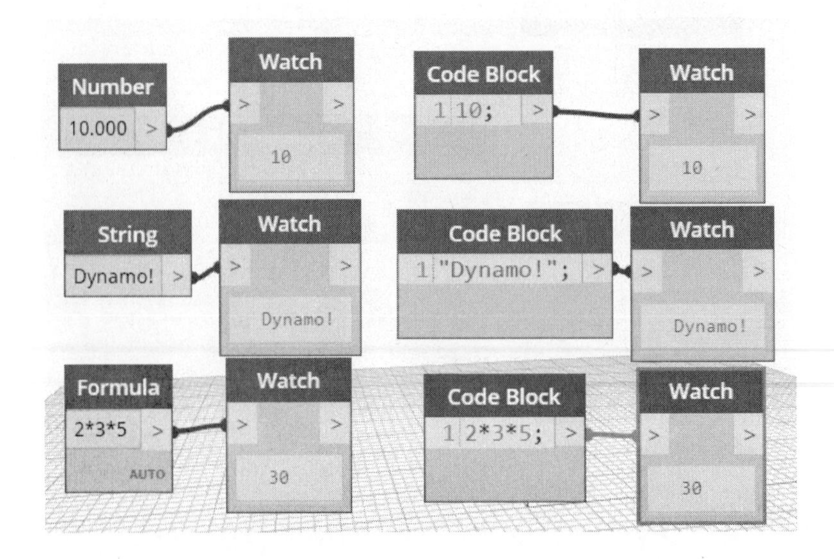

이를 다시 하나의 코드 블록에서 정의할 수도 있습니다. 세미콜론(;)을 붙인 후 개행(행을 바꿔)하여 새로운 데이터나 수식을 코딩할 수 있습니다.

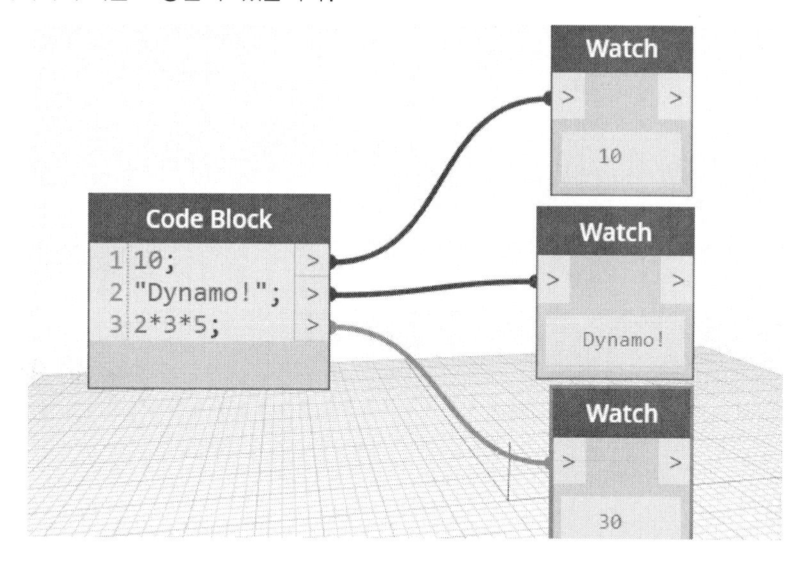

(4) 데이터 관리를 용이하게 하는 생략 표기 방법을 제공하고 있습니다.

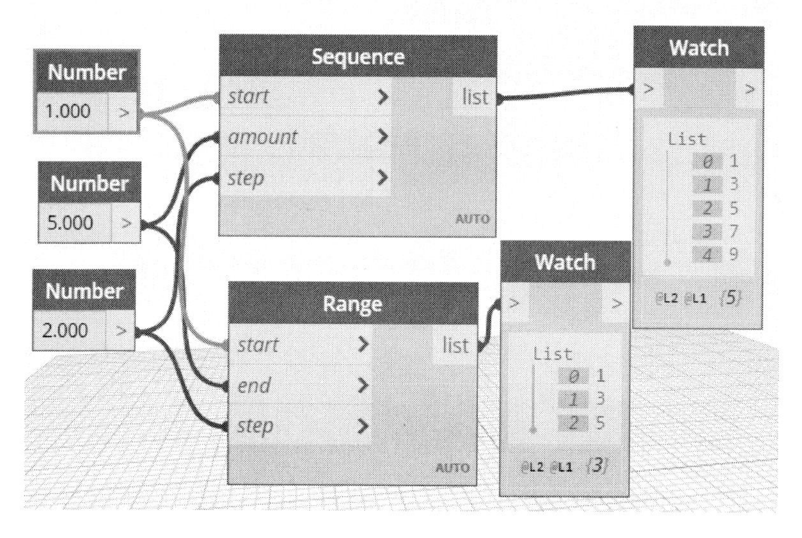

시작과 수량, 간격을 입력하여 데이터를 만드는 Sequence 노드, 시작과 끝, 간격을 지정하여 데이터를 만드는 Range 노드의 경우, 다음과 같이 생략된 코드로 정의할 수 있습니다.

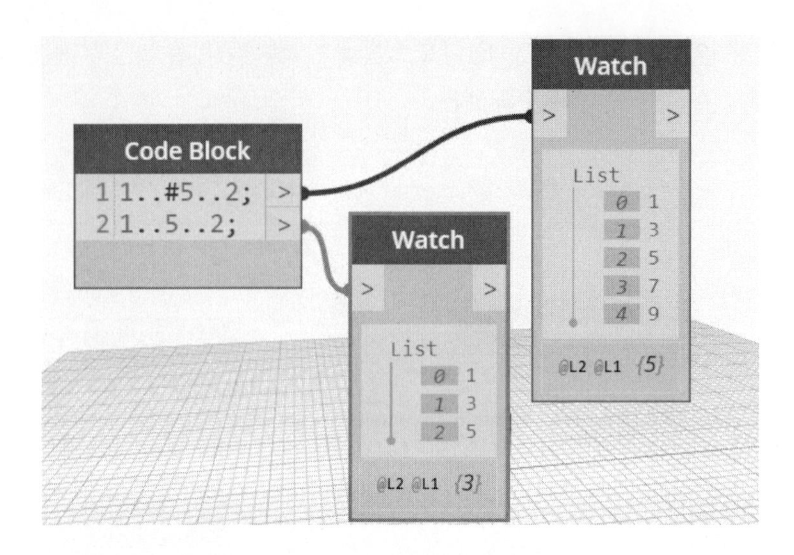

(5) 함수(Function)를 정의할 수 있습니다.

프로그램에서 특정 기능을 수행하는 작업 세트(모듈)을 함수(Function)라고 합니다. 예를 들어, 세 개의 숫자를 입력하면 세 개의 숫자를 합산하여 결과를 출력하는 프로그램을 구현하여 이를 하나의 함수로 만듭니다. 이 함수에 세 개의 수를 넣으면 연산 결과를 쉽게 얻을 수 있습니다.

다음과 같이 Cal이라는 함수를 만들어 이 함수를 호출할 때 세 개의 수(인수)를 건네면(Cal(10, 20, 30)) 결과 값(60)을 받아볼 수 있습니다.

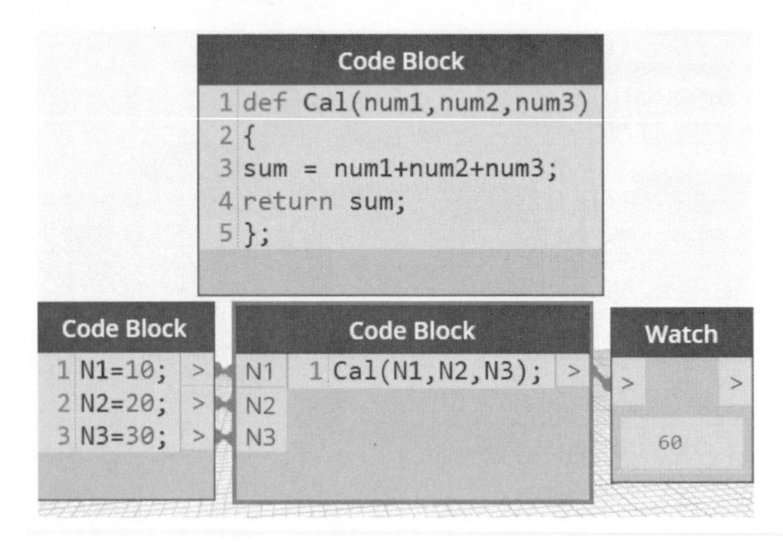

(6) 외부 언어를 Dynamo에서 활용할 수 있습니다.

인공지능 언어로 각광받고 있는 python과 같은 외부의 언어를 구현할 수 있습니다. 이렇게 다른 언어를 활용할 수 있다는 점은 그만큼 Dynamo의 활용의 폭을 넓힐 수 있는 장점입니다.

2. 숫자와 문자의 입력

코드를 입력하는 코드 블록은 다양한 데이터를 입력할 수 있으며 수식과 함수를 정의하고 활용할 수 있습니다. 이를 위해서는 나름대로 규칙(문법)이 있습니다. 코드 블록을 활용하는 방법(규칙)에 대해 알아보겠습니다. 먼저 숫자와 문자 데이터를 입력하는 방법입니다.

(1) 숫자나 문자를 입력한 후 마지막에 반드시 세미콜론(;)을 기입해야 합니다.

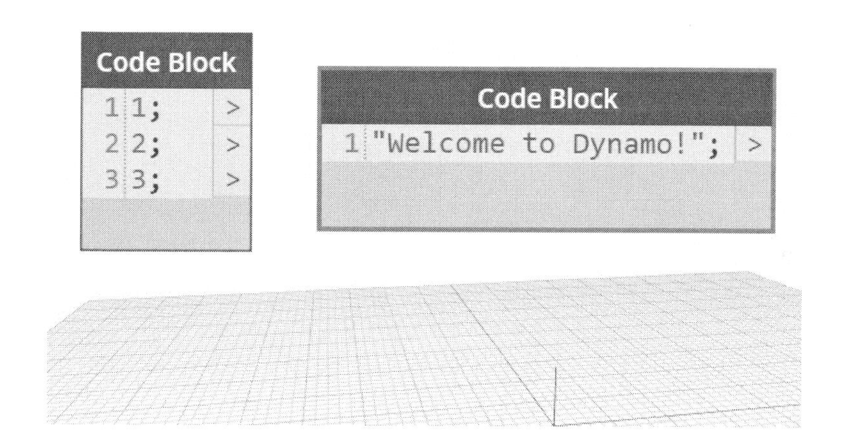

(2) 코드 블록에서 숫자의 배열을 작성하기 위한 다양한 방법을 제공하고 있습니다. 연속적인 의미로 생략 부호인 점 두 개(..)를 삽입니다.

예를 들어, 1부터 10까지는 1..10, 증감(step)을 표현할 때는 1..10..2로 표현합니다. 다음의 예를 보겠습니다.

-. 1..10: 1부터 10까지의 숫자 배열입니다.

-. 1..10..2: 1부터 10까지 숫자 배열인데 2의 간격으로 배열 즉, 홀수만 배열됩니다. Range 노드와 동일한 기능을 수행합니다.

-. 1..#10..2: 1부터 2의 간격으로 10개를 배열합니다. #10은 배열되는 개수를 나타냅니다. Sequence 노드와 동일한 기능을 수행합니다.

-. 1..10..#5: 1부터 10까지 수를 5개의 데이터를 생성하는 배열입니다. #5는 생성하는 데이터 수입니다.

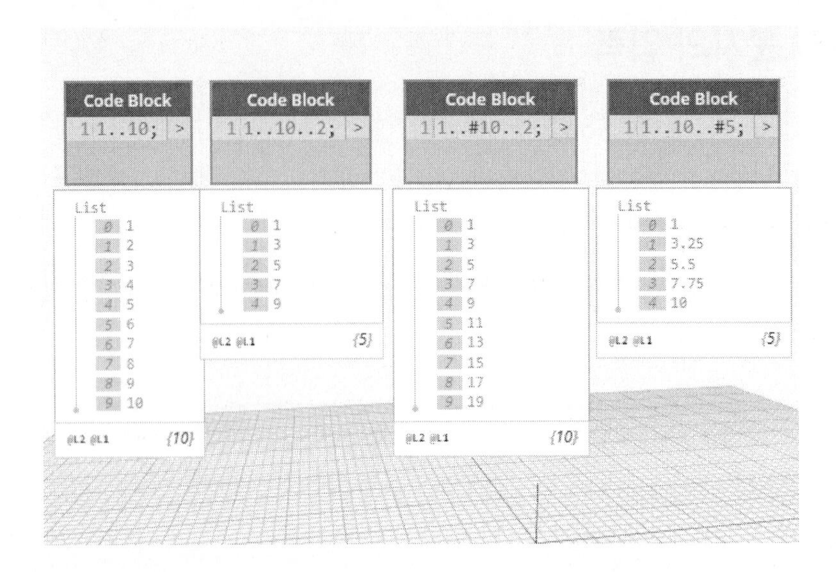

(3) 문자를 입력할 때는 큰따옴표("")로 감싸서 입력합니다. 큰따옴표로 숫자를 입력하면 보기에는 숫자이지만 Object.Type으로 확인해보면 데이터 유형(타입)은 문자가 됩니다.

-. "Welcome!": 문자를 입력합니다.

-. "Welcome" + "to" + "Dynamo!": 연산자 +를 이용하여 문자와 문자를 연결할 수 있습니다.

-. "A".."K"..2: A부터 K까지 두 칸 간격으로 문자를 나열합니다.

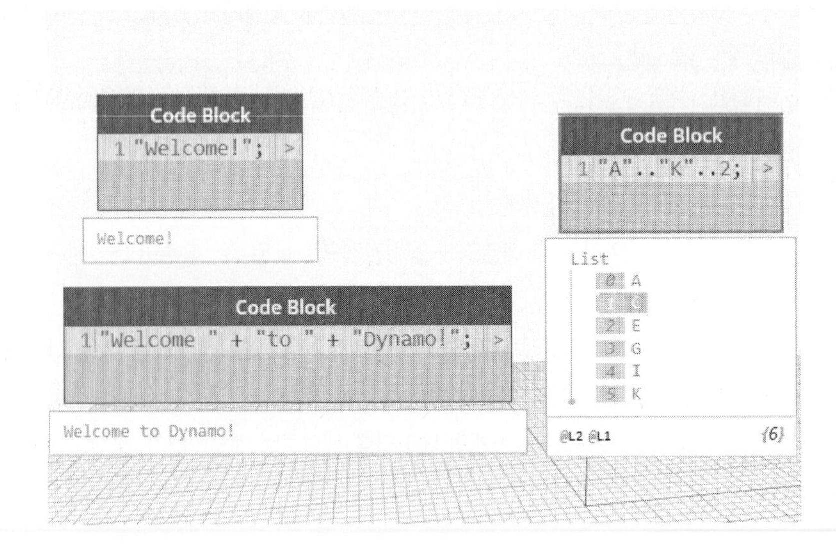

(4) 리스트를 작성할 때는 각진 괄호([ ])로 감싸야 합니다. 요소와 요소 사이는 콤마(,)로 구분해야 합니다. 다음은 숫자와 문자의 배열을 입력한 예입니다.

- [[1..5],[11..15]]: 1부터 5까지 리스트와 11부터 15까지 리스트를 생성합니다.
- [["A".."I"..2],["B".."J"..2]]: 문자 A부터 I까지 두 칸 간격으로 배열하는 리스트와 B부터 J까지 두 칸 간격으로 배열하는 문자 리스트를 생성합니다.

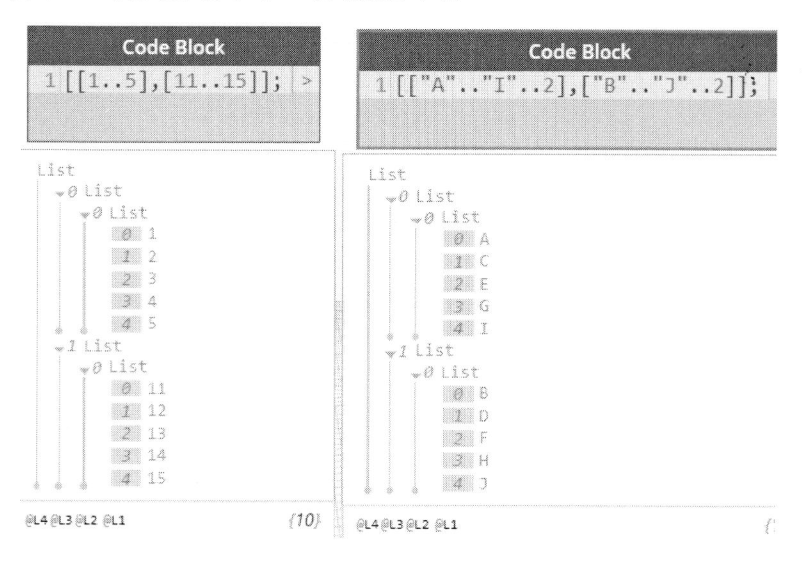

참고 : 코멘트 입력

프로그램의 이해를 돕기 위해 코멘트(주석)를 작성할 수 있습니다. 슬래쉬 두 개(//)를 입력한 후 텍스트를 입력합니다. 코멘트는 초록색으로 작성되며 출력 포트가 나타나지 않습니다. 코멘트는 프로그램 수행에는 영향을 미치지 않습니다.

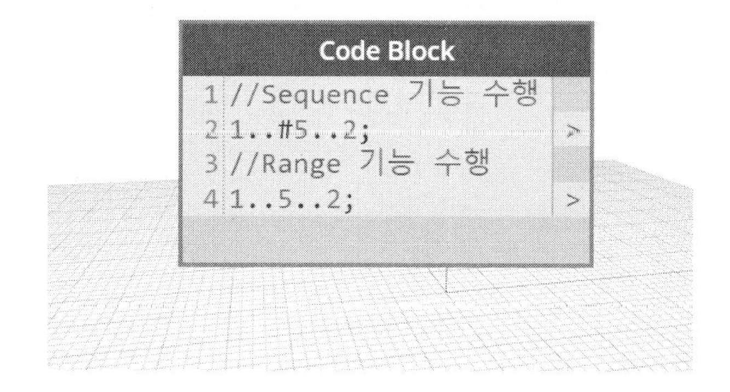

(5) 연속된 숫자 리스트를 작성하는 방법으로 다차원 배열을 효율적으로 작성할 수 있습니다.

-. [0,1]..[4,5]: 0부터 4까지의 숫자 리스트와 1부터 5까지의 숫자 리스트를 작성합니다.

-. [0,1],,[4,4]..2: 0부터 4까지의 숫자를 2간격으로 배열되는 숫자 리스트와 1부터 5까지의 숫자를 2간격으로 배열되는 숫자 리스트를 작성합니다.

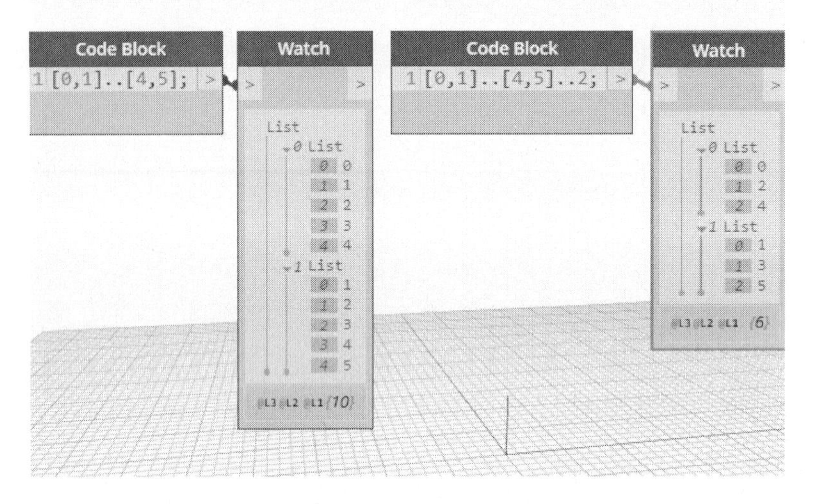

[ ]과 함께 숫자 리스트의 조건인 #이나 ~을 꺾쇠 괄호 바깥쪽에 기입합니다.

-. [0,1]..#[4,5]..2; 0부터 시작하여 2간격으로 4개의 숫자 리스트와 1부터 시작하여 2간격으로 5개의 숫자 리스트를 작성합니다.

-. [0,1]..10..#[3,4]: 0부터 10까지를 3등분(3개의 데이터)한 숫자 리스트와 1부터 10까지를 4등분(4개의 데이터)한 숫자 리스트를 작성합니다.

Tip

기호는 반드시 괄호 바깥쪽에 붙여야 합니다.

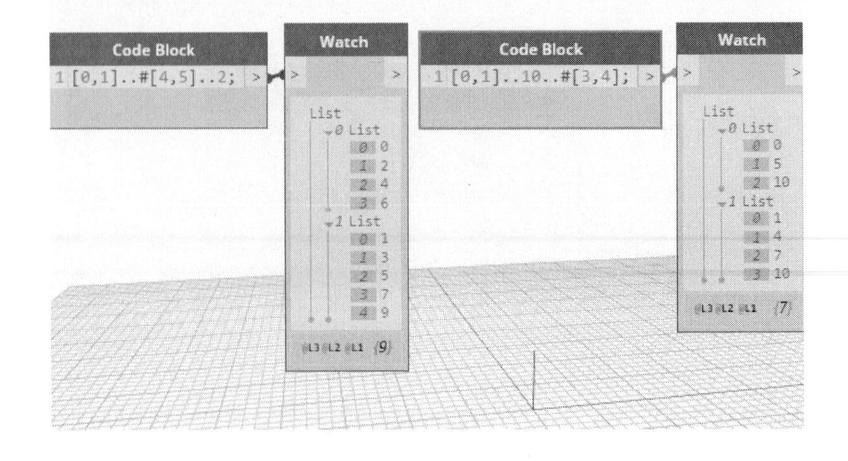

(6) 코드 블록으로 단순하게 몇 줄만으로 구현하면 심플할 수는 있지만 때에 따라서 너무 복잡해져 읽기가 어려울 수도 있습니다. 리스트의 계층이 깊어질수록 코드가 복잡해집니다. 즉, 다차원 배열이 될수록 복잡해집니다. 이럴 때는 별도의 리스트를 만들어 List.Create 노드를 이용하여 결합하는 것이 보다 효율적입니다.

다음의 코드를 보면, 두 개 모두 같은 결과를 출력하는 코드입니다. 위쪽은 코드 블록에서 한 줄로 표현하여 만든 리스트입니다. 아래쪽은 코드 블록에서 두 줄의 텍스트로 리스트를 두 개 만들어 List.Create 노드를 이용하여 결합합니다. 하단의 작업이 노드는 한 개 더 많지만 코드를 읽기 쉽습니다.

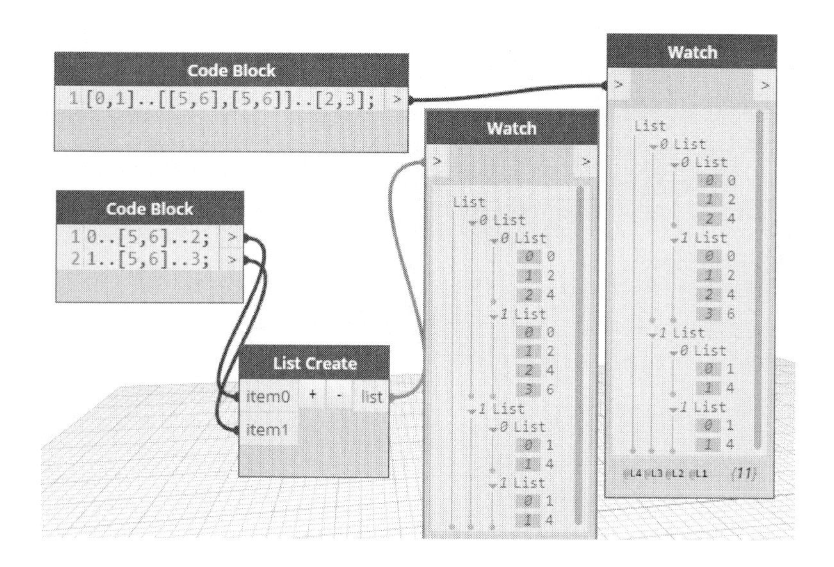

참고 : 불(Boolean)

True/False를 정의하는 불(Boolean) 값을 정의할 수 있습니다. 코드 블록에서 true 또는 false를 직접 입력하여 정의합니다.

3. 수식과 변수의 활용

코드 블록에서 수식과 변수의 활용에 대해 알아보겠습니다.

01. 수식의 활용

코드 블록에서 수식의 입력과 활용하는 방법에 대해 알아보겠습니다.

(1) 사칙연산

Dynamo에서는 사칙연산(+ - * /)에 필요한 노드를 제공하고 있습니다. 코드 블록을 활용하면 별도의 노드를 사용하지 않고 직접 연산자를 입력할 수 있습니다.

왼쪽은 코드 블록을 사용한 사칙연산이며 오른쪽은 각 연산자(+, *, /) 노드를 사용한 코드입니다.

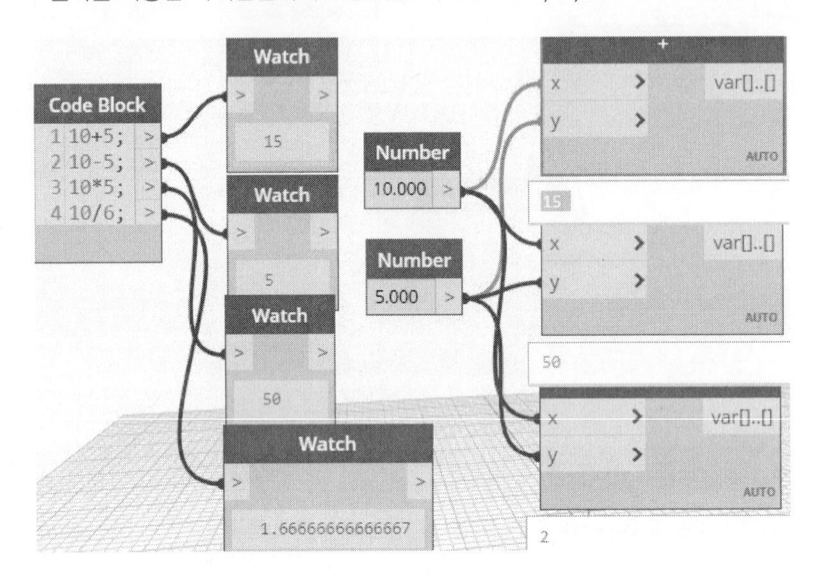

(2) 리스트의 연속된 숫자끼리 연산도 가능합니다. 다음의 예는 연속된 수를 합산하는 경우입니다.

-. (10..50)+(1..5): 10+1, 11+2, 12+3, 13+4, 14+5를 연산한 결과입니다.

-. 10..50+1..5: 50+1을 하나로 인식하여 실제는 10..51..5와 같은 결과를 반환합니다. 즉, 10부터 5간격으로 51까지 나열한 결과가 됩니다.

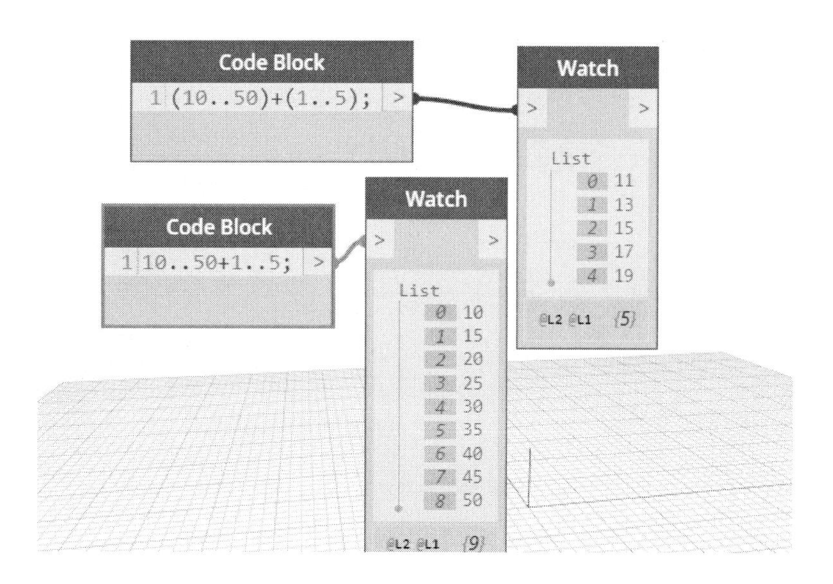

(3) 꺾쇠 괄호를 사용하면 하나의 배열로 인식하므로 연산자를 사용할 때도 주의해야 합니다.

-. [10..5]: 10부터 5까지 배열합니다.

-. [1..5]: 1부터 5까지 배열합니다.

-. [10..5]+[1..5]: 10+1, 9+2, 8+3, 7+4, 6+5의 결과를 반환합니다. 결과 리스트를 보면 [ ]에 의해 리스트의 깊이가 깊어진 것을 알 수 있습니다. ( )로 감싼 결과보다 한 단계 깊어진 것을 알 수 있습니다.

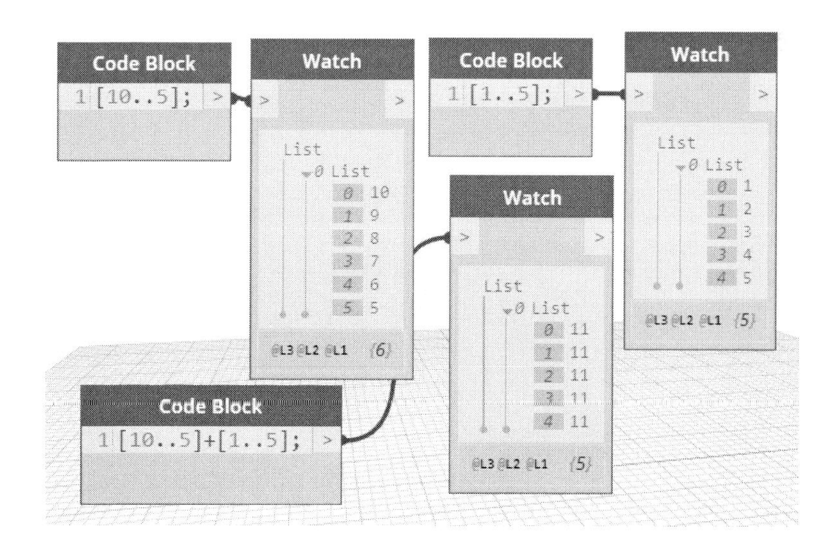

(4) 앞에서 살펴보았듯이 문자와 문자를 + 연산자를 사용하여 연결할 수 있습니다.

-. "A"+"-"+"5": 문자와 문자를 + 연산자를 이용하여 연결합니다.

-. "A"+"-"+ 5: 문자와 숫자를 + 연산자를 이용하여 연결할 수도 있습니다. 하지만 가능하면 동일한 데이터 유형으로 연결하는 것이 바람직합니다.

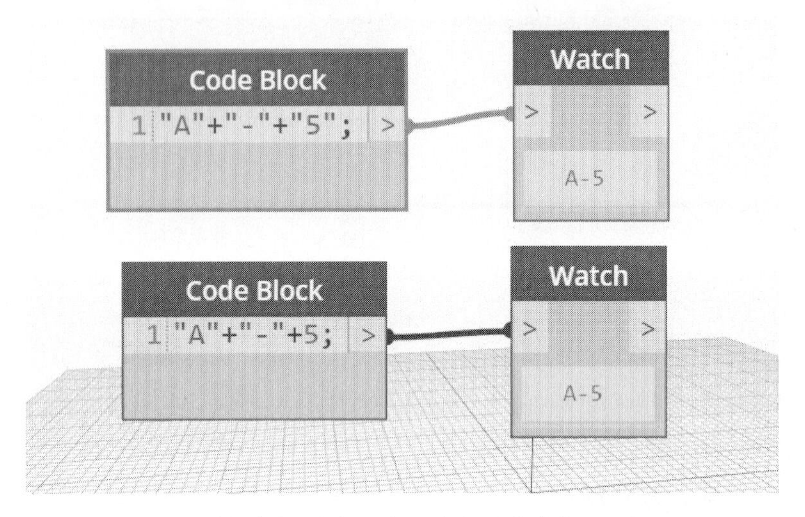

문자 리스트의 경우를 알아보겠습니다. 여러 문자를 하나로 연결하는 String.Concat 노드를 사용하여 연결해보겠습니다.

-. ["A","-",1]: "A"와 "-"는 문자로, 1은 숫자로 입력한 경우, 리스트로 작성은 되지만 리스트의 문자를 하나로 연결하는 String.Concat 노드는 정상적으로 실행되지 않습니다.

-. ["A","-","1"]: 세 개의 데이터가 모두 문자 유형인 경우는 String.Concat 노드를 통해 연결되어 C - 1 과 같은 결과 리스트를 얻을 수 있습니다.

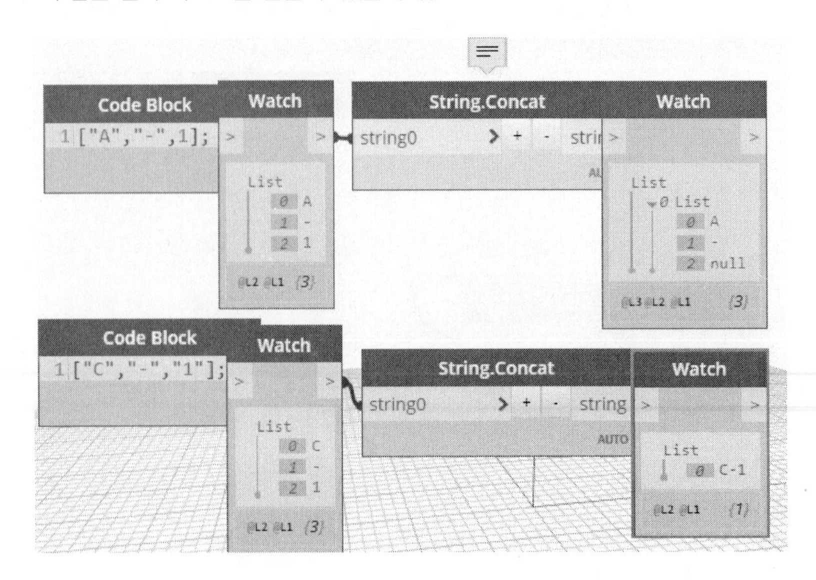

02. 변수의 활용

변수는 값을 담는 그릇입니다. 코드 블록에서는 직접 변수를 사용하여 코드를 작성할 수 있습니다. 변수를 사용하는 방법에 대해 알아보겠습니다.

(1) 변수의 이름은 사용자가 지정합니다. 가능한 이해하기 쉬운 명칭을 지정하는 것이 좋습니다. 변수 이름은 다음의 규칙을 준수해야 합니다.

-. 알파벳과 숫자와 기호를 조합할 수 있습니다. 숫자만으로는 변수 이름을 하지 않는 것이 좋습니다. 숫자를 사용할 때는 첫 문자를 사용하지 않습니다. 기호를 첫 문자로 사용할 수 있지만 가능하면 알파벳 문자를 첫 문자로 사용하는 것을 추천합니다. 예: Test1, A01, Str_01

-. 변수 이름에 사칙연산과 같은 연산자는 사용할 수 없습니다.

-. 클래스 명칭은 사용할 수 없습니다. 하지만 소문자만으로 구성된 클래스 명칭은 사용 가능합니다. 하지만, 소문자라 하더라도 이들 명칭은 변수로 사용하지 않는 것이 좋습니다. 예: List, Point, Curve

-. 기호(특수 문자) 중에서도 @와 같이 의미를 갖는 기호는 사용할 수 없습니다.

-. 한글도 변수로 사용할 수 있지만 가능하면 영숫자를 사용할 것을 추천합니다.

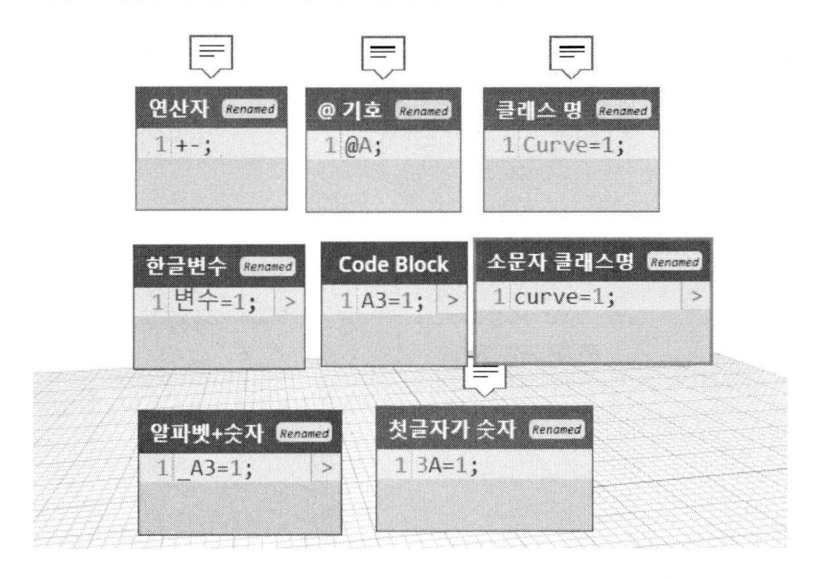

(2) 같은 코드 블록에서 변수와 데이터를 동시에 정의할 수 있습니다. 변수에 '=' 기호를 이용하여 데이터를 정의할 수도 있고, 와이어를 이용하여 변수에 값을 할당할 수도 있습니다. 다음의 코드는 동일한 결과를 출력합니다. 즉, 변수 a는 1부터 5까지 나열된 숫자 리스트입니다.

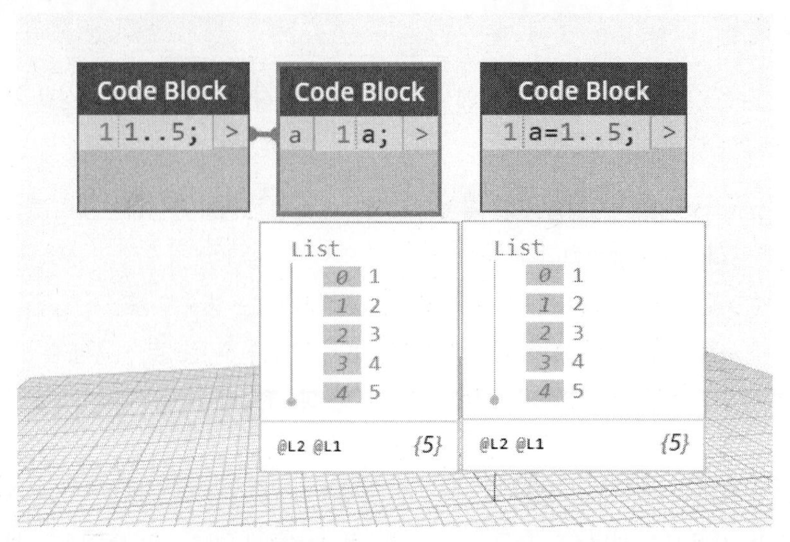

Tip

여러 변수에 같은 값을 할당하려면 '='을 이용하여 한 번에 정의할 수 있습니다. 다음은 a, b, c 값을 2로 정의한 예입니다.

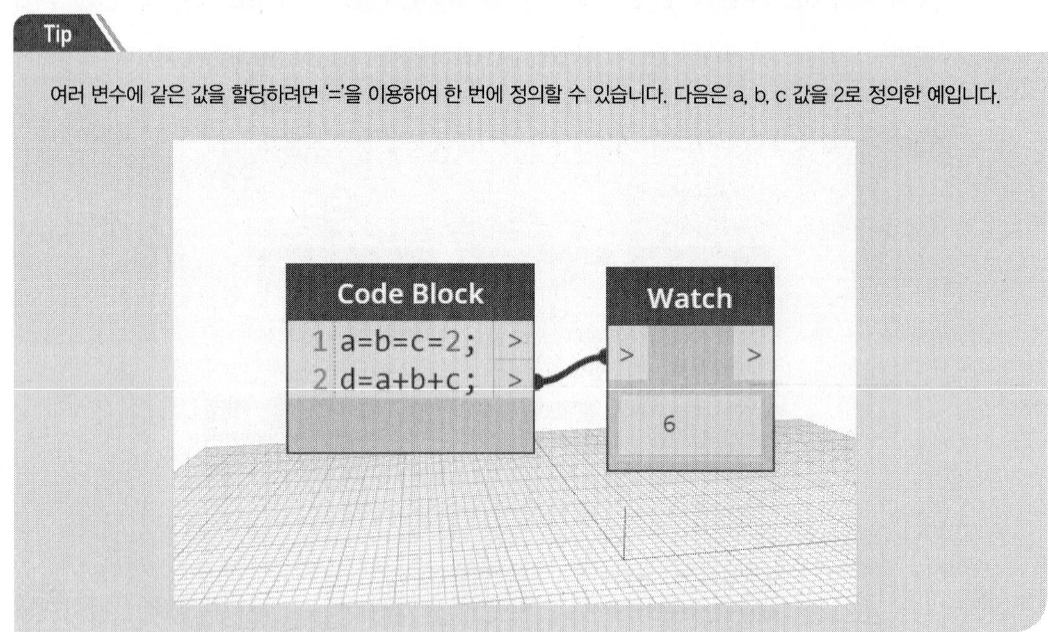

(3) 같은 코드 블록 내에서 변수와 수식을 같이 사용할 수 있습니다. 다음의 예는 변수 n에는 1부터 5까지 리스트, 변수 s는 A부터 E까지의 문자 리스트를 담고 있습니다. 이 두 변수(n, s)를 합한 리스트를 출력합니다.

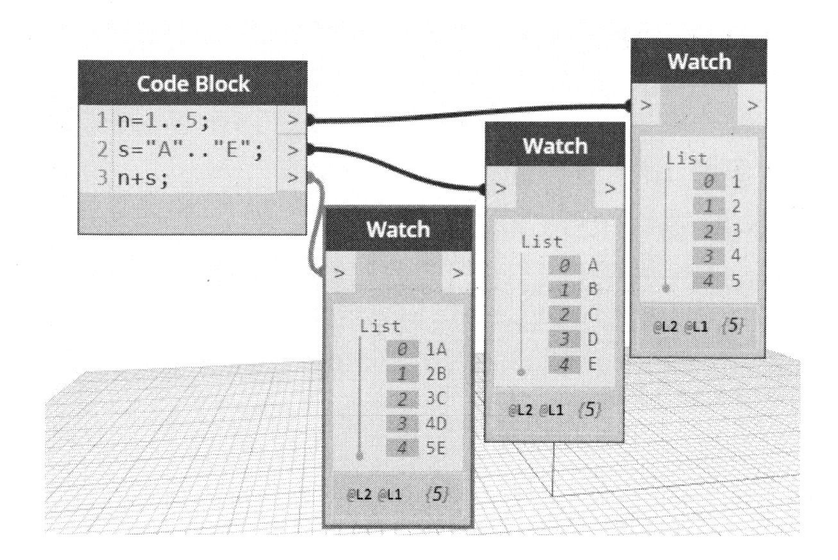

(4) 하나의 코드 블록에서 변수를 두 번 정의할 수 없습니다. 동일한 이름의 변수(예에서는 n)를 두 번 사용하면 다음과 같이 경고 메시지가 표시됩니다.

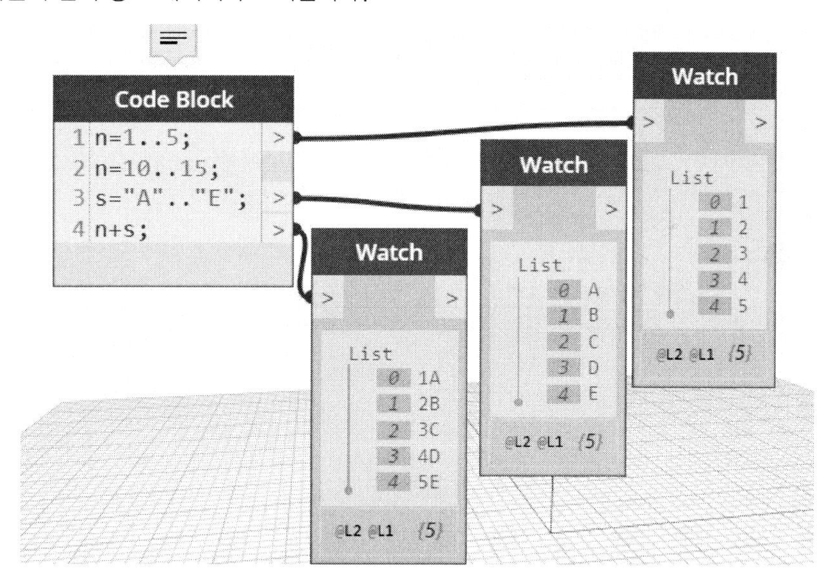

Tip

변수 이름은 제3자가 보더라도 이해하기 쉬운 이름으로 정의하는 것이 좋습니다. A, b, c, d와 같이 의미 없는 문자를 나열하는 식으로 명명하게 되면 나중에 디버깅이나 수정을 할 때 어려움이 많습니다. 잘 만들어진 프로그램은 읽기 쉬운 프로그램입니다. 변수 명칭 하나도 신경을 써서 작성해야 합니다.

4. 함수의 정의와 호출

함수는 특정 기능을 수행하는 작업 세트입니다. 유사한 기능을 반복적으로 사용할 경우, 함수로 만들어 놓고 이 함수를 호출하면 반복적으로 코딩을 하지 않아도 됩니다. Dynamo를 이용하여 프로그램을 개발하기 위해 배치하는 각 노드는 Dynamo에서 미리 정의한 함수입니다. 사용자도 함수를 정의할 수 있습니다. 이번에는 코드 블록에서 함수를 사용하는 방법에 대해 알아보겠습니다.

(1) Dynamo 정의 함수

Dynamo에서 사용하는 노드는 미리 정의된 함수입니다. 미리 정의된 함수를 보려면 코드 블록에서 특정 문자를 입력하면 @와 함께 함수(노드) 일람이 표시됩니다. 다음과 같이 'a'를 입력하면 @와 함께 함수 일람이 표시됩니다. 입력한 문자(a)를 포함한 함수 일람입니다.

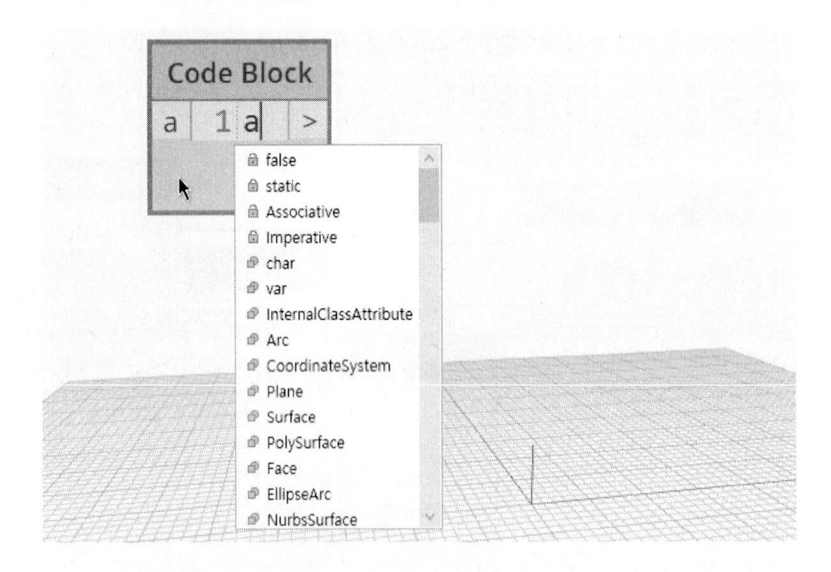

참고 : 클래스와 매소드

노드를 배치하면 위쪽에 이름이 표시됩니다. 표시된 이름이 함수명입니다. DesignScript는 '클래스 명칭.매소드 명칭'으로 구성되어 있습니다. 매소드는 클래스에 대해 어떤 처리를 하는 프로그램(함수)이라 할 수 있습니다. 예를 들어, List.Contains는 List에 찾고자 하는 데이터가 있는지 여부를 True/False로 반환하는 프로그램입니다. 여기에서 List는 클래스이며, Contains는 매소드입니다. 여기에서 매소드는 하나의 함수로 이해하면 됩니다. 즉, List라는 클래스에 속한 함수입니다.

(2) 기 정의 함수의 호출

이미 정의된 함수는 라이브러리의 각 카테고리를 선택하여 호출할 수 있습니다. 코드 블록에서는 클래스 이름을 지정하면 해당 클래스의 매소드 일람이 표시됩니다. 예를 들어, 'List.'을 입력하면 List 클래스에 해당하는 매소드 리스트가 표시됩니다. 매소드를 호출할 때는 매소드 이름을 직접 입력하지 않고 매소드 목록에서 사용하고자 하는 매소드를 선택하면 호출할 수 있습니다.

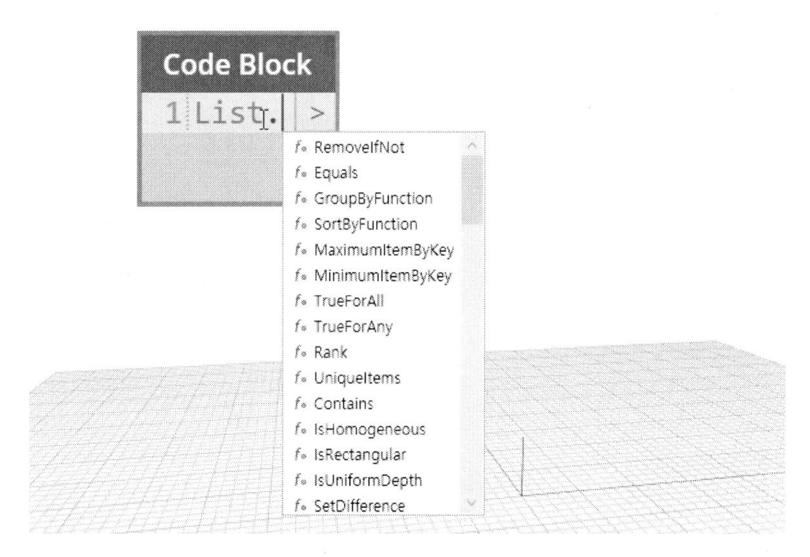

(3) 인수(Argument)의 정의

함수(매소드)에 어떤 값을 넣어 호출할 수 있습니다. 인수를 정의하려면 함수(매소드) 명칭 다음에 괄호 '()'를 사용합니다. 인수란 함수에게 건네는 값을 말합니다. 예를 들어, 리스트의 개수를 알고 싶으면 리스트를 건네야 합니다. 다음의 List.Count([1,2,3,4,5,6]); 의 경우는 괄호 안의 [1,2,3,4,5,6]이 인수입니다.

매소드 이름 뒤에 괄호 '('를 입력하면 필요한 인수에 대한 설명이 표시됩니다. 즉, 해당 매소드에는 어떤 값이 필요한지 도움말을 제공하고 있습니다.

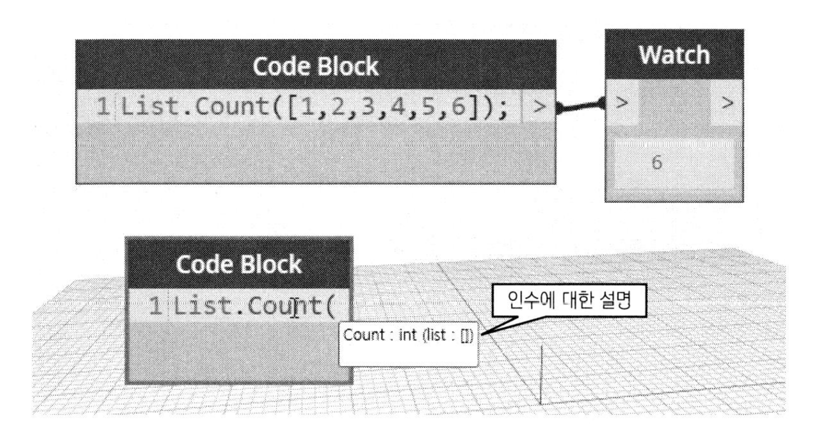

인수는 변수를 사용할 수도 있습니다. 다음의 예는 변수 'lst'에 숫자 리스트를 정의한 후, List.Count 매소드의 인수를 변수인'lst'를 정의한 결과입니다. List.Count(lst)

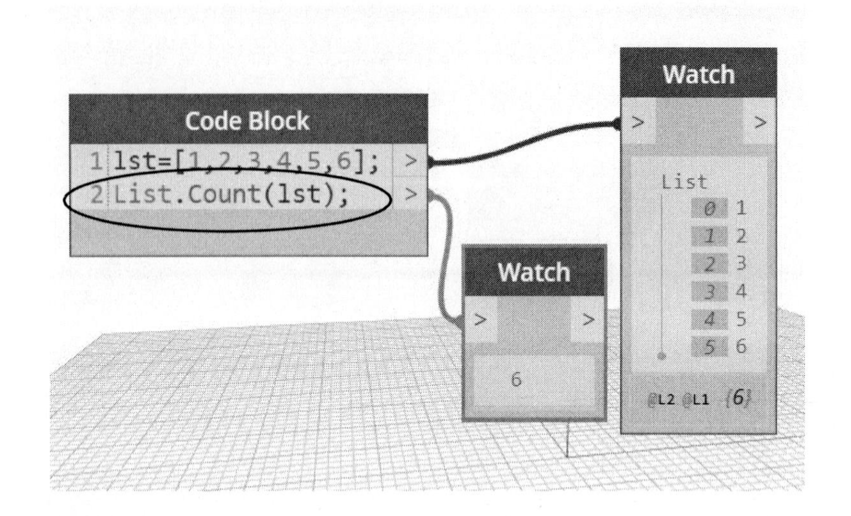

(4) 사용자 정의 함수

사용자가 특정 기능을 수행하는 함수를 정의할 수 있습니다. 함수의 명칭은 변수와 마찬가지로 알기 쉬운 이름으로 정의합니다. 대소 문자를 구분하기 때문에 대소 문자를 정확히 기입해야 합니다.

함수를 정의하려면 'def 함수명(인수)'형식으로 정의합니다. 코드는 중괄호{……} 안에 작성합니다.

다음의 예는 함수 이름 'cal'을 정의하였으며 num1과 num2 두 개의 인수를 받아 덧셈, 뺄셈, 곱셈, 나눗셈을 수행합니다. 수행된 결과는 리스트에 담아 반환하는 함수입니다.

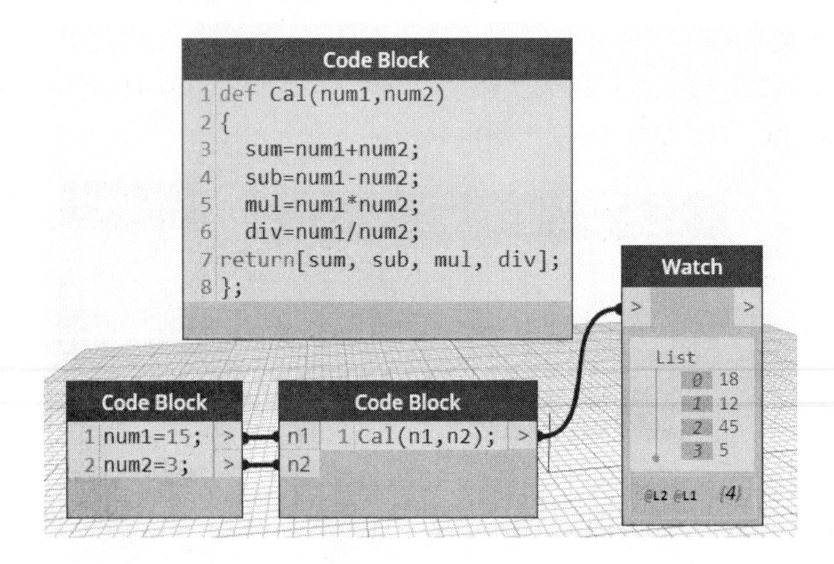

함수를 호출할 때는 인수의 수와 데이터 유형을 맞춰서 호출해야 합니다.

다음의 첫 번째 예는 Cal(n1); 호출할 때 인수를 하나만 정의한 경우입니다. 정의한 함수의 인수가 두 개(num1, num2)인데 호출할 때는 하나의 인수만 정의했기 때문에 경고 메시지가 표시됩니다.

두 번째 예는 num2가 문자("3")로 정의한 경우입니다. 에러나 경고 메시지는 없지만 값이 모두 null로 나옵니다.

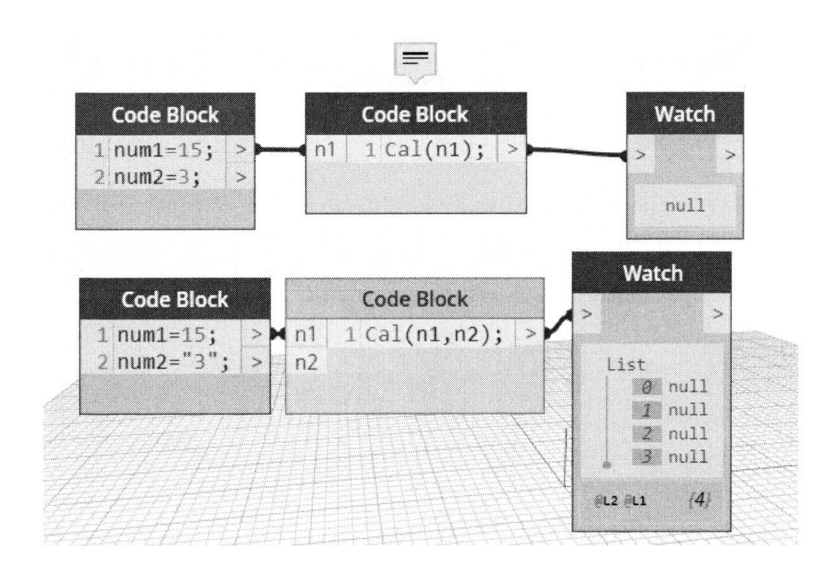

5. 노드를 코드 블록으로 변환

앞에서도 설명했듯이 Dynamo에는 Node to Code(노드를 코드로) 라는 기능이 있습니다. 즉, 노드를 코드로 바꿀 수 있는 기능입니다.

(1) 다음과 같은 Sequence 노드가 있다고 가정하겠습니다.

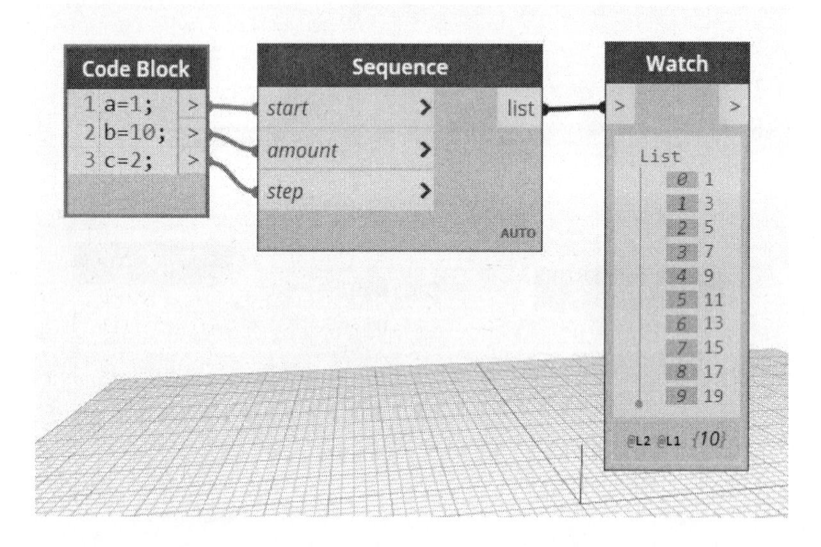

(2) 코드화 하고자 하는 노드(Sequence)를 선택합니다. 빈 공간에 마우스 커서를 대고 마우스 오른쪽 버튼을 클릭합니다. 바로가기 메뉴가 나타납니다.

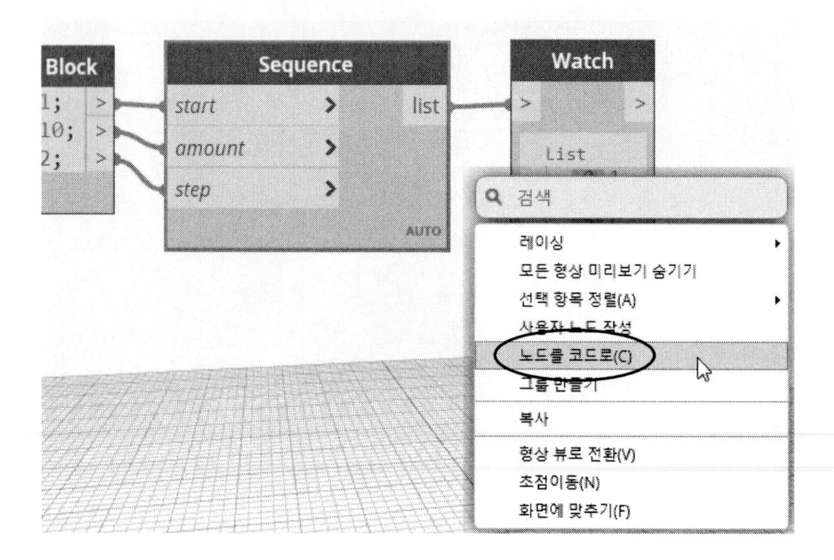

(3) 바로가기 메뉴에서 '노드를 코드로(C)'를 클릭합니다. 그러면 다음과 같이 Sequence 노드가 코드 블록으로 변환됩니다.

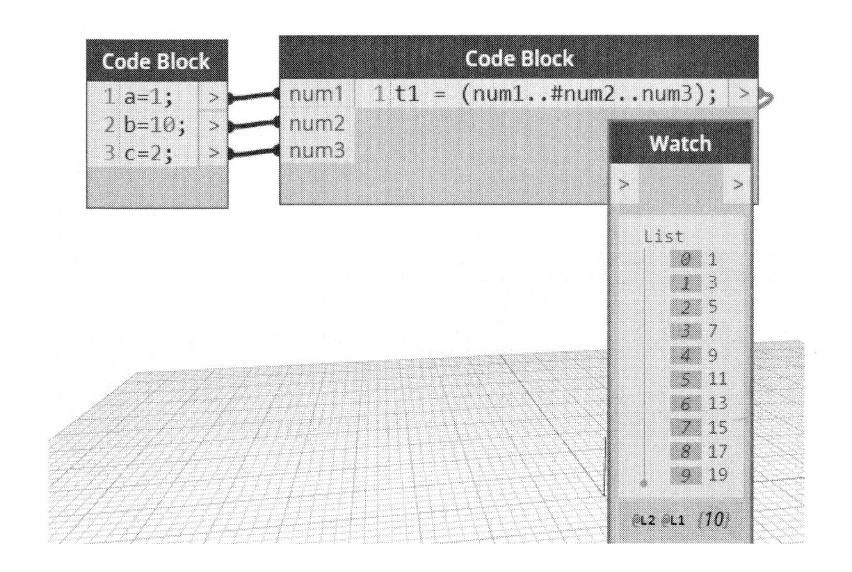

이와 같이 노드를 간단히 코드 블록의 코드로 변환해줍니다.

02_ 수학적 처리

프로그래밍을 하다 보면 수학적으로 처리해야 할 경우가 많습니다. 간단한 사칙연산에서부터 논리적 연산이나 각종 수학적 함수를 사용하게 됩니다. Dynamo는 수학적 처리를 위한 다양한 노드를 제공하고 있습니다.

1. 연산자

연산자는 사칙연산을 수행하는 산술 연산자를 비롯해 참/거짓을 표현하는 불(Boolean) 연산자, 조건문을 통해 논리적 상관관계를 비교하는 논리 연산자 등이 있습니다. 프로그램에서 연산자는 빠질 수 없는 중요한 요소입니다. 연산자는 라이브러리의 Math → Operators에 있는 노드입니다.

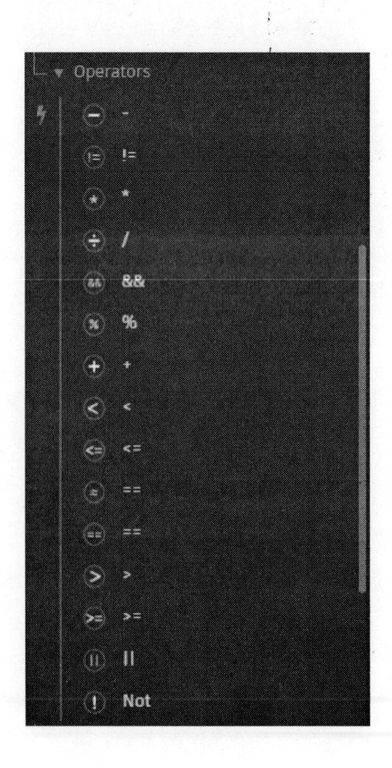

Operators 카테고리에는 다음과 같은 연산자가 있습니다.

연산자	설 명
–	X 입력 값을 Y입력 값을 뺀 값을 출력합니다.
!=	X와 Y 값이 같지 않으면 참(True)을 출력합니다.
*	X 입력 값에 Y입력 값을 곱한 값을 출력합니다.
/	X 입력 값을 Y입력 값으로 나눈 값을 출력합니다.
&&	AND: 입력 포트의 두 개의 값이 참일 경우만 참(True)을 출력합니다.
%	X 입력 값을 Y 입력 값으로 나눈 나머지 값을 출력합니다.
+	X 입력 값에 Y입력 값을 더한 값을 출력합니다.
〈	X 값이 Y 값보다 작으면 참(True)을 출력합니다.
〈=	X 값이 Y 값보다 작거나 같으면 참(True)을 출력합니다.
=(==)	X와 Y 값이 허용치(tolerance) 내에서 같으면 참(True)을 출력합니다.
==	X와 Y 값이 같으면 참(True)을 출력합니다.
〉	X 값이 Y 값보다 크면 참(True)을 출력합니다.
〉=	X 값이 Y 값보다 크거나 같으면 참(True)을 출력합니다.
||	OR: 입력 포트의 값 중에서 하나만 참이라도 참(True)을 출력합니다.
Not	입력 값을 부정한 값을 출력합니다. 입력이 True이면 False를, 입력이False이면 True를 출력합니다.

!= 노드는 같지 않으면 참이기 때문에 7과 3을 입력하면 참(True)을 출력합니다.

% 노드는 나눗셈 7/3을 수행한 후 나머지 값 1을 출력합니다.

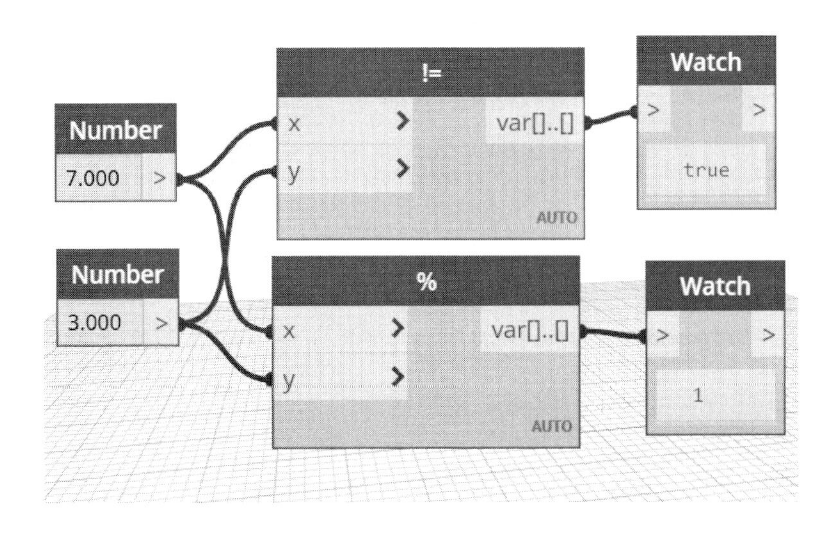

Not은 반대 값을 출력하기 때문에 입력이 참(True)이므로 출력은 거짓(False)입니다.

==노드의 허용범위(tolerance) 입력 포트의 경우 내의 값을 비교하기 때문에 7.5와 7.1은 허용 범위 0.5 내에 있기 때문에 참(True)으로 출력합니다.

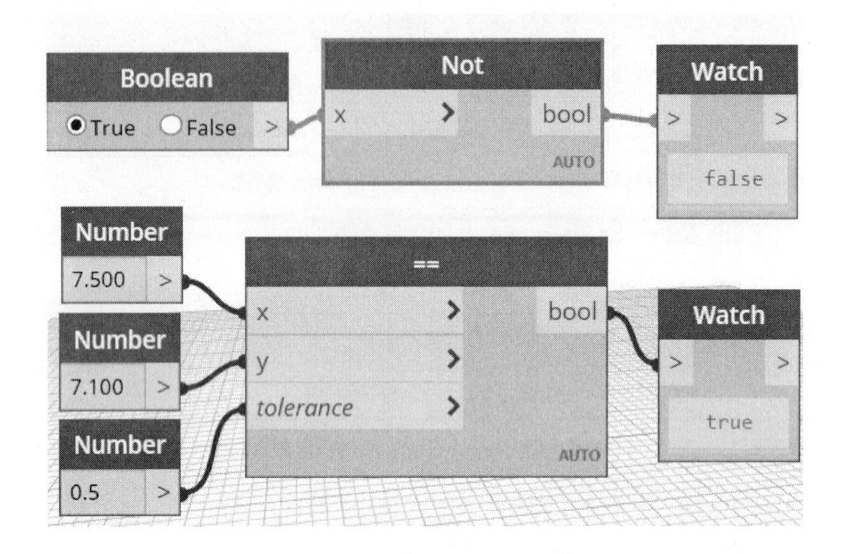

2. 논리 연산자

값을 받아들여 논리 연산을 수행하는 노드입니다. 라이브러리의 Math → Logic에 있는 노드입니다.

연산자	설 명
AND	입력 포트의 값이 모두 참이거나 같을 때 참(True)을 출력합니다. 하나라도 거짓이면 거짓(False)을 출력합니다.
OR	입력 포트의 값이 하나라도 참이면 참(True)을 출력합니다.
XOR	하나가 참인 경우만 참(True)을 출력합니다. 두 개 모두 참이거나 거짓이면 거짓(False)을 출력합니다.

AND나 OR는 두 개 이상의 입력 포트를 설정할 수 있습니다.

OR는 아무리 거짓(False)이 많다고 하더라도 하나만 참(True)이면 참(True)을 출력합니다.

AND는 아무리 참(True)이 많다고 하더라도 거짓(False)이 하나라도 있으면 거짓(False)을 출력합니다.

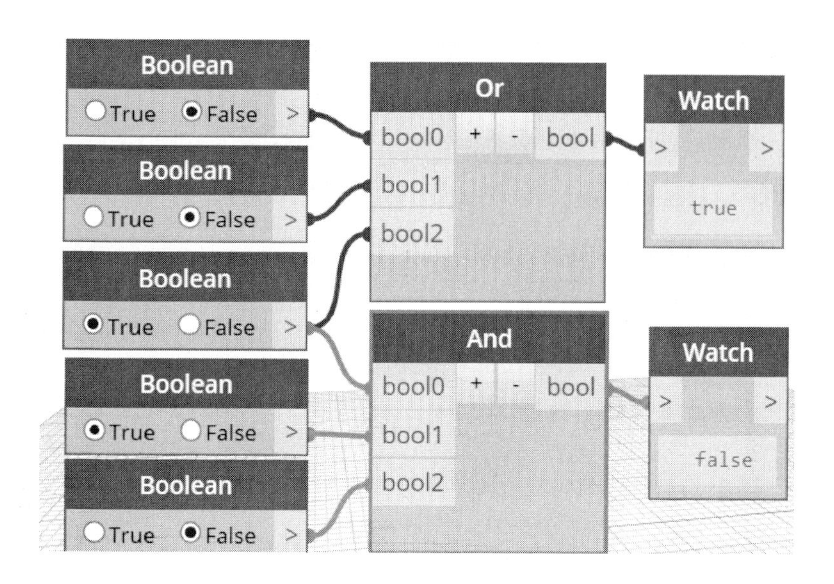

XOR은 둘 중 하나만이 참이 되어야 참(True)이므로 두 개 모두 참인 경우는 거짓(False)을 출력합니다.

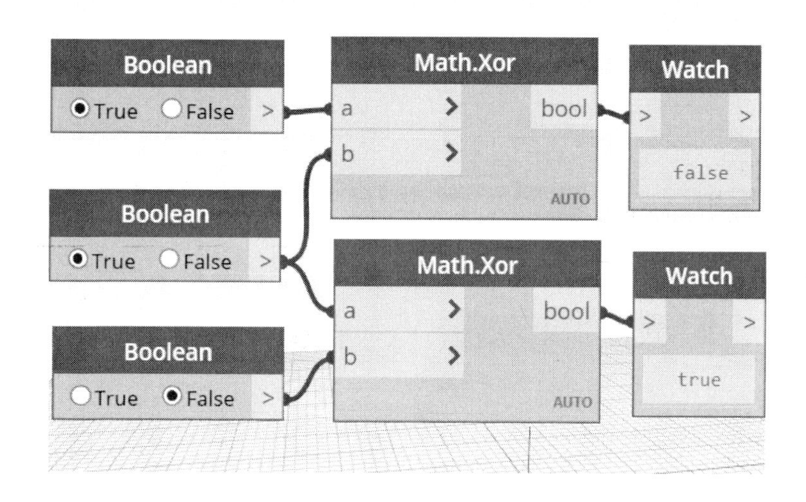

3. 수학 함수

Dynamo에서 제공하는 각종 수학 함수 노드입니다. 라이브러리의 Math → Functions에 있는 노드입니다.

(1) **삼각 함수** : Acos, Asin, Atan, Atan2, Cos, Cosh, Sin, Sinh, Tan, Tanh

(2) **산술 함수** : Abs, Average, Ceiling, DicRem, Exp, Floor, Formula, Log, Log10, Max, Min, Pow, Round, Sqrt, Sum

(3) **랜덤 함수** : Rand, Random, RandomList, RemapRange

(4) **기타** : EvaluateFormula, Map, MapTo, Sign,

(5) **상수** : 지수(E), 황금비율(GolendenRatio), 파이(PI), 파이*2(PiTimes2)

다음은 1부터 100까지의 숫자를 합산(Sum)한 결과와 루트 값(Sqrt), 1부터 100까지의 숫자의 평균(Average)을 구하는 예입니다.

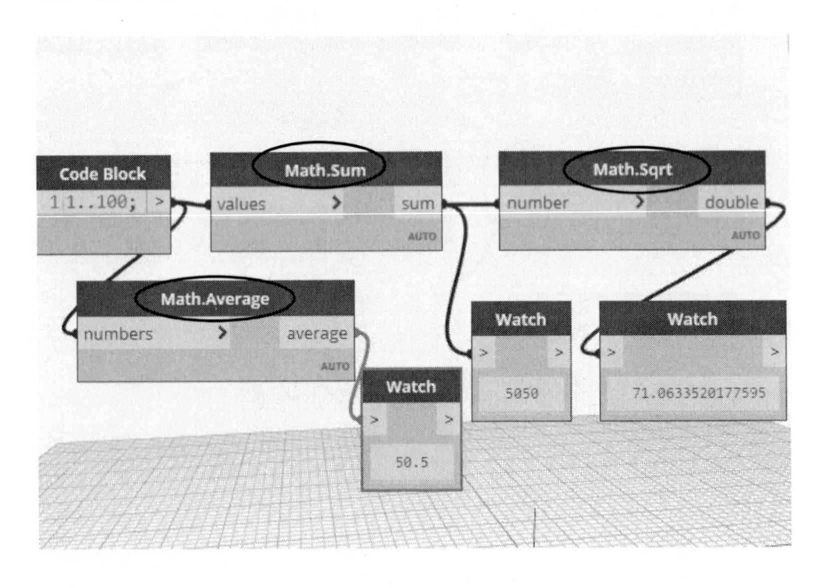

다음은 45도에 대한 Cos, Sin, Tan 값과 계산한 값을 반올림(Round)한 결과를 보여주는 예입니다.

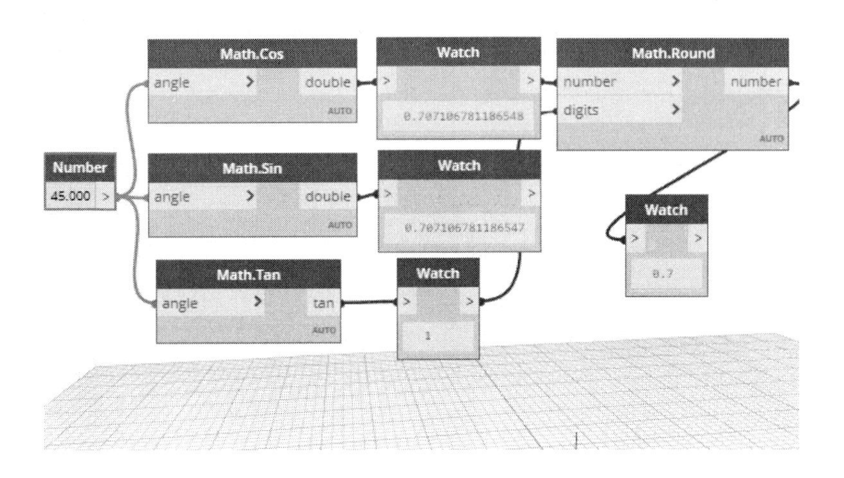

RandomList 노드는 주어진 개수(5개)의 난수 리스트를 발생시키는 노드입니다.

MapTo 노드는 범위의 최소(rangeMin), 최대(rangeMax) 사이에서 입력 값(inputValue)을 기준으로 타깃 범위의 최소(targetRangeMin), 최대(targetRangeMax) 사이의 숫자로 맵핑합니다. 다음 예의 결과 값은 5(targetRangeMin)에서 10(targetRangeMax) 사이입니다. 입력 값을 10이상 입력하면 결과는 10이 됩니다.

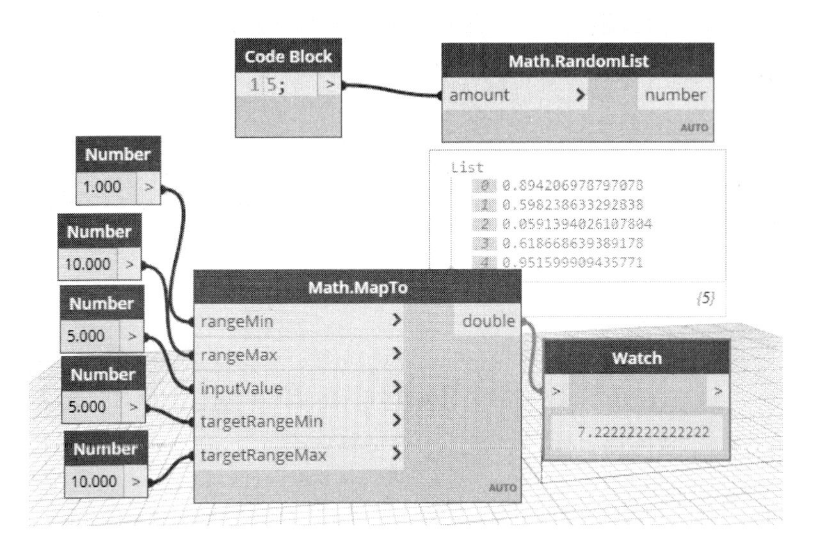

RemapRange 노드는 주어진 숫자(numbers)를 지정된 범위(newmin, newmax) 내에서 재배치하여 리스트를 반환합니다. 다음의 예는 1부터 15까지의 숫자 리스트를 RemapRange 노드를 통해 0부터 1사이의 수로 재배열한 리스트입니다. 리스트의 전체 개수는 동일합니다.

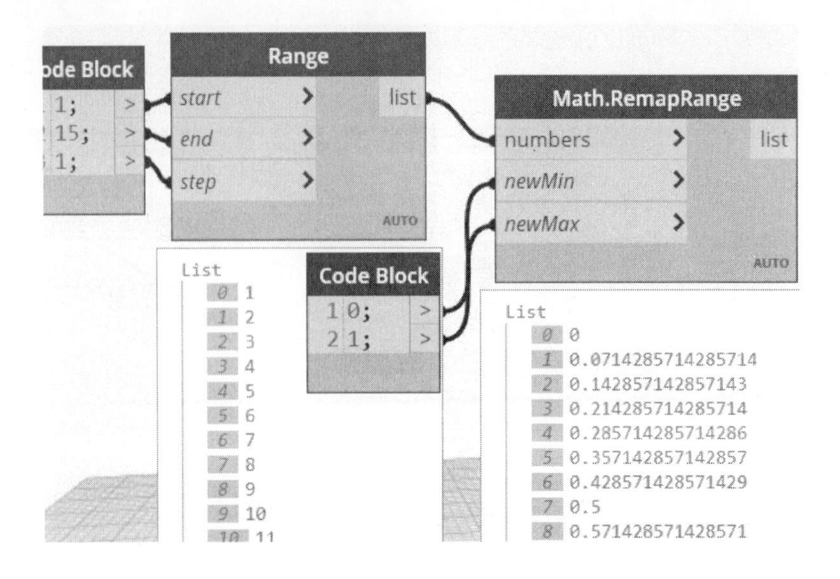

4. 단위

Dynamo에서는 다양한 단위를 사용할 수 있습니다. 라이브러리의 Math → Units에 있는 노드입니다.

노드명	설 명
Convert Between Units	특정 단위에서 다른 단위로 변환합니다.
DegreesToRadians	십진 도수를 라디안으로 변환합니다.
Number From Feet and Inches	피트 및 인치로 표현된 길이를 숫자로 변환합니다.
RadiansToDegrees	라디안 각도를 십진 도수로 변환합니다.
Unit Types	측정 단위를 설정합니다.

Convert Between Units 노드를 이용하여 길이의 미터를 인치로 변환한 결과와 90도를 입력하여 DegreesToRadians 노드로 라디안 각도로 변환하고, 다시 RadiansToDegrees 노드를 이용하여 라디안을 십진 각도로 변환한 예입니다.

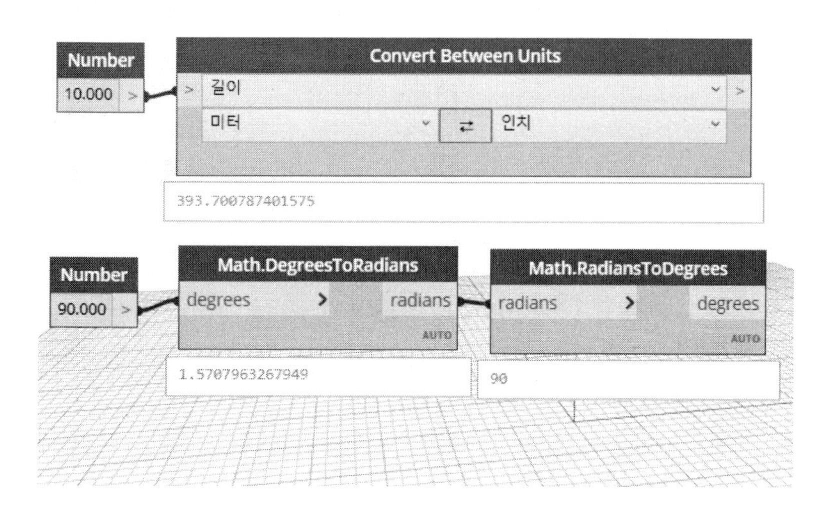

5. IF 조건문

프로그램을 개발하기 위해서는 다양한 조건을 비교할 경우가 발생합니다. 모든 프로그래밍 언어에는 조건을 비교하는 문법을 갖고 있습니다. 그 대표적인 것이 IF 문입니다. 앞에서 학습한 연산자 및 수식을 이용하여 조건문에 대해 알아보겠습니다.

IF문을 사용하기 위한 방법으로는 다음의 세 가지가 있습니다.

(1) IF 노드

IF노드는 〈/〉Script 카테고리의 Control Flow에 있습니다. IF 노드는 조건문(test)의 결과(참/거짓)에 의해 참(true)의 결과와 거짓(false)의 결과를 출력합니다. 조건문은 수식이 될 수도 있고 불(Boolean)이 될 수도 있습니다.

다음의 예에서 첫 번째는 조건(test)가 10〉5가 참(True)인 경우로 'Welcome to Dynamo!'를 출력합니다.

두 번째는 조건(test)이 불로 거짓(False)인 경우로 'Fail'을 출력합니다.

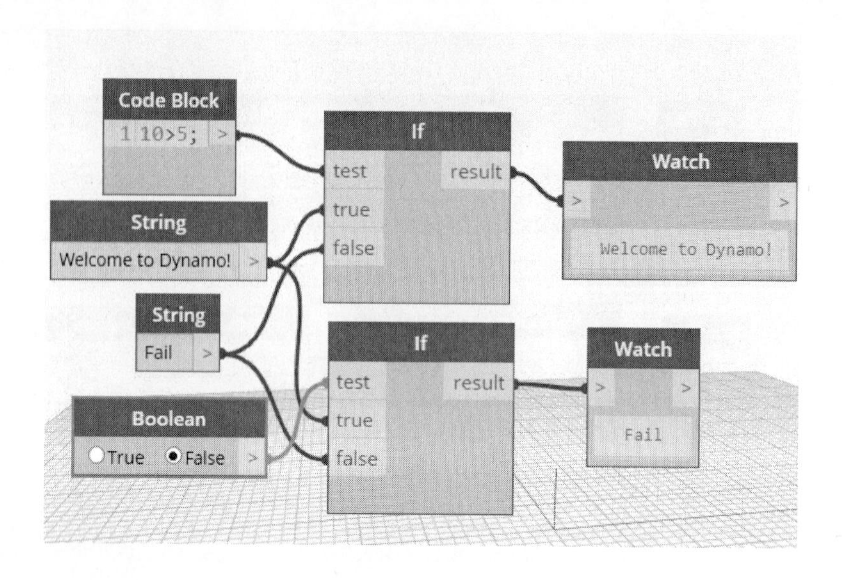

(2) 코드 블록(Code Block)

코드 블록에서 직접 조건문의 참/거짓에 의해 결과를 출력합니다. 다음 코드에서 con?은 조건문이 참인지, 거짓인지 판단하여 참이면 T1을 거짓이면 F1을 출력합니다. 여기에서 con, T1, F1은 변수로 사용자가 임의로 정합니다. 조건문 10>5가 참이기 때문에 'Welcome to Dynamo!'를 출력합니다. 두 번째는 불(Boolean)을 거짓(False)으로 설정했으므로 'Fail'을 출력합니다.

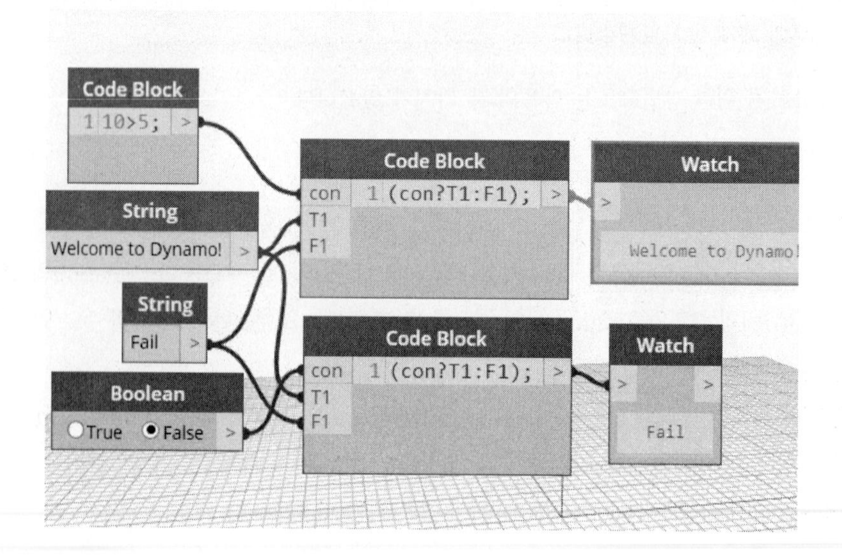

참고 : 코드 블록 활용 예

다음의 코드 블록 예제를 순서대로 입력해보면서 코드 블록을 이해합니다.

(1) 코드 블록에서 x, y에 값을 지정합니다. 코드 블록으로 점을 작성하는 코드를 작성합니다. 코드 블록에서 클래스 point.을 입력하면 다음과 같이 point의 함수(매소드)가 표시됩니다.

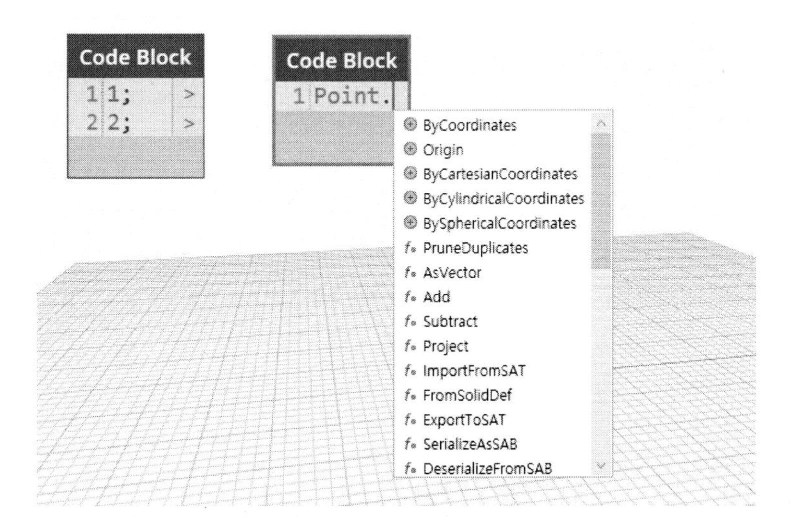

(2) 이때 @ByCoordinates를 선택한 후 (x,y);를 입력합니다. 변수 x, y를 입력하면 입력 포트에 x, y가 나타납니다. 앞의 코드 블록에서 x와 y를 입력합니다. 그러면 (1,2) 좌표에 점이 작성됩니다.

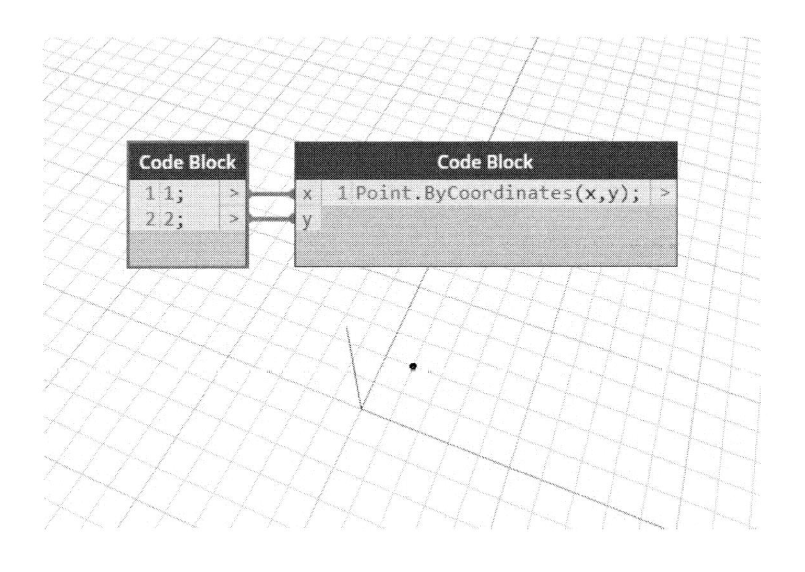

(3) 다시 코드 블록 노드를 배치한 후 pt;를 입력하면 입력 포트에 pt가 생성됩니다. 앞에서 작성한 포인트를 연결합니다.
두 번째 행에 pt.Add(Vec); 를 입력합니다.

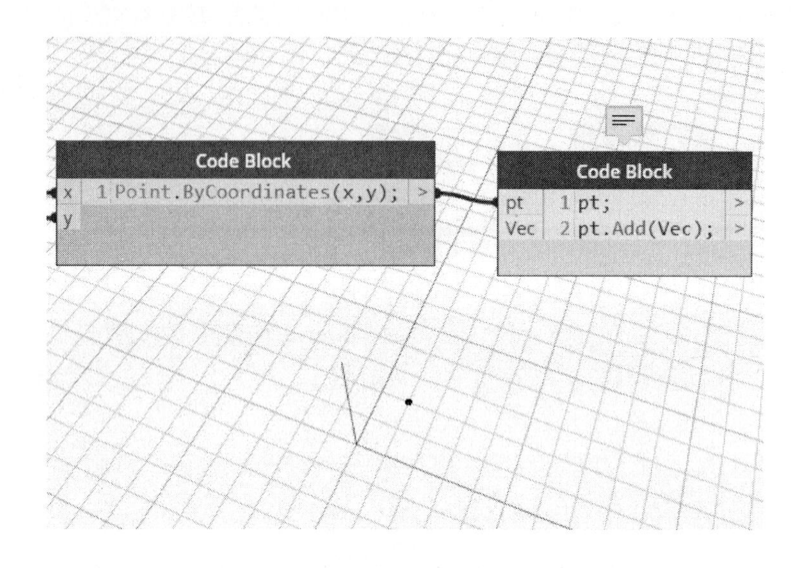

(4) Z축의 벡터를 정의하는 Vector.ZAxis 노드를 배치한 후 vec 입력 포트에 연결합니다. 다음과 같이 (1,2,1) 위치에 점이 작성됩니다.

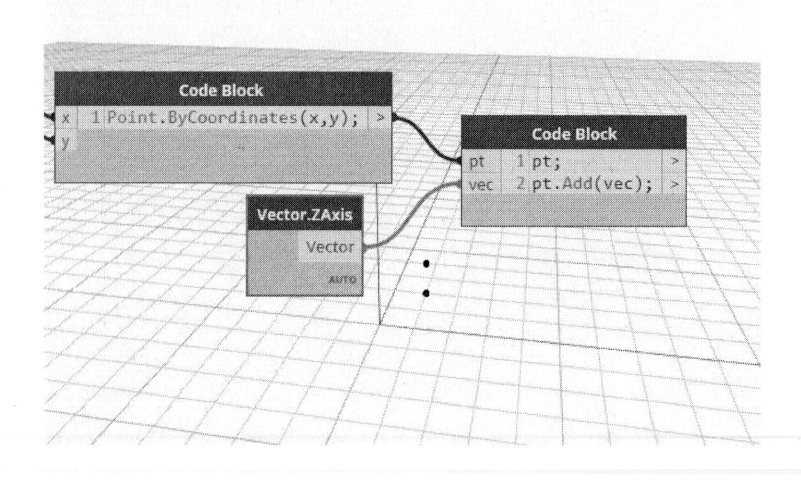

(5) 여기에서 Z값을 취득하는 방법을 알아보겠습니다. 코드 블록에서 pt.Z;를 입력한 후 pt; 출력 포트와 연결합니다. 기존 포인트의 Z값인 0을 취득합니다.

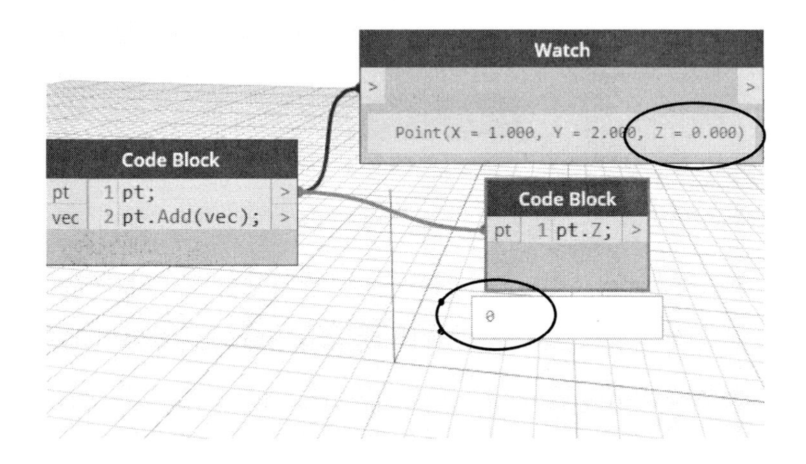

(6) 이번에는 pt.Add(vec); 출력 포트와 연결합니다. 다음과 같이 벡터 값 1을 취득합니다.

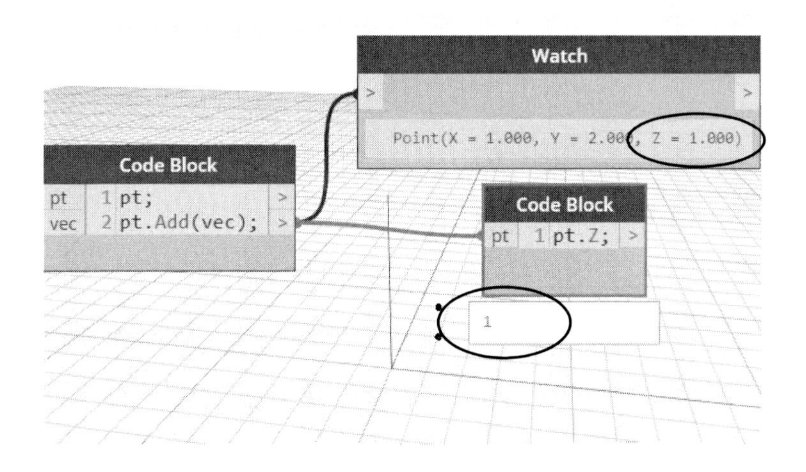

이처럼 코드 블록은 다양한 값과 수식을 처리할 수 있으며, 기존 노드를 대체할 수 있습니다.

(3) 수식 노드(Formula)

수식(Formula) 노드는 Math 카테고리의 Functions에 있습니다. 수식에서 직접 코딩하여 조건을 비교합니다.

조건문 If(con,T1,F1)은 조건(con)에 의해 참이면 T1, 거짓이면 F1을 출력합니다.

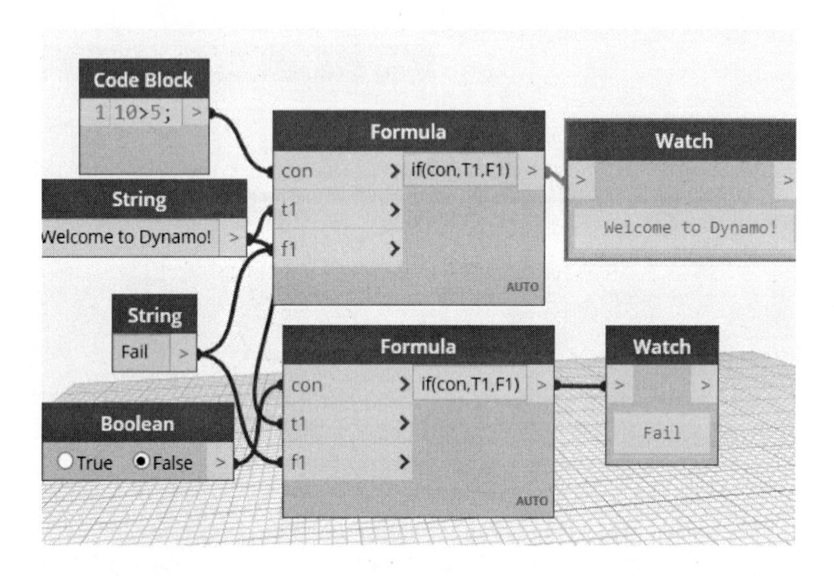

조건문 If(con?T1:F1)도 앞에서와 같이 조건(con)에 의해 T1, F1 값을 출력합니다.

03_ 예제: 동적 서페이스

Dynamo Primer의 예제(Dynamo-Syntax_Attractor-Surface.dyn)를 이용해 실습하겠습니다. 먼저 기본 노드를 이용하여 서페이스를 작성하는 코딩을 한 후 코드 블록으로 바꾸면서 설명하겠습니다.

(1) 먼저 Point.ByCoordinates 노드를 배치한 후, Number Slider 노드를 x, y에 연결합니다. Number Slider 노드의 Min=50, Max=50, Step=1로 설정합니다.

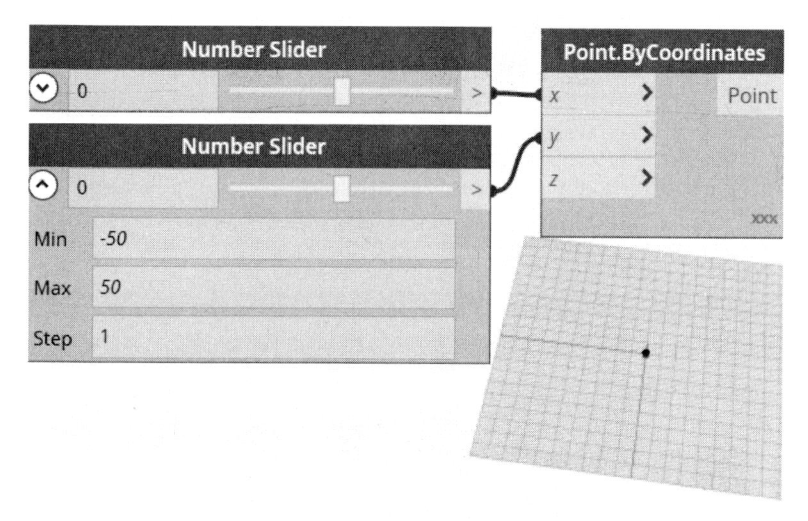

(2) 이번에는 Sequence 노드를 이용하여 −50부터 50까지 간격 10으로 리스트를 작성합니다. Point.ByCoordinates 노드를 이용하여 점을 찍습니다. 이때 레이싱을 '외적'으로 설정합니다.

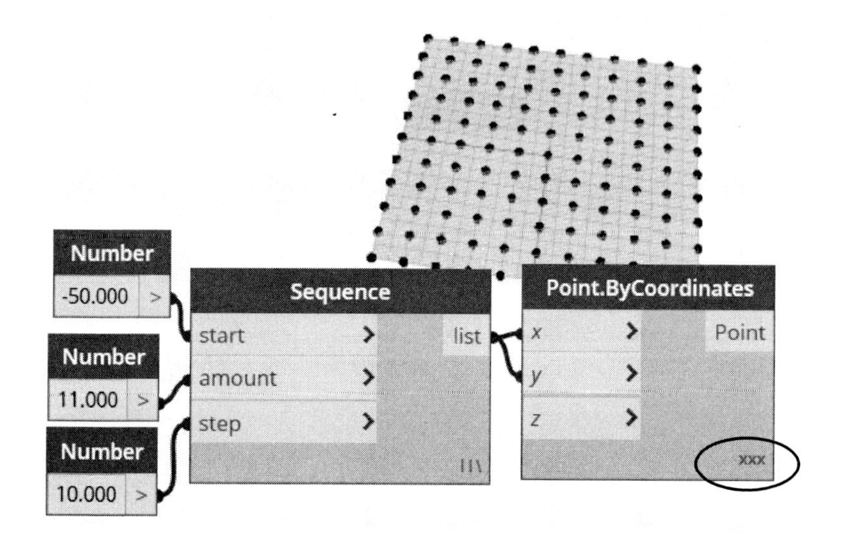

(3) Geometry.DistanceTo 노드를 이용하여 두 노드의 거리를 계산합니다.

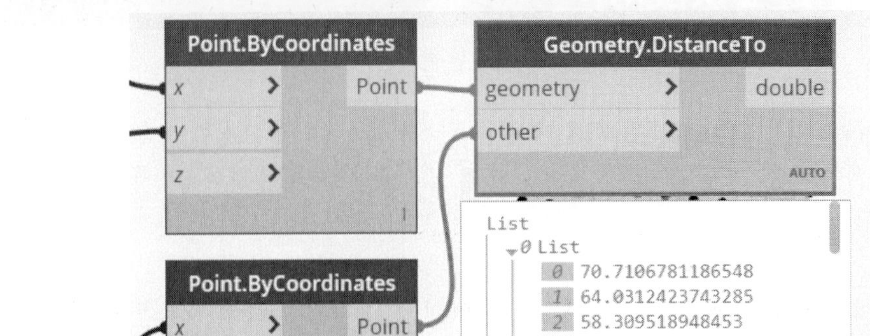

(4) 주어진 좌표를 지정한 축(Vector Z)으로 지정한 거리만큼 변환하는 Geometry.Translate 노드 배치하여 다음과 같이 기준점으로부터 휘어지는 곡선 좌표를 정의합니다.

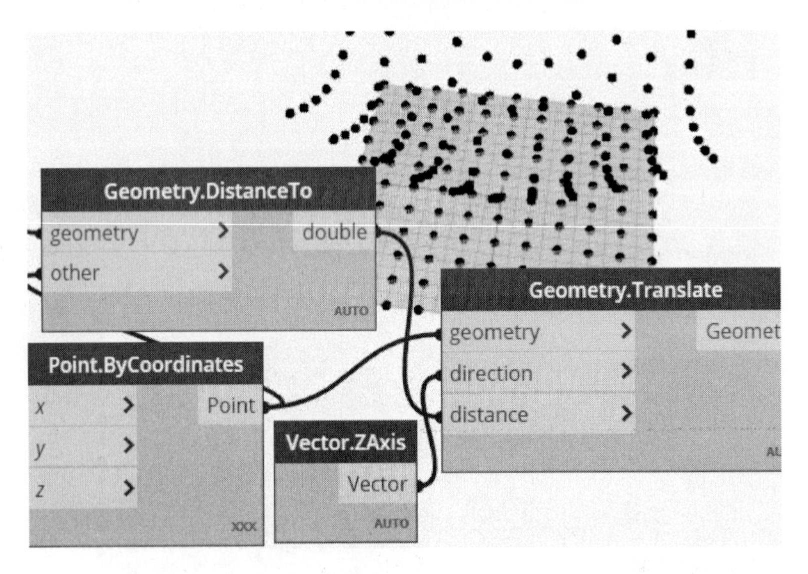

슬라이드 바를 이용하여 기준점을 이동해보겠습니다. X를 0, y를 50으로 설정하면 다음과 같이 표현됩니다.

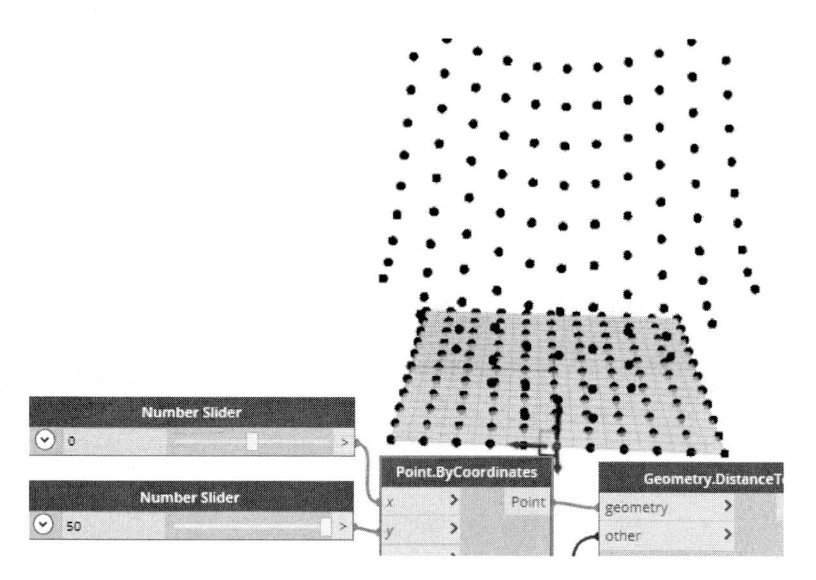

(5) NurbsSurface.ByControlPoints 노드를 이용하여 넙스서페이스를 작성합니다.
아직 넙스서페이스에 대해 학습하지 않았기 때문에 노드를 검색하여 배치한 후 다음과 같이 연결합니다.
자세한 내용은 '지오메트리' 단원에서 학습하시기 바랍니다.

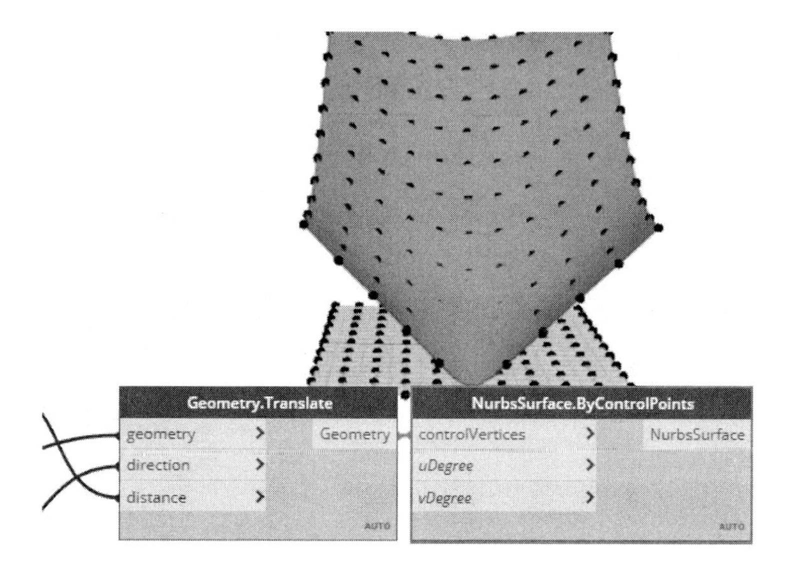

(6) 서페이스에 두께를 부여하는 Surface.Thicken 노드를 이용하여 앞에서 작성한 넙스서페이스에 두께를 줍니다. 슬라이드 바를 이용하여 값을 조정하면 값에 의해 서페이스 형상이 바뀌는 것을 확인할 수 있습니다.

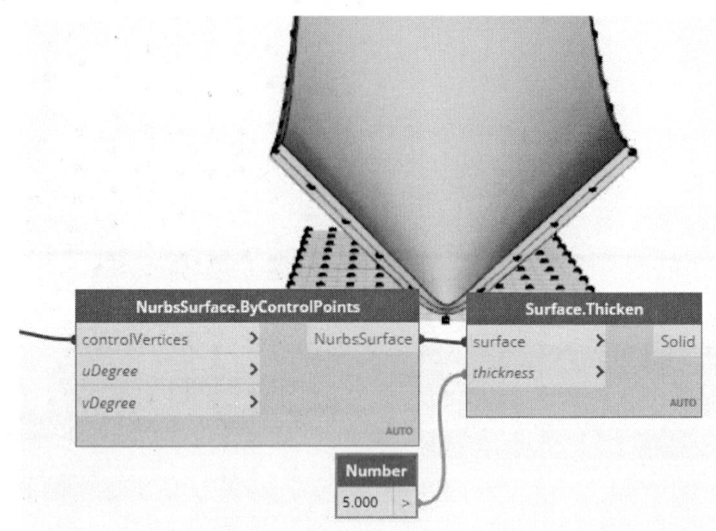

(7) 지금부터 노드를 코드로 바꿔보도록 하겠습니다. 먼저 슬라이드 바(Number Slider) 두 개와 Point.ByCoordinates를 선택한 후, 빈 공간에 마우스를 대고 오른쪽 버튼을 클릭합니다. 바로가기 메뉴에서 '노드를 코드로(C)'를 클릭합니다.

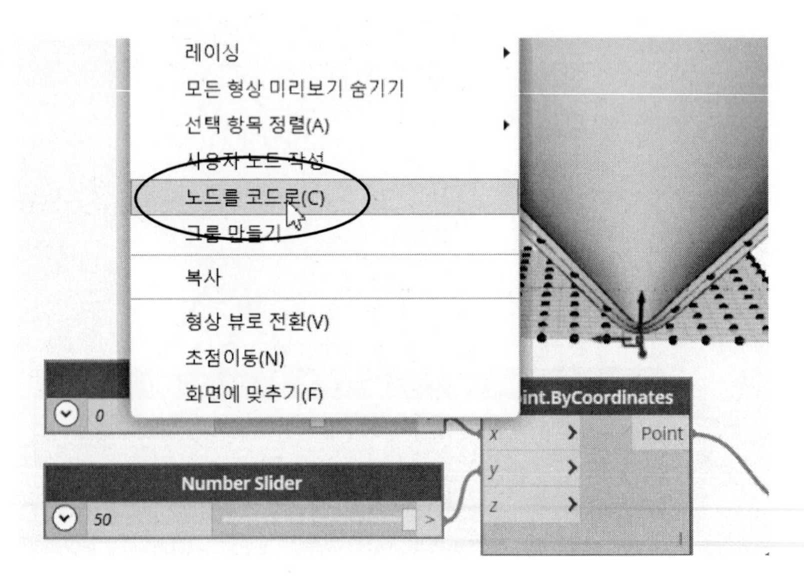

다음과 같이 코드 블록의 코드로 변환됩니다. 슬라이드 바에서 설정한 값이 t1=0, t2=50으로 나타납니다. Point.ByCoordinates의 값은 변수 point1에 할당됩니다. 고정된 값이라면 point1 = Point.ByCoordines(0, 50, 0); 형식으로 작성해도 됩니다.

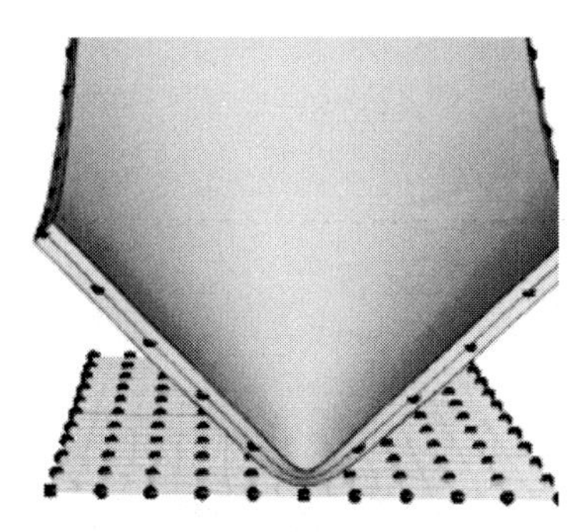

Code Block

```
1 t1 = 0;
2 t2 = 50;
3 point1 = Point.ByCoordinates(t1<1>, t2<1>, 0);
```

(3) 다음은 Sequence 노드와 Point.ByCoordinates 노드를 선택하여 앞에서와 같은 방법으로 코드로 변환합니다. Sequence 노드는 t4=(t1..#t2..t3); 코드로 바뀝니다.

Tip

꺽쇠 괄호(< >)로 표시된 부분은 직접 참조를 의미합니다.

Code Block

```
1 t1 = -50;
2 t2 = 11;
3 t3 = 10;
4 t4 = (t1..#t2..t3);
5 point1 = Point.ByCoordinates(t4<1>, t4<2>, 0);
```

(9) 앞에서 변환한 코드 블록 두 개와 Geometry.DistanceTo 노드를 선택한 후, 마우스 오른쪽 버튼을 눌러 '노드를 코드로(C)'를 클릭합니다. 다음과 같이 세 개의 노드가 하나의 코드 블록으로 변환됩니다. 코드 블록 두 개가 합쳐지면서 코드는 바뀌지 않았으나 변수는 바뀌었다는 것을 알 수 있습니다. t1, t2와 같이 동일한 변수가 있기 때문입니다. Geometry.DistanceTo 노드의 인수는 앞에서 정의한 변수 point11과 point1입니다.

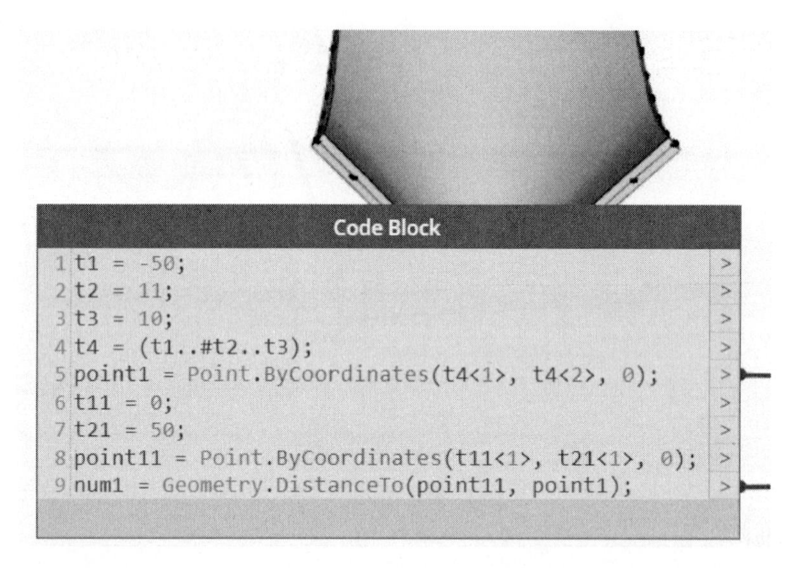

(10) 앞에서 작성한 코드 블록과 Geometry.Translate 노드를 선택하여 코드로 변환합니다. Geometry.Translate가 geometry1 = Geometry.Translate(point1, vector1, num1);로 변환됩니다. Vector.ZAxis()로 Z축 방향을 지정합니다.

```
Code Block
1  t1 = -50;
2  t2 = 11;
3  t3 = 10;
4  t4 = (t1..#t2..t3);
5  point1 = Point.ByCoordinates(t4<1>, t4<2>, 0);
6  t11 = 0;
7  t21 = 50;
8  point11 = Point.ByCoordinates(t11<1>, t21<1>, 0);
9  num1 = Geometry.DistanceTo(point11, point1);
10 vector1 = Vector.ZAxis();
11 geometry1 = Geometry.Translate(point1, vector1, num1);
```

(11) 넙스서페이스를 작성하는 NurbsSurface.ByControlPoints 노드를 변환합니다. 와이어가 연결되지 않은 uDregee, vDregee는 디폴트 값인 3으로 설정됩니다. NurbsSurface.ByControlPoints(geometry1);와 같이 디폴트 값을 생략할 수도 있습니다.

Code Block

```
1 t1 = -50;
2 t2 = 11;
3 t3 = 10;
4 t4 = (t1..#t2..t3);
5 point1 = Point.ByCoordinates(t4<1>, t4<2>, 0);
6 t11 = 0;
7 t21 = 50;
8 point11 = Point.ByCoordinates(t11<1>, t21<1>, 0);
9 num1 = Geometry.DistanceTo(point11, point1);
10 vector1 = Vector.ZAxis();
11 geometry1 = Geometry.Translate(point1, vector1, num1);
12 nurbsSurface1 = NurbsSurface.ByControlPoints(geometry1, 3, 3);
```

(12) 마지막으로 두께를 부여하는 코드까지 변환합니다. 두께는 변수 t5에 할당되어 서페이스에 두께가 부여됩니다. 변수를 사용하지 않고 solid1 = surface.Thicken(5); 와 같이 직접 지정할 수도 있습니다.

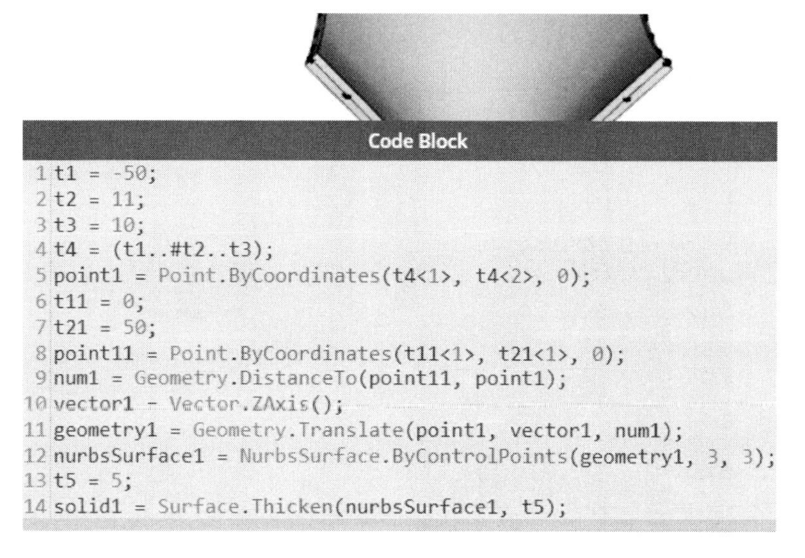
Code Block

```
1 t1 = -50;
2 t2 = 11;
3 t3 = 10;
4 t4 = (t1..#t2..t3);
5 point1 = Point.ByCoordinates(t4<1>, t4<2>, 0);
6 t11 = 0;
7 t21 = 50;
8 point11 = Point.ByCoordinates(t11<1>, t21<1>, 0);
9 num1 = Geometry.DistanceTo(point11, point1);
10 vector1 = Vector.ZAxis();
11 geometry1 = Geometry.Translate(point1, vector1, num1);
12 nurbsSurface1 = NurbsSurface.ByControlPoints(geometry1, 3, 3);
13 t5 = 5;
14 solid1 = Surface.Thicken(nurbsSurface1, t5);
```

이와 같이 모든 노드를 코드 블록의 코드로 바꿀 수 있습니다. 단, 슬라이드 바를 변수로 작성했기 때문에 노드와 같이 바를 움직이며 값을 바꿀 수 없습니다.

Dynamo Primer에서 제공한 소스 원본(Dynamo-Syntax_Attractor-Surface.dyn)

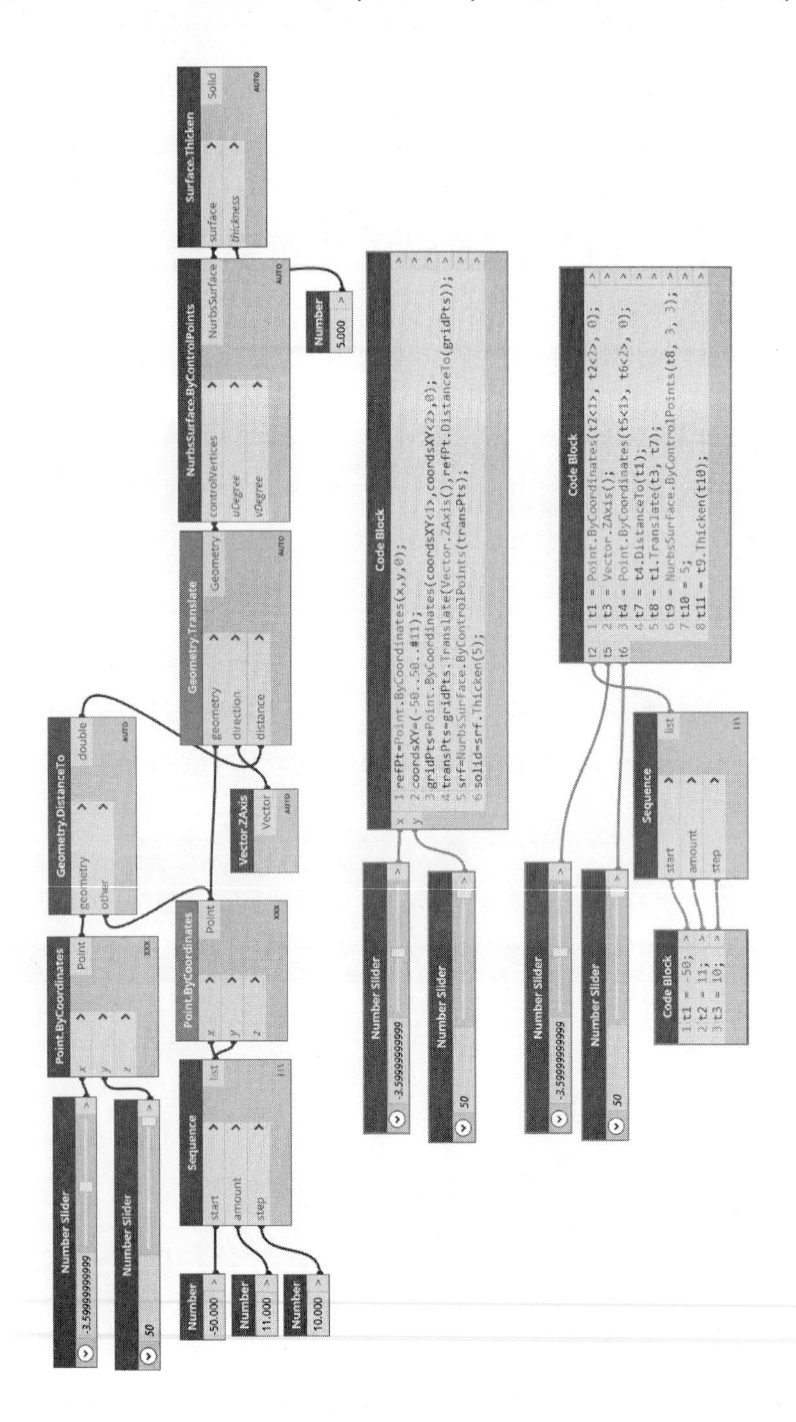

[Dynamo Primer에서 제공한 소스 코드]

Code Block

```
1 t1 = -50;
2 t2 = 11;
3 t3 = 10;
4 t4 = (t1..#t2..t3);
5 point1 = Point.ByCoordinates(t4<1>, t4<2>, 0);
6 t11 = 0;
7 t21 = 50;
8 point11 = Point.ByCoordinates(t11<1>, t21<1>, 0);
9 num1 = Geometry.DistanceTo(point11, point1);
10 vector1 = Vector.ZAxis();
11 geometry1 = Geometry.Translate(point1, vector1, num1);
12 nurbsSurface1 = NurbsSurface.ByControlPoints(geometry1);
13 t5 = 5;
14 solid1 = Surface.Thicken(nurbsSurface1, t5);
```

[코드로 변환한 예]

Part_4

지오메트리(Geometry)

우리가 Dynamo를 공부하는 이유는 다양한 형상(Geometry)을 다루는 Revit에서 작업의 효율화를 위함입니다. 이번 파트부터 본격적으로 기하학적 형상(도형)을 다루는 방법에 대해 알아보겠습니다. 지금까지의 기초 지식을 바탕으로 지오메트리(도형)를 만들어보겠습니다.

지오메트리의 데이터 유형 계층을 보면 다음과 같습니다.

지오메트리 데이터 유형							
추상 유형			지오메트리 유형				
위치 방향	위치 볼륨	관계 정의	모델 요소				
벡터 Vector	경계상자 Bounding box	위상 Topology	점 Point	곡선 Curve	서페이스 Surface	솔리드 Solid	메쉬 Mesh
벡터 평면 좌표계	경계상자	꼭지점 모서리 페이스	xyz좌표 uv좌표	선 폴리곤 원 호 타원 폴리곡선 넙스곡선	폴리서페이스 서페이스 Nurbs서페이 스	육면체 구 원통 원뿔	메쉬

각 데이터 유형에 대해 학습해보겠습니다. 이 책에서는 모든 데이터 유형을 다룰 수는 없어 필수적인 유형을 중심으로 다루겠습니다.

01_ 좌표 개념

CAD에서 도면(모델) 작업을 위해서는 좌표에 대한 개념을 이해해야 합니다. 정확한 좌표를 지정하고 형상의 크기를 조작하기 위해서 필요한 개념입니다. Dynamo에서는 크게 월드(World) 좌표계와 로컬(Local) 좌표계가 있습니다. 좌표계 아이콘은 X축은 빨간색, Y축은 초록색, Z축은 파란색으로 표시됩니다.

월드 좌표계는 3차원 공간에서 기본이 되는 좌표계이며 로컬 좌표계는 월드 좌표계 내의 임의로 작성된 좌표계라 할 수 있습니다. AutoCAD에서는 유저(사용자) 좌표계(UCS)로 부릅니다. 로컬 좌표계에는 직교 좌표계와 원통 좌표계, 구형 좌표계가 있습니다.

1. 직교 좌표계

직교 좌표계는 카디시안 좌표계, 데카르트 좌표계라 부르며 가장 일반적인 좌표계로 x,y,z좌표를 지정하는 좌표계입니다. 그래서 XYZ좌표계라고도 합니다. 기하학에서 유클리드 공간(Euclidean space) 개념을 많이 사용하는데 유클리드 공간은 좌표계 없이 거리와 길이, 각도 개념으로 공간을 표시합니다. 데카르트 좌표계는 유클리드 공간을 나타내기 위한 하나의 방법입니다.

직교 좌표계를 정의하는 노드는 CoordinateSystem.ByOrigin 노드입니다.

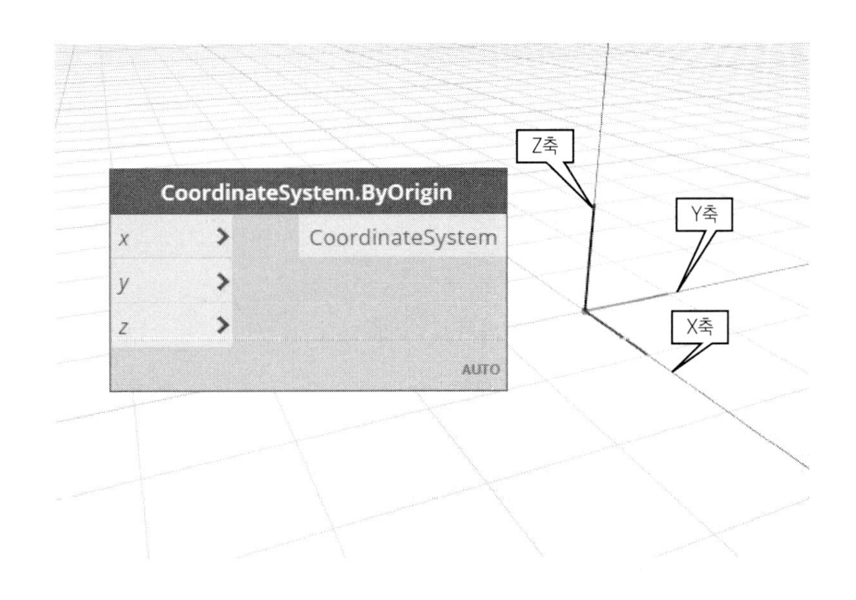

직교 좌표계를 이용하여 점을 찍어보겠습니다. CoordinateSystem.ByOrigin 노드를 이용하여 직교 좌표계를 (1,1,0)으로 정의한 후 Point.ByCartesianCoordinates 노드로 (1,1,0)을 지정하여 점을 정의합니다. 입력 포트 cs는 Coordinate System을 의미합니다. 원점 좌표에서 계산하면 (2,2,0)의 좌표에 점이 찍힙니다.

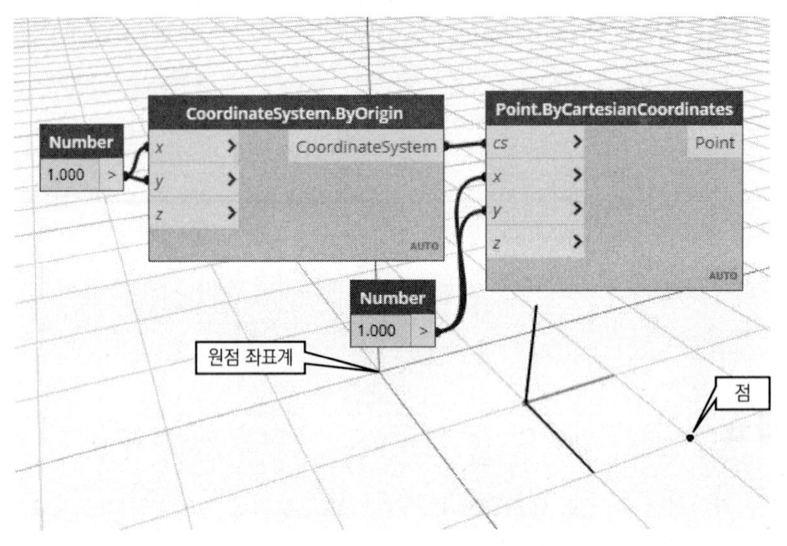

좌표계를 여러 개를 정의할 수 있습니다. [1,3] 배열로 x,y를 정의하면 (1,1), (1,3), (3,1), (3,3)에 직교 좌표계가 정의됩니다.

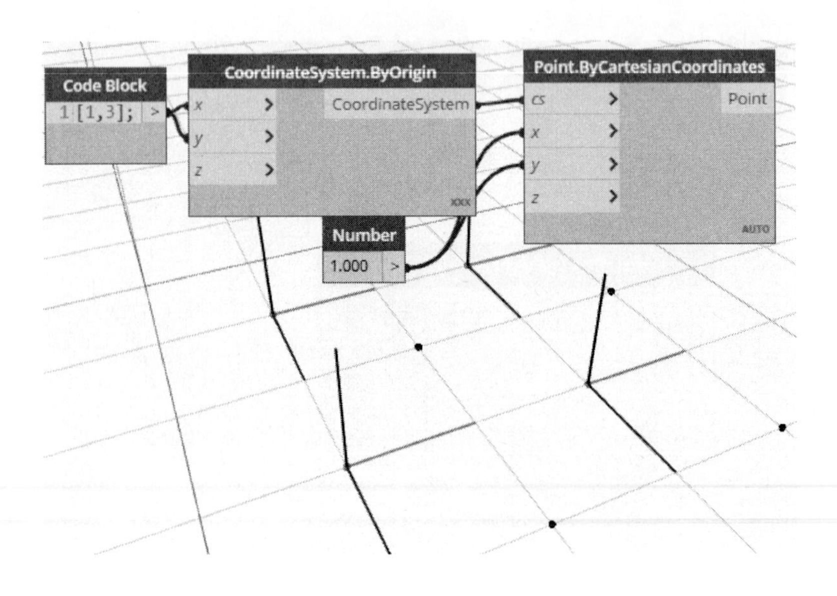

2. 원통 좌표계

원통 좌표계는 원통 면에 대한 수직(법선) 방향으로 Z축을 맞춘 좌표계입니다. 원통 좌표계를 정의할 때는 CoordinateSystem.ByCylindricalCoordinates 노드를 사용합니다. 다음과 같이 입력 포트 cs, radius, theta, height 값을 지정하여 정의합니다.

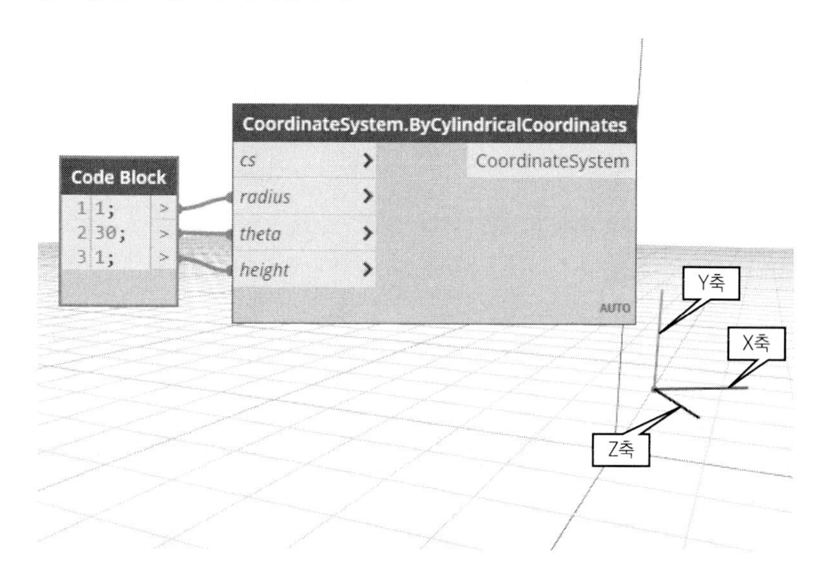

기준(월드) 좌표계(cs)의 X축에서 반시계 방향으로의 각도(theta), 기준 좌표계의 원점으로부터의 거리(R: radius)와 높이(H: height)로 정의합니다.

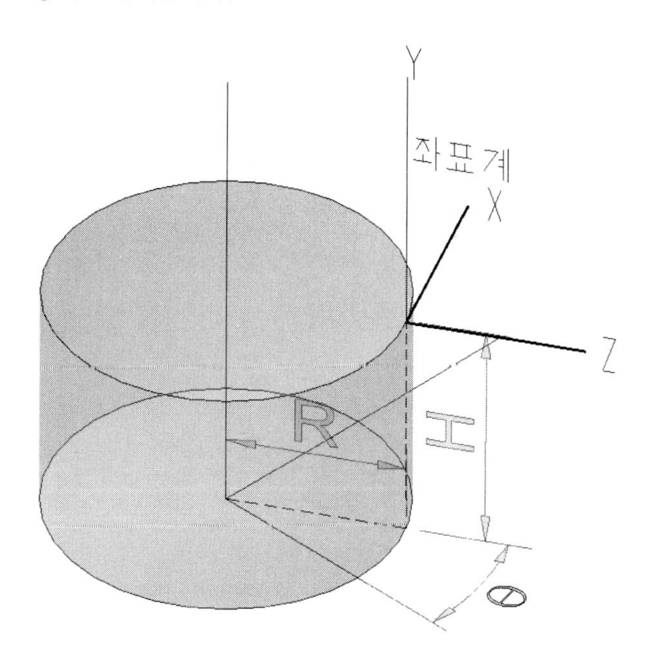

원통 좌표계를 사용한 점의 지정은 Point.ByCylindricalCoordinates 노드를 사용하면 됩니다. 이 노드를 호출하면 다음과 같이 X축에 점이 찍힙니다.

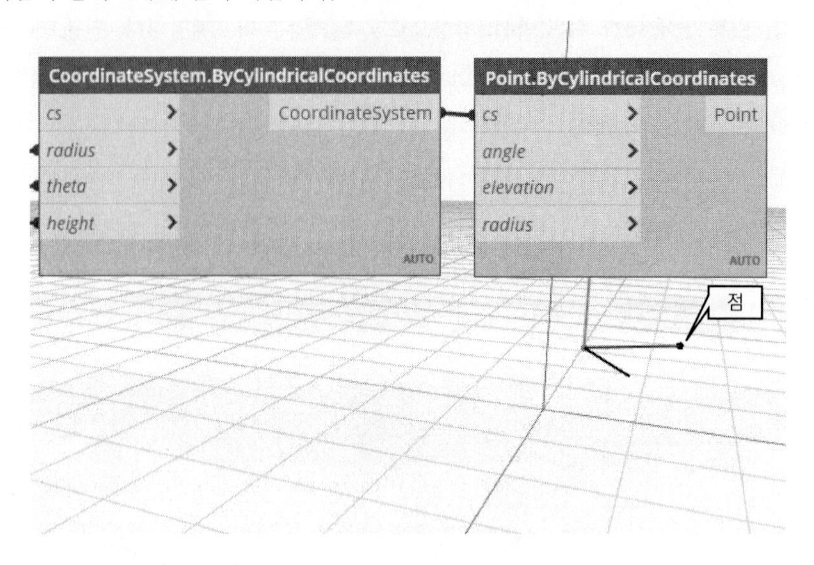

다음과 같이 [0,90,0]을 각도(angle), [0,0,1]은 높이(elevation), [1,1,0]은 반지름(radius)에 정의합니다. 그러면 각 축의 끝에 점이 찍힙니다.

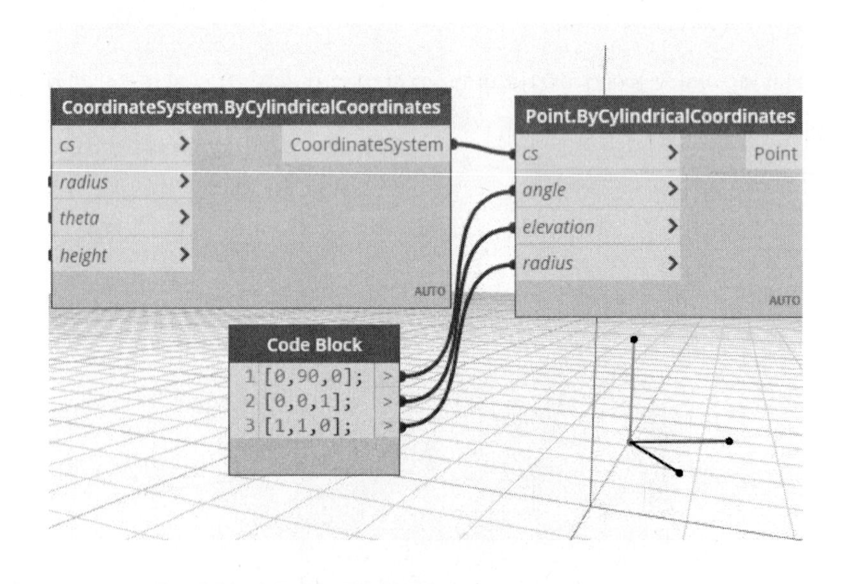

3. 구형 좌표계

구형 좌표계는 지정한 구의 면 위의 법선(수직) 방향으로 Z축이 따라가듯 작성됩니다. 기준이 되는 좌표계와 기준 좌표계의 Z축으로부터 기울기와 반시계 방향으로 X축이 되는 각도, 구의 반경에 해당하는 거리를 지정하는 좌표계입니다. 구형 좌표계는 CoordinateSystem.BySphericalCoordinates 노드에 의해 정의됩니다. 입력 포트를 보면 cs는 주어진 기준 좌표계, radius는 기준 좌표계로부터 반지름, theta는 기준 좌표계 X축으로부터 반시계 방향으로 각도, phi는 Z축 방향의 기울기를 나타냅니다.

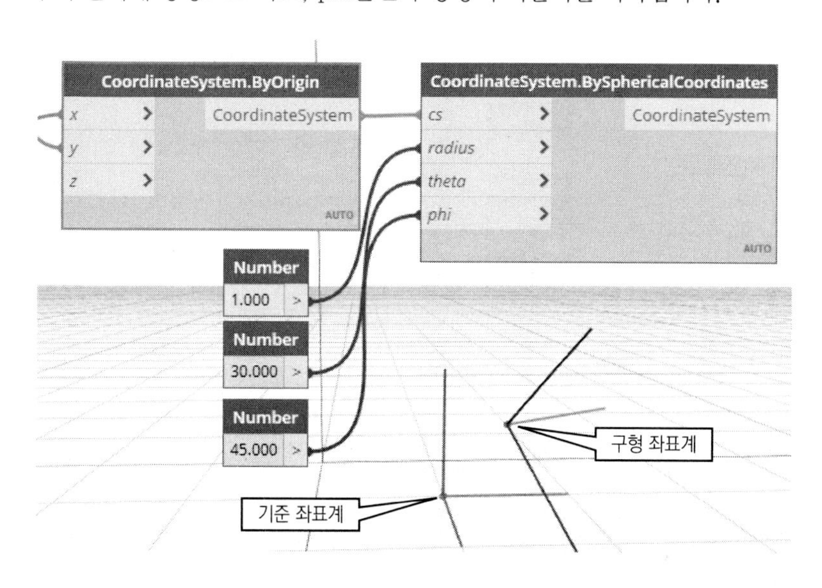

지정한 기준 좌표계로부터 X축 방향에서 반시계 방향으로 지정한 각도(θ)와 Z축 방향의 기울기(π)로 반지름(R)만큼 떨어진 위치를 지정합니다.

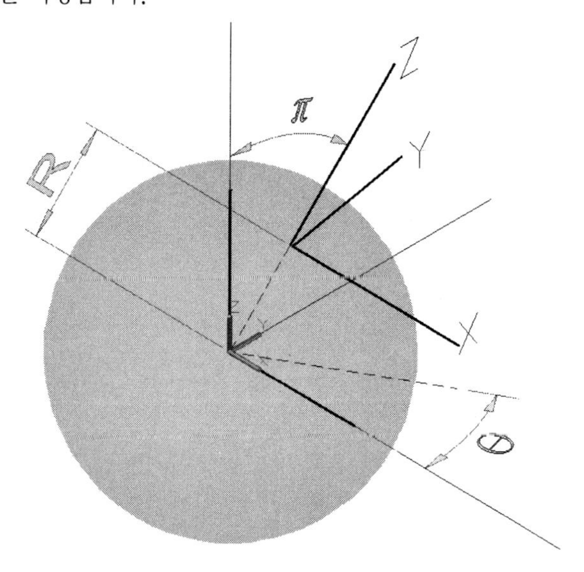

좌표계 지정과 동일한 입력 포트를 갖는 점 지정 노드를 이용해 점을 지정해보겠습니다. 다음은 Point.BySphericalCoordinates노드를 이용하여 기준 좌표계로부터 구형 좌표계에 의한 점 지정입니다. cs는 기준 좌표계로부터 와이어를 연결하고 phi는 30, theta는 45, radius는 1로 설정하면 다음과 같은 위치에 점이 찍힙니다.

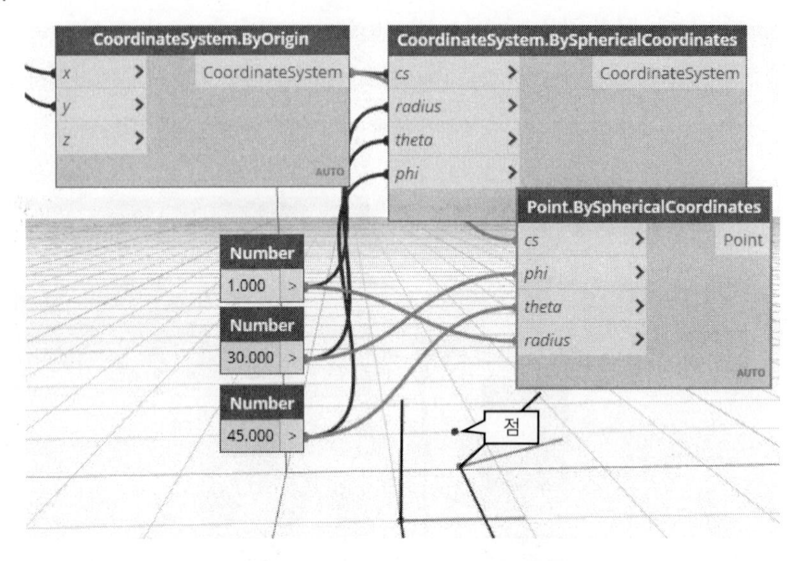

이번에는 구형 좌표계에서 점의 좌표를 정의합니다. 다른 입력 포트는 그대로 두고 cs에 새로 정의한 구형 좌표계를 연결하면 다음과 같이 점이 찍힙니다.

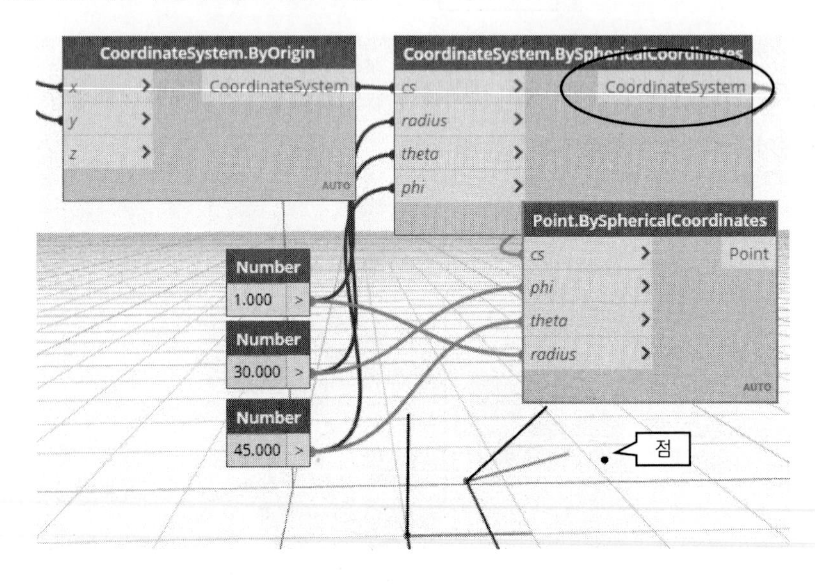

각 좌표계를 이용하여 점을 지정하는 방법의 차이를 살펴보면,

-. Point.ByCoordinates: X,Y,Z좌표를 지정하여 점을 작성합니다.

-. Point.ByCartesianCoordinates: 기준 좌표계에서 X,Y,Z좌표를 지정하여 점을 작성합니다.

-. Point.ByCylindricalCoordinates: 반경, 회전 각도 및 높이를 이용하여 원통 상의 점을 작성합니다.

-. Point.BySphericalCoordinates: 반경과 두 개의 회전 각도(theta, phi)를 사용하여 점을 작성합니다.

02_ 점과 선, 직사각형

CAD와 같은 그래픽 소프트웨어에서 그래픽의 가장 기본이 되는 요소가 점(Point)입니다. 점이 모아져 선(Line)이 됩니다. 점과 선, 선으로 이루어진 직사각형에 대해 알아보겠습니다.

1. 점(Point)

점은 좌표로 불리는 하나 또는 복수의 값에 의해 정의됩니다. Dynamo에서 가장 일반적인 점은 3차원 월드 좌표계에 존재하는 하는 (x,y,z) 좌표입니다. 평면에서는 (x,y)를 사용하고 서페이스(면)에서는 (u,v)를 사용합니다. 앞의 여러 예제를 통해서 점을 지정했습니다만 보다 구체적으로 점을 지정하는 방법에 대해 알아보겠습니다.

(1) ByCoodinates(x,y) : x,y 두 개의 값을 입력하여 점을 생성합니다. z는 0으로 설정됩니다.

(2) ByCoodinates(x,y,z) : 가장 많이 사용하는 노드로 x,y,z 세 개의 값을 입력하여 점을 생성합니다.

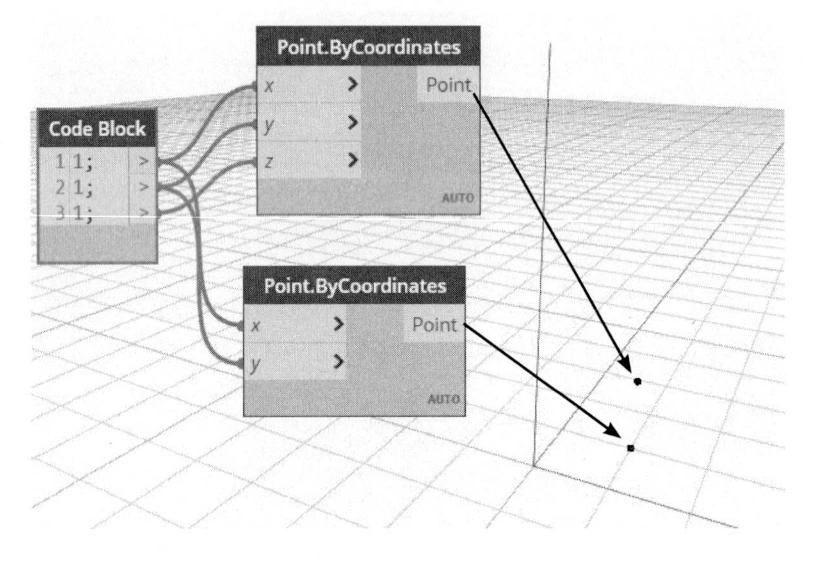

(3) ByCylindricalCoordinates : 회전 각도(angle), 높이(elevation) 및 반경(radius)을 이용하여 원통 좌표계에서 점을 생성합니다. 다음은 원통 좌표계로부터 30도 각도와 높이 1, 반경이 2인 지점에 점을 지정한 예입니다.

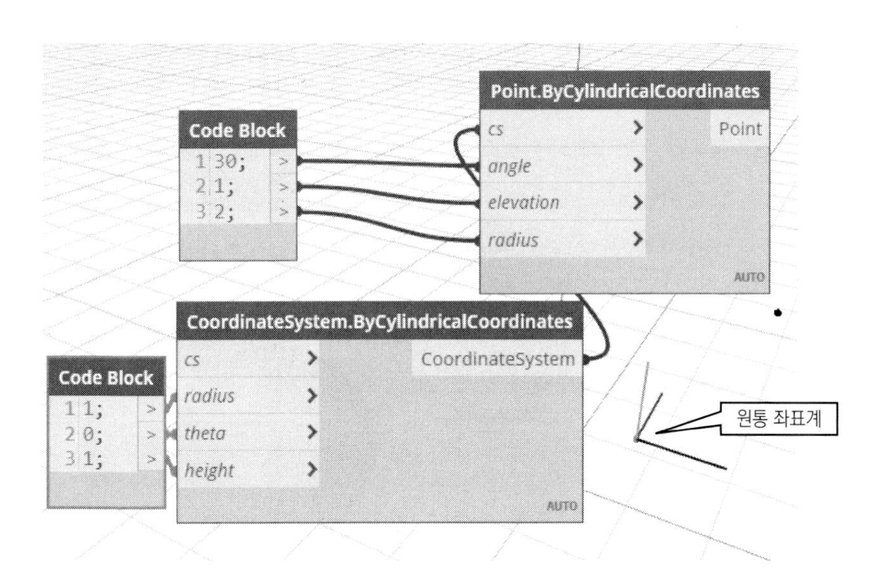

(4) BySphericalCoordinates : 반경(radius)과 두 개의 회전 각도(theta, phi)를 사용하여 구형 좌표계에서 점을 생성합니다. 다음은 구형 좌표계로부터 각도 theta, phi와 반경을 지정하여 점을 정의한 것입니다.

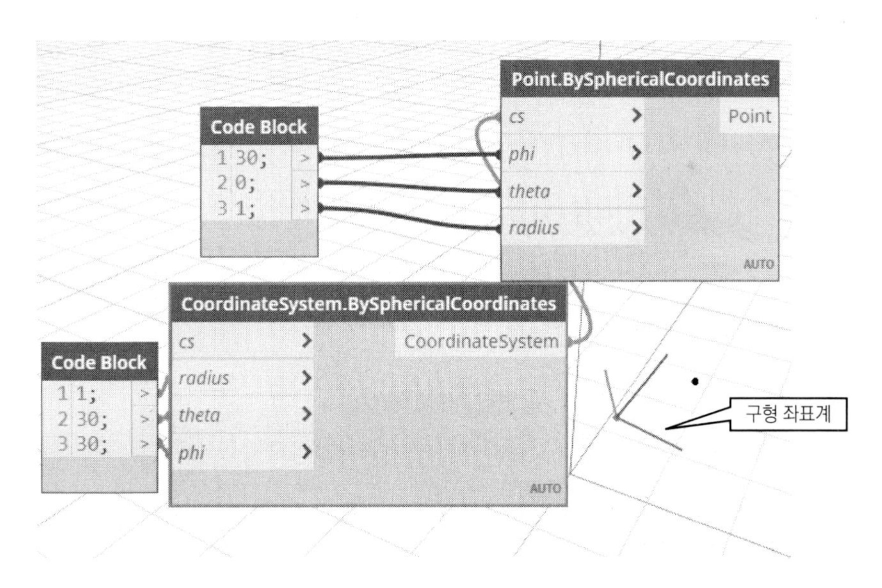

(5) PointAtParameter : 특정 요소 표면(구, 원통 등) 위에 점을 생성하는 노드입니다. Surface.PointAtParameter 노드의 입력 포트는 표면을 정의하는 surface와 u와 v를 정의합니다. surface는 지오메트리를 분해하는 Geometry.Explode 노드를 이용하여 구를 분해합니다. 이를 통해 구의 표면으로 인식합니다.

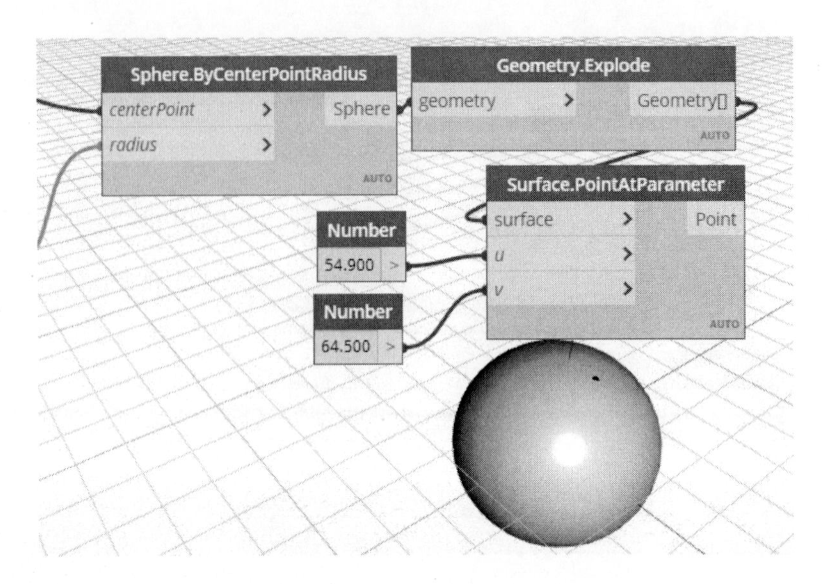

Dynamo Primer에서 제공하는 샘플 파일(Geometry for Computational Design - Points.dyn)을 열어 다양한 좌표계의 점의 정의에 대해 학습하시기 바랍니다. 같은 월드 좌표이지만 표현하는 방법은 xyz좌표계, 원통 좌표계 등 다양한 방법으로 표현할 수 있다는 것을 실습할 수 있는 예제입니다. 슬라이드 바를 움직여 점의 움직임을 관찰하시기 바랍니다.

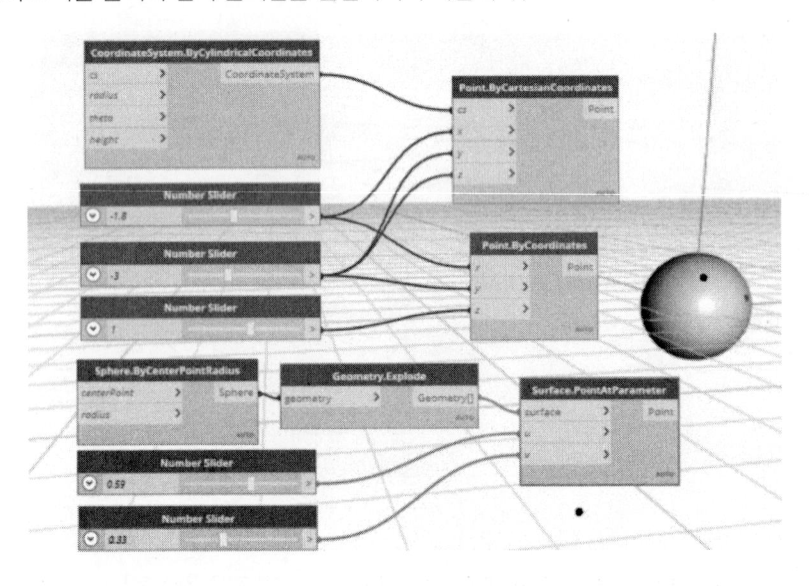

전체 공간에 있는 점은 월드 공간이며 구에 있는 점은 로컬(국소) 공간입니다.

참고 : 노드의 표현

노드를 표현할 때 형식은 '클래스 명칭.노드 명칭(인수)'입니다. 예를 들면, Point.ByCoodinates(x,y,z)는 클래스 명칭은 Point이고 노드명은 ByCoodinates입니다. 괄호 안의 x,y,z는 입력 포트에 필요한 인수입니다. 프로그래밍 용어에서는 노드 명칭을 매쏘드라고 표현합니다. 즉, '클래스 명칭.매쏘드(인수)'의 형식입니다. 라이브러리에서는 다음과 같이 표현됩니다. Point라는 클래스의 서브 카테고리를 선택했으므로 클래스명은 표시하지 않고 매소드 ByCoodinates(x,y,z)만 표시합니다.

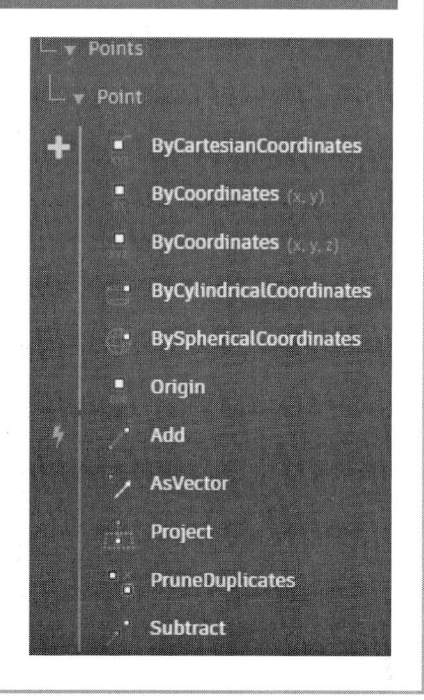

2. 선(Line)

선분도 곡선의 일부로, 곡률이 0인 곡선입니다. 선분에서부터 스플라인 곡선까지 모든 곡선 유형은 점으로 정의된다는 것을 유의하시기 바랍니다. 모든 곡선은 시작점과 끝점이 존재합니다. 곡선의 정의에서 t라는 매개변수를 사용하는데 0.0(시작)부터 1.0(끝)사이의 값으로 정의합니다.

직선을 작성하는 노드에 대해 알아보겠습니다. 라이브러리의 Geometry → Curves →Line를 탐색하면 다음과 같이 선(Line) 노드가 나타납니다.

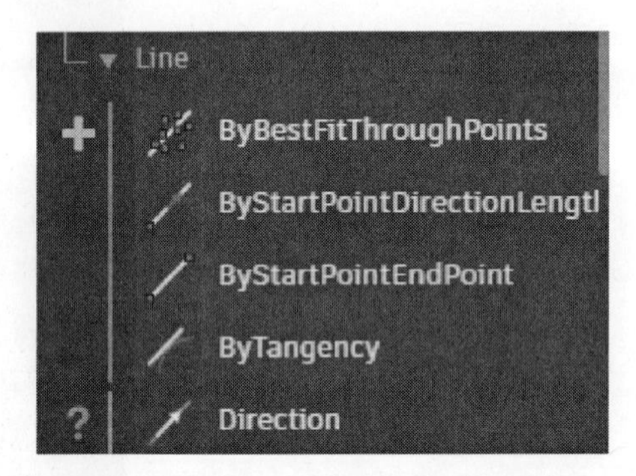

(1) ByBestFitThroughPoints : 점 리스트(bestFitPoints)에 가까운 점을 잇는 선을 생성합니다. 최소 이승법으로 구한 근사 직선입니다. 직선의 길이는 입력하는 점의 수나 위치에 따라 변합니다. 단, 두 개의 점만을 정의하면 두 점을 잇는 직선이 됩니다.

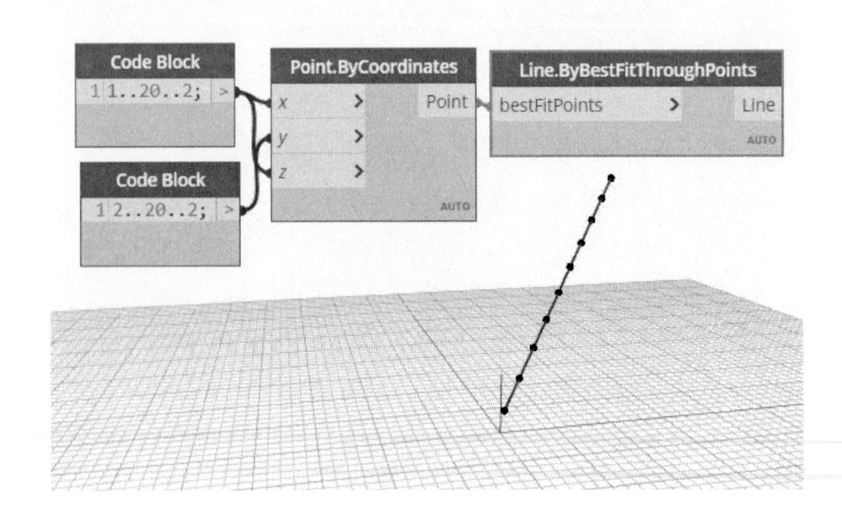

(2) ByStartPointDirectionLength : 시작점(startPoint)에서 방향(direction)과 길이(length)를 지정하여 선을 생성합니다.

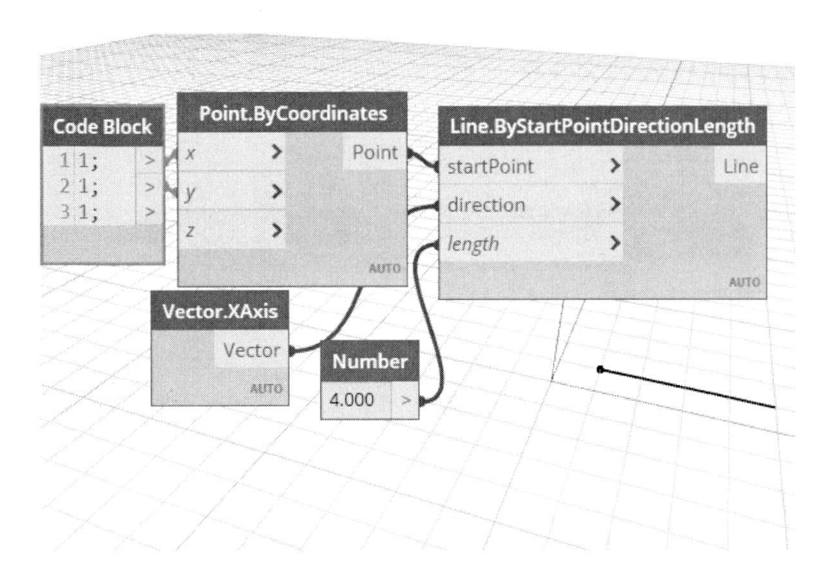

(3) ByStartPointEndPoint : 시작점(startPoint)과 끝점(endPoint)을 지정하여 선을 생성합니다. 선을 그을 때 가장 일반적으로 사용하는 노드입니다.

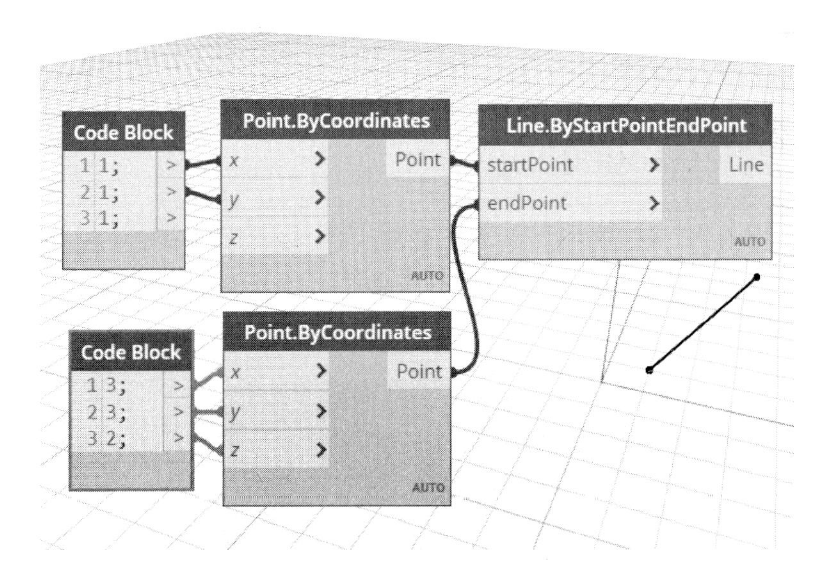

(4) ByTangency : 지정한 요소(curve)의 매개변수 점에서 입력 요소에 접하는 선을 생성합니다.

(5) Direction : 선의 벡터를 반환합니다.

참고 : 노드의 상태

선은 시작점과 끝점의 위치에 따라 방향이 다릅니다. Curve.PointAtParameter 노드와 Number Slider 노드를 이용하여 점을 움직이면 방향에 따라 동작이 다르다는 것을 알 수 있습니다. 따라서 선의 방향을 필요로 할 때는 시작점과 끝점의 위치에 주의하도록 해야 합니다.

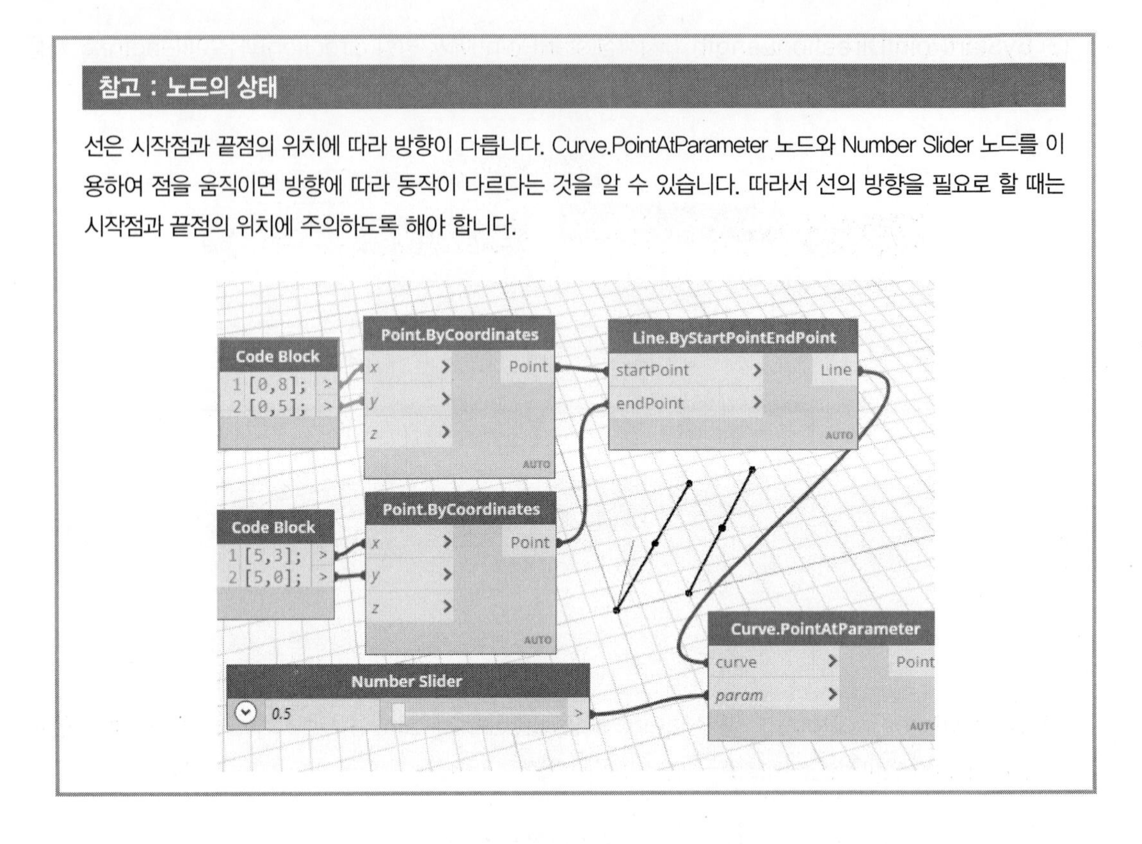

3. 직사각형(Rectangle)

선으로 이루어진 직사각형은 결국 네 곳의 꼭지점을 지정하여 작성됩니다. 점의 순서가 중요합니다. 라이브러리의 Geometry → Curves → Rectangle을 탐색하면 다음과 같이 직사각형(Rectangle) 노드가 나타납니다.

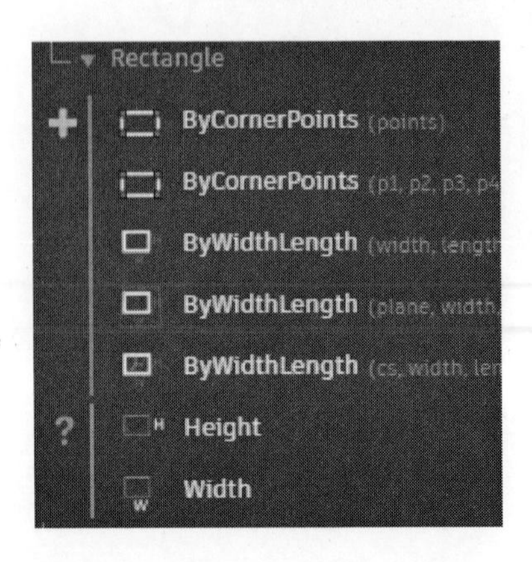

(1) ByCornerPoints : 네 점을 입력 받아 직사각형을 작성합니다. 입력을 네 점(p1, p2, p3, p4)으로 받는 노드와 리스트(points)로 받는 노드가 있습니다.

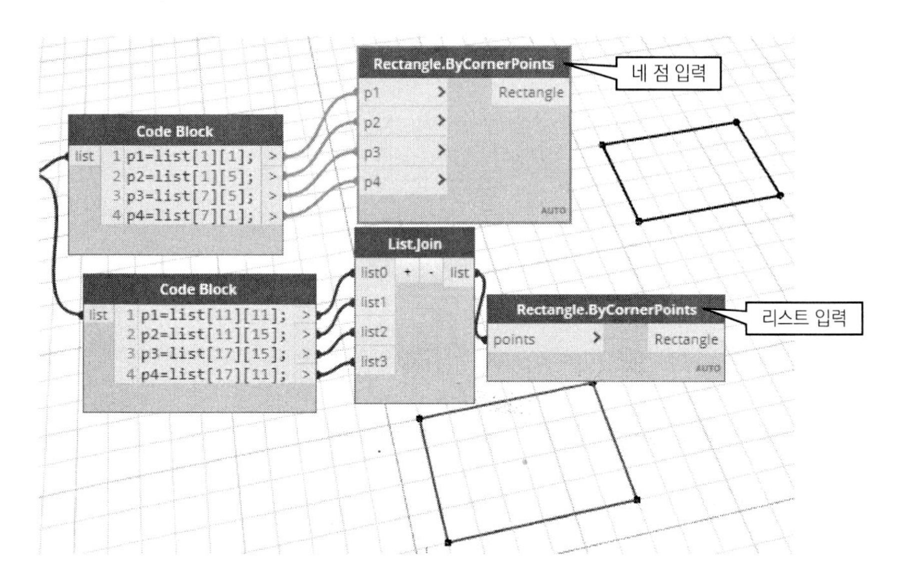

(2) ByWidthLength : 중심점과 폭, 높이를 지정하여 직사각형을 작성합니다. 중심(5, 4)에서 가로 7, 세로 3인 직사각형을 작성합니다.

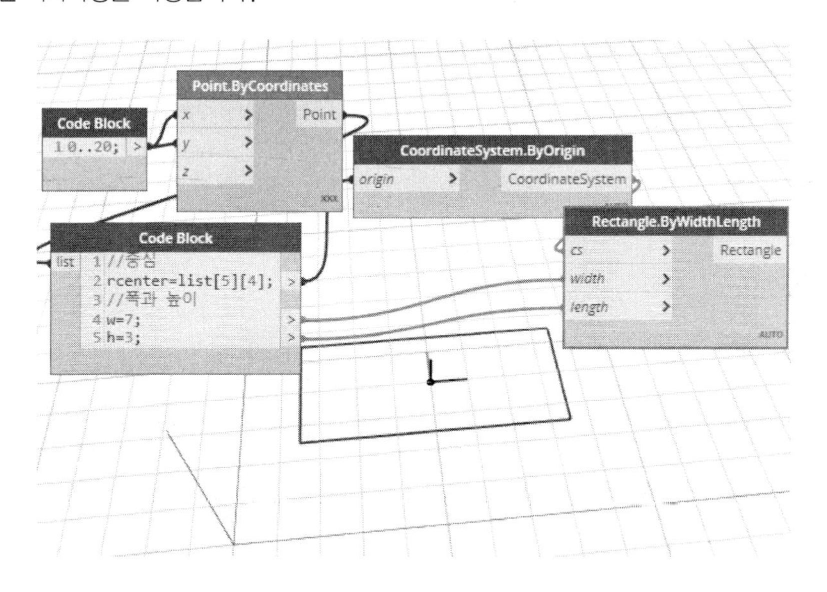

03_ 원과 호

이번에는 원(Circle)과 호(Arc)에 대해 알아보겠습니다. 호와 원은 중심과 반경으로 이루어지는 요소로 유사한 부분이 많습니다. 다른 점이라면 원은 시작점과 끝점이 없는데 반해 호는 시작점과 끝점이 있다는 점입니다. 호와 원의 주요 노드에 대해 알아보겠습니다.

1. 원(CIRCLE)

원은 라이브러리의 Geometry → Curves → Circle를 탐색하면 다음과 같이 다양한 원(Circle) 노드가 있습니다.

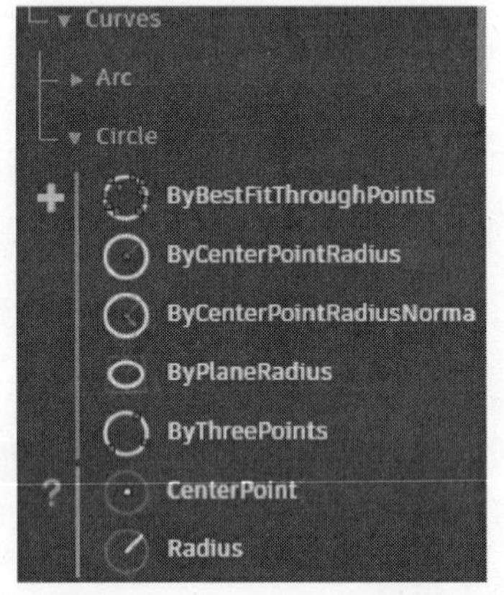

(1) ByBestFitThroughPoints : 입력된 점 리스트(points)에 가장 가까운 점을 잇는 원을 생성합니다.

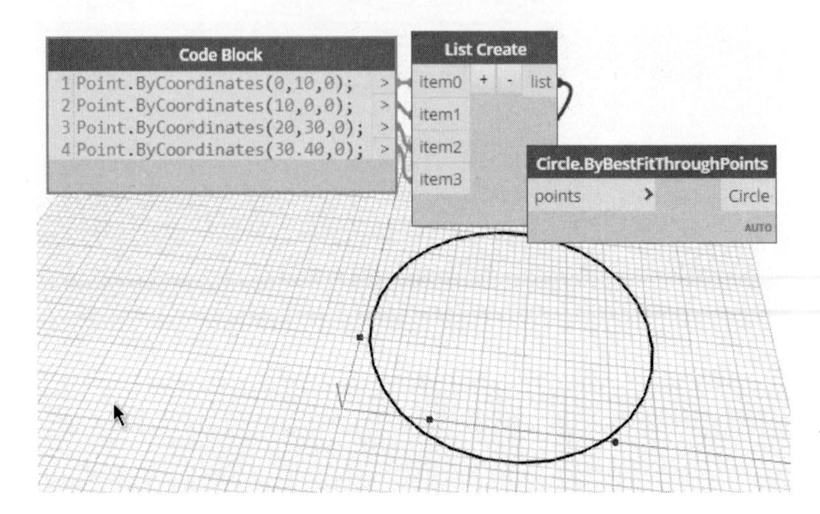

(2) ByCenterPointRadius : 중심점(center)과 반지름(radius)으로 원을 생성합니다.

(3) ByCenterPointRadiusNormal : 중심점(center)과 반지름(radius), 수직이 되는 축(normal)을 지정하여 원을 생성합니다. 기본은 z축으로 설정됩니다.

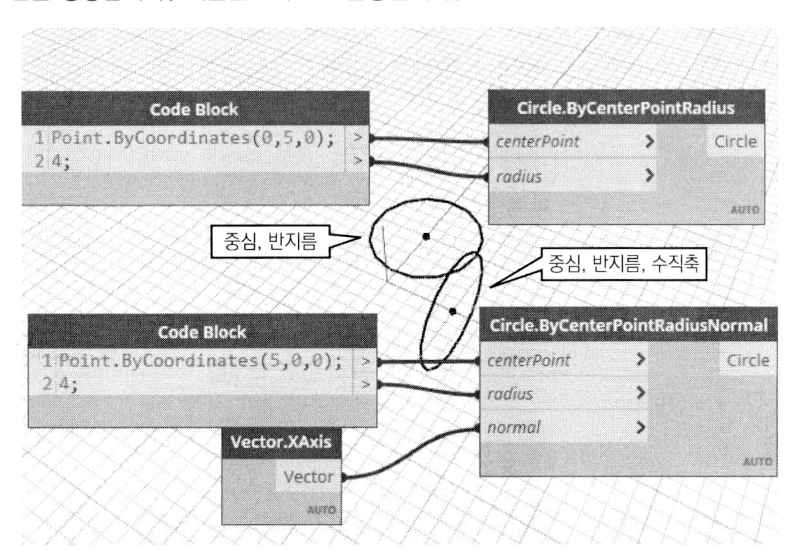

(4) ByPlaneRadius : XY평면에 반지름(radius)을 지정하여 원을 생성합니다.

(5) ByThreePoints : 세 점(p1, p2, p3)을 지정하여 원을 생성합니다.

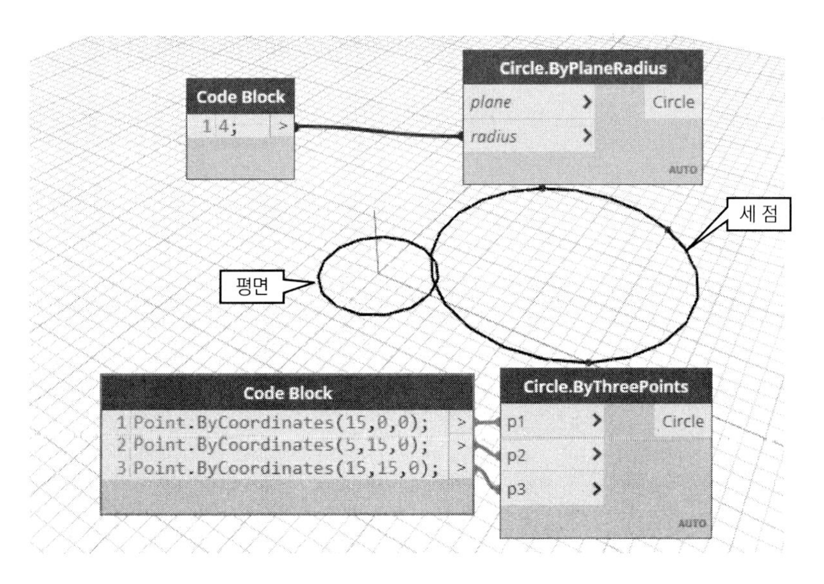

2. 호(ARC)

호는 라이브러리의 Geometry → Curves → Arc를 탐색하면 다음과 같이 다양한 호(Arc) 노드가 나타납니다.

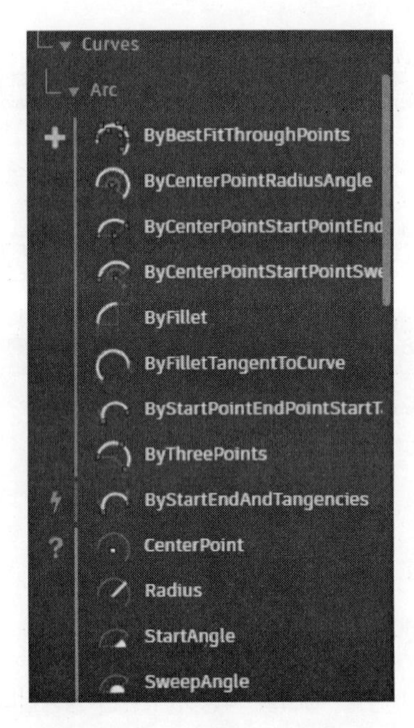

(1) ByBestFitThroughPoints : 입력된 점 리스트(points)에 가장 가까운 점을 잇는 호를 생성합니다.

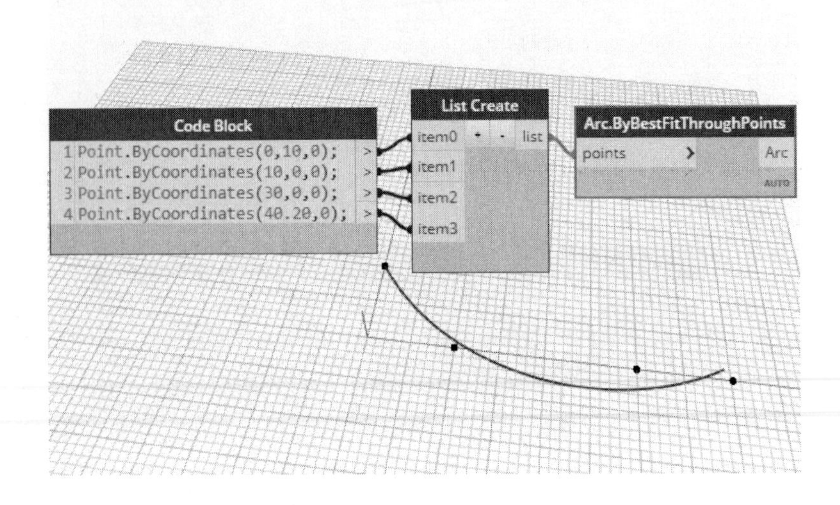

(2) ByCenterPointRadiusAngle : 호의 중심점(center), 반지름(radius)과 시작 각도(startAngle), 끝 각도(endAngle)를 지정하여 호를 생성합니다. normal은 수직이 되는 축으로 기본은 Z축으로 설정됩니다.

다음 예는 수직이 되는 축을 y축, z축으로 했을 때의 차이를 보여주고 있습니다.

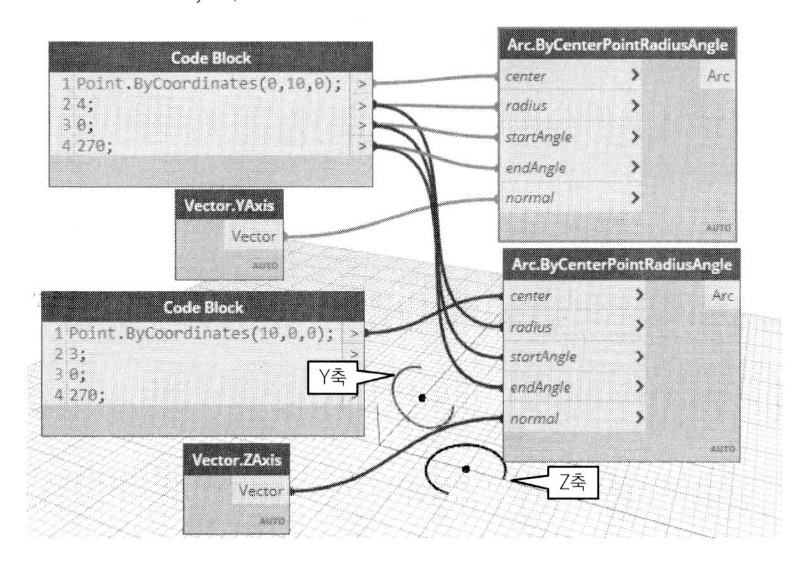

(3) ByCenterPointStartPointEndPoint : 호의 중심점(center), 시작점(startPoint)과 끝점(end-Point)을 지정하여 호를 생성합니다.

(4) ByStartPointEndPointStartTangent : 호의 시작점(startPoint)과 끝점(endPoint), 벡터의 시작 접선(startTangent)을 지정하여 호를 생성합니다.

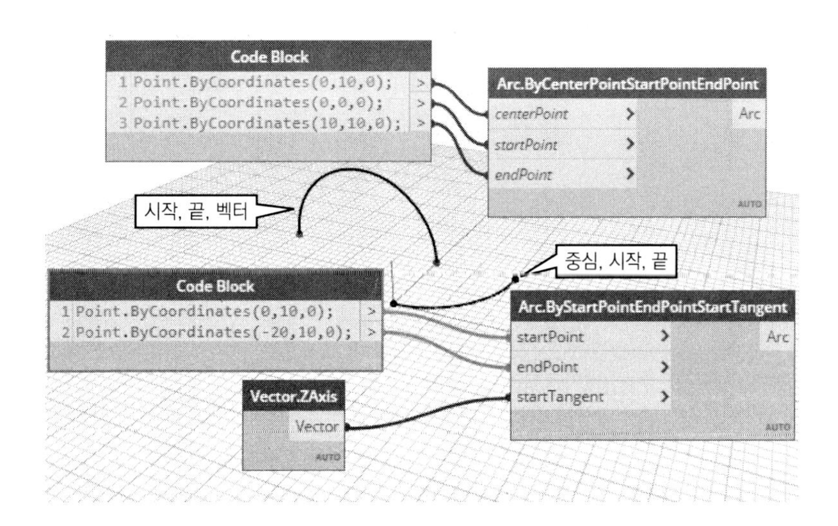

(5) ByThreePoints : 세 점(first, second, three)을 지정하여 호를 생성합니다.

(6) ByStartEndAndTangencies : 시작점(point1), 끝점(point2)과 두 점의 접촉 조건(벡터)를 지정하여 호를 생성합니다.

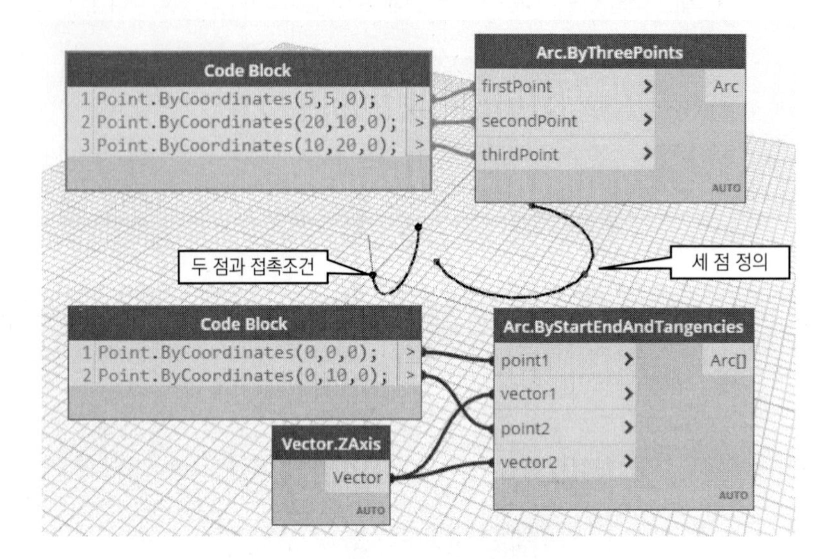

04_ 타원과 타원호

타원(타원호)이 원(호)과 다른 점은 축이 두 개라는 점입니다. Dynamo에서 타원을 작성할 때는 중심점, 방향과 길이를 입력하여 작성합니다.

1. 타원(ELLIPSE)

타원은 라이브러리의 Geometry → Curves → Ellipse를 탐색하면 다음과 같이 다양한 타원(Ellipse) 노드가 나타납니다.

(1) ByCoordinateSystemRadii : 정의한 좌표계(origin)의 좌표와 일치한 x축 반지름, y축 반지름을 지정하여 타원을 작성합니다. 다음은 원통 좌표계를 정의한 후 x축 반지름 1, y축 반지름 2를 정의하여 작성한 타원입니다.

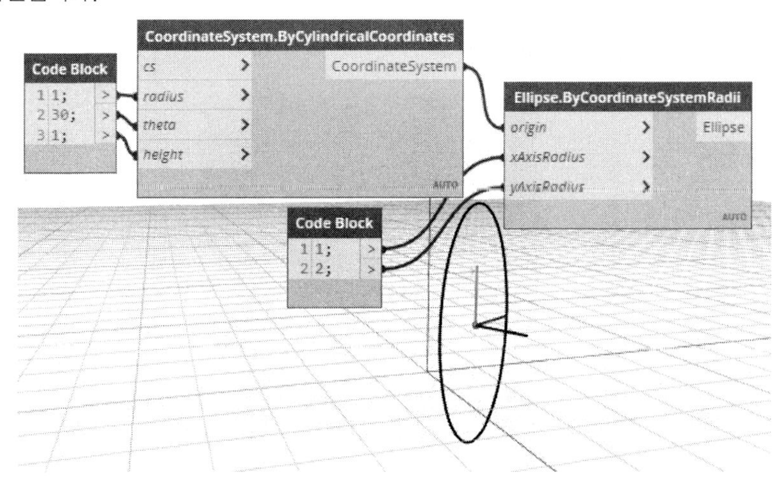

(2) ByOriginRadii : 정의한 좌표계(origin)의 WCS좌표의 XY평면과 일치한 x축 방향과 반지름, y축 방향과 반지름을 지정하여 타원을 작성합니다.

(3) ByOriginVectors : 지정한 점(origin)을 기준으로 두 축의 반지름으로 타원을 작성합니다. 두 축은 90도가 됩니다.

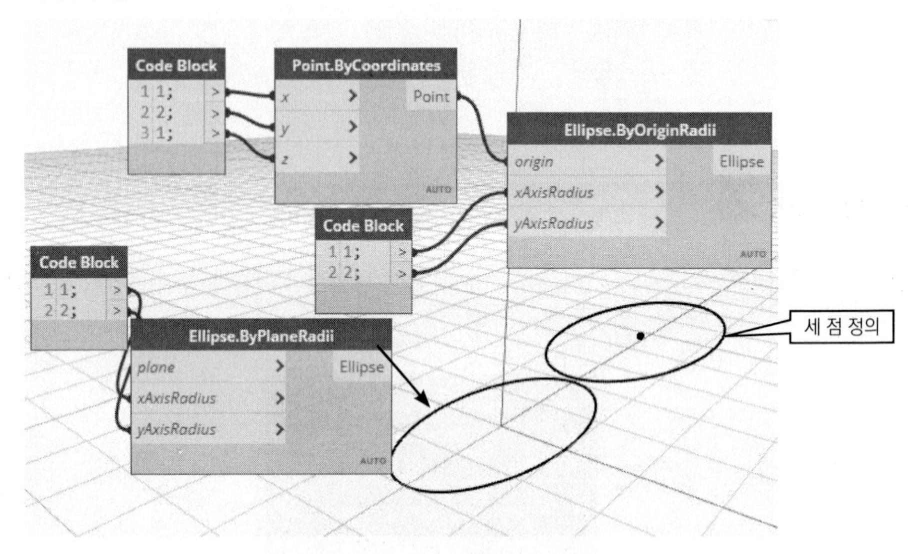

(4) ByPlaneRadii : 평면(plane)에 일치하도록 x축 벡터, y축 벡터를 지정하여 타원을 작성합니다.

2. 타원호(ELLIPSE ARC)

타원 호는 라이브러리의 Geometry → Curves → EllipseArc를 탐색하면 다음과 같이 다양한 타원호(EllipseArc) 노드가 나타납니다.

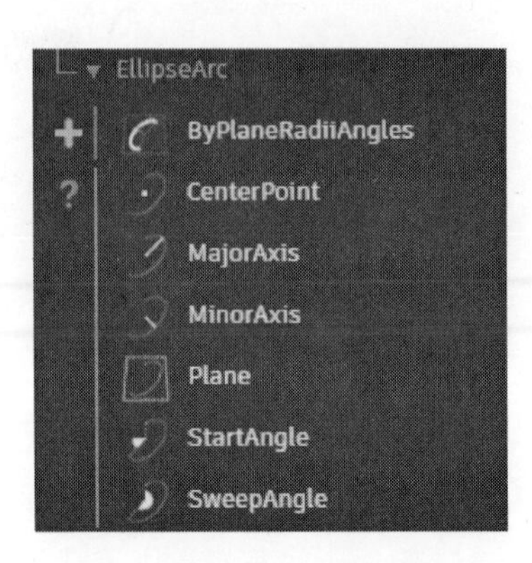

(1) ByPlaneRadiiAngles : 기준이 되는 면(plane)을 기준으로 x축과 y축의 반지름 및 시작 각도와 스윕 각도를 지정하여 타원 호를 작성합니다.

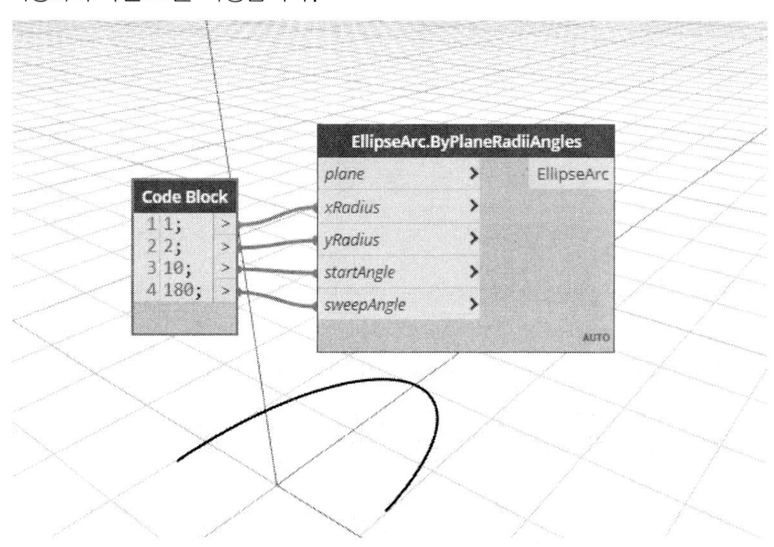

다음은 기준이 되는 작업면(plane)을 YZ로 설정한 경우 타원호입니다.

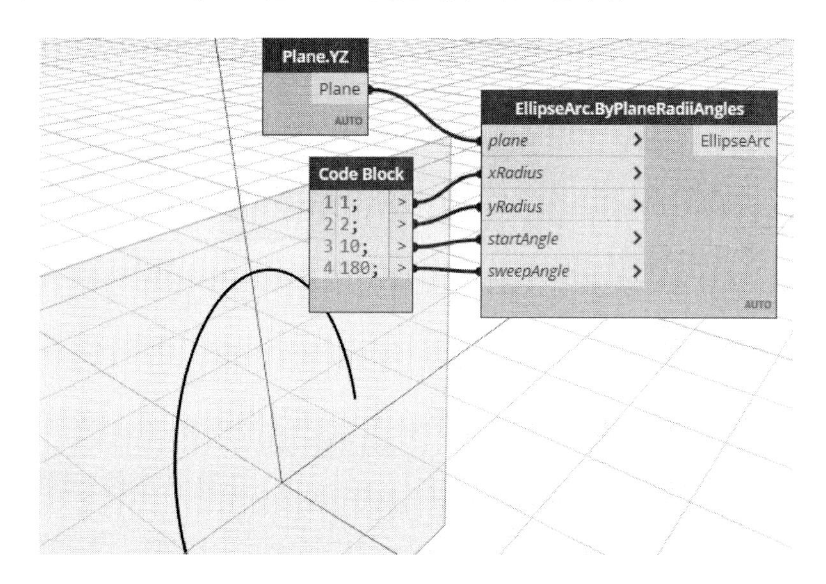

(2) CenterPoint, MajorAxis, MinorAxis, Plane, StartAngle, SweepAngle : 작성된 타원 호로부터 중심점, 긴축과 짧은 축, 시작 각도와 스윕 각도 등을 취득합니다.

05_ 폴리곤, 폴리커브와 넙스커브

다각형을 작성하는 폴리곤(Polygon)과 폴리커브는 유사한 요소입니다. 폴리곤은 닫힌 공간인데 반해 폴리커브는 열린 곡선입니다. 넙스커브는 부드러운 곡선으로 작성할 수 있습니다.

1. 폴리곤(POLYGON)

폴리곤은 다각형을 작성하며 시작점과 끝점이 만나는 폐쇄 공간이 됩니다. 라이브러리의 Geometry → Curves → Polygon를 탐색하면 다음과 같이 다양한 폴리곤(Polygon) 노드가 나타납니다.

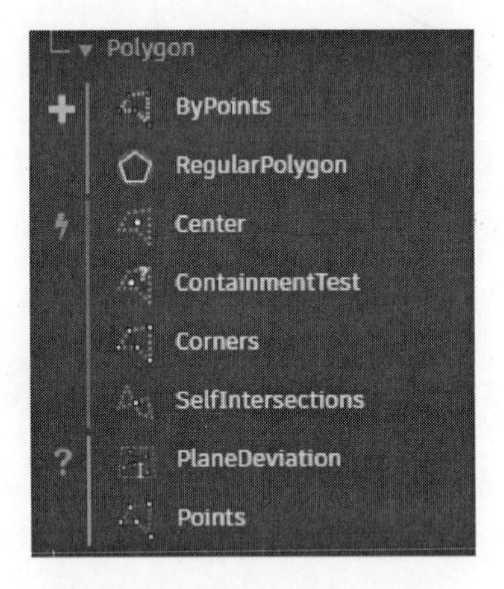

(1) ByPoints : 점(points)을 연결한 다각형을 작성합니다.

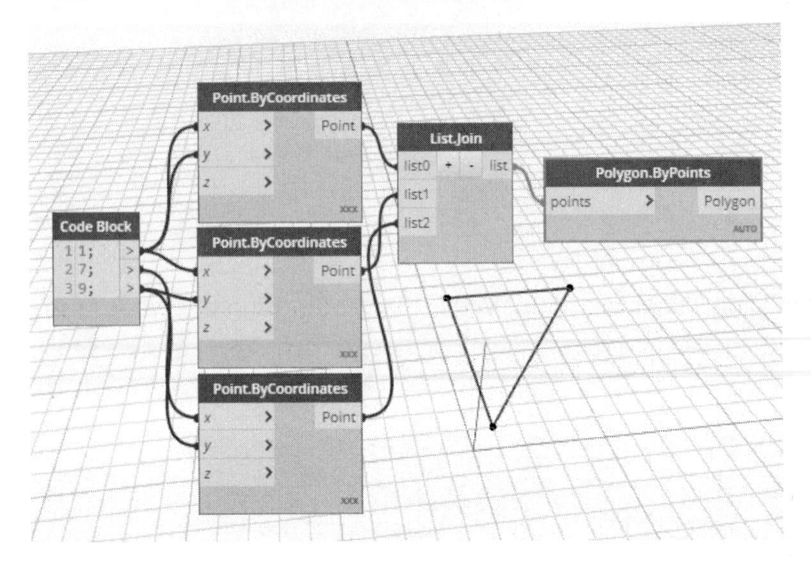

(2) RegularPolygon : 원(circle)에 내접한 다각형(numberSides)을 작성합니다. 반지름이 2인 원에 내접하는 팔각형입니다.

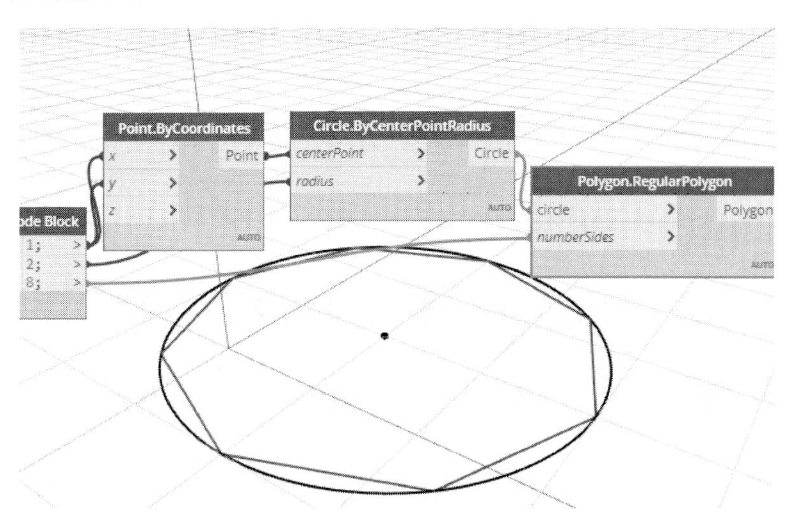

2. 폴리커브(POLYCURVE)

폴리커브는 곡선 형식이며 폐쇄 또는 개방형 곡선이 있습니다. 폴리커브는 점 리스트로 작성하는 방법과 선분 리스트로 만드는 방법이 있습니다. 라이브러리의 Geometry → Curves → PolyCurve를 탐색하면 다음과 같이 폴리커브(PolyCurve) 노드가 나타납니다.

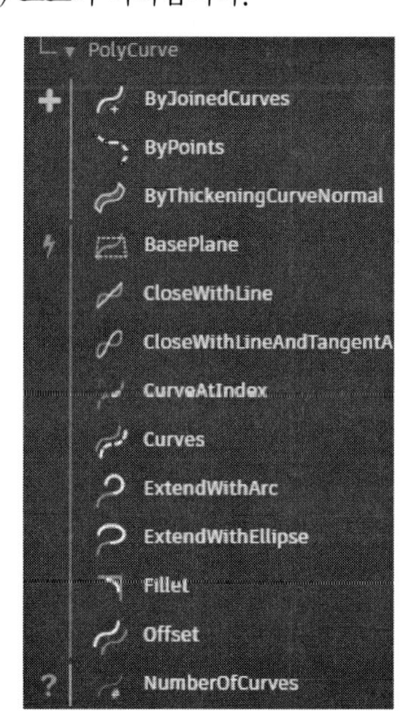

(1) ByPoints : 점 리스트를 이용하여 폴리커브를 작성합니다. 필요한 점 리스트를 List.join 노드를 이용하여 연결합니다.

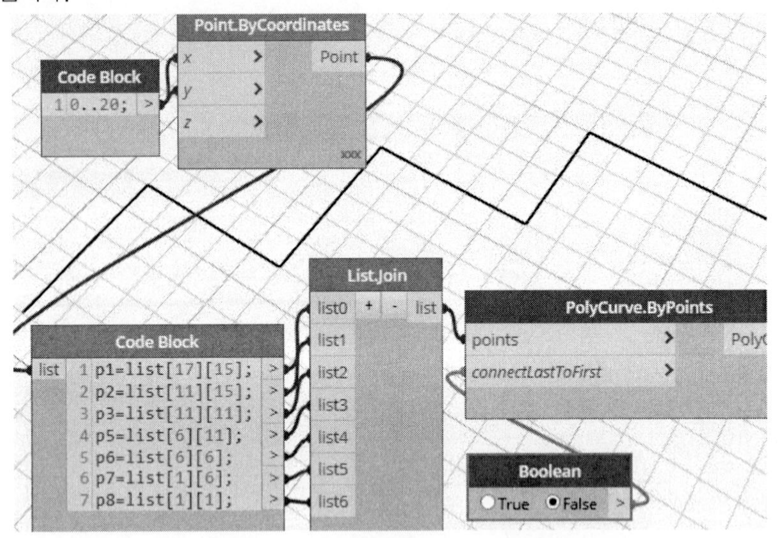

connectLastToFirst 입력 포트를 참(True)로 설정하면 시작점과 끝점을 연결하는 폐쇄 곡선을 작성합니다.

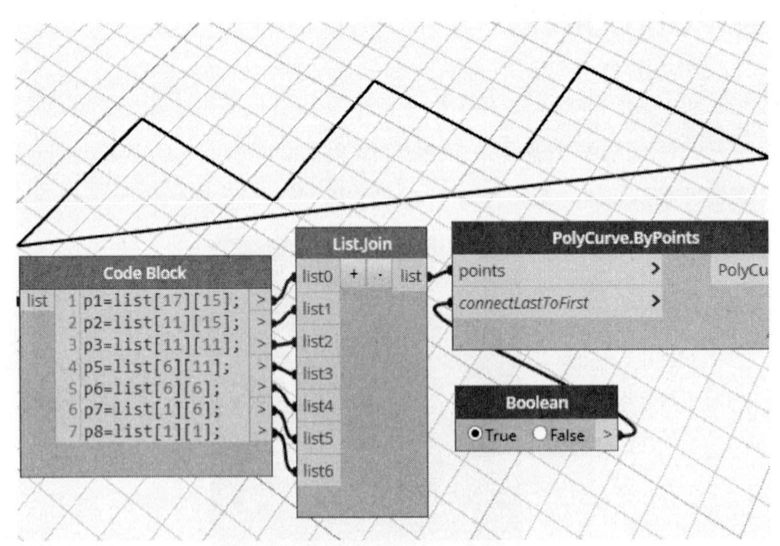

(2) ByJoinedCurves : 곡선을 결합하여 폴리커브를 작성합니다. 선 리스트를 이용하여 폴리커브를 작성하는 방법입니다. 앞에서 작성한 폴리커브를 사용하겠습니다. Translate 노드를 사용하여 선분을 복사합니다. geometry는 작성한 폴리커브, direction은 복사할 축 벡터, distance는 복사할 간격입니다. 여기에서는 x축 방향으로 10과 20 거리에 복사합니다.

Tip

Translate 노드를 이용하면 복사뿐 아니라 회전이나 이동 등의 처리가 가능합니다.

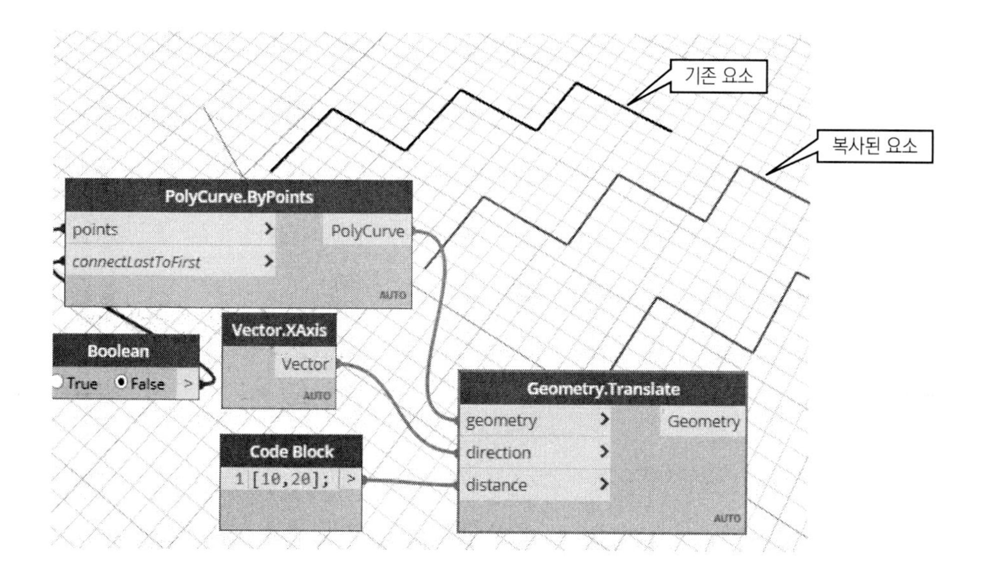

이렇게 복사한 폴리커브(선분)를 List.Join 노드로 리스트를 결합하여 ByJoinedCurves 노드로 폴리커브를 생성합니다. joinTolerance 입력 포트는 허용오차로 요소가 떨어져 있을 경우, 선분과 선분을 잇는 간격을 지정합니다.

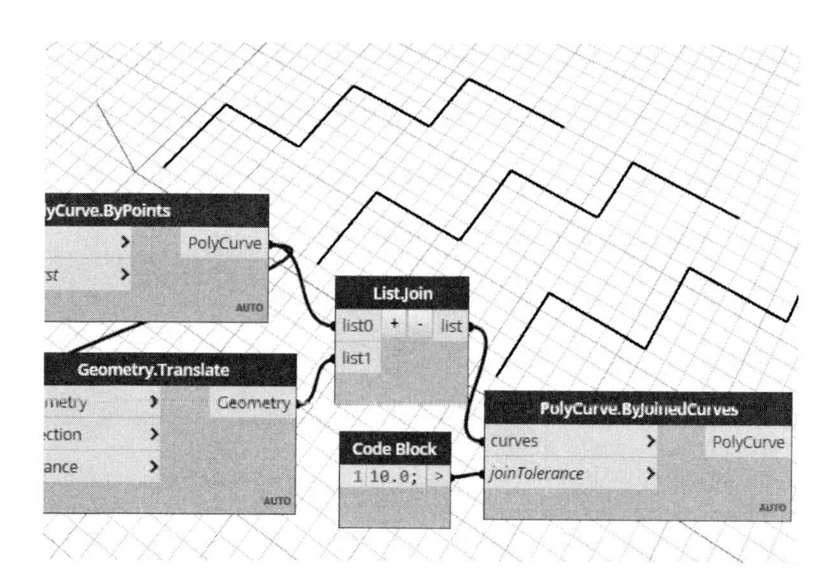

Tip

joinTolerance 값이 요소 사이의 간격보다 작으면 다음과 같이 에러가 발생합니다. 허용범위를 벗어났기 때문에 서로 연결할 수 없습니다.

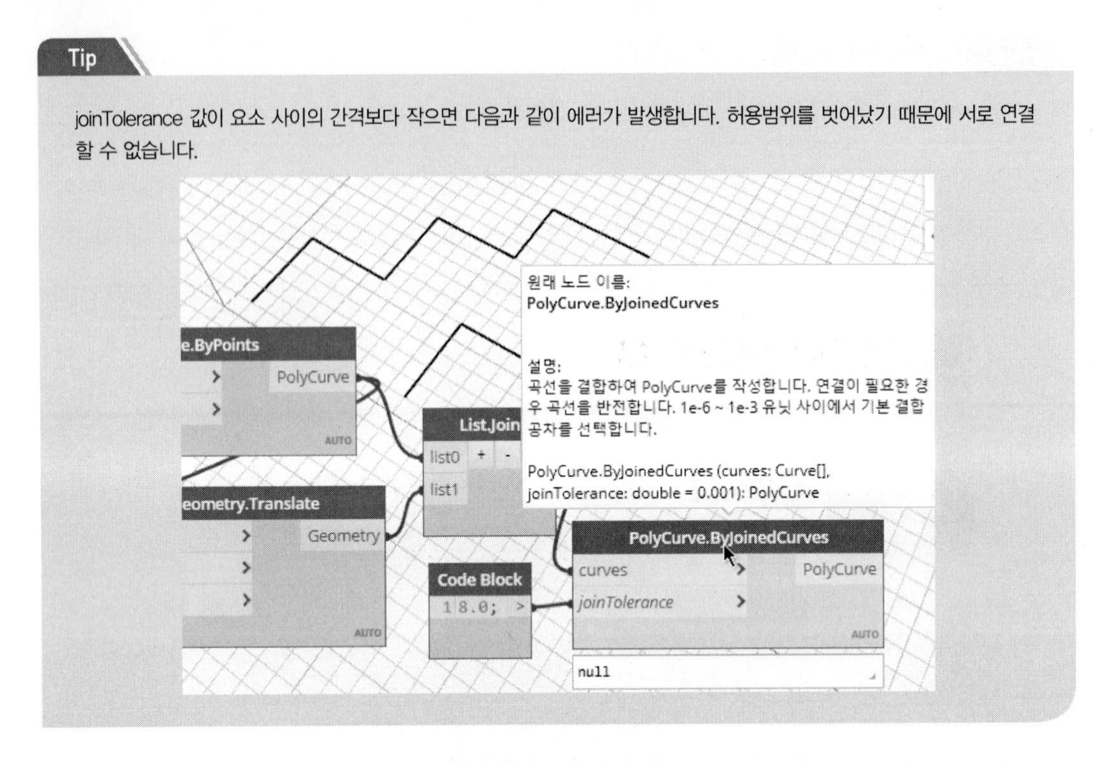

(3) ByThickening CurveNormal : 폴리커브(curve)에 대해 지정한 두께(thickness)를 1/2씩 양쪽으로 간격 띄우기를 하여 닫힌 폴리커브를 생성합니다.

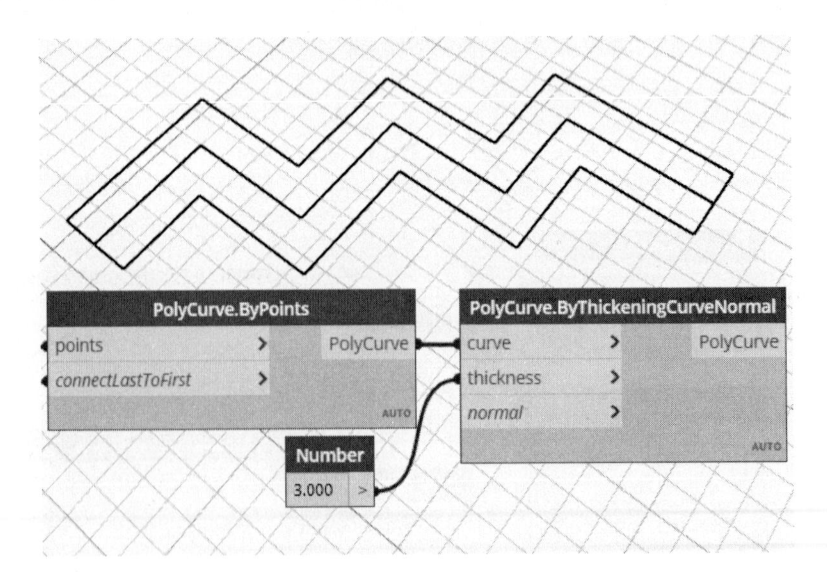

3. 넙스커브(NURBSCURVE)

Non-Uniform Rational B-Spline의 약자로 부드러운 곡률을 갖는 곡선입니다. AutoCAD의 스플라인과 동일한 개념입니다. 방향성도 가지고 있어 폴리곤이나 폴리커브에 비해 보다 세밀하게 제어할 수 있는 장점이 있습니다. 라이브러리의 Geometry → Curves → NurbsCurve를 탐색하면 다음과 같이 넙스커브(NurbsCurve) 노드가 나타납니다. 크게 점의 리스트를 곡선의 제어점으로 작성하는 방법과 리스트의 각 점을 통과하는 곡선을 작성하는 방법으로 나눌 수 있습니다. 차수(degree)는 곡선의 부드러움을 제어하며 값이 높을수록 부드러운 곡선이 됩니다.

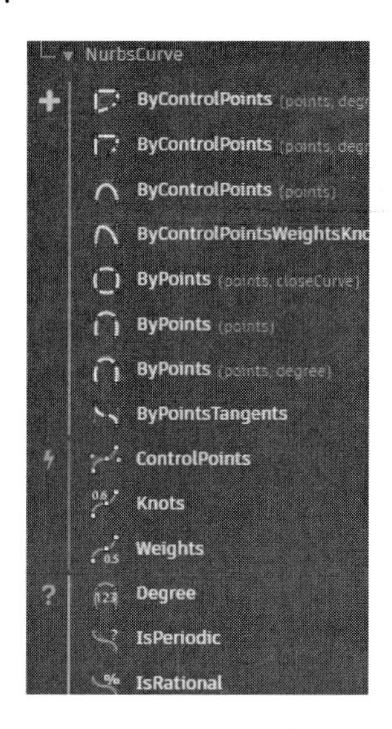

(1) ByControlPoints : 점 리스트(points)와 차수(degree)를 이용하여 넙스커브를 작성합니다. 점 리스트를 생성한 후, 넙스커브를 작성할 연결 점 리스트를 추출(plst=[p1,p2,p3,p4,p5,p6,p7];)합니다.

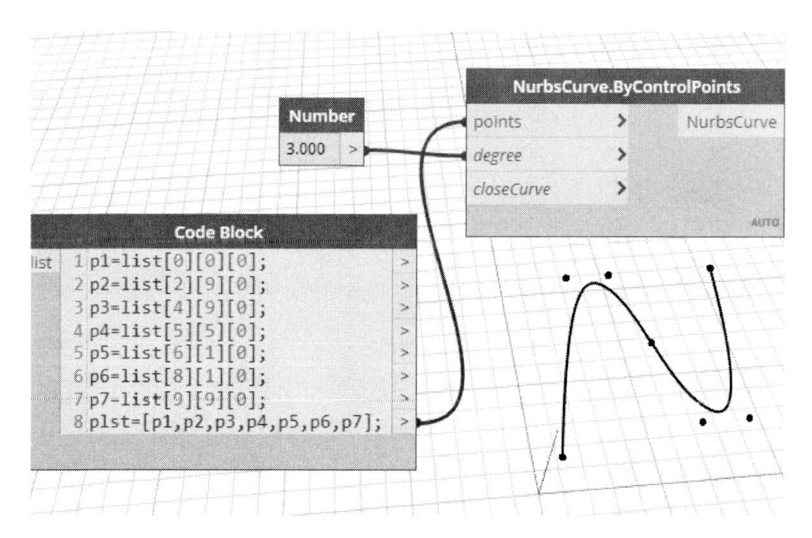

차수(degree)를 조정해보겠습니다. 차수의 기본값은 3입니다. 여기에서는 5와 1을 지정해보겠습니다. 1을 설정하면 점을 직선으로 연결하는 것과 같습니다. 5를 설정하면 완만한 곡선이 됩니다.

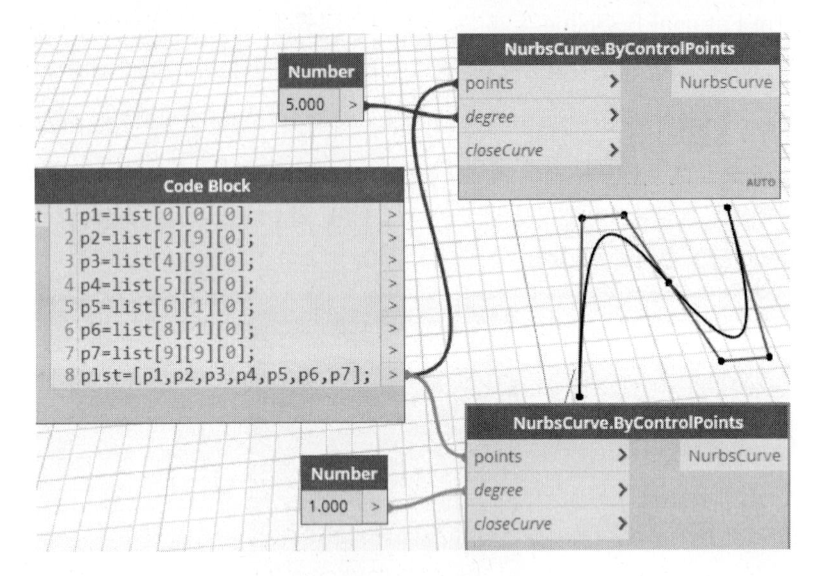

(2) ByPoints : 점을 통과하는 넙스커브를 작성합니다. ByControlPoints와 다른 점은 곡선이 지정한 점을 반드시 통과한다는 점입니다. ByControlPoints는 점으로부터 각도(degree)에 의해 점으로부터 거리가 있는데 ByPoints 노드는 반드시 지정한 점을 지나는 곡선이 됩니다.

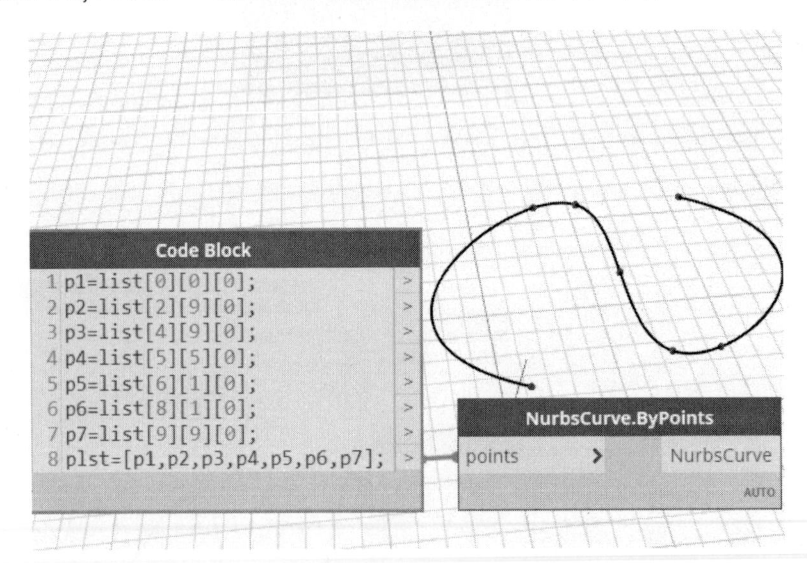

ByPoints 노드도 차수(degree)를 지정할 수 있는 노드가 있습니다. 차수가 높을수록 완만한 곡선이 됩니다. 기본값은 3입니다.

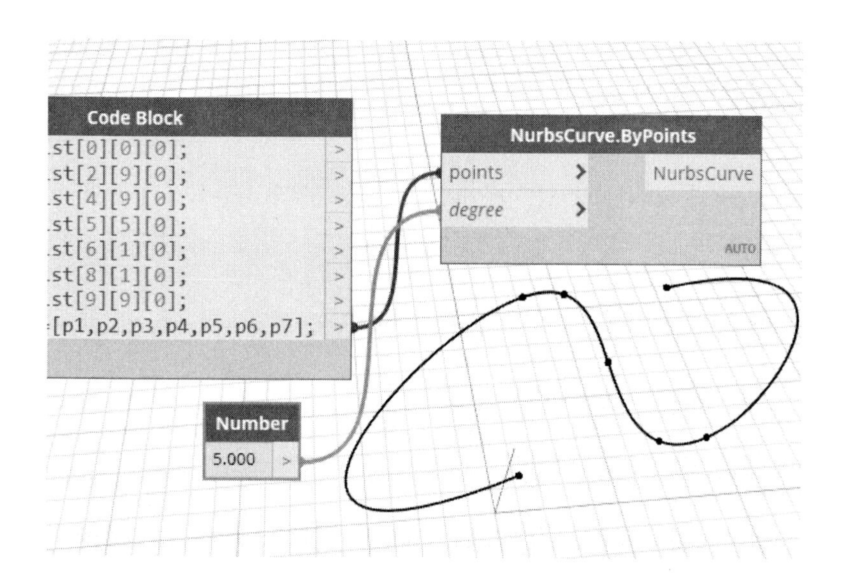

참고 : 폐쇄 공간

입력 포트의 closeCurve에 불(boolean)값을 참(True)으로 설정하면 다음과 같이 닫힌 곡선이 됩니다.

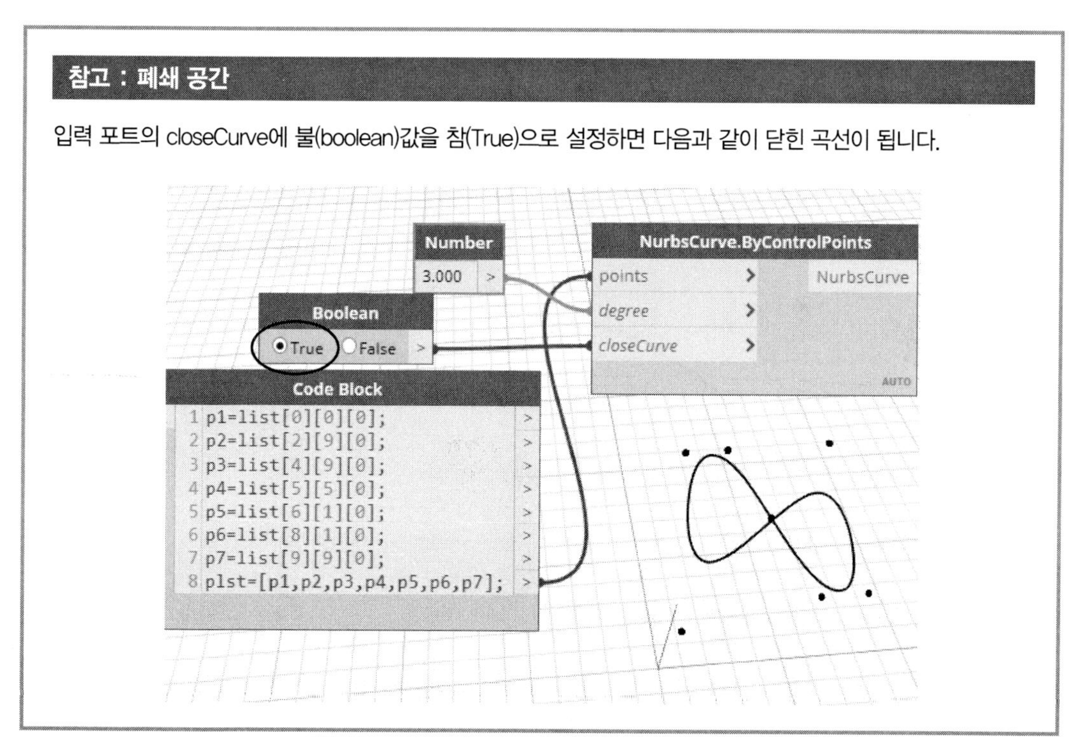

06_ 서페이스와 솔리드

3차원 객체의 대표적인 종류는 표면인 서페이스와 채워진 형태의 솔리드가 있습니다. 두 요소의 차이를 쉽게 설명하면 서페이스는 택배상자와 같은 얇은 면인데 반해 솔리드는 속이 채워진 찰흙 모형으로 이해하면 됩니다.

1. 서페이스(SURFACE)

서페이스는 하나의 면으로서 세분하여 넙스 서페이스(NurbsSurface), 폴리 서페이스(Poly Surface), 일반 서페이스(Surface)로 나뉩니다. 서페이스는 u와 v를 사용하여 매개변수 공간을 정의합니다. Dynamo Primer에서 설명한 다음 그림을 참조합니다.

1은 작성하고자 하는 서페이스이며 2와 3은 곡선을 정의하는 u방향과 v방향이며, 값은 0.0에서 1.0사이에서 정의합니다. 퍼센트(비율)로 생각하면 이해하기 쉽습니다. 4는 u와 v가 만나는 uv 좌표입니다. 5는 접선 평면이고, 6은 접선 평면에 수직인 법선 벡터입니다. 넙스 서페이스는 제어점과 서페이스의 u와 v의 차수에 의해 정의합니다. 서페이스는 엣지로 결합된 서페이스에 의해 정의됩니다.

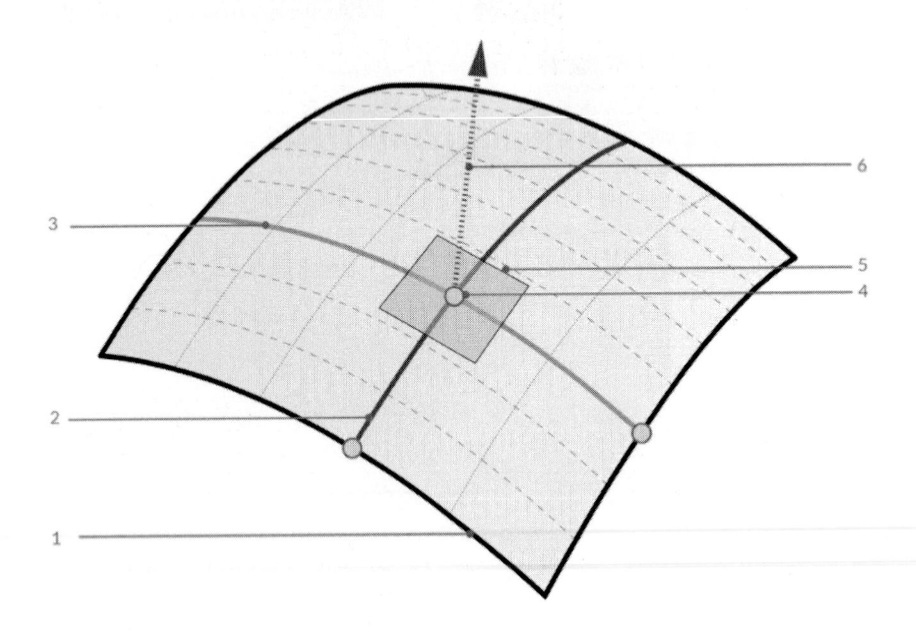

서페이스 및 넙스 서페이스에 대한 더 자세한 내용은 Dynamo Primer를 참조합니다.

일반적으로 점으로 만드는 방법과 선으로 만드는 방법이 있습니다. 라이브러리의 Geometry → Surface를 탐색하면 다음과 같이 세 개의 서브 카테고리가 나타납니다.

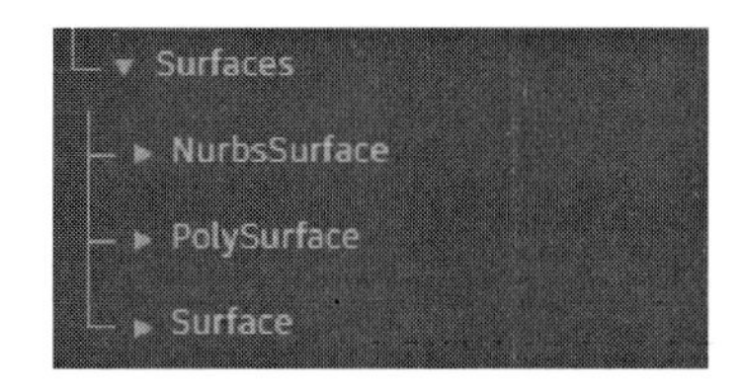

여기에서 Surface를 클릭하면 서페이스 노드가 나타납니다.

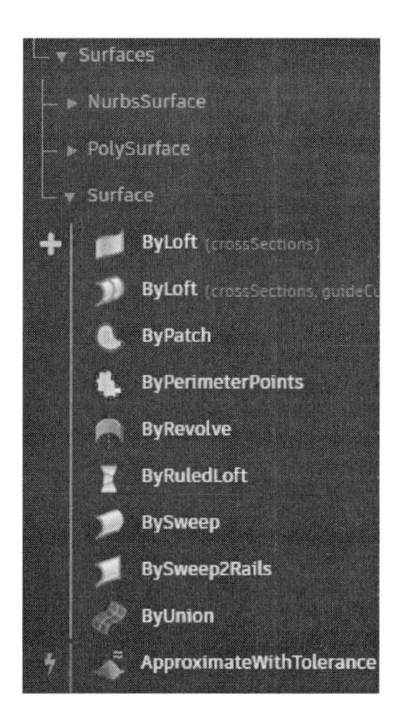

(1) ByPerimeterPoints : 점 리스트를 이용하여 서페이스를 작성합니다. 면을 구성하는 외곽의 점을 정의하여 면을 작성합니다.

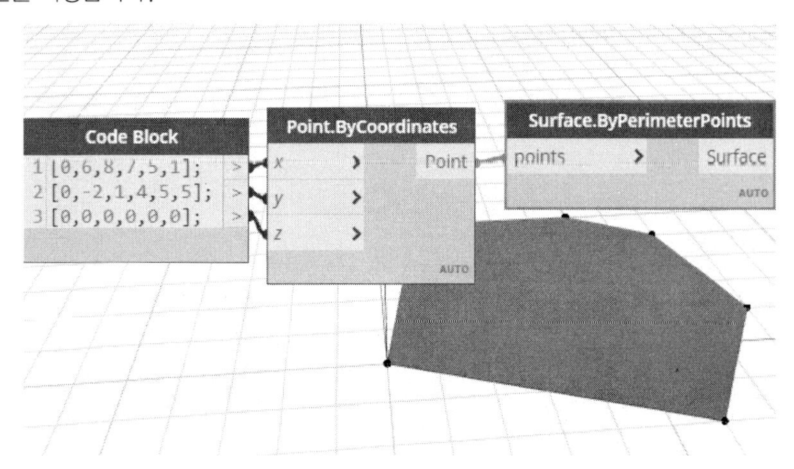

외곽 점의 순서는 왼쪽 방향이든 오른쪽 방향이든 한 방향으로 순서대로 배열해야 합니다. 다음과 같이 점의 순서를 바꾸어 점과 점이 교차되면 서페이스를 만들 수 없습니다.

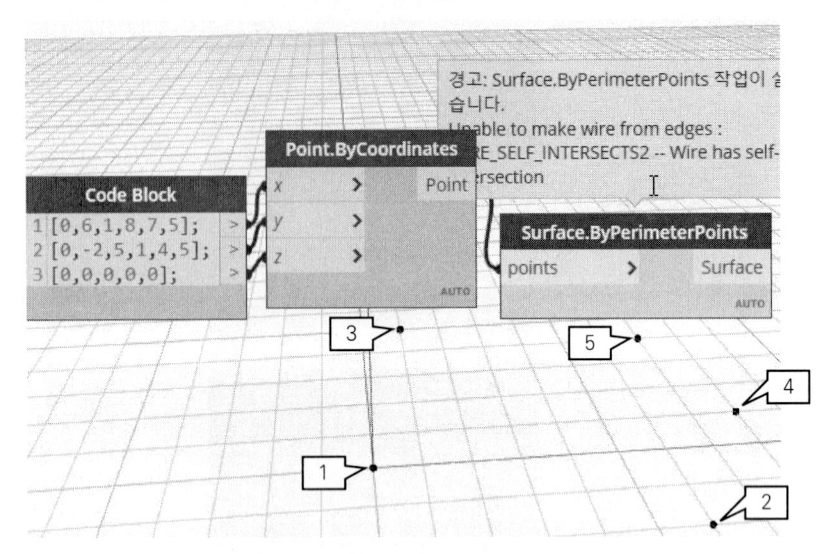

(2) ByPatch : 선으로 된 리스트를 이용하여 서페이스를 작성합니다.

먼저, 앞의 점 리스트를 이용하여 폴리곤(Polygon.ByPoints)을 작성합니다.

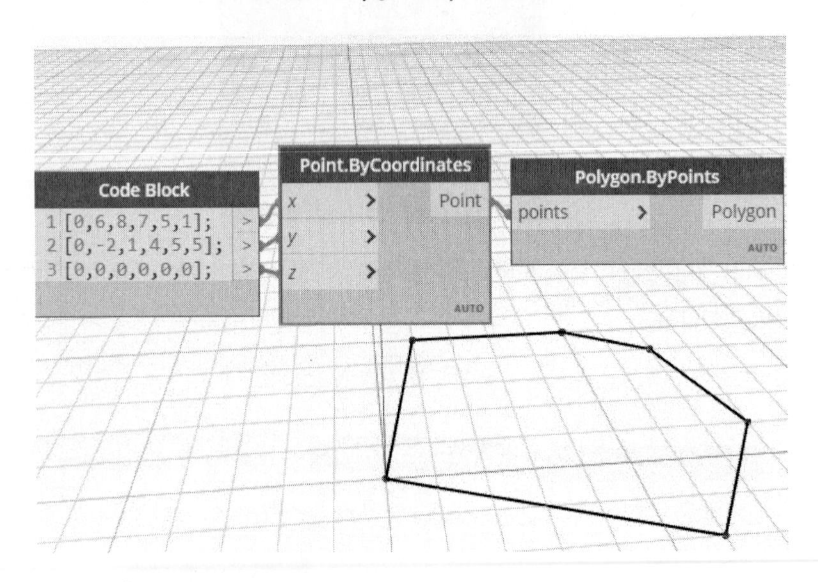

ByPatch 노드를 이용하여 서페이스를 작성합니다. 선으로 서페이스를 만들때도 외곽선의 순서가 일정 방향으로 배열되어야 합니다. 즉, 선과 선이 교차되면 서페이스를 만들 수 없습니다.

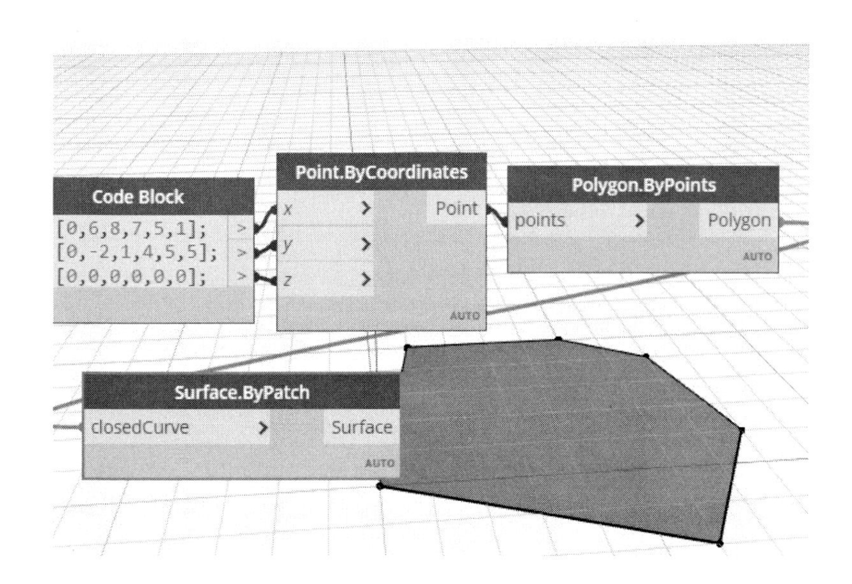

(3) ByLoft : 두 개의 선 리스트로 서페이스를 작성합니다.

리스트에 좌표를 입력하여 두 개의 폴리커브를 작성합니다.

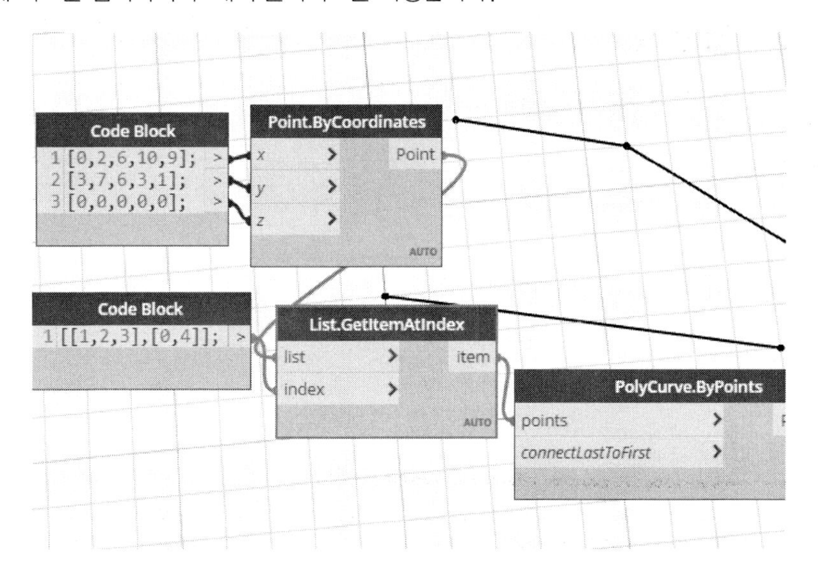

PolySurface.ByLoft 노드로 서페이스를 작성합니다.

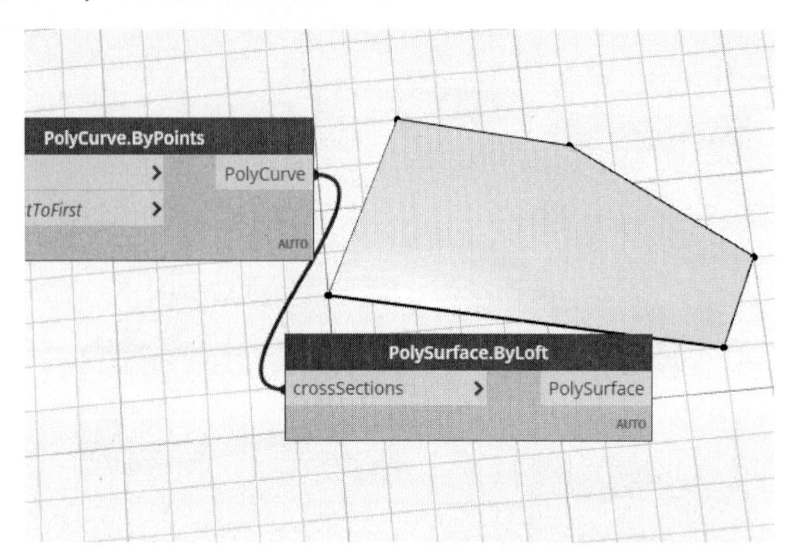

참고 : 서페이스의 방향

Surface.NormalAtParameter 노드를 이용해 작성한 서페이스의 법선을 구합니다. Z값을 보면 −1.0로 서페이스가 아래로 향한다는 의미입니다. 선분이 XY평면상에서 위에서 아래쪽으로 향하도록 작성했기 때문에 서페이스도 아래쪽으로 향합니다.

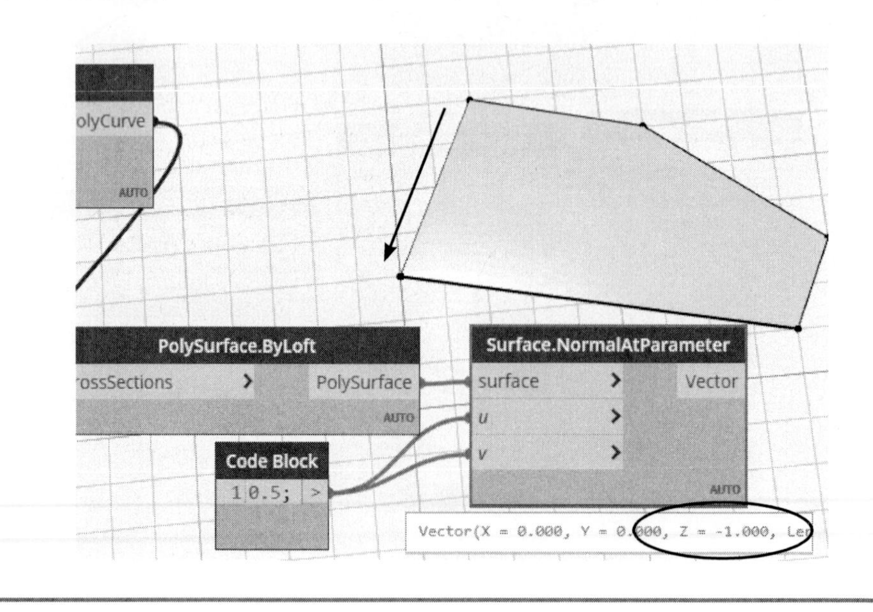

(4) ByRuledLoft : 복수의 선분 리스트를 이용하여 서페이스를 작성합니다. ByLoft보다 부드러운 표면을 만들 수 있습니다.

다음과 같이 세 개의 선을 작성합니다.

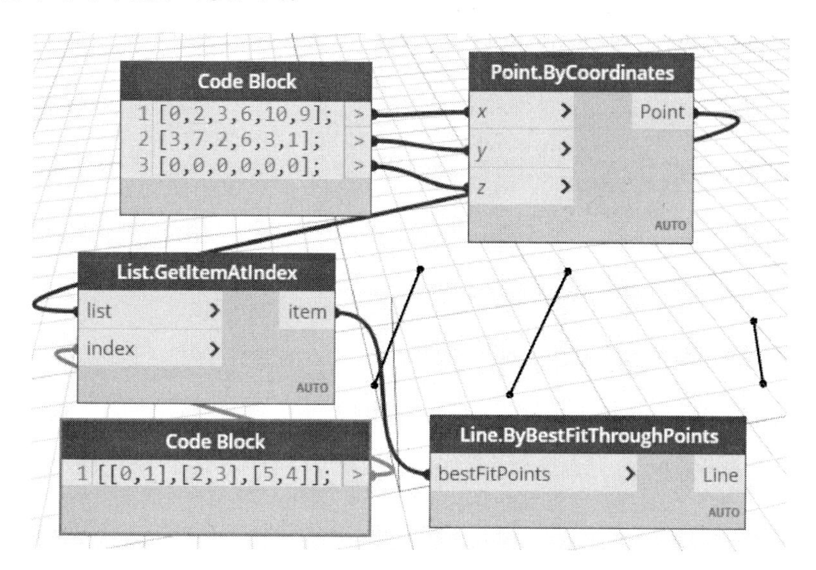

ByRuledLoft 노드를 이용하여 서페이스를 작성합니다. Surface.NormalAtParameter 노드를 이용해 법선을 구하면 다음과 같이 Z값이 1.0인 것을 알 수 있습니다.

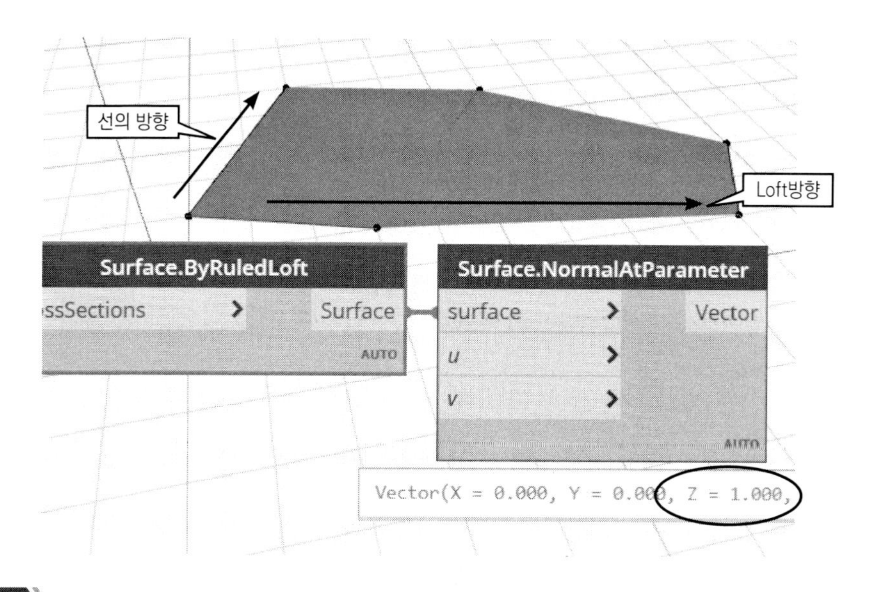

Tip

면을 이루는 선이 교차되면 서페이스가 작성되지 않습니다.

(5) BySweep : 형상을 규정하는 프로파일(profile)을 경로(path)따라 면을 작성합니다.

다음과 같이 프로파일(선)과 경로(호)를 작성합니다.

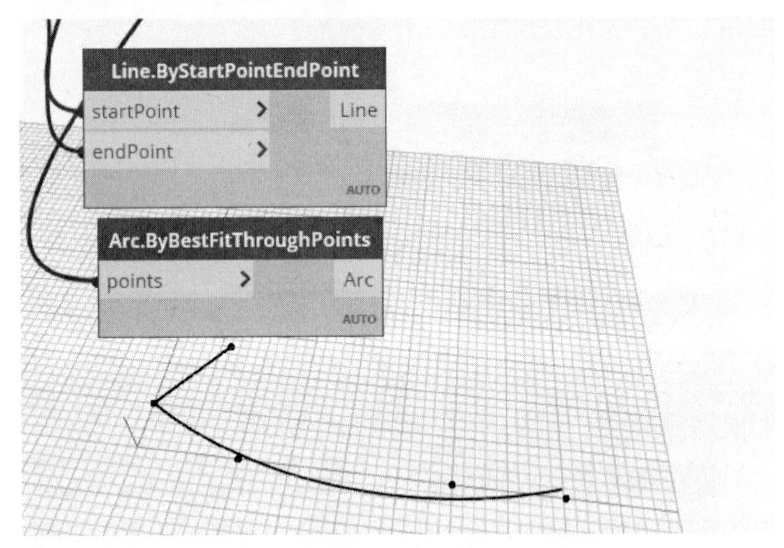

BySweep 노드에 profile과 path를 연결합니다. 다음과 같이 프로파일이 경로를 따라 서페이스가 작성됩니다.

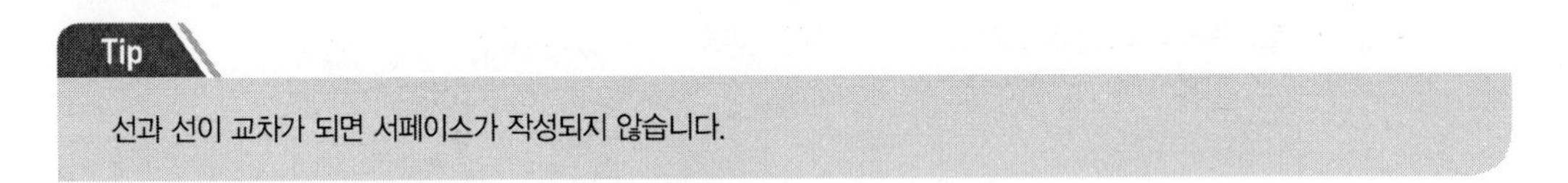

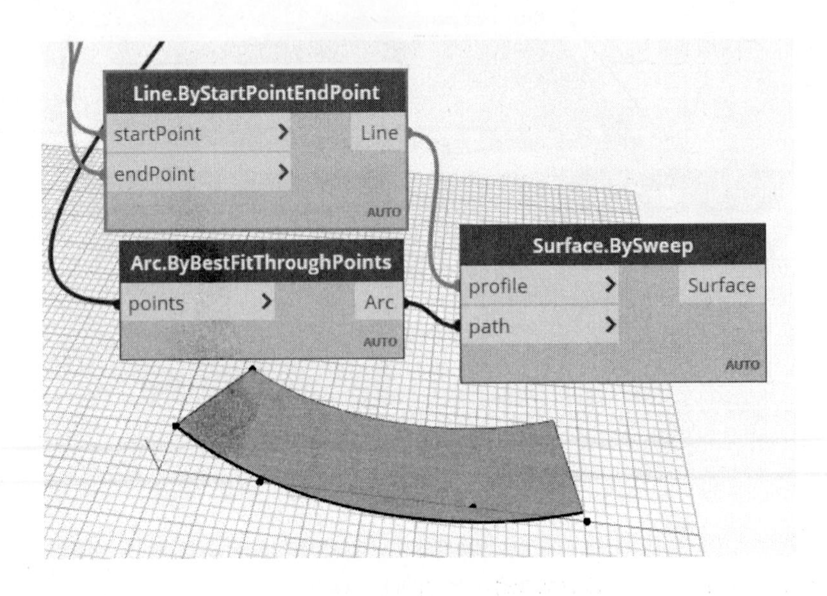

(6) ByRevolve : 프로파일(profile)을 지정한 축과 각도를 이용하여 서페이스를 작성합니다. 회전 축을 이용하여 서페이스를 작성합니다.

먼저, 프로파일(선)을 작성합니다.

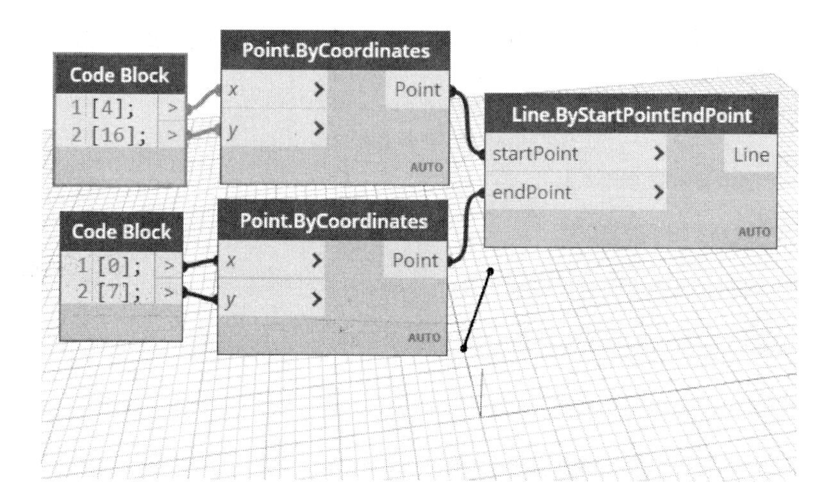

시작 각도(startAngle)과 스윕 각도(sweepAngle)에 의해 작성됩니다. 반시계 방향이기 때문에 -90 방향을 지정하면 다음과 같이 서페이스가 작성됩니다.

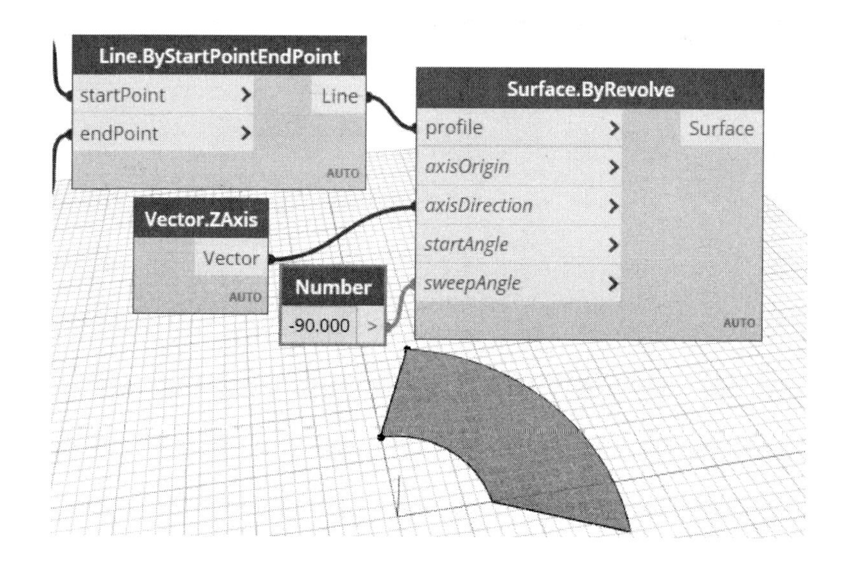

참고 : 서페이스 지오메트리의 조회

Dynamo는 작성한 서페이스 지오메트리의 정보를 조회할 수 있는 노드를 제공하고 있습니다. Surface.Area는 면적, Solid.Perimeter는 외곽선의 길이를 구하는 노드입니다.

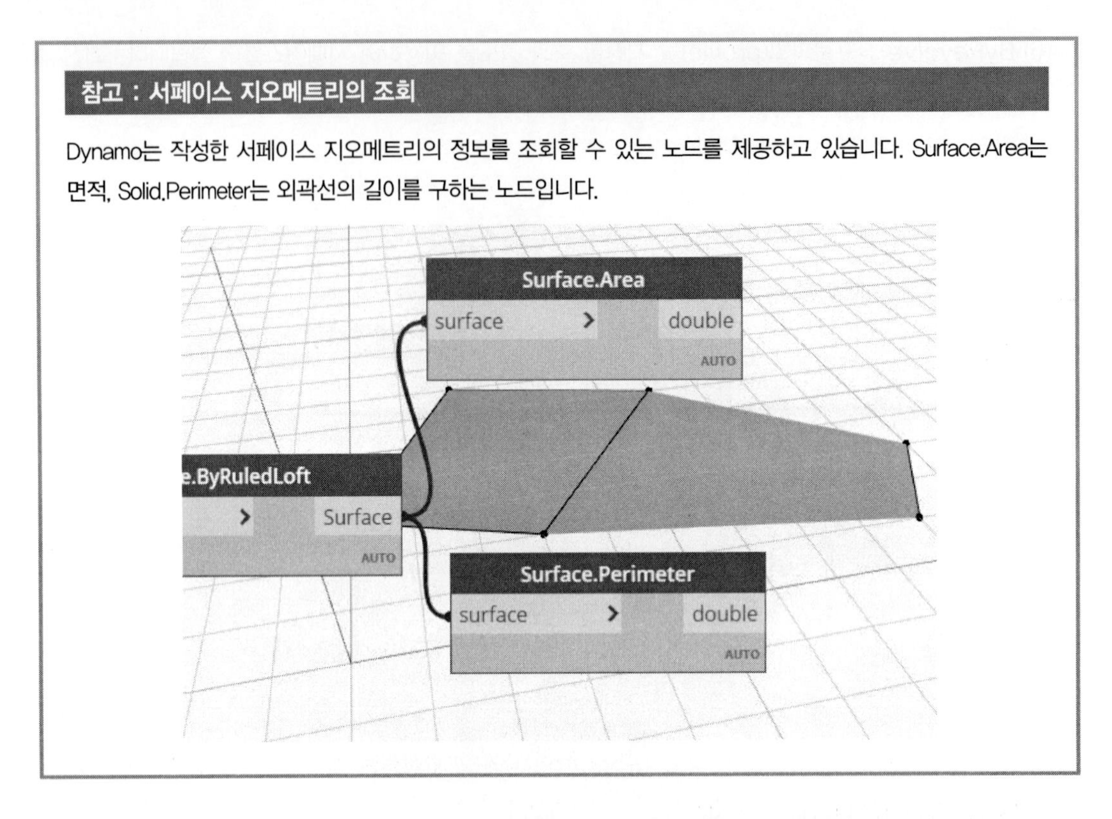

(7) Thicken : 서페이스(surface)의 법선에서 양쪽 방향으로 두께(thickness)를 정의하여 솔리드 객체로 만듭니다. 면에 두께를 주어 솔리드 객체로 만듭니다.

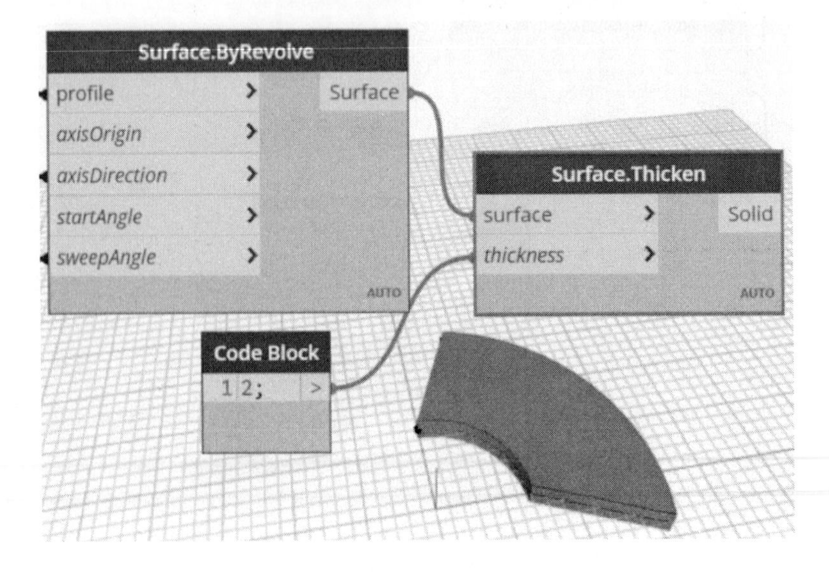

2. 넙스 서페이스(NURBS SURFACE)

넙스 서페이스(NurbsSurface)는 넙스 커브를 확장시킨 면으로 부드러운 곡면을 작성하는데 유용합니다. 제어점의 수와 U방향과 V 방향의 차수에 의해 작성됩니다. 기본값은 3으로 설정되어 있습니다. Geometry → Surface → Nurbs Surface 를 탐색하면 다음과 같은 노드가 나타납니다.

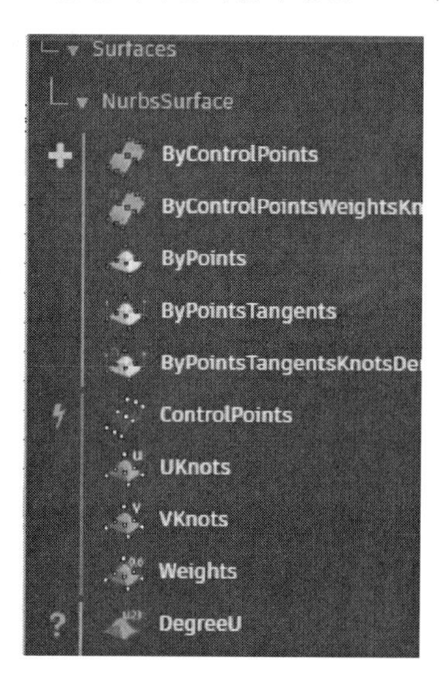

(1) ByControlPoints : 제어점을 이용하여 넙스 서페이스를 작성합니다. 다음의 예를 통해 작성해보겠습니다.

먼저, 점 리스트를 만듭니다. Z값은 0과 1로 한정하여 지정하도록 정의합니다.

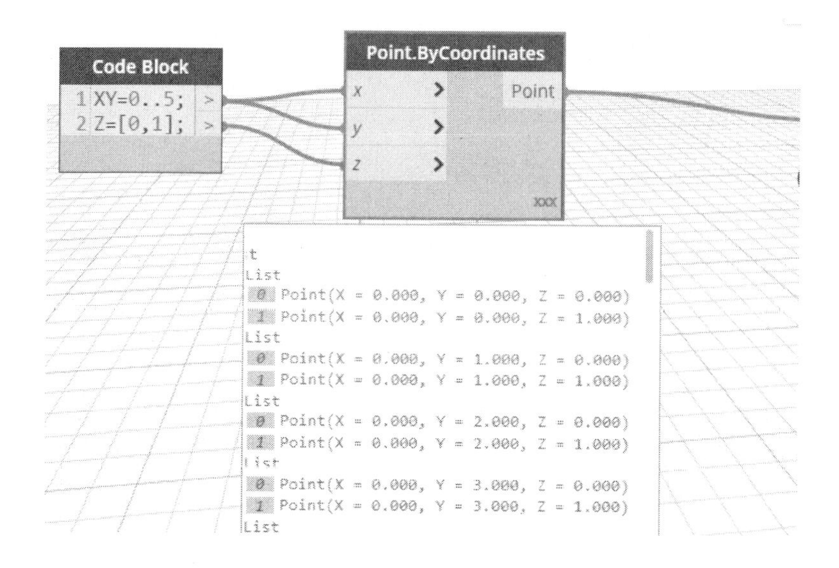

다음은 [0,1]의 배열을 만들어서 List.Cycle 노드를 이용하여 3번 반복합니다. List.Shiftindices 노드를 이용하여 앞에서 작성한 요소를 다시 0부터 5까지 반복된 리스트를 만듭니다. 이는 리스트에서 데이터를 번갈아 추출하기 위한 인덱스를 만들기 위함입니다.

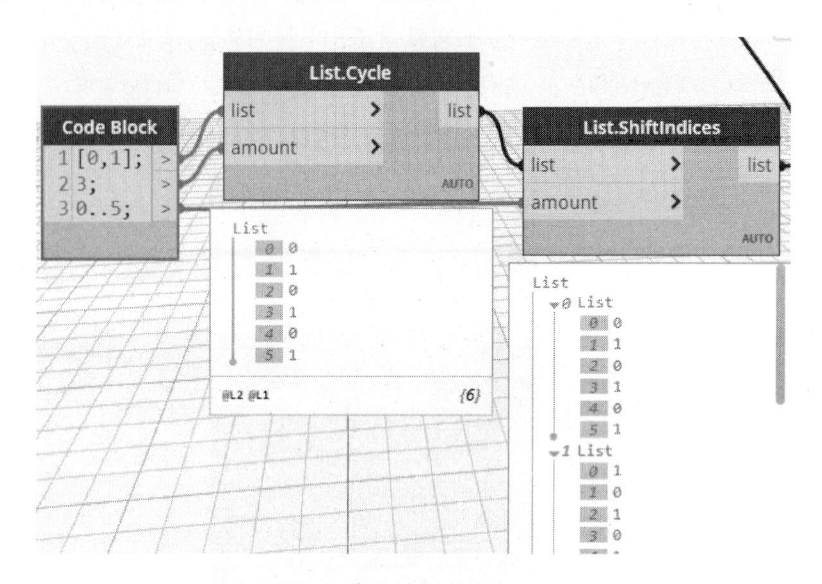

List.GetItemAtIndex 노드를 이용하여 점을 추출합니다. 이때 레벨은 리스트에서 @L2를 지정하고 인덱스에서 @@L1을 지정합니다.

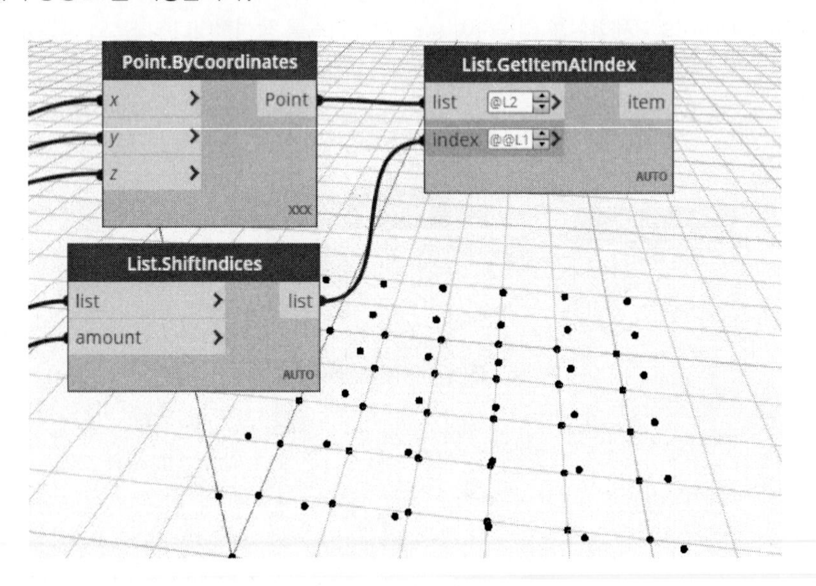

ByControlPoints 노드를 연결합니다. 다음과 같이 넙스 서페이스가 작성됩니다. 사각형의 끝점 외에는 직접 점을 통과하지 않는 곡면이 작성됩니다.

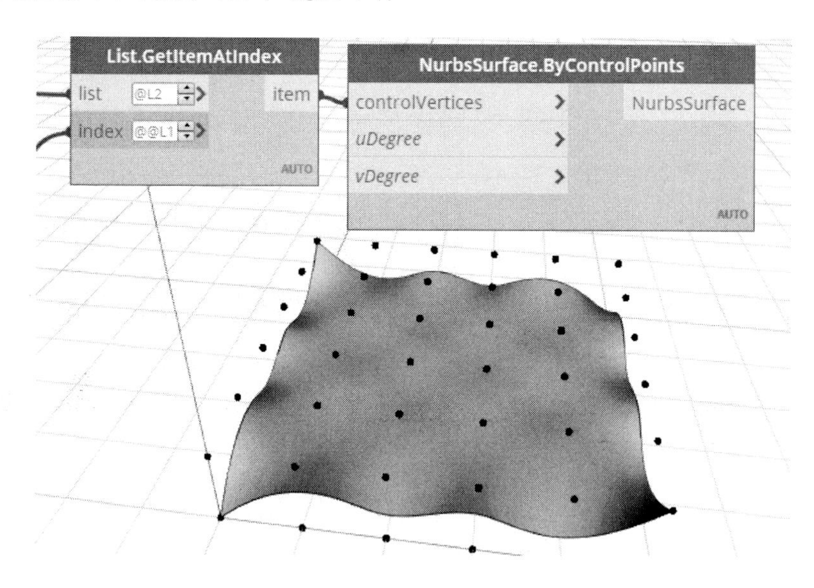

(2) ByPoints : 점 리스트를 이용하여 넙스 서페이스를 작성합니다.

앞에서 작성한 리스트를 ByPoints 노드에 연결하면 다음과 같이 추출한 모든 점을 지나는 넙스 서페이스가 작성되기 때문에 굴곡이 많은 곡면이 됩니다.

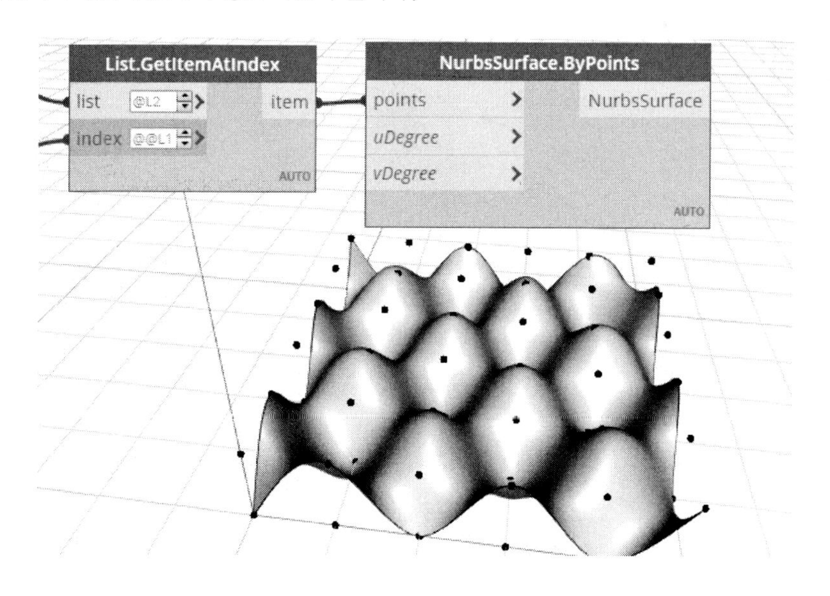

참고 : 넙스 서페이스를 Revit으로

넙스 서페이스를 Revit으로 가져가려면 ImportInstance.ByGeometry 노드를 배치한 후 입력 포트(geometry)에 넙스 서페이스 결과(NurbSurface)를 연결합니다. Revit으로 가져가는 방법은 ImportInstance.ByGeometry 노드 외에 몇 가지가 있습니다. 본 파트의 예제 '02. 모델을 Revit으로 가져가는 방법'을 참조합니다.

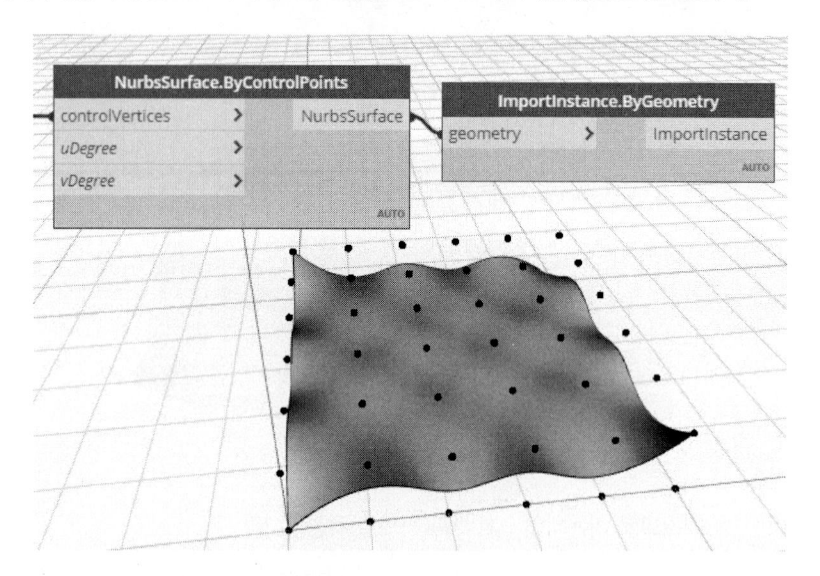

다음과 같이 Revit의 기호의 형식으로 삽입됩니다.

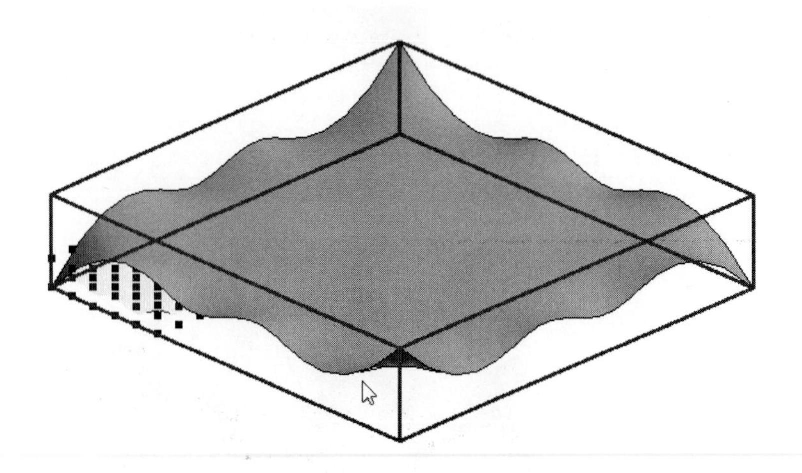

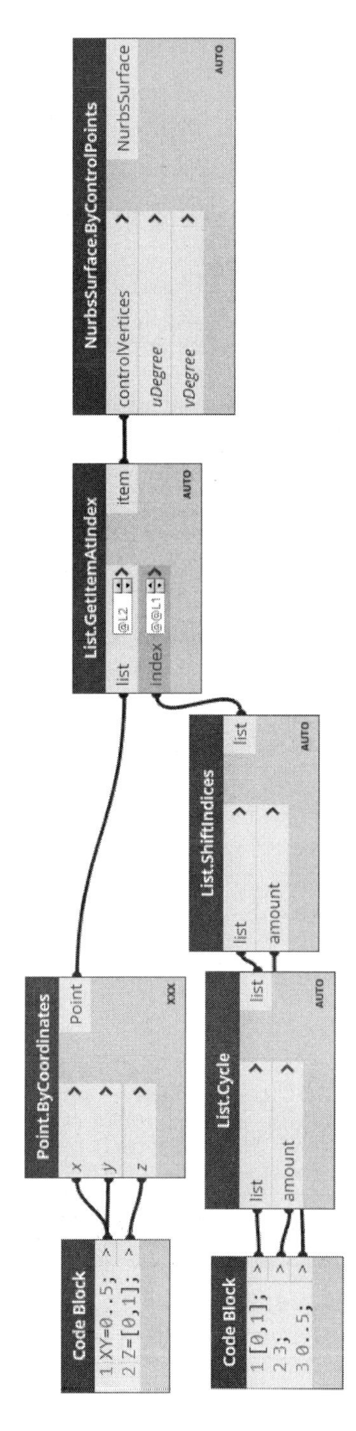

[넙스 서페이스 작성 전체 노드]

3. 솔리드(SOLID)

솔리드는 채워진 도형으로 다른 유형의 요소보다 많은 정보를 갖고 있습니다. 솔리드는 하나 이상의 서페이스로 구성되어 있으며 내부와 외부를 정의하는 닫힌 경계에 의해 체적이 정의됩니다. 솔리드는 정점, 변, 면으로 구성되는데 이는 Topology 노드를 사용하여 각 요소(정점, 변, 면)를 취득할 수 있습니다. 솔리드는 많은 정보를 갖고 있기 때문에 불(Boolean) 연산(합집합, 차집합, 교집합), 모따기 및 모깎기 등이 가능합니다.

라이브러리의 Geometry → Solid를 탐색하면 다음과 같이 요소의 유형에 따라 서브 카테고리가 나타납니다.

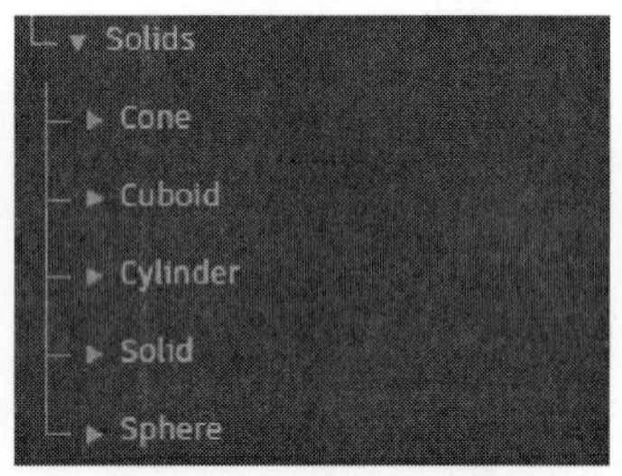

원추(Cone), 상자(Cuboid), 원통(Cylinder), 솔리드(Solid), 구(Sphere) 등 5종류의 서브 카테고리가 있습니다. 예를 들어, Cuboid를 클릭하면 상자관련 노드가 나타납니다. 앞에서 여러 조작을 해봤기 때문에 솔리드의 조작도 유사한 패턴으로 쉽게 작성할 수 있습니다. 몇 개의 노드 조작을 통해 알아보겠습니다.

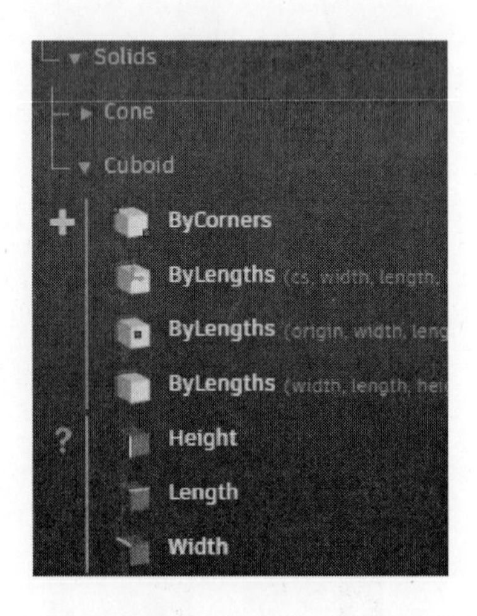

(1) Cuboid.ByCorner : 양쪽 코너의 점을 지정하여 솔리드 상자를 작성합니다. 왼쪽 아래쪽 점(low-Point)과 오른쪽 위쪽 점(highpoint)을 지정하여 작성합니다.

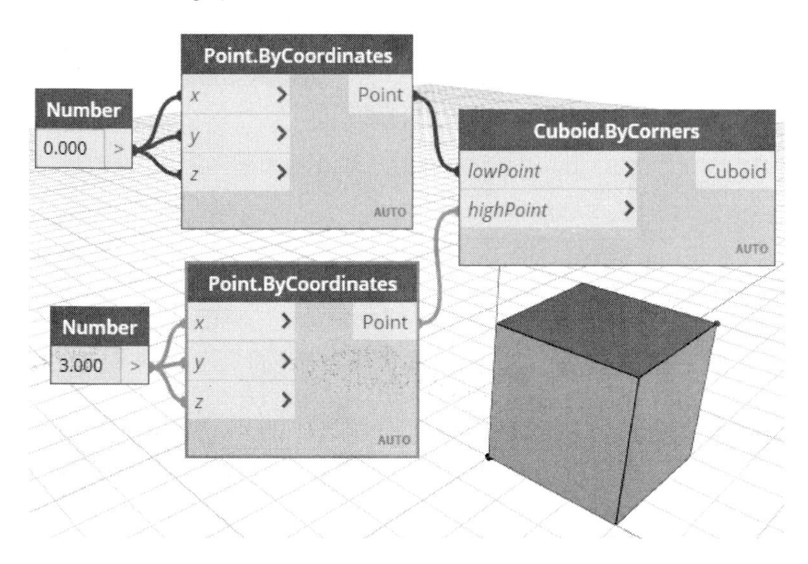

(2) Cuboid.ByLength : 상자의 중심점(cs)과 너비(width), 길이(length), 높이(height)를 지정하여 작성합니다. 앞에서 작성한 상자의 점(3,3,3)을 중심으로 하여 너비가 3, 길이와 높이가 5인 상자를 작성합니다.

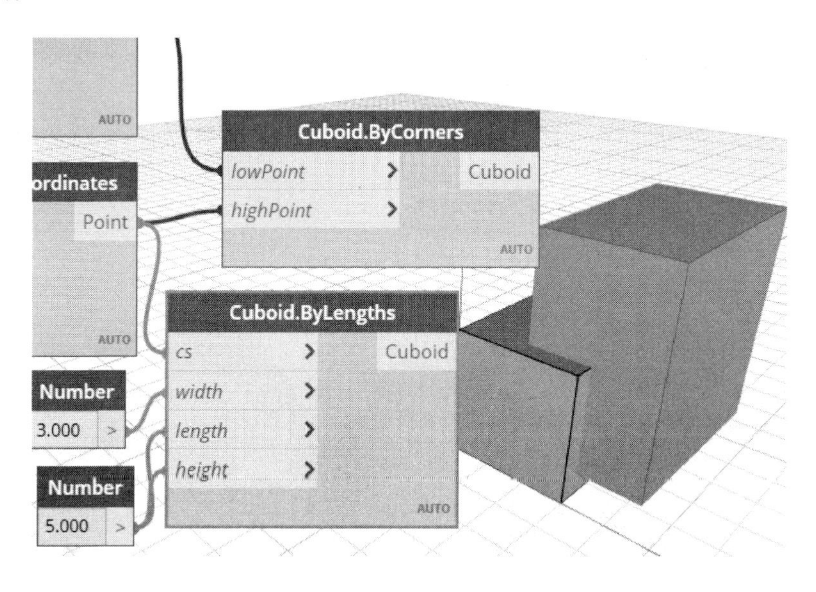

(3) Cone.ByPointsRadius : 원추의 중심(startPoint)과 반지름(startRadius), 정점(endPoint)을 정의하여 원추를 작성합니다.

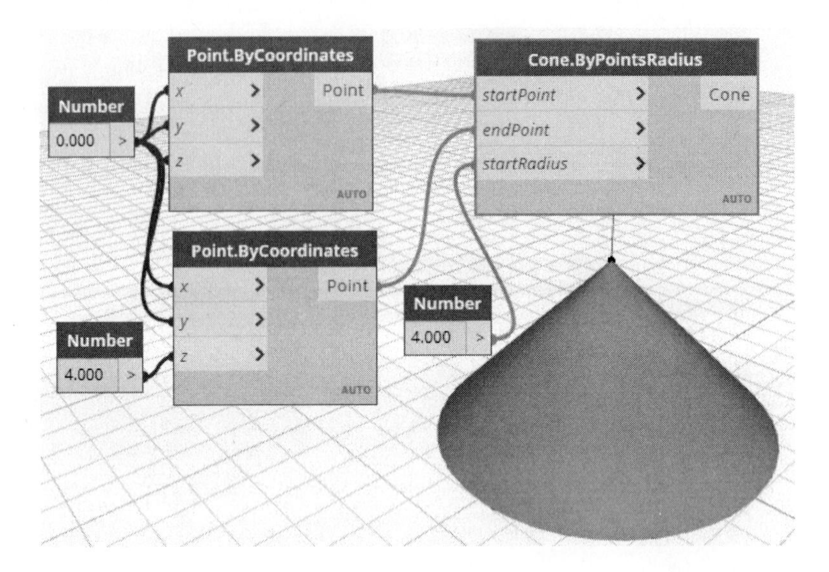

(4) Cone.ByPointsRadii : 시작점(startPoint)과 반경(startRadius), 끝점(endPoint)과 반경(endRadius)을 지정하여 테이핑 된 원통을 작성합니다.

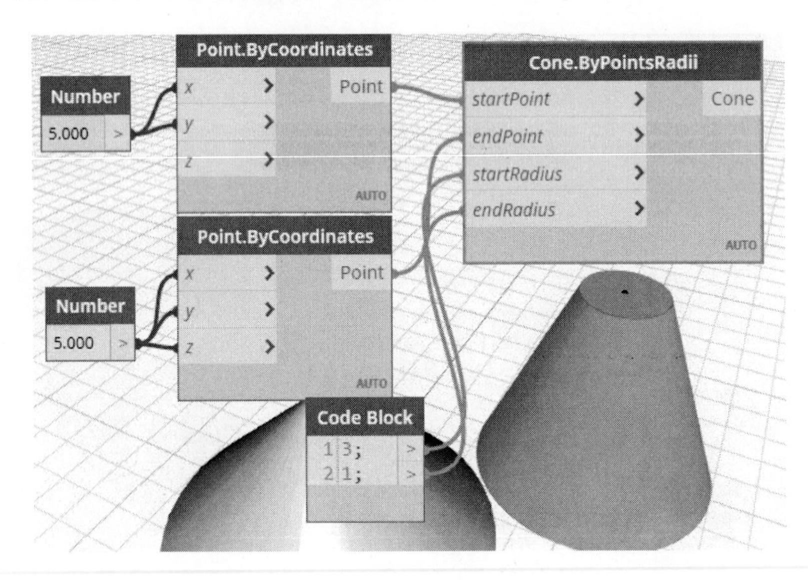

(5) Cylinder.ByPointsRadius : 시작점(startPoint)과 끝점(endPoint), 반지름(Radius)을 지정하여 원통을 작성합니다.

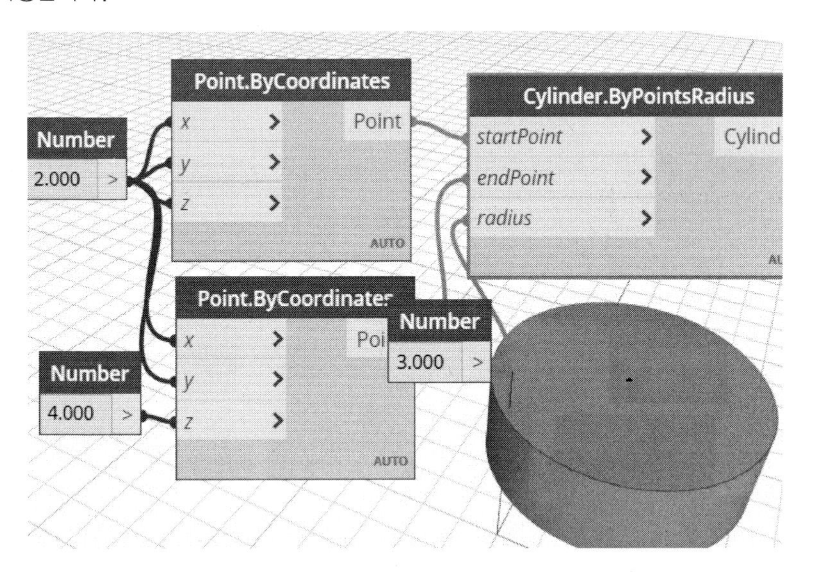

(6) Cylinder.ByRadiusHeight : 좌표계(cs)를 지정하고 그 좌표계의 중심축을 기준으로 반지름(radius)과 높이(height)를 지정하여 원통을 작성합니다. 다음의 예는 15도의 각도에서 반경2, 높이2의 원통 좌표계(ByCylindericalCoordinates)를 지정하고 반경(radius)과 높이(height)를 지정하여 원통을 작성합니다.

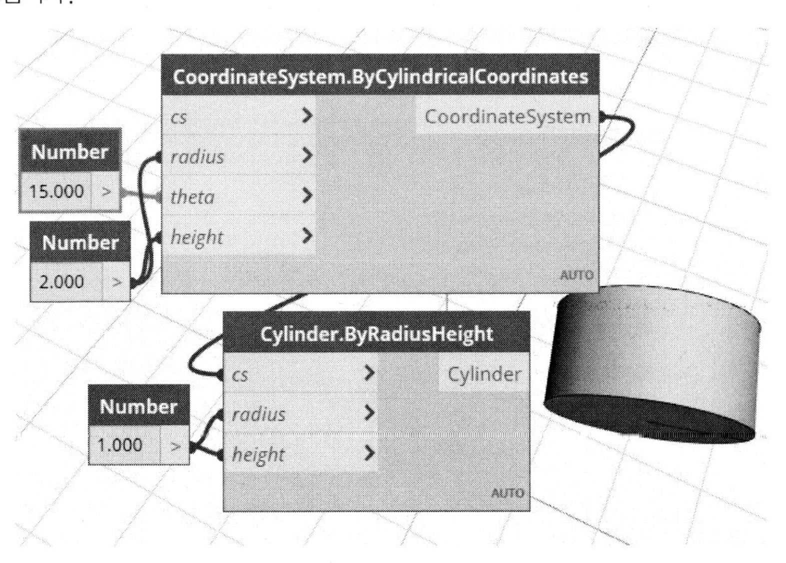

(7) Solid.BySweep : 프로파일(profile)과 경로(path)를 지정하여 솔리드 객체를 작성합니다. 먼저, 프로파일(원)과 경로(호)를 작성합니다.

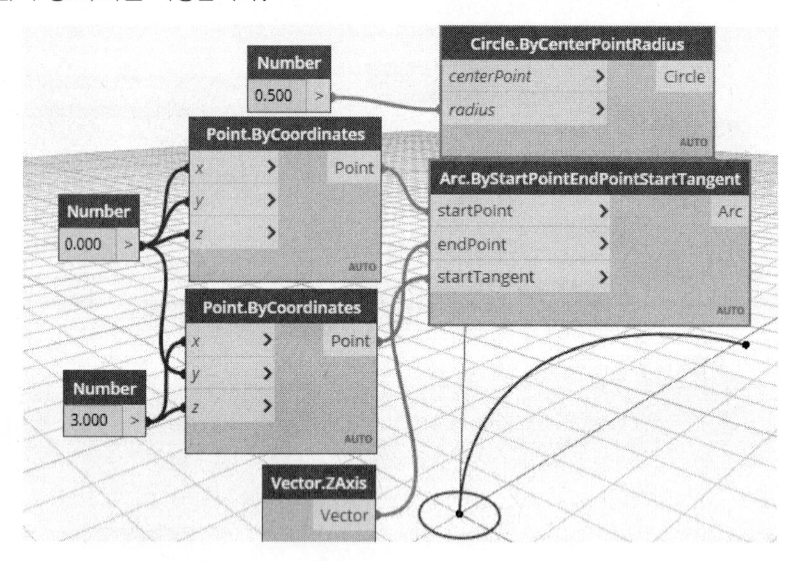

BySweep 노드를 이용하여 앞에서 작성한 프로파일과 경로를 입력 포트에 연결합니다. 다음과 같이 선택한 프로파일이 경로를 따라 솔리드 형상을 작성합니다.

참고 : Solid.BySweep2Rail

Solid.BySweep은 하나의 프로파일만으로 형상을 만드는데 Solid.BySweep2Rail은 상단과 하단의 프로파일을 따로 따로 지정하여 경로를 따라 형상을 작성합니다.

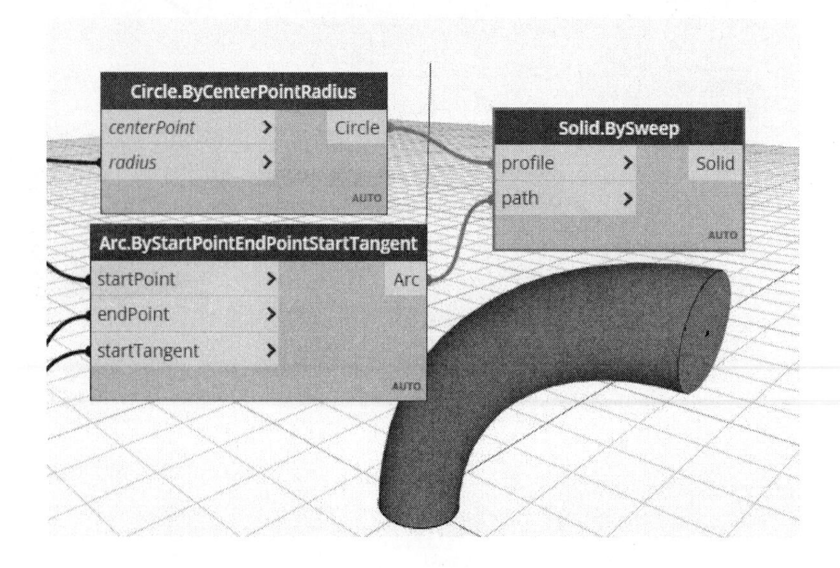

Tip

경로가 프로파일의 중심 위치에 있지 않더라도 경로를 따라 스윕 처리됩니다.

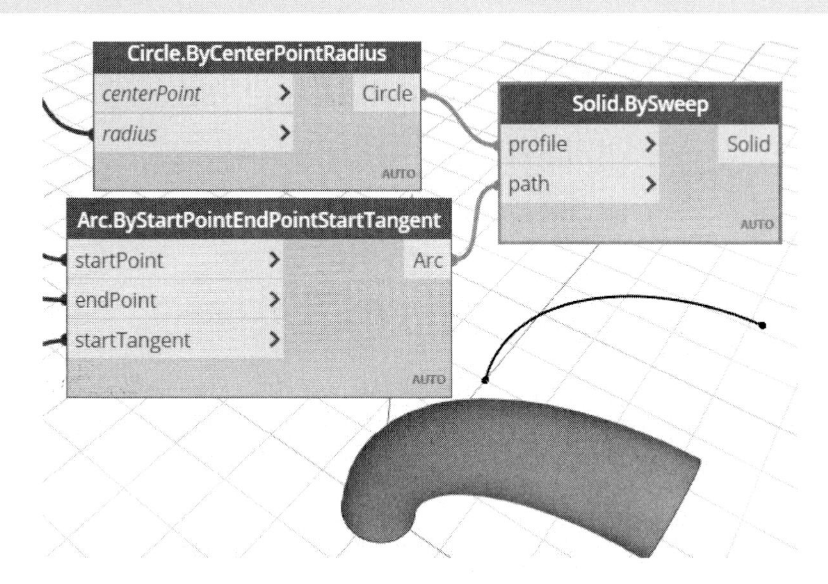

(8) Solid.ByLoft : 횡단면의 닫힌 곡선(crossSections)을 로프트하여 솔리드를 작성합니다. 먼저 다음과 같이 세 점을 정의한 후, 각 점을 중심으로 세 개의 원을 작성합니다.

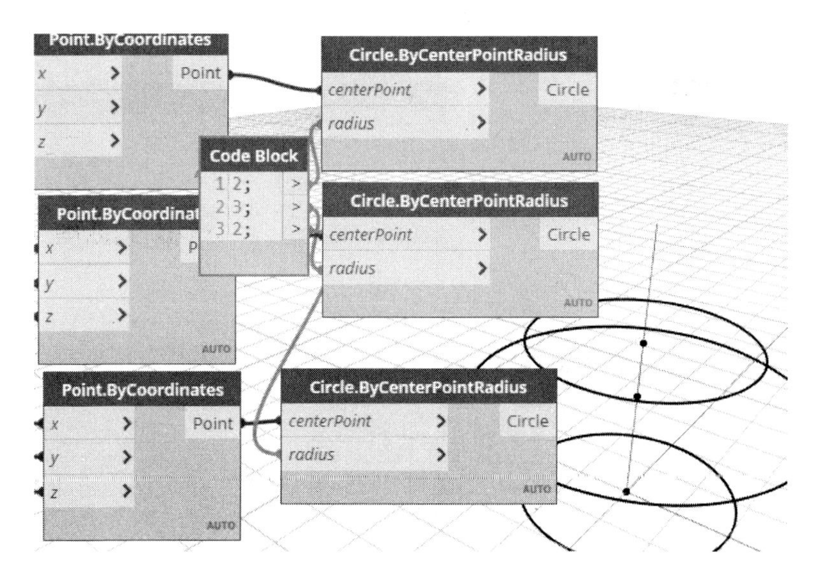

List.Create 노드를 이용하여 세 개의 원을 리스트에 담습니다. Solid.ByLoft 노드를 이용하여 솔리드 모델을 작성합니다. 다음과 같이 세 원을 지나는 모델이 작성됩니다.

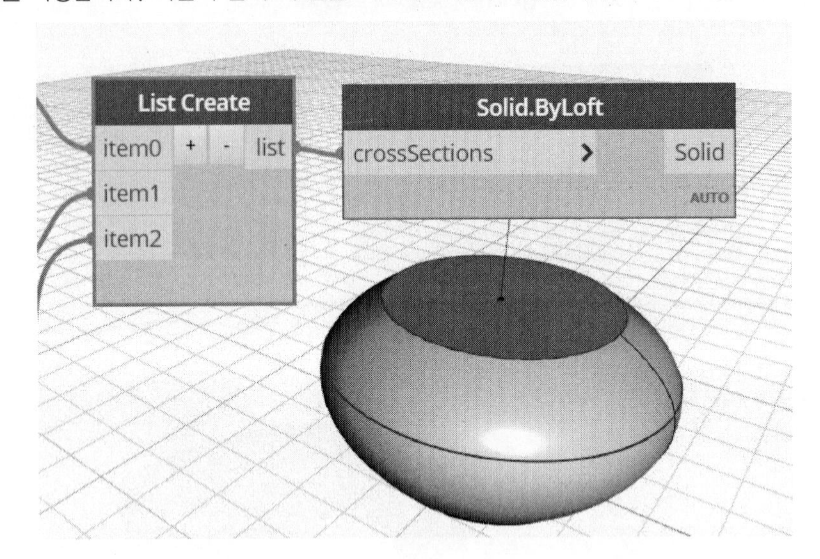

(9) Solid.ByRevolve : 축을 중심으로 프로파일(profile)을 시작 각도와 종료 각도에 맞춰 회전하여 솔리드를 작성합니다.

폴리선, 폴리커브 등으로 프로파일을 작성합니다.

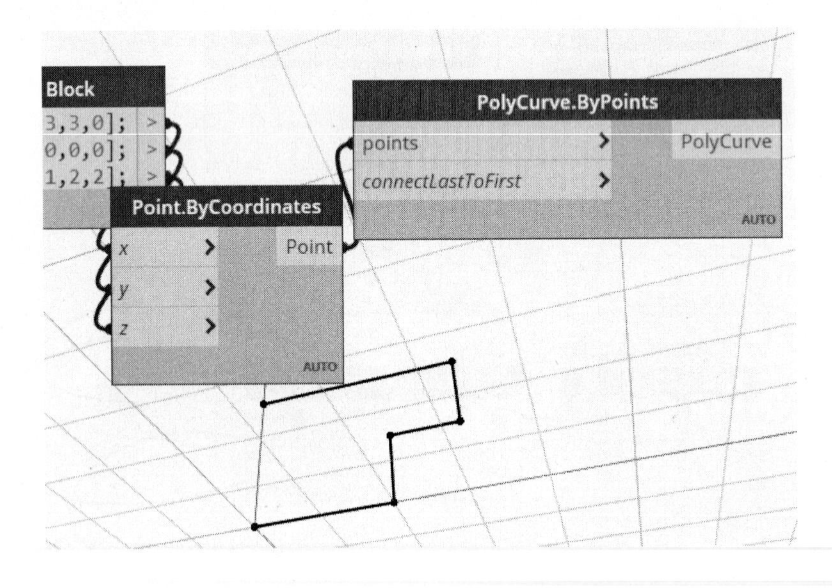

Solid.ByRevolve 노드의 profile 포트에 작성한 프로파일을 연결하고 축과 각도를 지정하여 회전체 솔리드를 작성합니다.

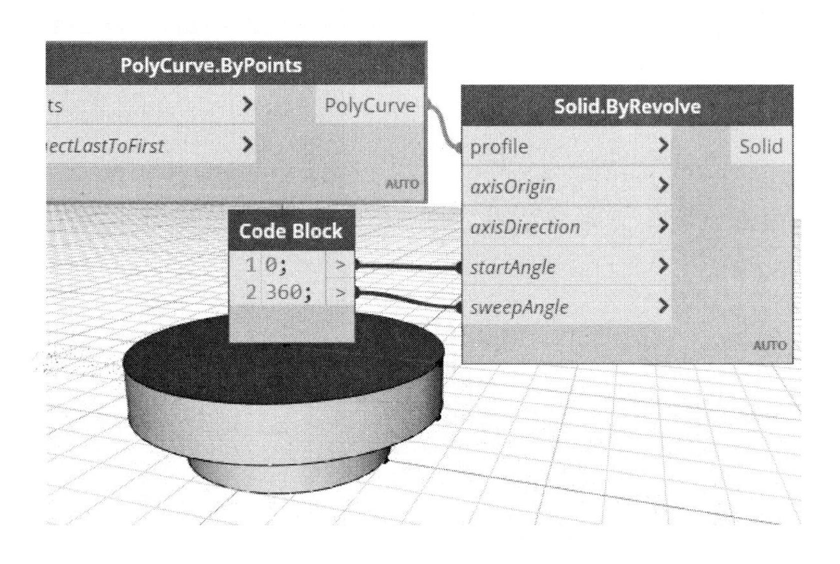

참고 : 솔리드 지오메트리의 조회

Dynamo는 작성한 지오메트리의 정보를 조회할 수 있는 다양한 노드를 제공하고 있습니다. Solid.Area는 면적, Solid.Volume은 체적을 구하는 노드입니다.

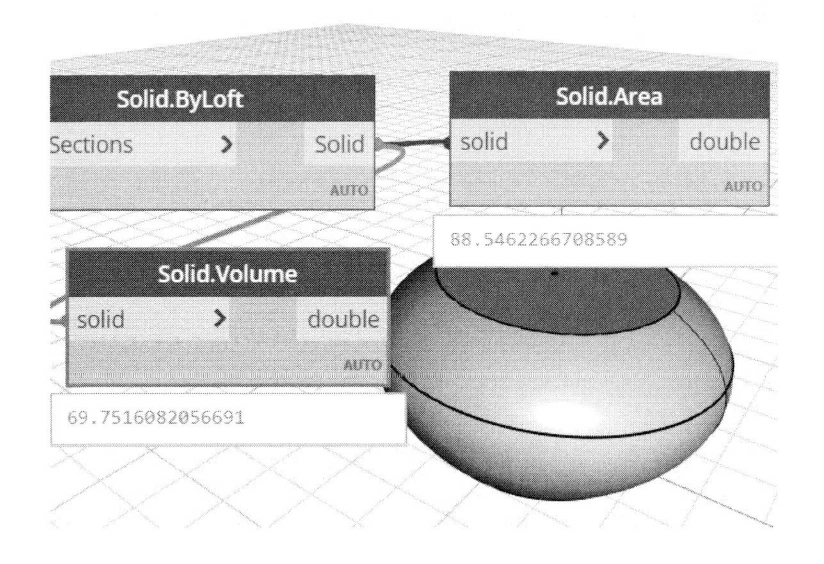

지오메트리 정보는 계승관계의 상위 클래스에 담고 있습니다. 예를 들어, 원뿔, 원통의 면적이나 체적을 구하려면 상위 클래스인 Solid → Solid카테고리에 Area, Volumn이 있습니다. Solid의 하위 클래스인 원뿔(Cone)은 시작점, 끝점, 높이와 같은 원뿔만이 갖는 기하학적 정보만 갖고 있습니다.

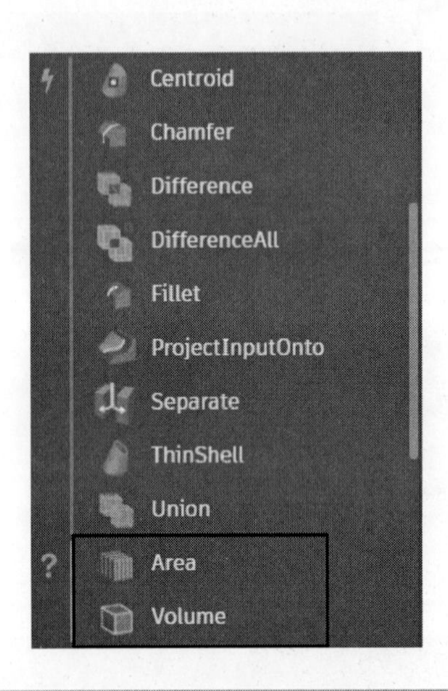

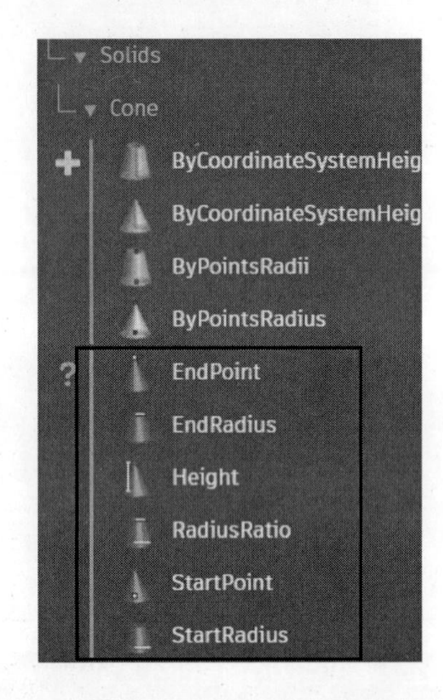

서페이스와 솔리드 외에 메쉬(Mesh)가 있습니다. 메쉬는 서페이스 또는 솔리드 지오메트리를 나타내는 삼각형, 사각형의 집합입니다. 정점, 변과 면으로 구성됩니다. 여기에서는 메쉬에 대한 노드의 설명은 생략합니다.

07_ 지오메트리의 편집과 색상

작성된 지오메트리의 이동, 회전, 합치기, 분할 등 다양한 편집이 가능합니다. Geometry → Modifies를 탐색하면 Geometry와 Geometry Color로 구분됩니다. 지오메트리 편집과 색상에 대해 알아보겠습니다.

1. 편집

요소의 회전, 이동, 축척, 대칭 복사 등 작성된 요소를 편집하는 노드에 대해 알아보겠습니다. Geometry → Modifies → Geometry 를 클릭하면 다음과 같이 편집 노드가 나타납니다.

(1) Rotate : 회전하는 노드는 두 가지가 있습니다. 그 중에 평면 원점을 취득하여 회전하는 노드에 대해 알아보겠습니다. 먼저, 다음과 같이 상자(육면체)를 작성합니다.

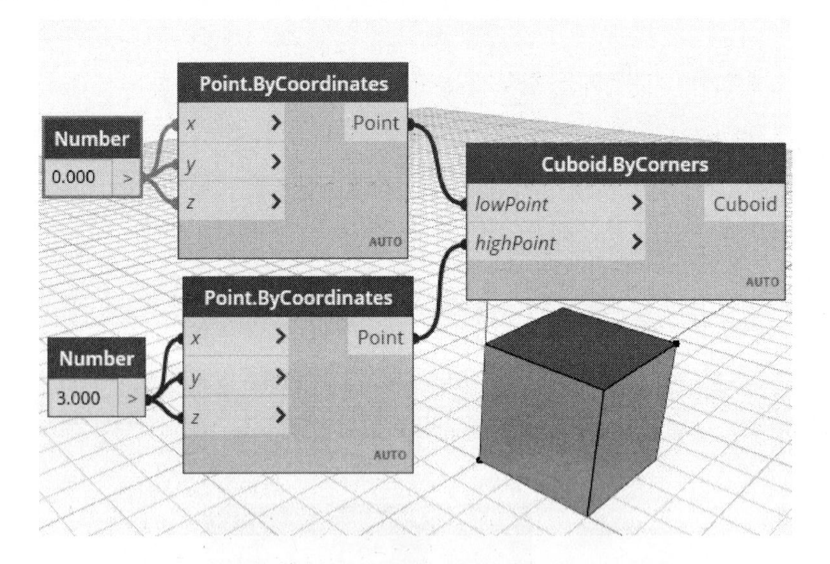

(-3,-3,0) 위치를 지정하여 Plane.OriginalNormal 노드를 이용하여 평면 원점을 정의합니다. Geometry.Rotate 노드를 이용하여 지정한 원점을 기준으로 45도 회전시킵니다.

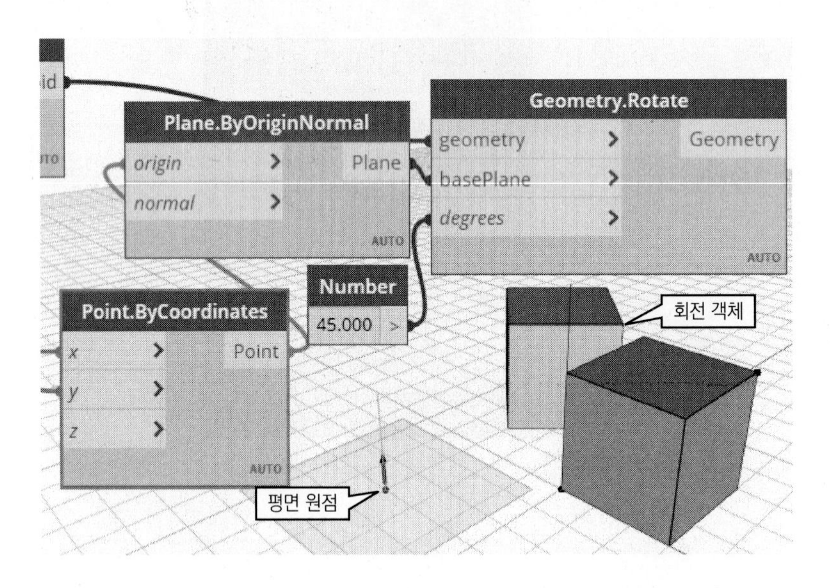

Rotate : 회전 원점 좌표계(origin), 축(axis)과 각도(degrees)를 정의하여 회전합니다. 다음은 y축을 중심으로 45도 회전시킨 예입니다.

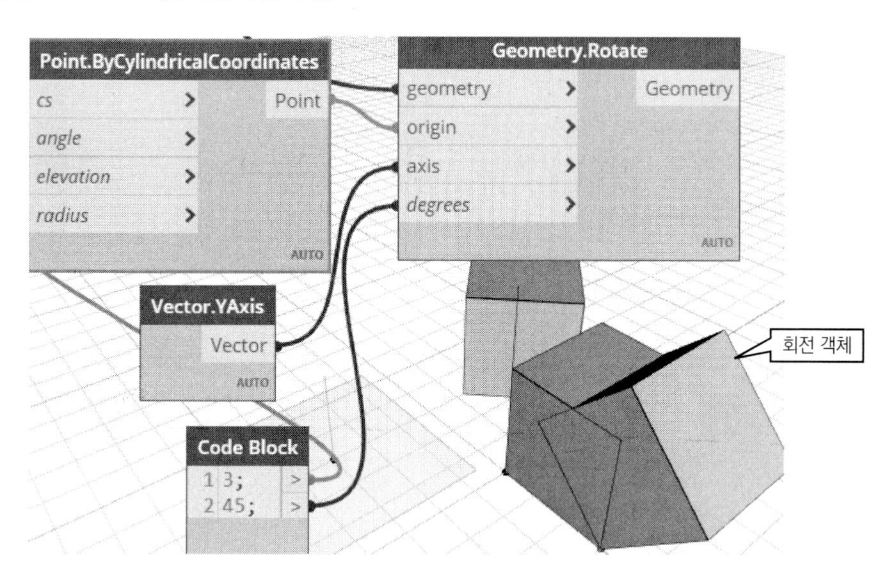

(2) Scale : 요소를 각 축의 지정한 크기(xamount, yamount, zamount)만큼 확대 또는 축소합니다. 다음은 크기가 3x3x3인 상자 요소를 y축으로 2배, z축으로 3배를 확대한 예입니다.

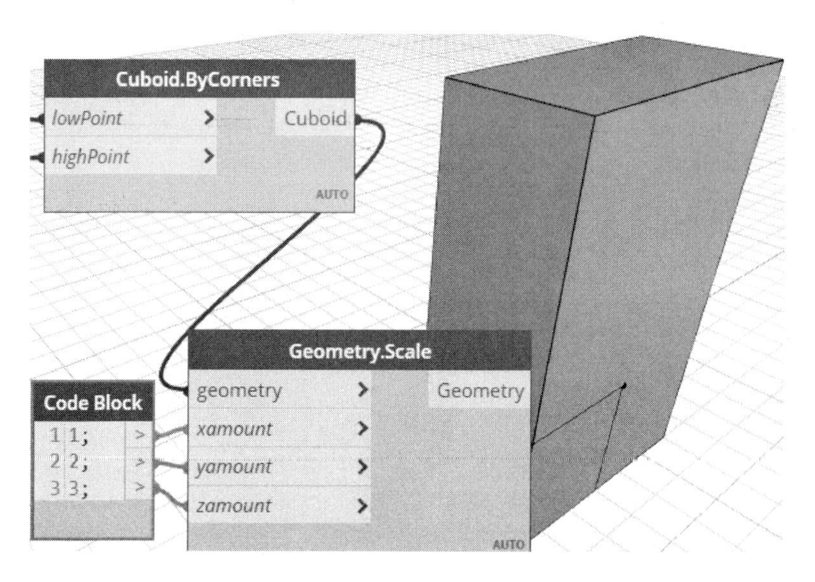

Tip

Scale 노드에는 전체 크기를 균일하게 확대 또는 축소라는 노드, 두 점의 스칼라로 지정하는 노드가 있습니다.

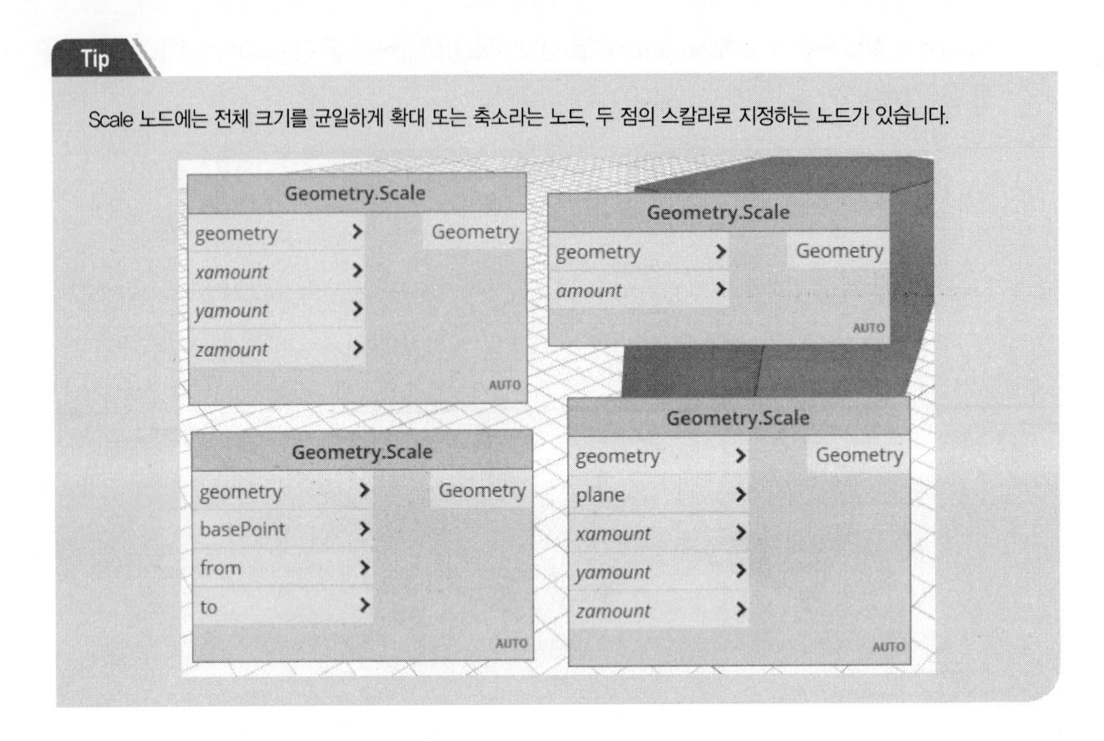

(3) Mirror : 요소를 지정한 평면 축(mirrorPlane)을 기준으로 대칭 복사합니다. 다음은 상자를 XZ축으로 대칭 복사한 예입니다.

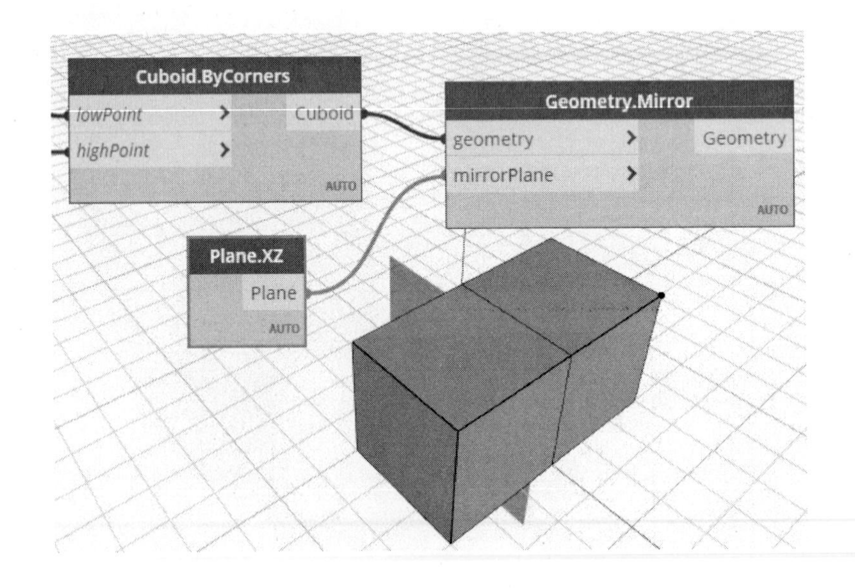

다음은 Plane.Offset 노드를 이용하여 XZ평면 축을 기준으로 일정한 거리(dist)만큼 떨어지도록 대칭 복사한 예입니다.

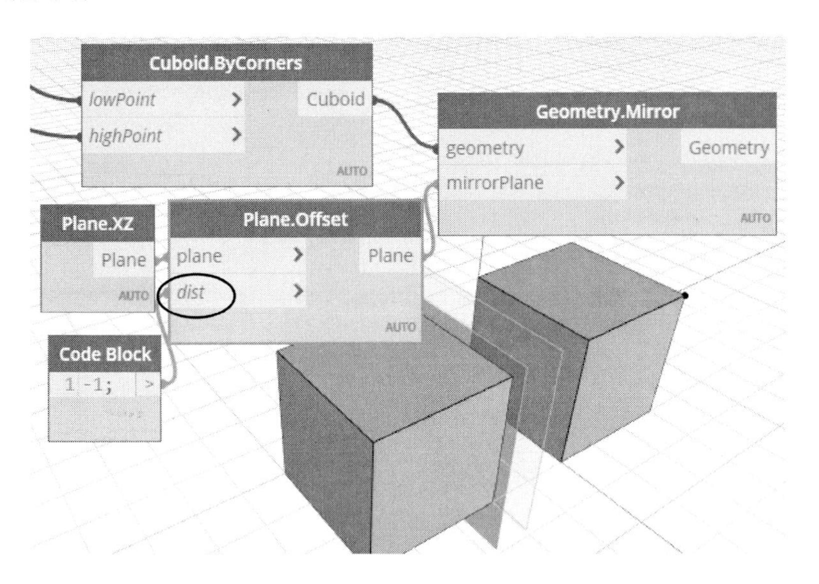

(4) Translate : 지정한 요소를 각 축의 이동량(xTranslation, yTranslation, yTranslation)만큼 이동 복사합니다.

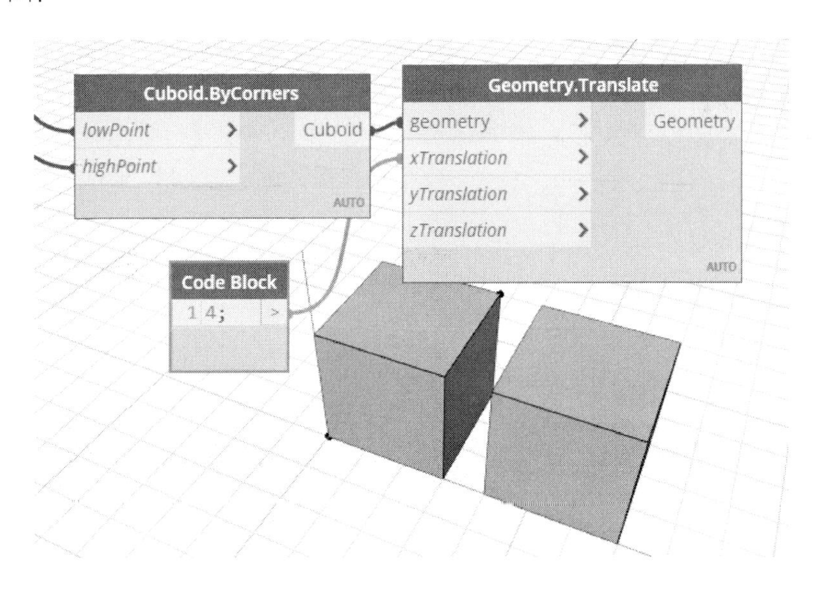

다음은 방향(direction)과 거리(distance)를 지정하여 이동 복사한 예입니다. 여기에서는 x축으로 5, y축으로 5만큼 이동 복사합니다.

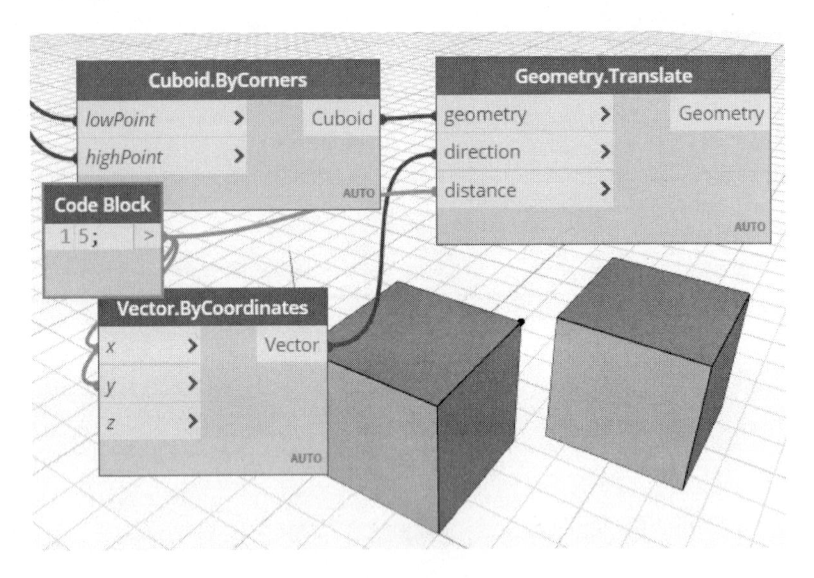

(5) DistanceTo : 지정한 두 요소 사이의 거리(간격)를 반환합니다. 앞에서 활용한 Geometry.Translate 노드를 이용하여 5만큼 이동 복사합니다. 이 두 요소를 입력 포트(geometry, other)에 연결하면 거리 2 를 반환합니다.

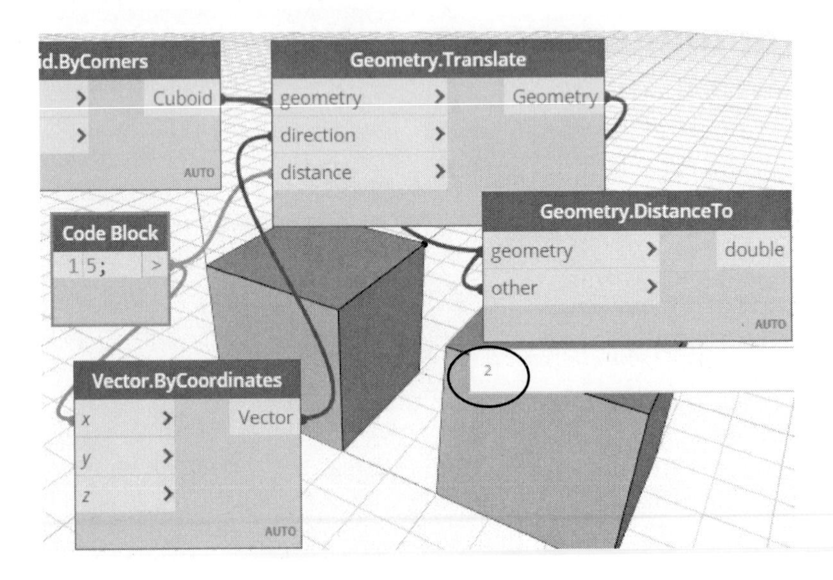

2. 지오메트리의 조작

이번에는 지오메트리의 형상을 조작하는 노드에 대해 알아보겠습니다. 지오메트리 요소를 분할하고 자르고 합치는 기능에 대해 알아보겠습니다.

(1) Split : 지오메트리 요소를 분할합니다.

먼저 다음과 같이 두 개의 상자가 중복되도록 작성합니다.

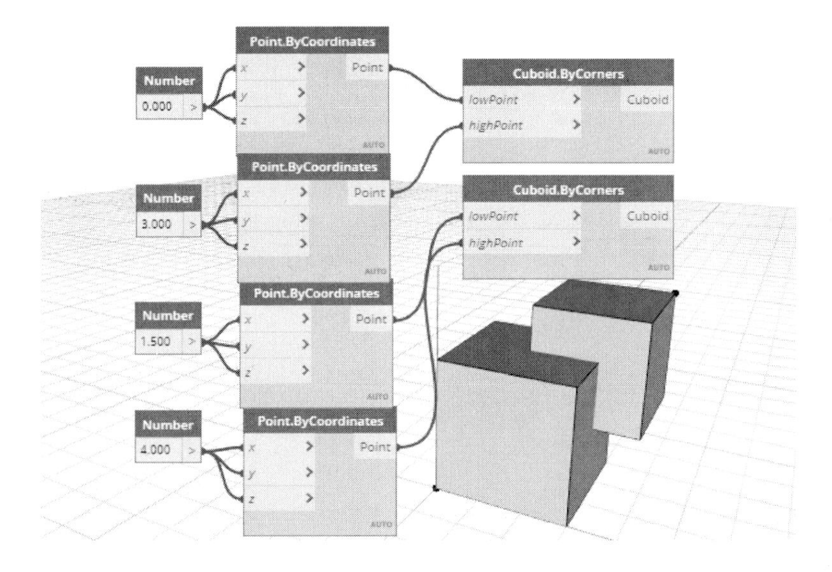

Geometry.Split 노드를 배치한 후 작성한 두 상자를 geometry, other에 연결합니다. 다음과 같이 중복된 부분이 분할됩니다.

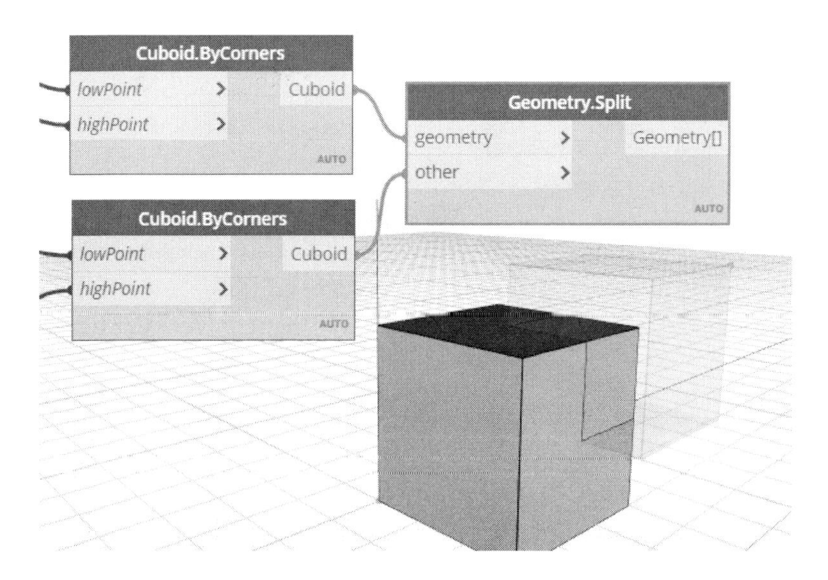

Solid.Union 노드를 이용하여 두 개의 솔리드 요소를 하나로 합칩니다.

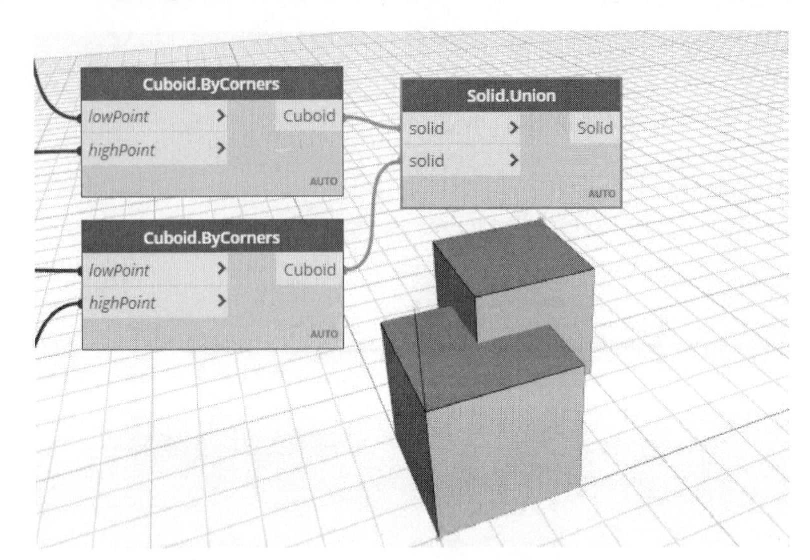

점 리스트를 작성한 후 NurbsCurve.ByPoints 노드를 이용하여 넙스 커브를 작성합니다. List.Join 노드를 이용하여 두개의 넙스 커브를 결합한 후 Surface.ByLoft 노드를 이용하여 서페이스를 작성합니다.

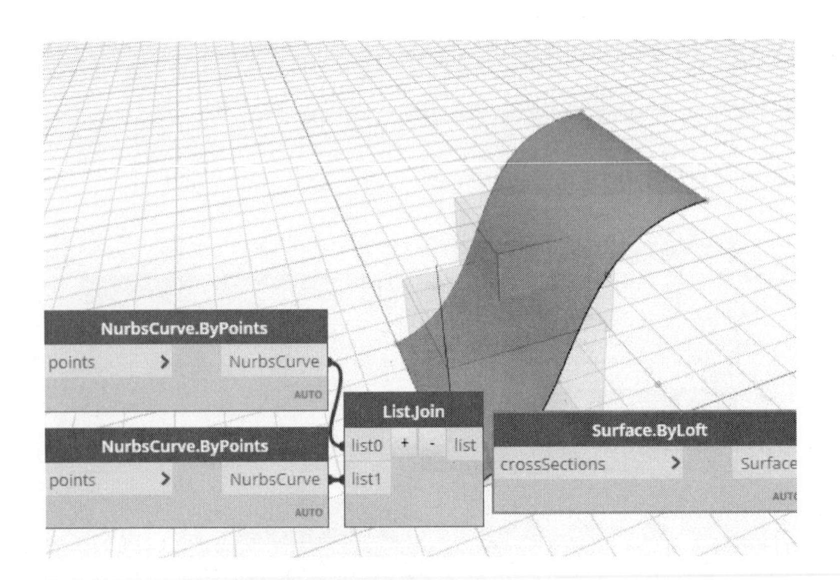

Geometry.Split 노드를 배치한 후 geometry 입력 포트에 Union으로 합친 솔리드, other 입력 포트에 작성한 서페이스를 지정하여 분할합니다.

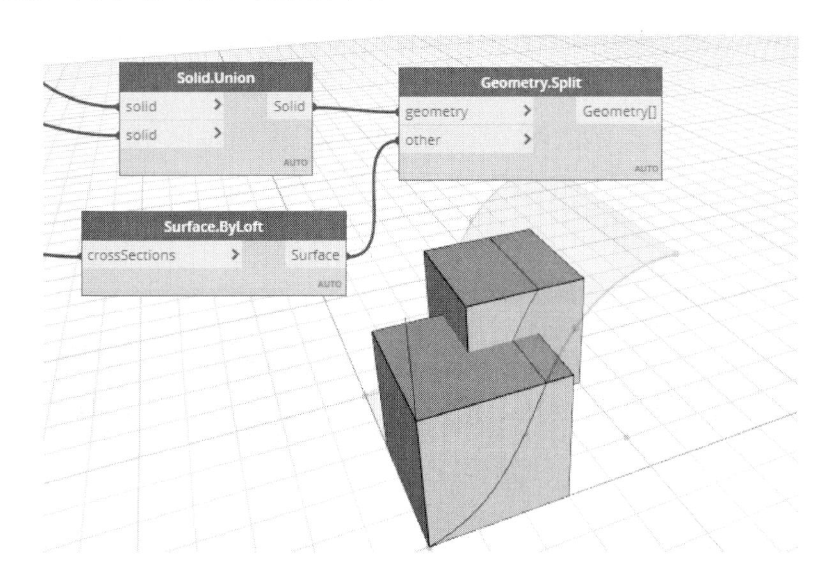

(2) Trim : 기준 요소(geometry)를 다른 요소(other)의 경계선으로 하여 지정한 점(pick)에 가까운 요소를 제거합니다. 앞에서 작성한 서페이스를 경계로 자릅니다. 지정한 점(pick)이 (0,5,0)인 경우, 이 점에 가까운 쪽이 잘립니다.

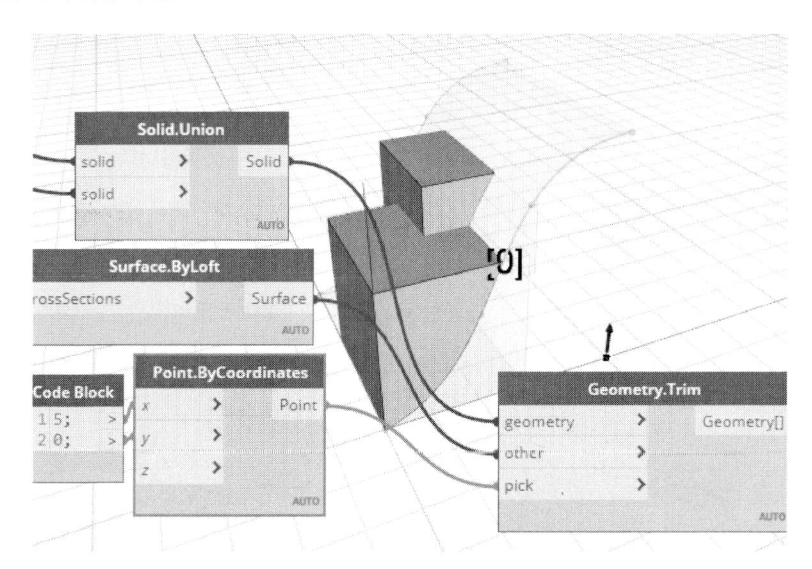

TIp

잘린 형상이 표현되지 않을 때는 메뉴의 '설정(S) → 선택한 형상 분리'를 클릭합니다.

다음은 지정한 점(pick)이 (0,0,0)으로 설정하면 다음과 같이 반대편이 잘립니다.

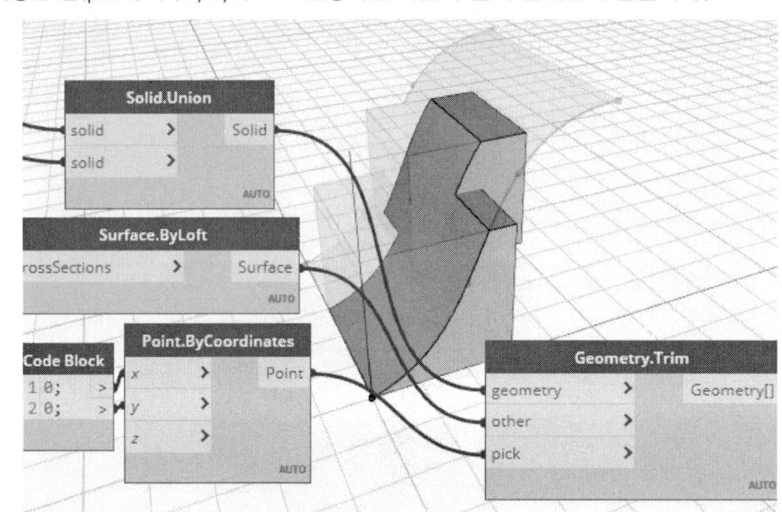

3. 요소의 색상

지오메트리를 보다 가시성이 좋게 표현하는 방법으로 요소에 색상을 부여합니다. 특히 3차원 그래픽에서 색상은 모델을 보다 현실감 있게 표현하는 수단으로 이용되고 있습니다. 이번에는 요소의 색상을 설정하는 노드에 대해 알아보겠습니다.

(1) GeometryColor.ByGeometryColor : 지오메트리에 색상을 정의합니다.
앞에서 실습한 '동적으로 크기가 바뀌는 원의 배열' 코드를 엽니다.

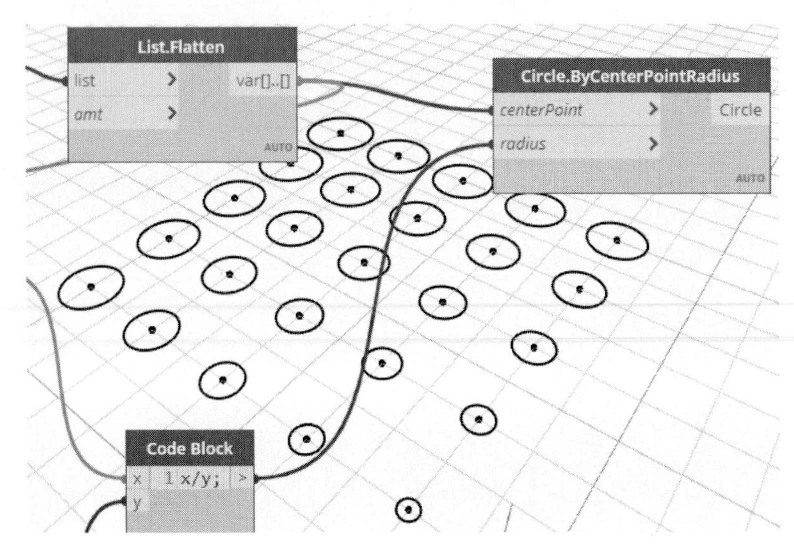

(2) Cylinder.ByRadiusHeight 노드를 이용하여 각 원의 중심에 높이가 1.5인 원통을 작성합니다. 이때 반경은 기존에 작성한 원과 동일한 크기인 x/y입니다.

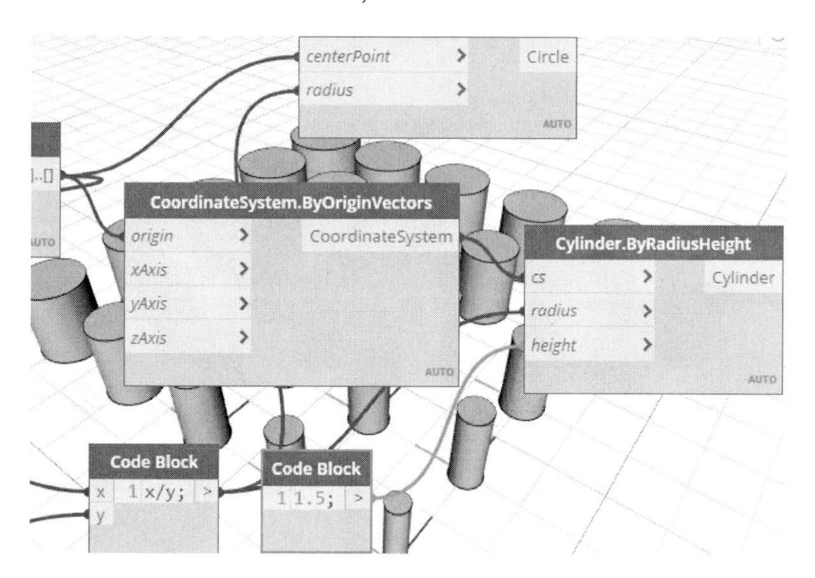

(3) 색상을 정의하는 Color.ByARGB 노드를 배치하고, 코드 블록을 이용하여 r에는 255, g와 b에는 0을 정의합니다. 다음에 지오메트리에 색상을 정의하는GeometryColor.ByGeometryColor 노드를 배치합니다. Geometry 입력 포트에는 앞에서 작성한 원통(Cylinder)를 연결하고, color 입력 포트에는 ByARGB 노드의 출력 포트 color를 연결합니다. 일부 지오메트리는 채색되지만 일괄적으로 채색되지 않는 현상이 발생합니다.

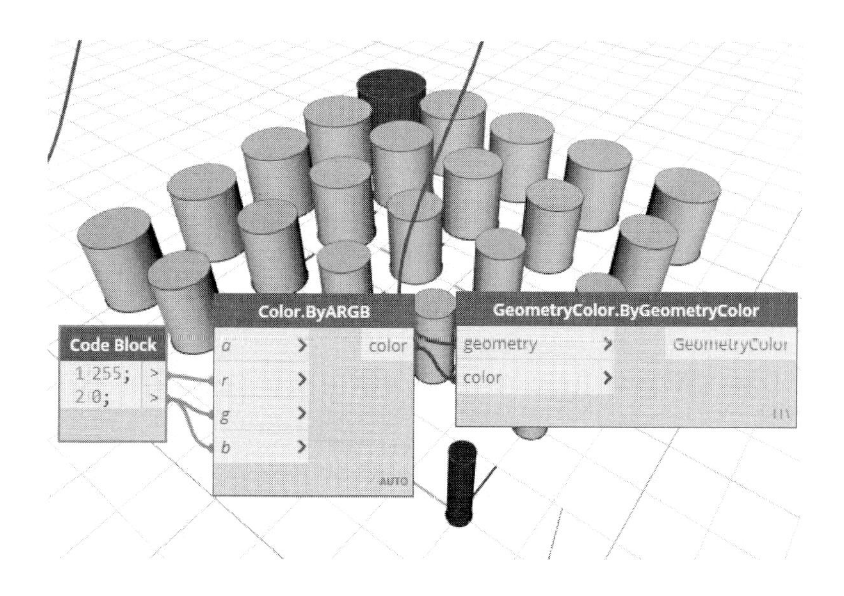

(4) Cylinder.ByRadiusHeight 노드에 대고 마우스 오른쪽 버튼을 눌러 바로가기 메뉴에서 '미리보기' 체크를 끕니다. 다음과 같이 Cylinder.ByRadiusHeight 노드가 회색으로 바뀌며 지오메트리(원통) 모두가 정의한 색상으로 바뀝니다.

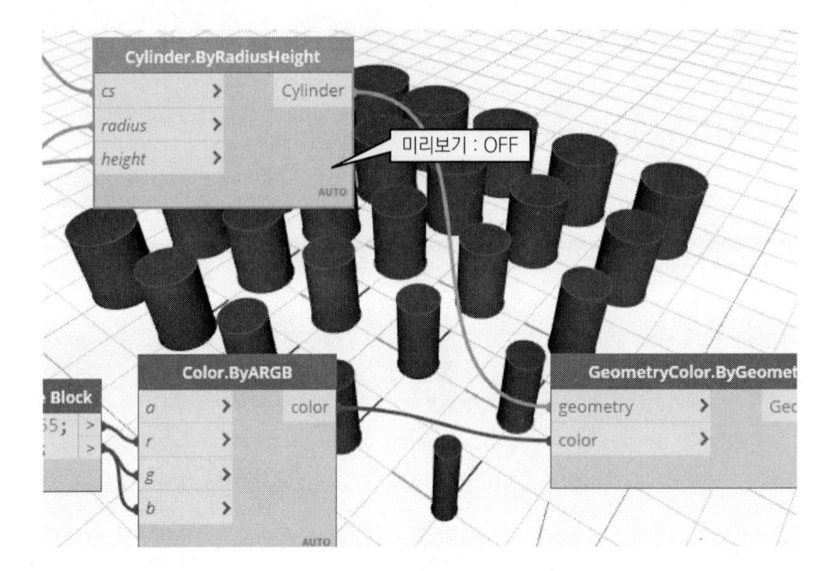

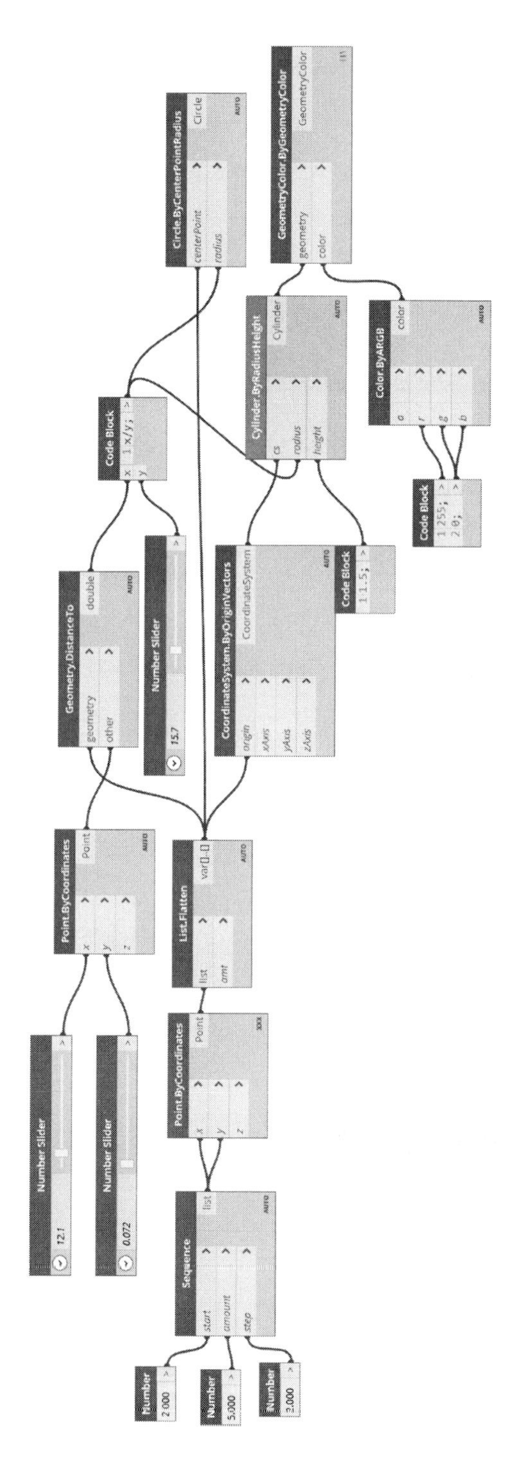
Circle.ByCenterPointRadius
centerPoint
radius
Circle
GeometryColor.ByGeometryColor
geometry
color
GeometryColor
Cylinder.ByRadiusHeight
cs
radius
height
Cylinder
Color.ByARGB
a
r
g
b
color
Code Block
x
y
1 x/y;
Code Block
1 255;
2 0;
Geometry.DistanceTo
geometry
other
double
Number Slider
15.7
CoordinateSystem.ByOriginVectors
origin
xAxis
yAxis
zAxis
CoordinateSystem
Code Block
1 1.5;
Point.ByCoordinates
x
y
z
Point
List.Flatten
list
amt
var[]..[]
Number Slider
12.1
Number Slider
0.072
Point.ByCoordinates
x
y
z
Point
Sequence
start
amount
step
list
Number
2.000
Number
5.000
Number
3.000

[원통 채색 전체 노드]

08_ 예제

지오메트리(서페이스)를 작성하는 방법과 작성된 지오메트리를 Revit으로 가져가는 방법에 대해 알아보겠습니다.

1. 서페이스의 작성

Dynamo Primer의 예제(데이터의 조회 및 삽입)를 이용해 실습하겠습니다. 표면을 작성하여 편집하는 예제입니다.

(1) 정사각형을 작도하고 면을 작성합니다. 한 변의 길이가 100인 정사각형을 작도하고 이를 면으로 작성합니다.

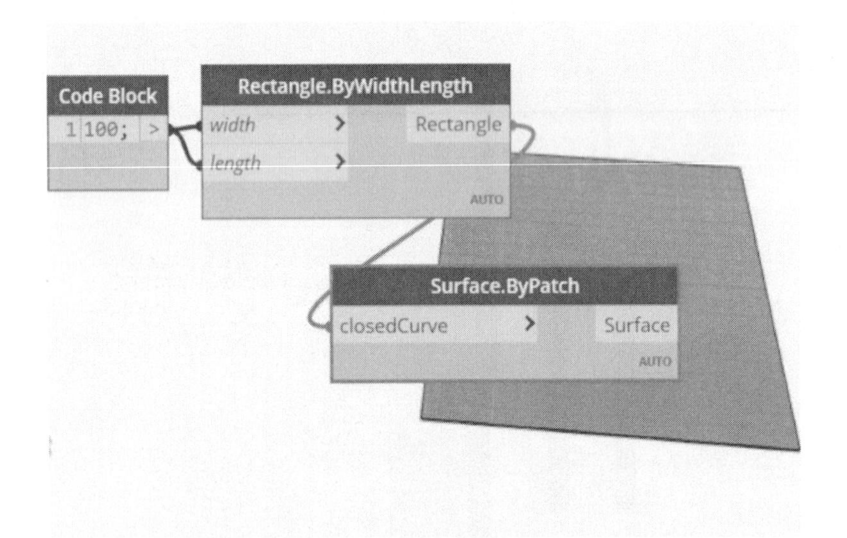

(2) Surface.PointAtParameter노드를 이용하여 가로, 세로를 3x5로 분할합니다. 이때 레이싱을 '외적(xxx)'으로 설정합니다. 다음과 같이 3x5의 점이 표시됩니다.

Surface.PointAtParameter : 표면 위에 지정된 u, v 매개변수에서 점을 반환합니다.

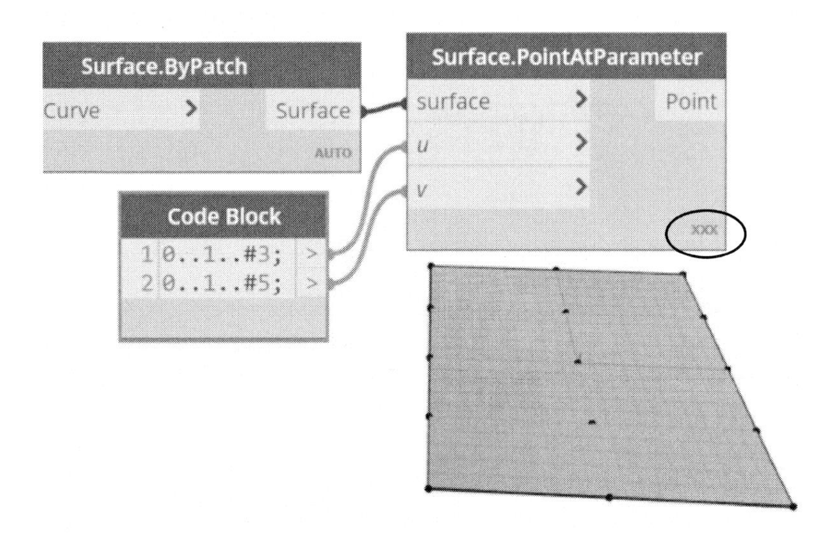

(3) 코드 블록으로 앞의 포인트 리스트 중에 좌표가 (0,0)을 추출(points[1][2])합니다. 이 좌표에 Z값을 20으로 설정합니다.

Geometry.Translate : 지정한 요소를 각 축의 이동량(xTranslation, yTranslation, yTrans-lation)만큼 변환합니다. Translate 노드를 이용하면 복사뿐 아니라 회전이나 이동 등의 처리가 가능합니다.

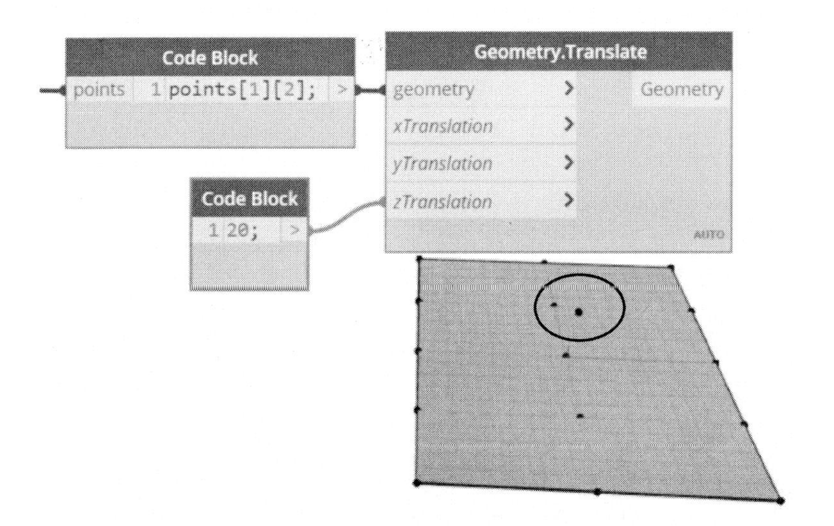

(4) List.GetItemAtIndex 노드를 이용하여 표면 리스트의 중앙 행(두 번째 리스트)을 선택합니다. point[1];과 동일한 결과를 얻을 수 있습니다.

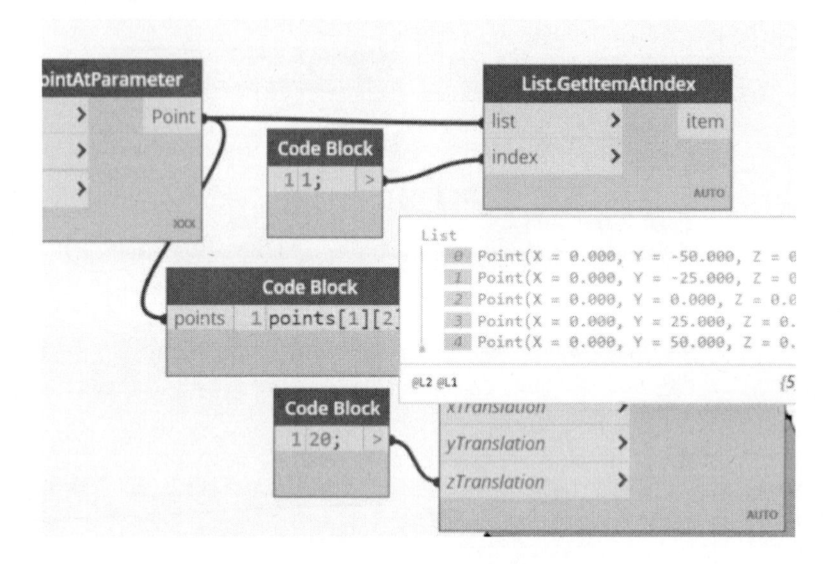

(5) List.ReplaceItemAtIndex 노드를 이용하여 세 번째 행(index=2)을 앞에서 작성한 Z값 20인 점으로 교체합니다.

List.ReplaceItemAtIndex : 주어진 리스트(list)의 인덱스(index)의 데이터를 새로운 리스트(item)로 교체합니다.

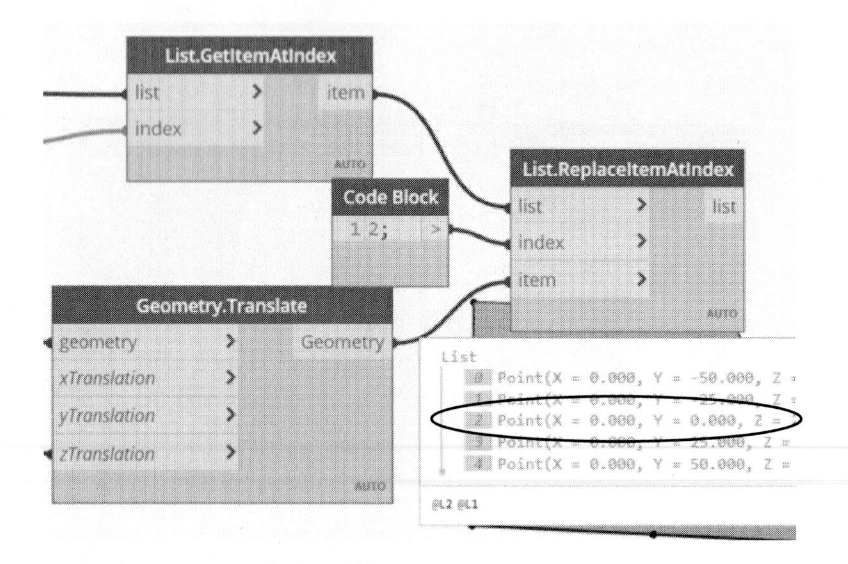

(6) 기존의 리스트(Surface.PointAtParameter)의 두 번째 리스트(index=1)를 앞에서 변경한 리스트 (List.ReplaceItemAtIndex)로 교체합니다.

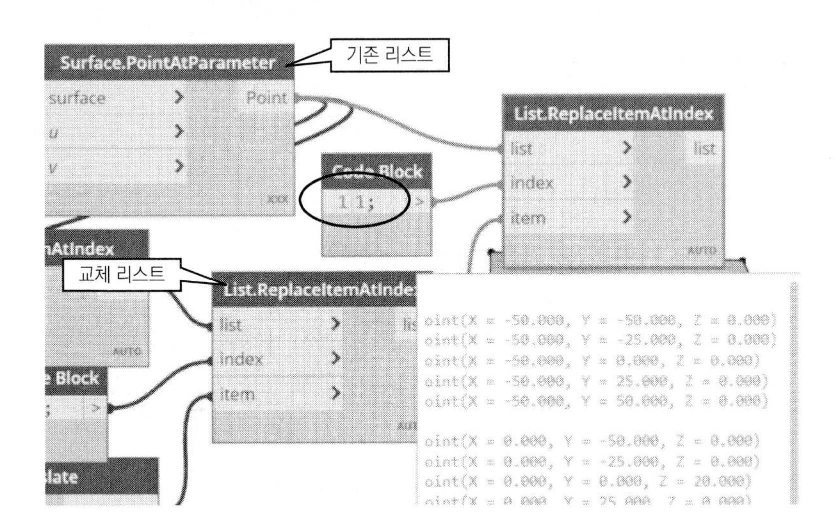

(7) NurbsCurve.ByPoints 노드를 이용하여 넙스 커브를 작성합니다.

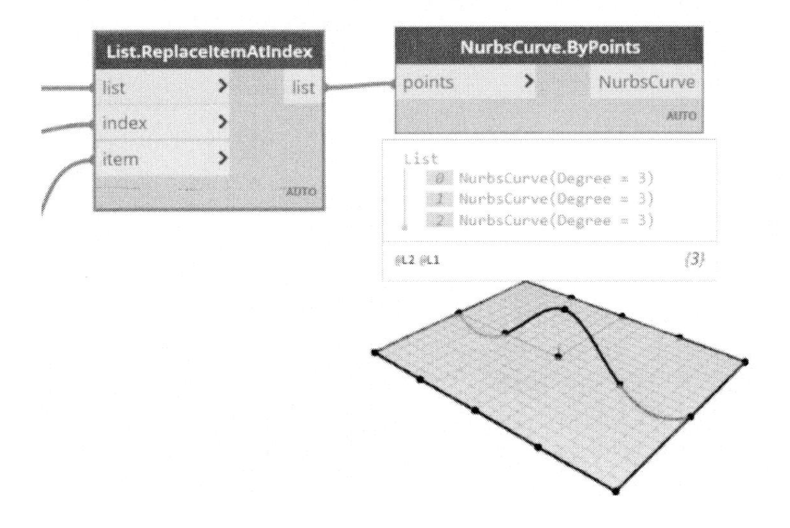

(8) Surface.ByLoft 노드를 이용하여 서페이스(면)을 작성합니다.

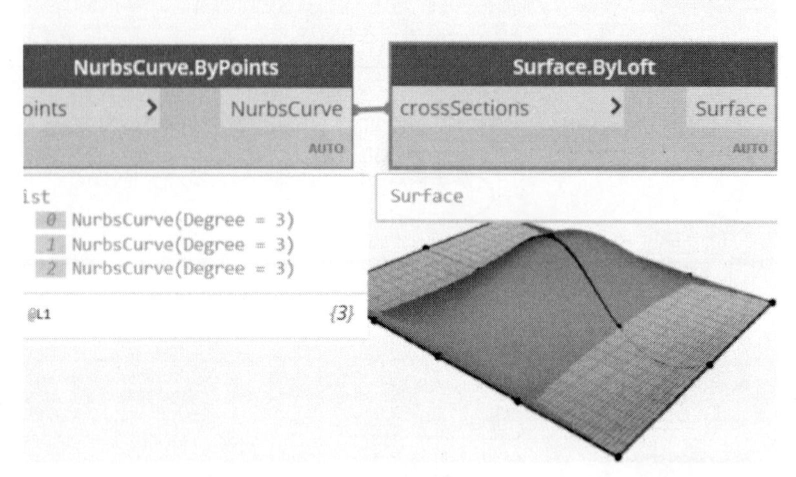

Z값을 변경해보면서 서페이스가 바뀌는 것을 확인해보시기 바랍니다.

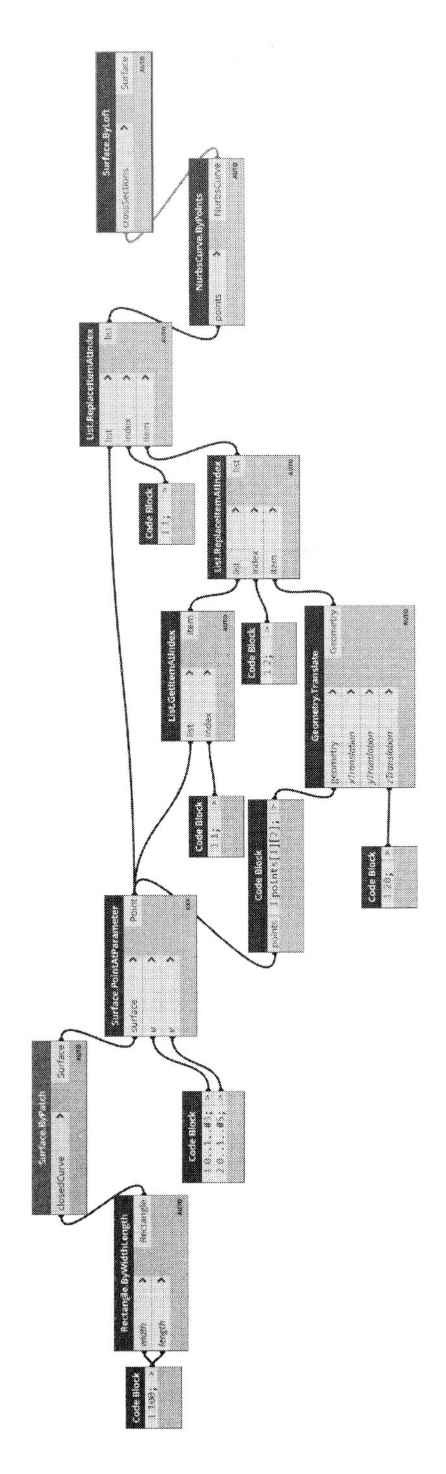
Surface.ByLoft
crossSections
Surface
NurbsCurve.ByPoints
points
NurbsCurve
List.ReplaceItemAtIndex
list
index
item
Code Block
List.GetItemAtIndex
Geometry.Translate
geometry
xTranslation
yTranslation
zTranslation
Geometry
points[1][2];
Surface.PointAtParameter
surface
u
v
Point
Surface.ByPatch
closedCurve
Rectangle.ByWidthLength
width
length
Rectangle

[서페이스 작성 전체 노드]

2. 모델을 Revit으로 가져가는 방법

Dynamo에서 작성한 서페이스를 Revit 프로젝트로 가져가는 방법에 대해 알아보겠습니다. 단순하게 일반 모델로 가져가는 방법, 가져오기 모델, 패밀리로 작성하여 삽입하는 방법이 있습니다.

(1) 먼저 서페이스를 작성합니다. 사각형을 작성한 후 Surface.ByPatch 노드를 이용하여 서페이스를 작성합니다.

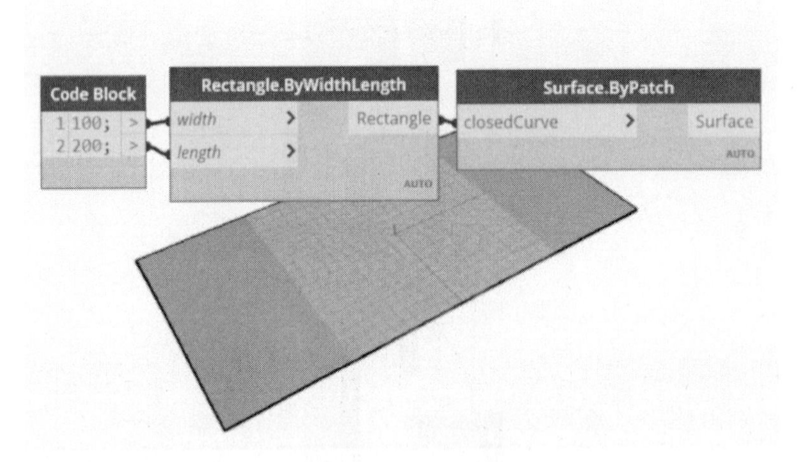

(2) DirectShape.ByGeometry 노드를 이용하여 Revit 요소를 작성합니다. 이때 카테고리는 '일반 모델', 이름은 사용자가 지정(예: Rectangle)합니다.

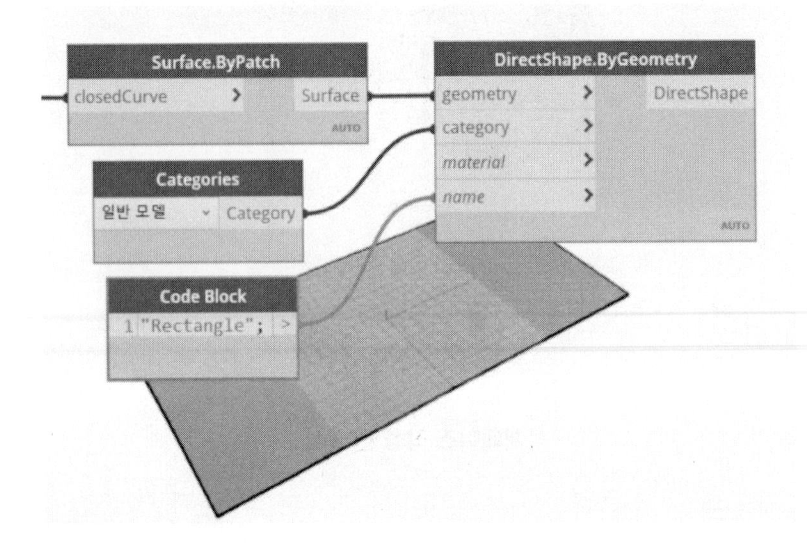

다음과 같이 Revit에 일반 모델이 작성됩니다.

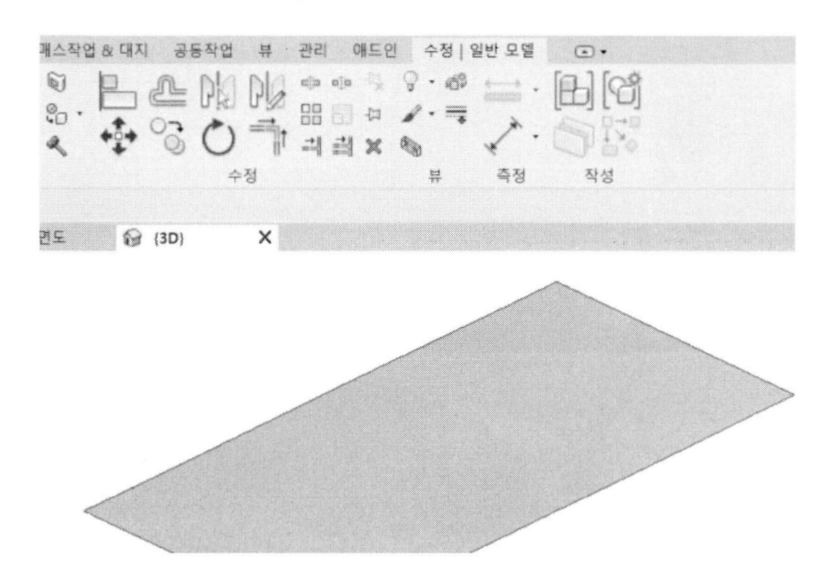

(3) 단순한 가져오기 모델로 작성하고자 한다면 ImportInstance.ByGeometry 노드를 이용하여 가져옵니다.

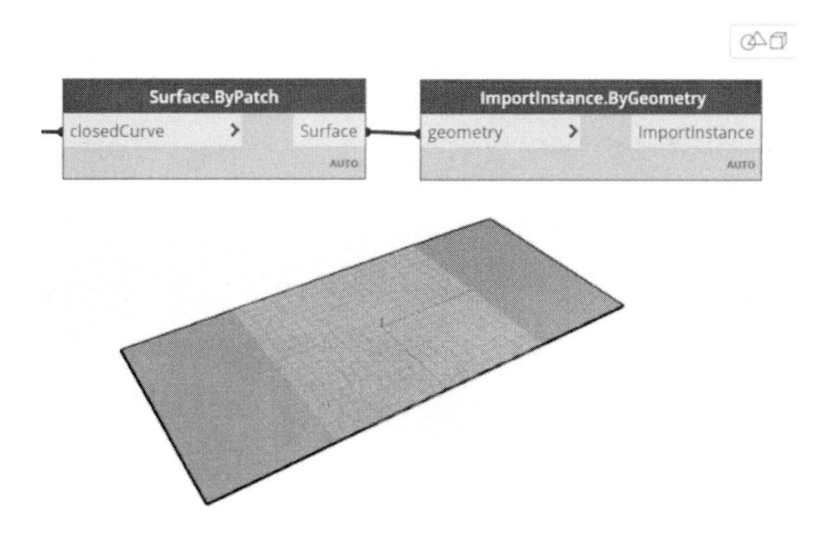

다음과 같이 Revit에 단순한 가져오기 모델로 삽입됩니다.

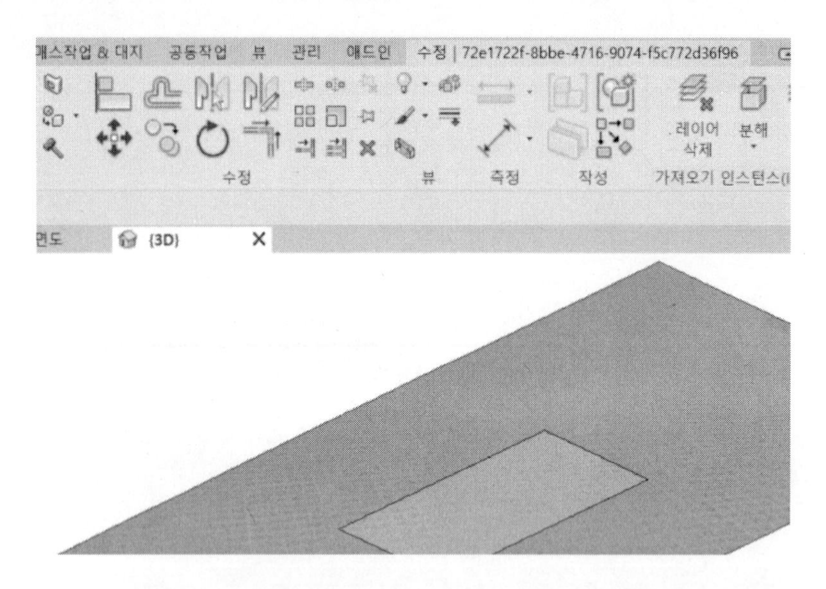

(4) 이번에는 패밀리로 작성하여 삽입하는 방법에 대해 알아보겠습니다. 먼저 서페이스를 솔리드로 변환합니다. Surface.Thicken 노드를 배치한 후 두께 5인 솔리드를 작성합니다.

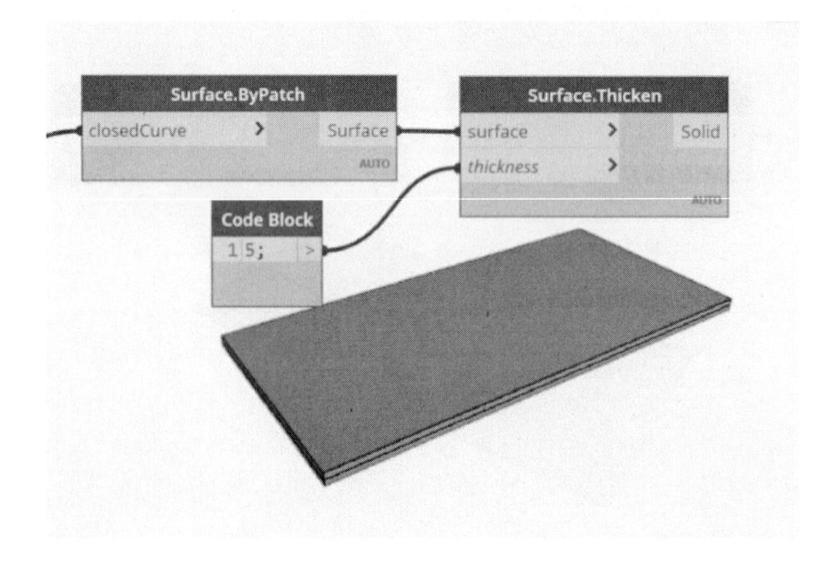

(5) 솔리드를 Revit의 패밀리로 작성하는 노드 FamilyType.ByGeometry를 배치합니다. 이름(name)은 사용자가 알기 쉬운 이름으로 지정하고, 카테고리(category)는 '일반 모델', 패밀리 템플릿 파일(templatePath)의 경로와 이름을 지정합니다. 가능하면 영문 버전의 템플릿 파일 경로(C:\ProgramData\Autodesk\RVT 20XX\Family Templates\English-Imperial\Generic Model.rft)를 지정합니다. 재질(material)을 지정합니다.

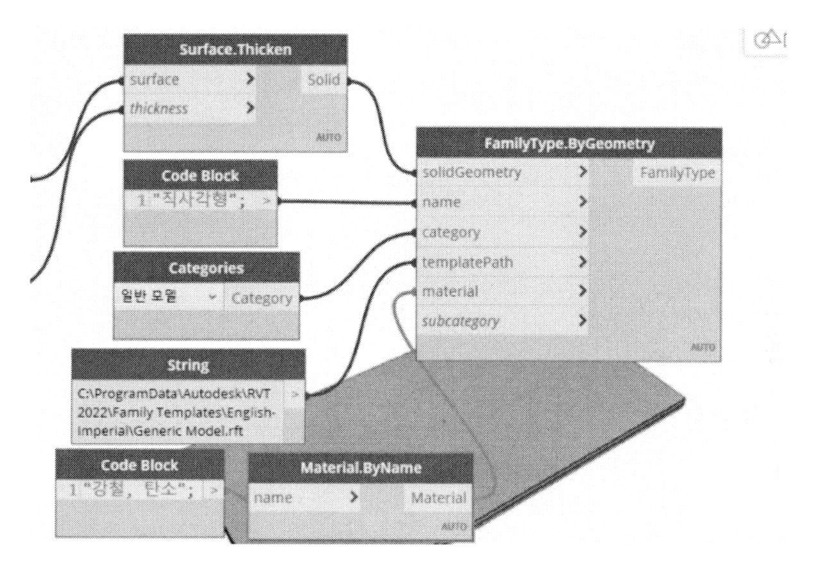

다음과 같이 패밀리(직사각형)가 작성되어 삽입된 것을 알 수 있습니다.

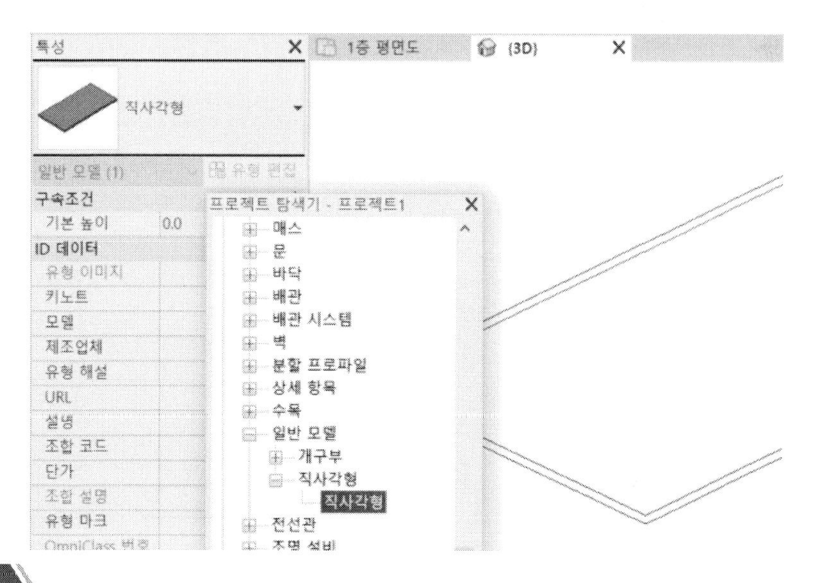

Tip

반대되는 개념으로 Revit에서 작성된 모델을 Dynamo 모드에서 표시하려면 Element.Geometry 노드를 사용합니다.

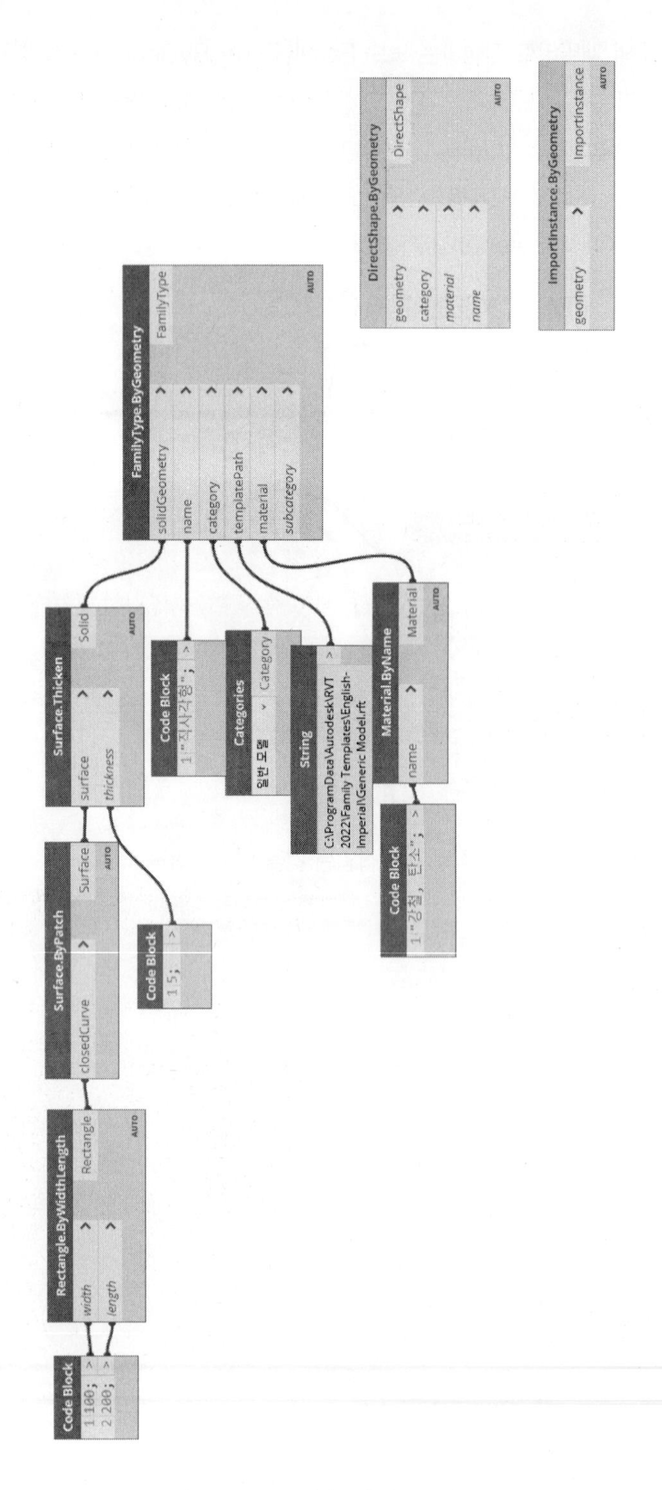

[Revit으로 전송 전체 노드]

Part_5

Revit과의 연계

우리가 Dynamo를 사용하는 궁극적인 목적은 Revit 작업의 효율성을 향상시키기 위함입니다. Revit과 Dynamo의 노드를 적절하게 조합함으로써 모델의 생성, 해석, 설계도서의 작성을 통해 상호 운용성을 높여 새로운 가능성을 확장할 수 있습니다. 복잡한 작업을 단순화하고 자동화하여 BIM 설계 본연의 업무에 집중하고 효율화를 기할 수 있습니다. 지금까지는 Dynamo의 워크스페이스 내에서 조작했지만 이번 파트부터 Revit에서 구동되는 기능을 학습하겠습니다.

라이브러리에서 Revit을 클릭하면 다음과 같이 Revit 카테고리 내에 서브 카테고리가 표시됩니다. 각 서브 카테고리 내에 다양한 기능의 수많은 노드가 있습니다. 지면관계상 노드를 모두 설명하기 어렵습니다. 샘플 예제를 통해 노드의 사용법과 기능에 대해 알아보겠습니다.

01_ 도큐멘트 정보와 뷰의 작성

1. 도큐멘트 정보와 뷰의 작성

현재 작업하고 있는 도큐멘트의 정보에 대해 알아보고 레벨과 뷰의 작성에 대해 학습하겠습니다. 일반적으로 Revit을 시작하면 환경을 설정하고 레벨을 작성하고 레벨에 맞는 뷰를 작성합니다. 템플릿 파일에 기본적으로 제공하는 환경을 토대로 레벨과 그리드를 작성하게 됩니다. 샘플 예제를 통해 레벨을 작성하고 레벨에 해당하는 뷰를 작성하는 방법에 대해 알아보겠습니다.

01. 도큐멘트 정보

Revit에서 작업할 때는 여러 프로젝트를 펼쳐놓고 작업을 할 수 있습니다. 하지만 Dynamo는 해당 도큐멘트(프로젝트, 패밀리)에 한해서 동작하게 됩니다. 예를 들어, Dynamo의 해당 도큐멘트(프로젝트)가 아닌 도큐멘트에서 실행을 하면 하단에 다음과 같이 "Dynamo가 현재 문서를 가리키고 있지 않습니다."라는 메시지가 표시됩니다. 즉, A 프로젝트에서 Dynamo를 기동하여 작업을 수행하다가 B 프로젝트를 열어 실행하면 현재 문서(프로젝트)를 가리키고 있지 않아 실행되지 않습니다.

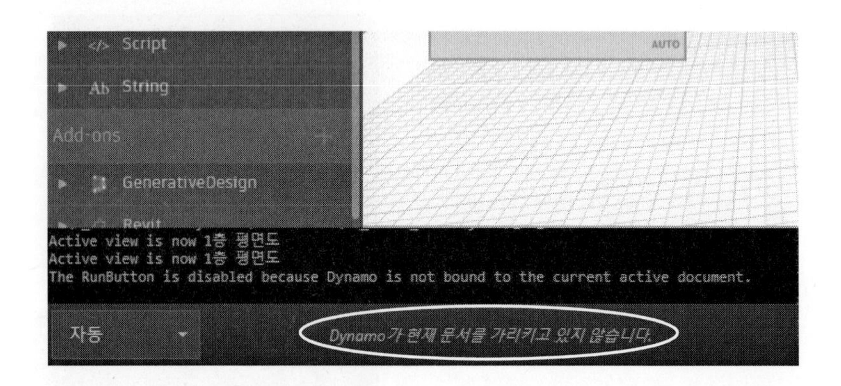

이때 프로젝트의 포커스를 바꾸면 다음과 같이 "Dynamo를 이제 사용할 수 있습니다."라는 메시지가 표시됩니다. 따라서 Dynamo를 실행할 때는 먼저 해당 도큐멘트에 포커스를 맞춘 후 Dynamo를 실행해야 합니다. 다음은 Revit의 도큐멘트 정보를 가져오는 노드입니다.

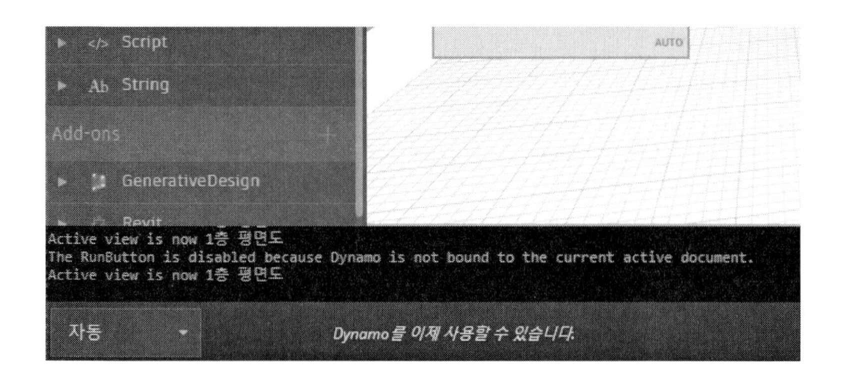

(1) Document.Current : Dynamo의 현재 도큐멘트 정보를 반환합니다. Revit → Applapplication → Document → Current를 클릭합니다. 이 노드는 Document.FilePath, Document.ActiveView 등 다른 노드와 조합해서 사용하게 됩니다.

(2) Document.FilePath: 현재 도큐멘트의 저장 위치와 파일명을 반환합니다. 새로 시작한 파일은 아무런 정보를 표시하지 않습니다. 한 번이라도 저장한 파일에 대한 정보를 반환합니다.

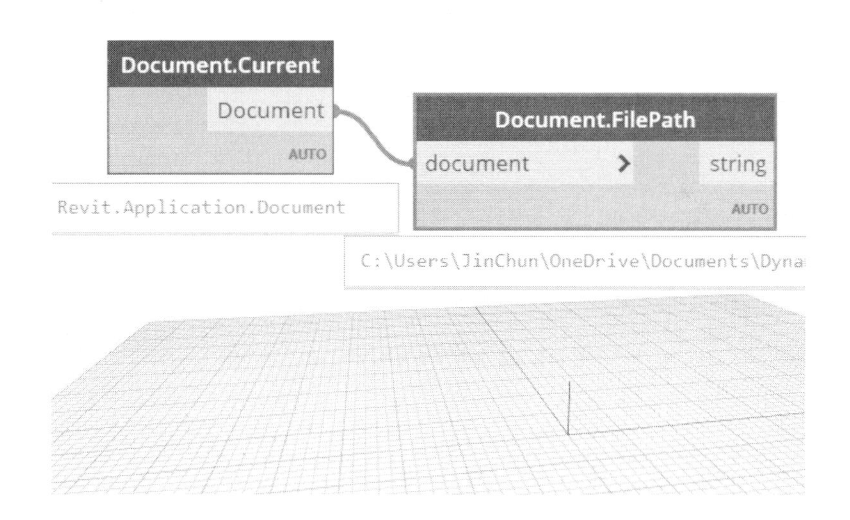

(3) Document.ActiveView : 현재 활성화된 뷰의 정보를 반환합니다. 다음은 3D 뷰를 나타내고 있습니다.

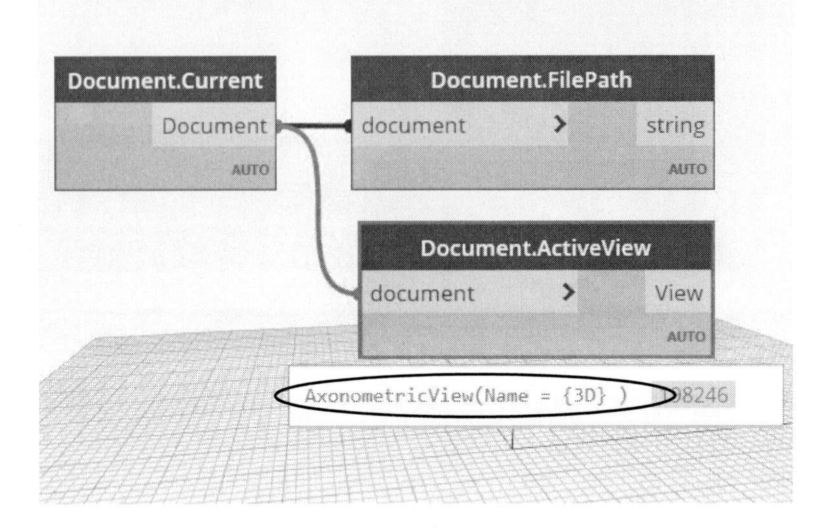

(4) Document.Location : 현재 도큐멘트의 위치 정보를 반환합니다. Revit의 '장소'기능으로 설정한 위치 정보(위도, 경도)를 반환합니다.

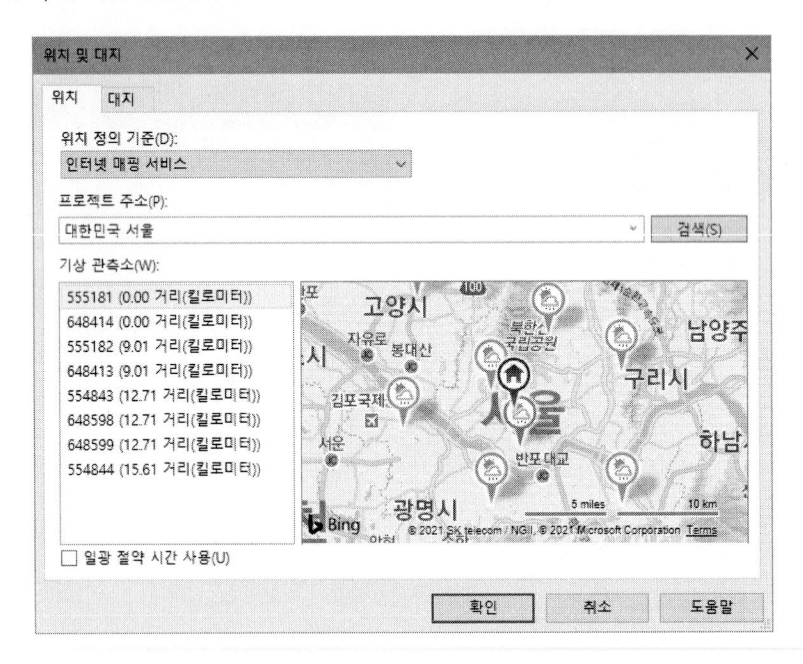

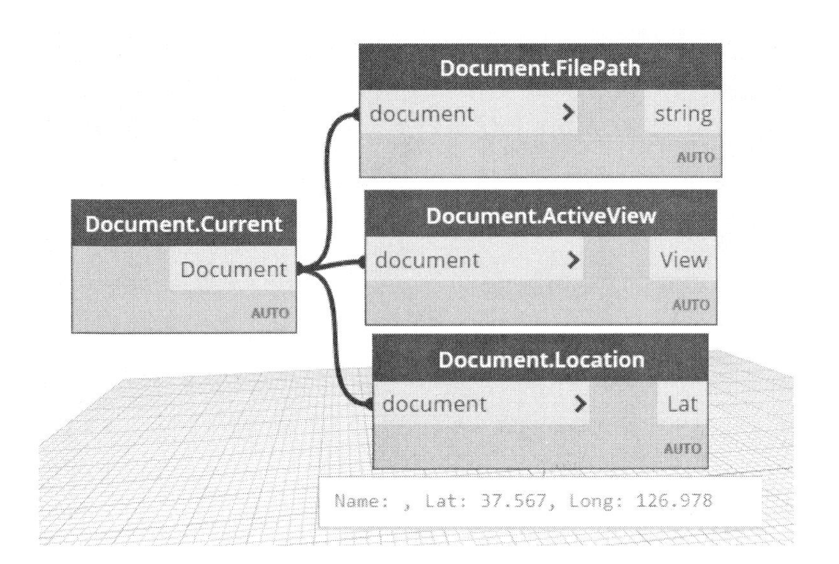
Document.FilePath
document
string
AUTO
Document.Current
Document
AUTO
Document.ActiveView
document
View
AUTO
Document.Location
document
Lat
AUTO
Name: , Lat: 37.567, Long: 126.978

2. 레벨(Level)의 생성

Revit에서 새로운 프로젝트(모델)를 시작할 때 환경 설정을 한 후, 레벨을 작성하고 뷰를 작성하게 됩니다. Dynamo에서 레벨을 작성하는 방법에 대해 학습하겠습니다. 레벨 노드는 Revit → Applapplication → Level에 있습니다.

(1) ByElevation : 높이를 지정하여 레벨을 작성합니다. 여기에서 높이(elevation)는 바닥에서부터 높이(고도)를 말합니다.

(2) ByElevationAndName : 높이(elevation)와 이름(name)을 지정하여 작성합니다.
다음과 같이 두 개의 레벨이 있다고 가정하겠습니다.

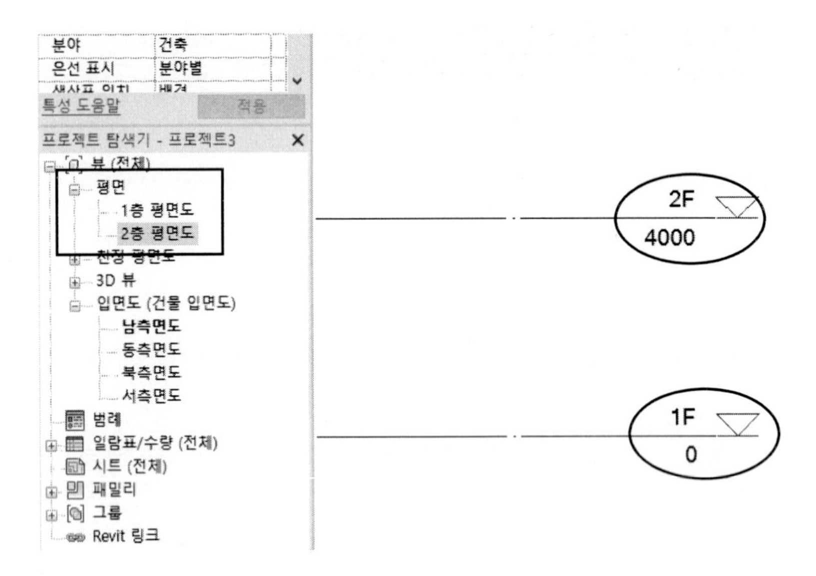

ByElevationAndName 노드를 배치한 후 높이(elevation)에 8000, 이름(name)을 3F를 연결합니다. 다음과 같이 8000 높이에 '3F'라는 이름의 레벨이 작성됩니다.

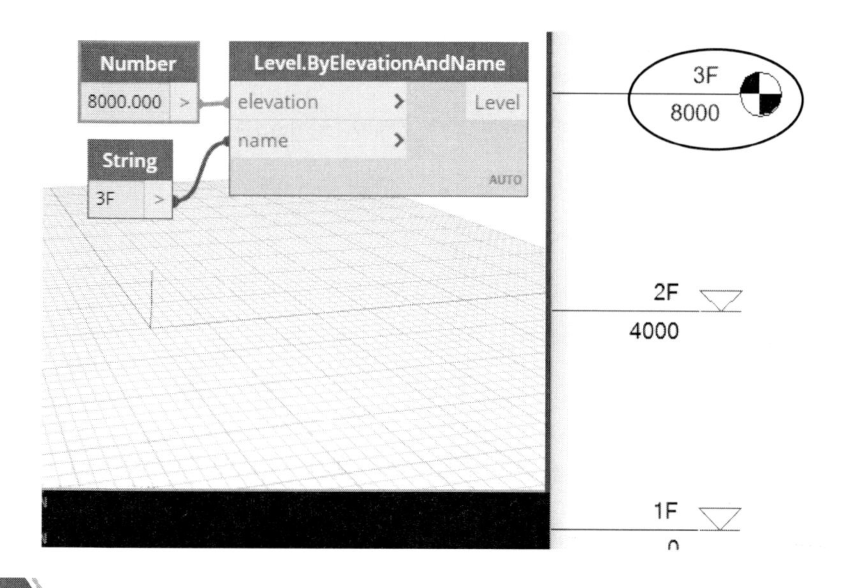

Tip

이름을 지정하지 않고 레벨을 작성하는 ByElevation 노드로 레벨을 작성하면 레벨 이름은 '2F'의 알파벳 다음 순서인 '2G'라는 이름으로 작성됩니다.

(3) ByLevelAndOffset : 기존의 레벨로부터 지정한 간격만큼 떨어진 위치에 레벨을 작성합니다.

(4) ByLevelAndOffsetAndName : 기존의 레벨로부터 지정한 간격만큼 떨어진 위치에 이름을 지정하여 레벨을 작성합니다.

다음과 같이 ByLevelAndOffsetAndName 노드를 배치한 후, 입력 포트 level에는 이전에 작성한 레벨을 연결하고, offset에는 4000, name에는 '지붕'이라 정의합니다. 다음과 같이 이전 레벨로부터 4000 떨어진 위치에 '지붕' 레벨이 작성됩니다.

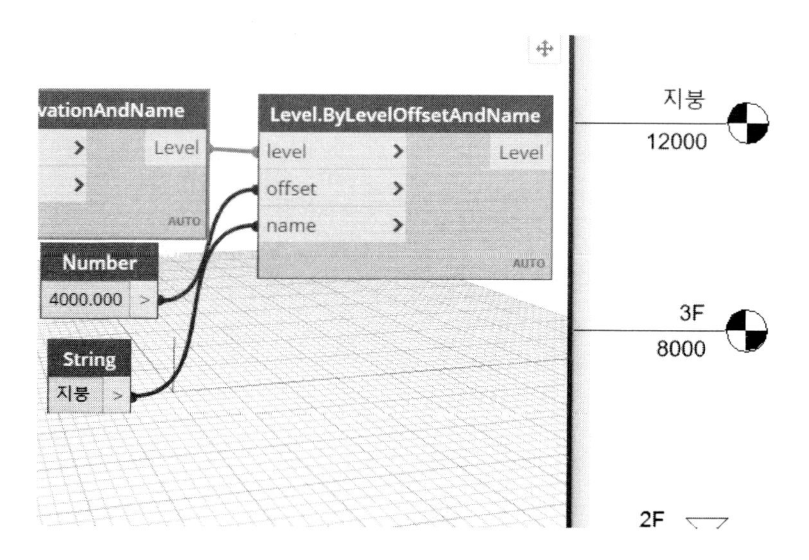

3. 뷰(View)의 작성

일반적으로 레벨을 작성하면 레벨에 해당하는 뷰(평면뷰, 천장뷰)를 작성하게 됩니다. 이번에는 레벨에 맞는 뷰를 작성하는 방법에 대해 알아보겠습니다. 뷰 노드는 Revit → Views에 뷰관련 서브 카테고리가 있습니다.

(1) FloorPlanView.ByElevation : 지정한 레벨에 해당하는 평면뷰를 작성합니다. 앞에서 작성한 레벨을 level 입력 포트에 연결합니다.

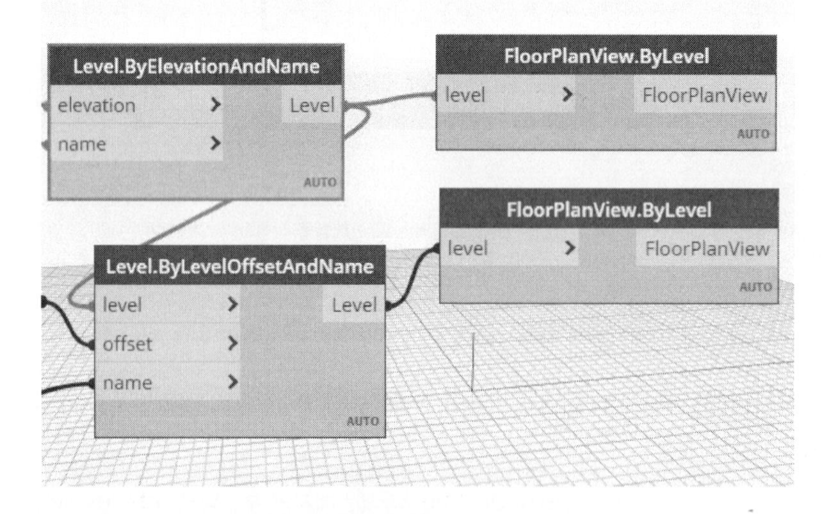

프로젝트 탐색기를 보면 다음과 같이 두 개의 평면뷰가 작성된 것을 알 수 있습니다.

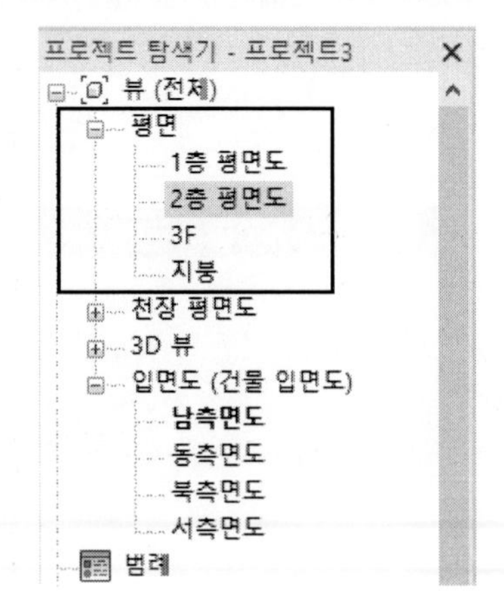

(2) CeilingPlanView.ByElevation : 레벨에 해당하는 천장 평면뷰를 작성합니다.

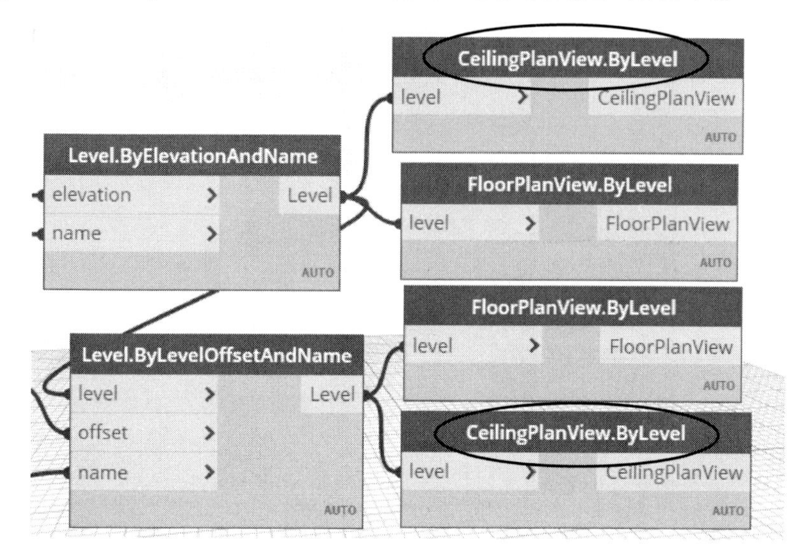

다음과 같이 천장 평면뷰가 작성됩니다.

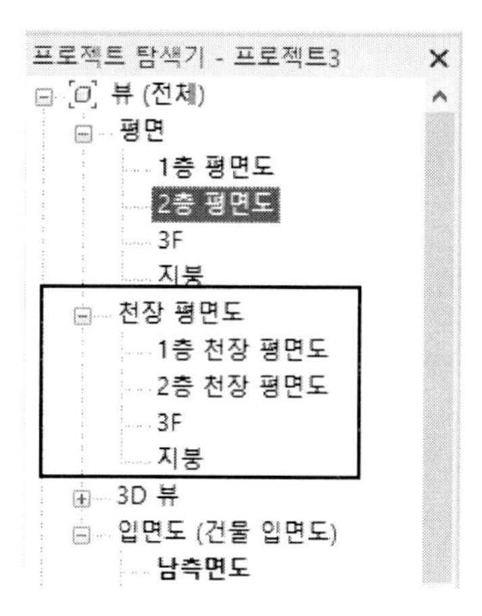

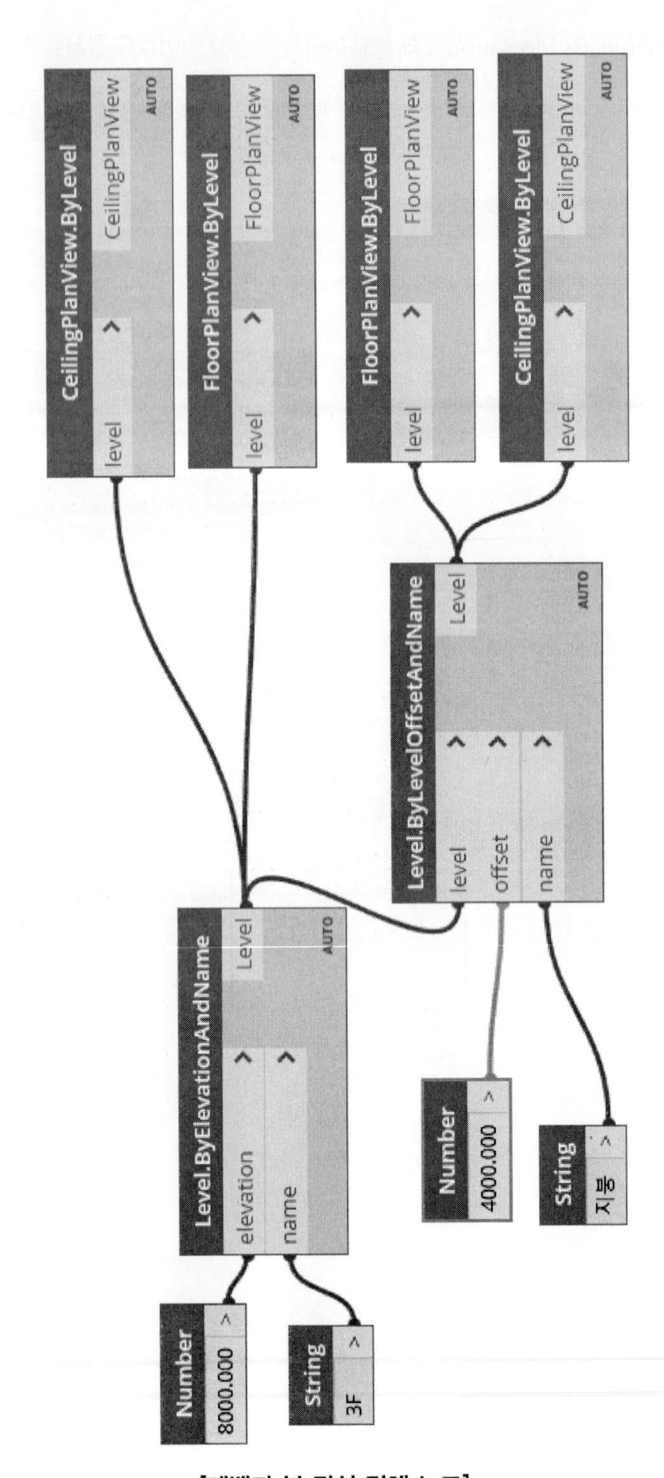
CeilingPlanView.ByLevel
level
CeilingPlanView
AUTO
FloorPlanView.ByLevel
level
FloorPlanView
AUTO
FloorPlanView.ByLevel
level
FloorPlanView
AUTO
CeilingPlanView.ByLevel
level
CeilingPlanView
AUTO
Level.ByLevelOffsetAndName
level
offset
name
Level
AUTO
Level.ByElevationAndName
elevation
name
Level
AUTO
Number
4000.000
String
지붕
Number
8000.000
String
3F

[레벨과 뷰 작성 전체 노드]

02_ 모델의 작성

지금부터 예제를 이용하여 학습하겠습니다. Dynamo에서 Revit의 모델(바닥, 벽체, 기둥, 덕트 및 파이프 등) 요소를 작성하는 방법에 대해 학습하겠습니다.

1. 바닥과 기둥

바닥(슬라브)과 기둥을 작성하는 방법에 대해 알아보겠습니다. 한 변의 길이가 3000인 정사각형의 바닥과 높이가 3000인 기둥을 작성하겠습니다.

(1) 먼저, 바닥의 경계선이 되는 점을 정의합니다. 하단 경계점은 Z값에 해당하는 3000을 지정합니다.

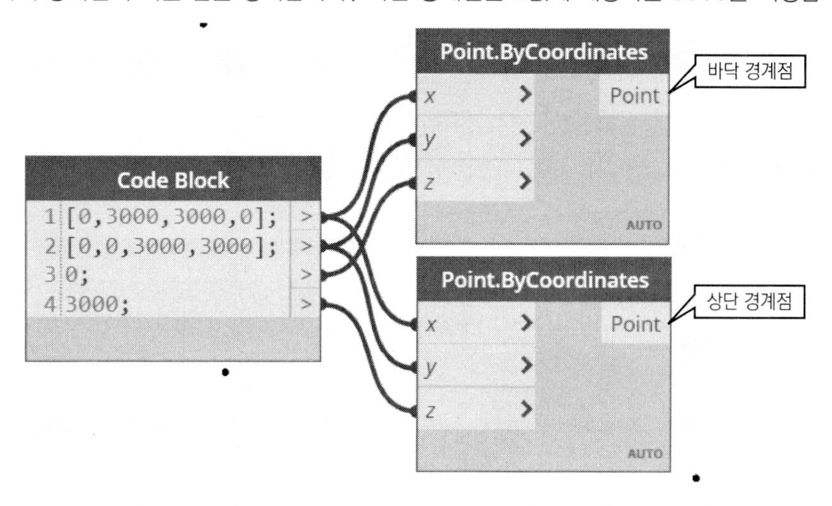

(2) Rectangle.ByCornerPoints 노드를 이용하여 직사각형을 작성합니다. 이때 하단 경계 포인트(Z값 =0)를 연결합니다.

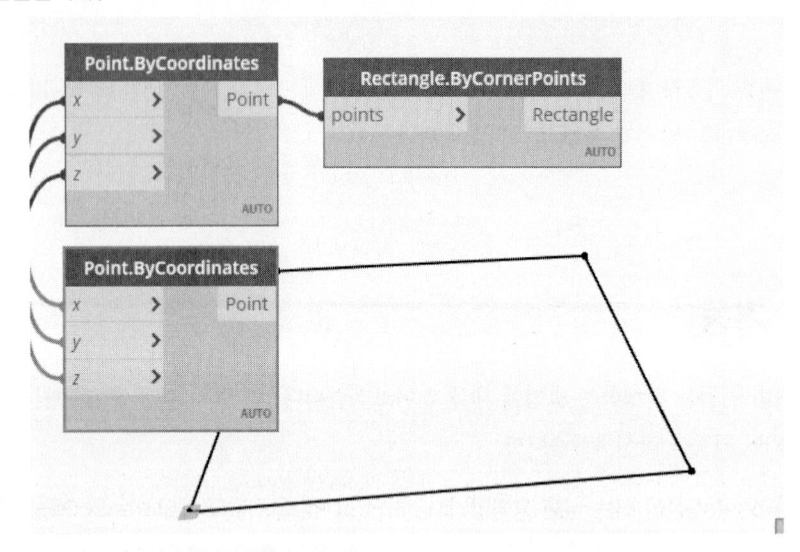

(3) 바닥을 작성하는 Floor.ByOutlineTypeAndLevel 노드를 배치합니다. 입력 포트는 테두리를 정의하는 outline에 앞에서 작성한 직사각형(Rectangle)을 연결하고 바닥 유형(floorType)과 레벨(level)을 정의합니다. 이때 바닥 유형을 선택할 수 있는 FloorTypes 노드, 레벨을 선택하는 Levels 노드를 이용합니다.

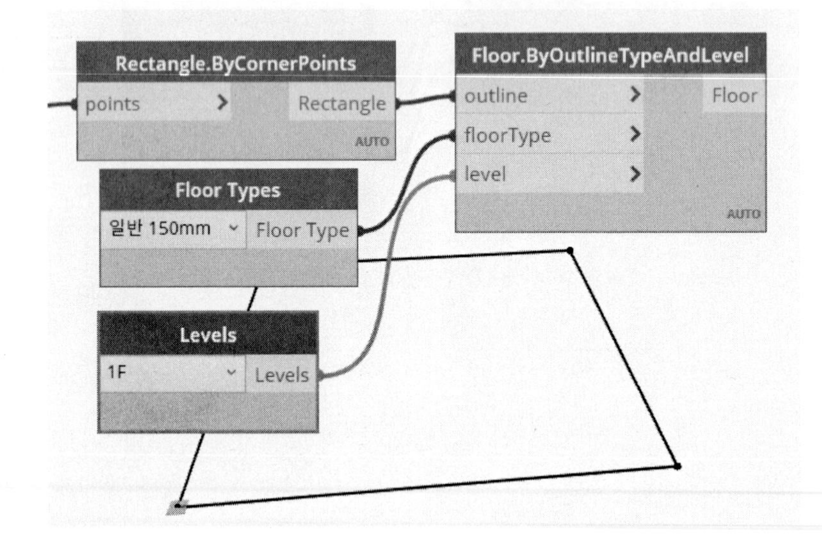

다음과 같이 Revit에 바닥이 모델링됩니다.

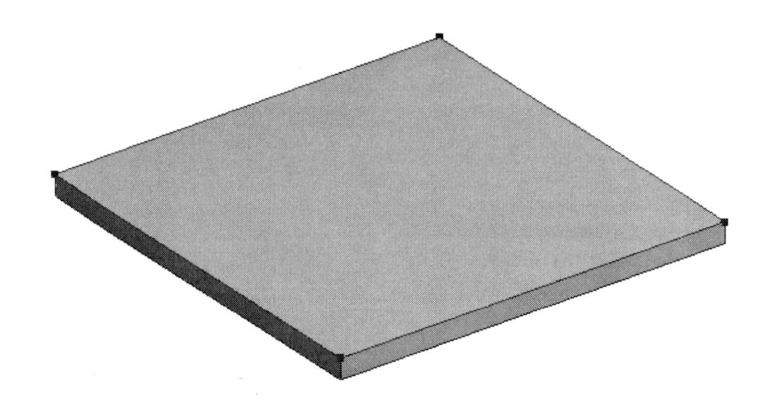

참고 : FloorTypes 노드, Levels 노드

(1) FloorTypes : 현재 프로젝트에 정의되어 있는 바닥 유형을 선택할 수 있습니다. 노드를 배치하면 다음과 같이 유형을 선택할 수 있는 리스트 박스가 나타납니다. 리스트를 펼쳐 원하는 유형을 선택합니다.

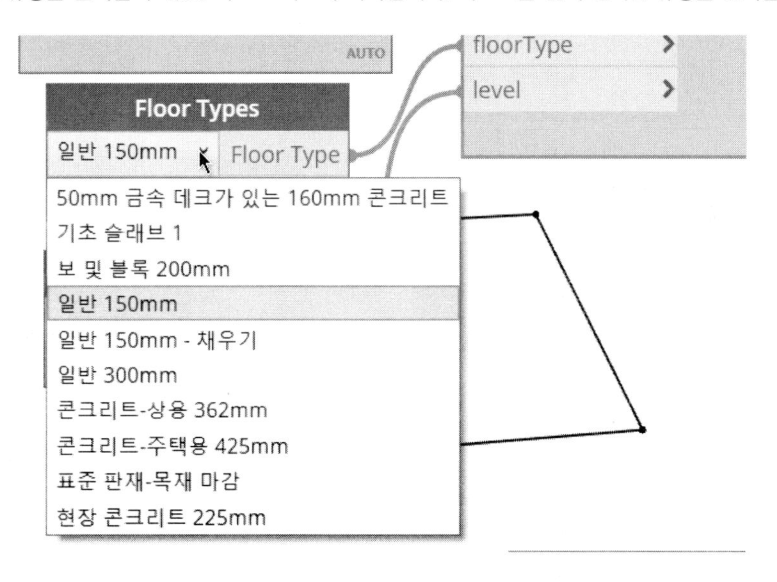

(2) Levels : 현재 프로젝트에 정의되어 있는 레벨을 리스트 박스를 통해 선택할 수 있습니다.

(4) 직사각형의 각 모서리에 기둥을 배치하겠습니다.

먼저 Line.ByStartPointEndPoint 노드를 이용하여 기둥의 가이드라인이 되는 수직선을 작성합니다.

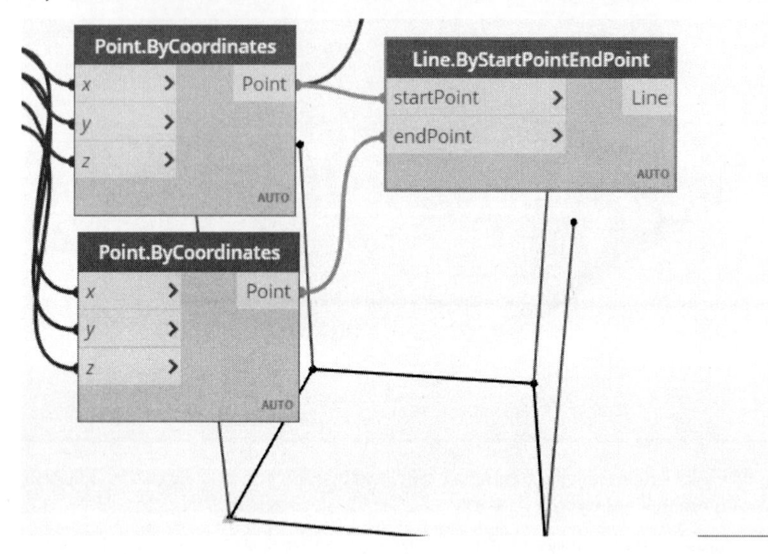

(5) StructuralFraming.ColumnByCurve 노드를 배치합니다. 입력 포트 curve에는 앞에서 작성한 선 리스트(line)을 연결하고, 레벨(level)과 기둥 유형(structuralColumnType)을 정의합니다.

Tip

Structural Column Types 노드는 현재 프로젝트에 정의되어 있는 기둥(Column)의 유형을 리스트업해주고 이를 선택할 수 있습니다.

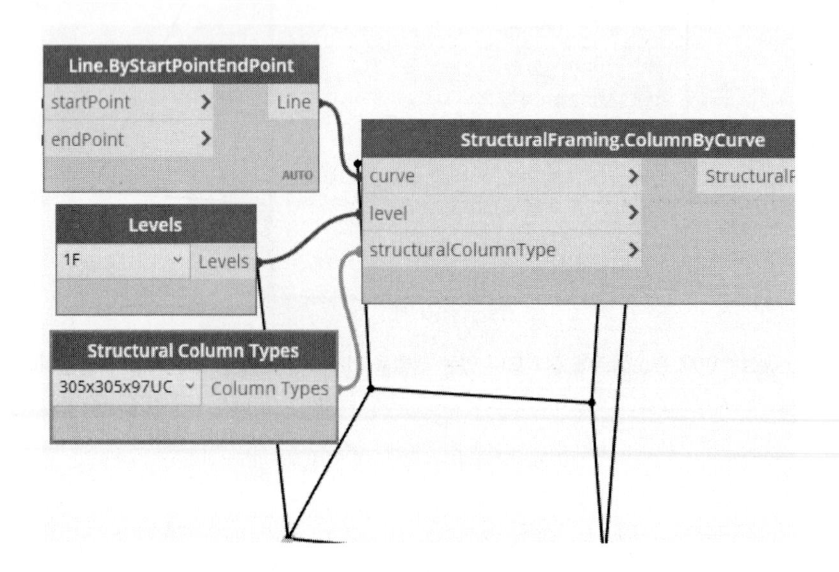

다음과 같이 Revit에 기둥이 작성됩니다. 바닥의 각 모서리를 기점으로 하다 보니 바닥과 기둥의 끝점이 부자연스럽습니다. 이는 기둥의 시작점의 위치를 원하는 위치로 조정해보시기 바랍니다.

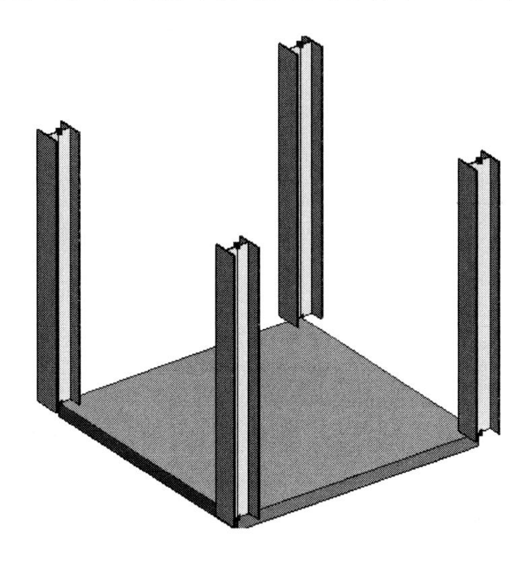

2. 벽체

벽체를 작성하는 방법에 대해 알아보겠습니다. 앞에서 작성한 직사각형을 이용하여 작성해보겠습니다.

(1) 벽을 작성하기 위해 Wall.ByCurveAndHeight 노드를 배치합니다. 높이(height)는 3000, 레벨(level)은 1F, 벽 유형(wallType)은 WallType.ByName 노드를 연결하여 코드 블록으로 직접 이름("일반 - 200mm")을 지정합니다.

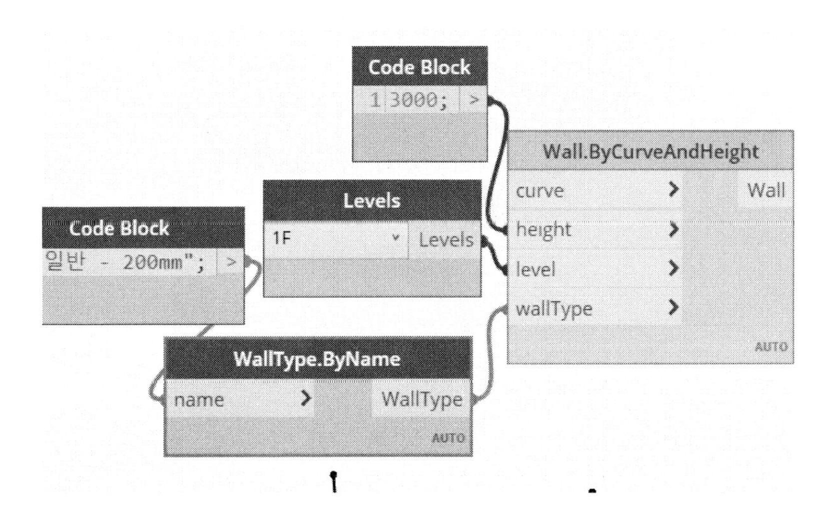

(2) 벽의 경계선(curve)를 연결해야 하는데 PolyCurve.Curves 노드를 이용하여 앞에서 작성한 직사각형(Rectangle.ByCornerPoints)을 폴리커브로 변환합니다. 즉, Rectangle.ByCornerPoints의 직사각형을 PolyCurve.Curves를 이용하여 폴리커브로 변환하여 연결합니다.

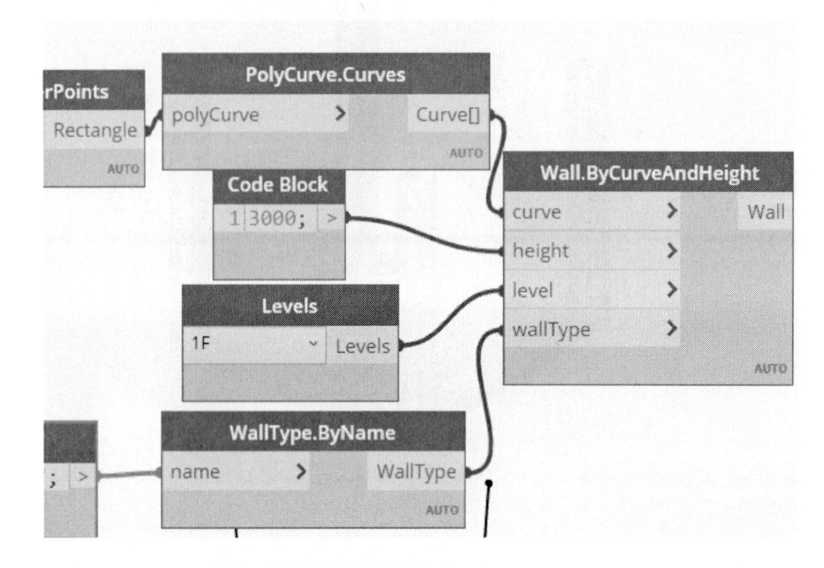

다음과 같이 네 경계선에 벽체가 모델링됩니다.

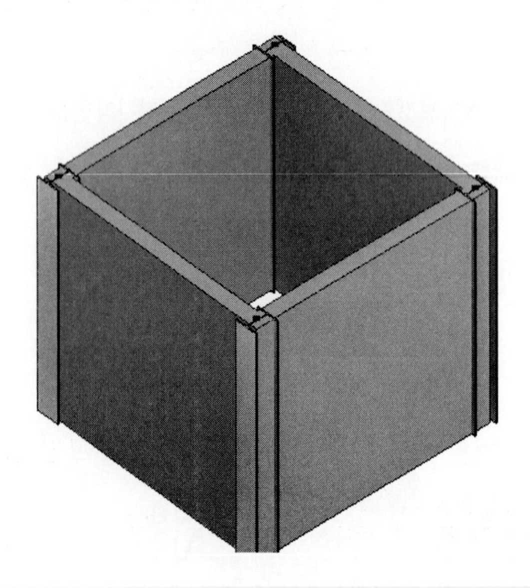

(3) Revit에서 작성된 모델을 Dynamo 모드에서 표시하려면 Element.Geometry 노드를 연결합니다. 다음과 같이 Dynamo 워크스페이스에서도 작성된 모델을 확인할 수 있습니다.

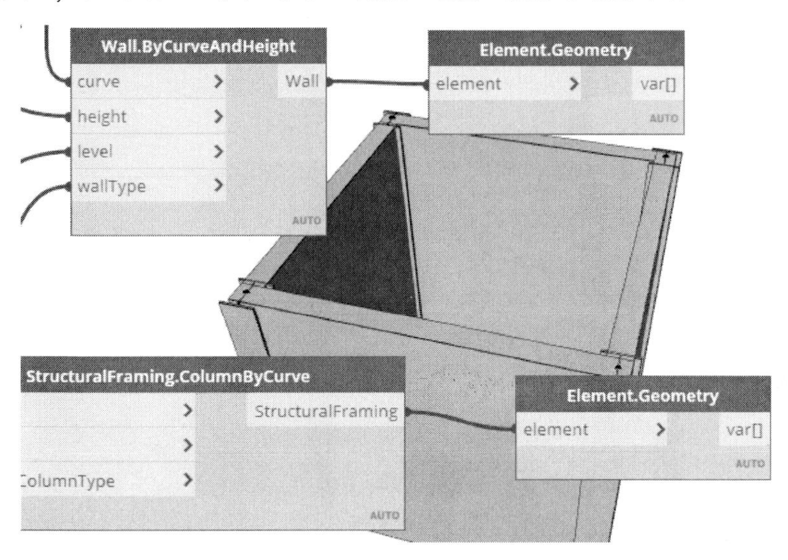

참고 : 벽체 작성 노드

벽체를 작성하는 노드는 Wall.ByCurveAndHeight 노드 외에 Wall.ByCurveAndLevels 노드가 있습니다. 입력 포트 curve를 프로파일로 하여 시작 레벨(startLevel)과 끝 레벨(endLevel)을 지정하여 작성합니다.

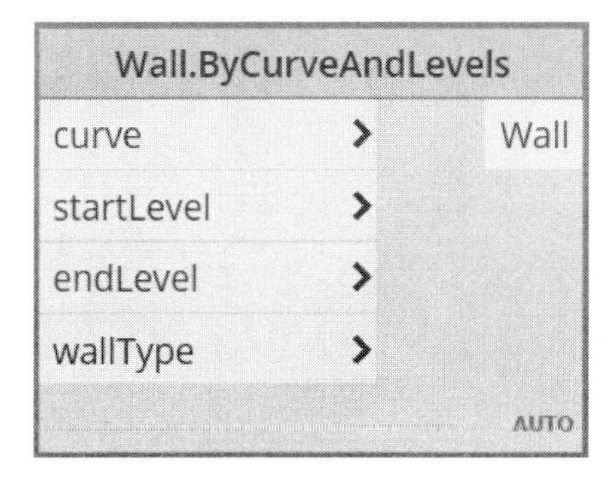

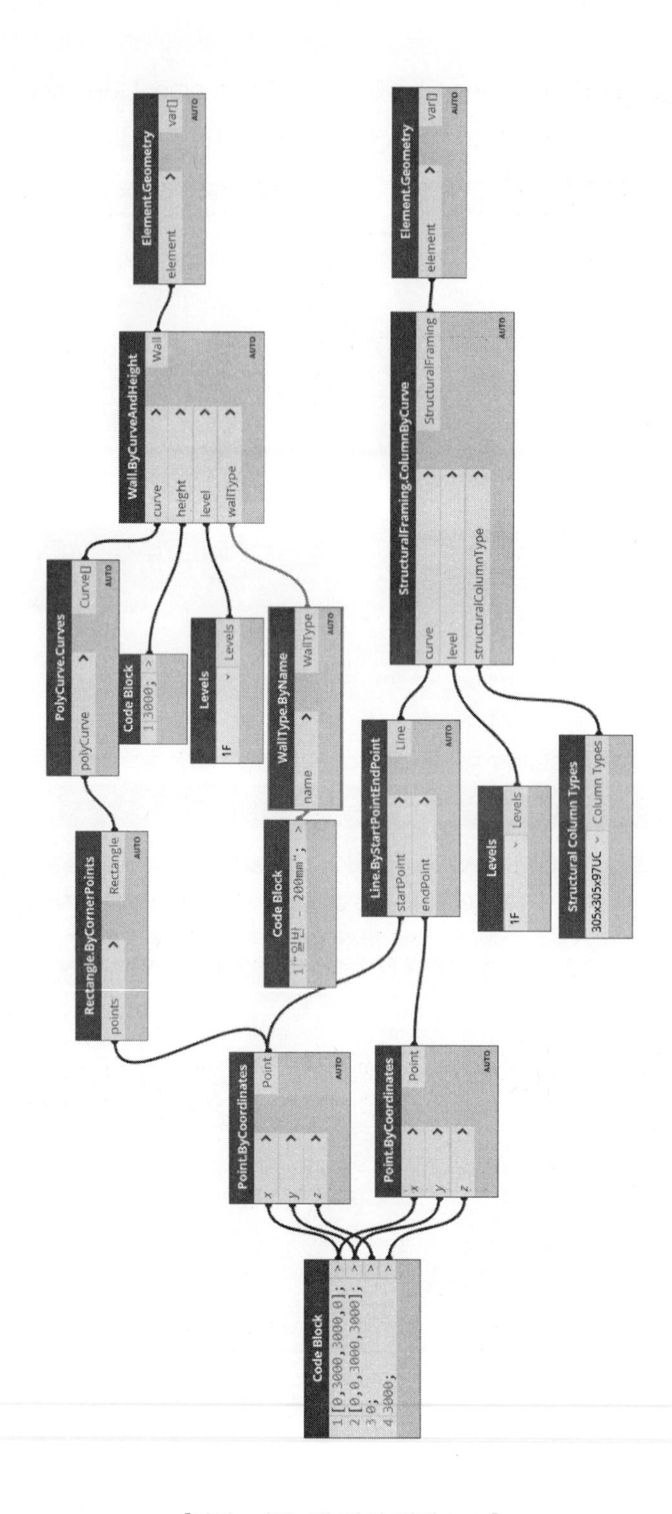

[바닥, 기둥, 벽 작성 전체 노드]

3. 선을 벽체로 변환

'모델 선' 기능으로 작성된 선(선, 호, 원 등)을 벽체로 변환하는 코드를 작성해보겠습니다.

(1) 먼저 Revit에서 변환하고자 하는 선을 작성합니다. 기준 레벨을 1층(1F)로 설정한후 Revit의 '모델 선' 기능으로 다음과 같이 선을 작성합니다.

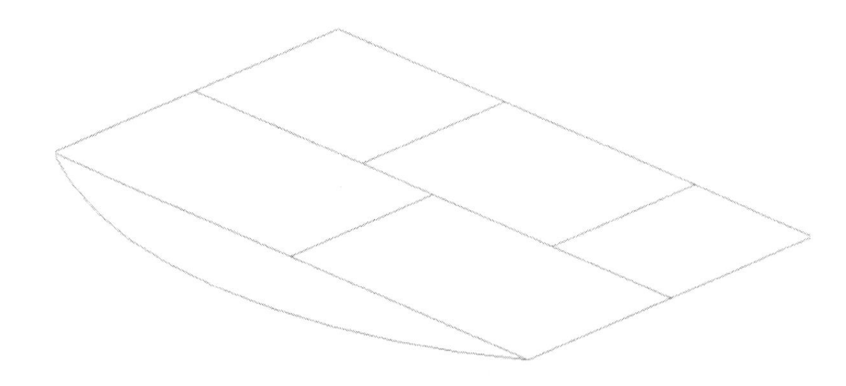

(2) 요소를 선택하는 Select Model Elements 노드를 배치합니다. 선 요소만 추출하기 위해 List.RemoveIfNot 노드를 배치하여 type 입력 포트에 'ModelCurve'를 지정합니다. [선택]을 클릭한 후 Revit 프로젝트에 작도된 선을 선택합니다. 다음과 같이 ModelCurve 요소만 추출됩니다.

Tip

Select Model Elements 노드 등 요소를 선택하는 노드에 대해서는 다음 단원(요소의 선택과 편집)에서 자세히 설명합니다.

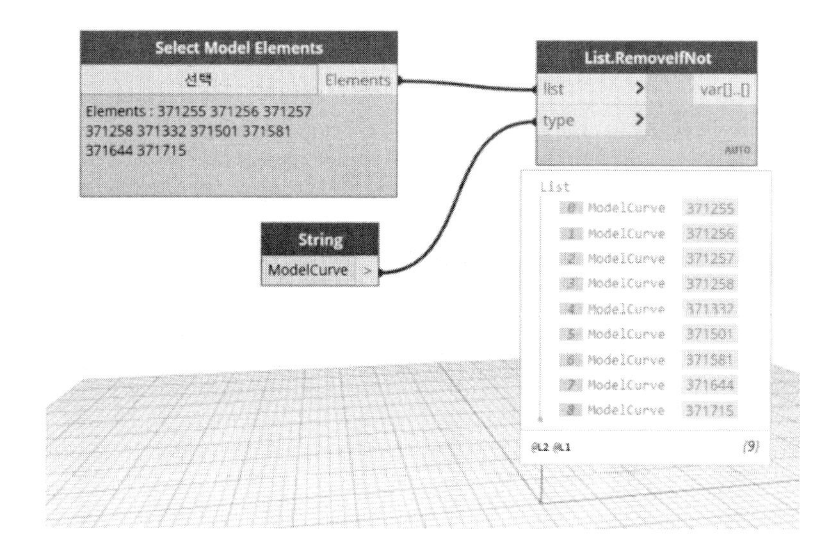

(3) Element.Geometry 노드를 배치하여 요소의 지오메트리를 추출합니다.

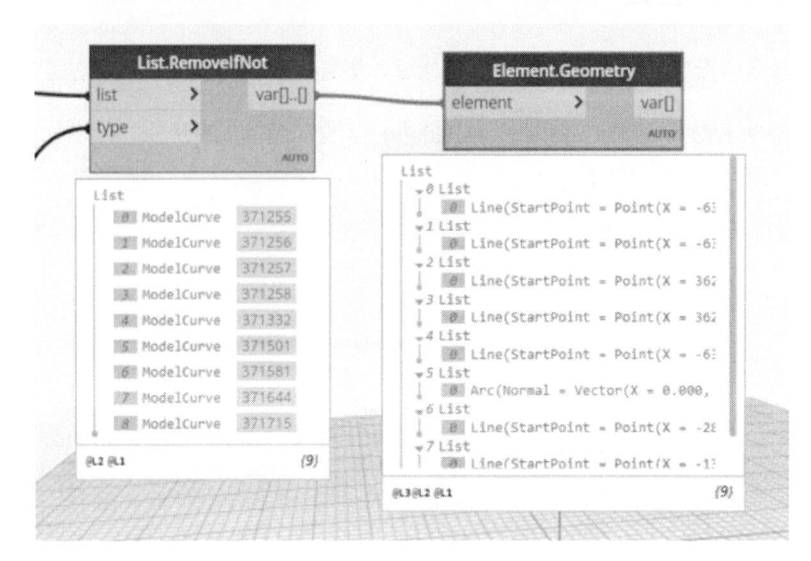

(4) 벽으로 모델링하는 Wall.ByCurveAndLevels 노드를 배치합니다. curve 입력 포트에는 앞에서 추출한 지오메트리를 연결합니다. 벽체가 모델링 될 시작 레벨(startLevel)과 끝 레벨(endLevel)을 지정하고, Wall Types 노드를 이용하여 벽체의 유형을 지정합니다.

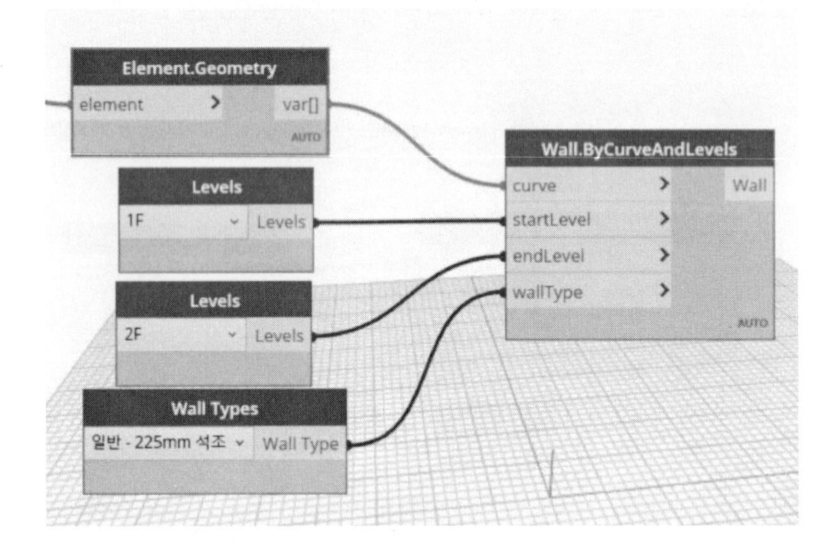

다음과 같이 선택한 선이 지정한 레벨에 벽 유형으로 모델링된 것을 확인할 수 있습니다.

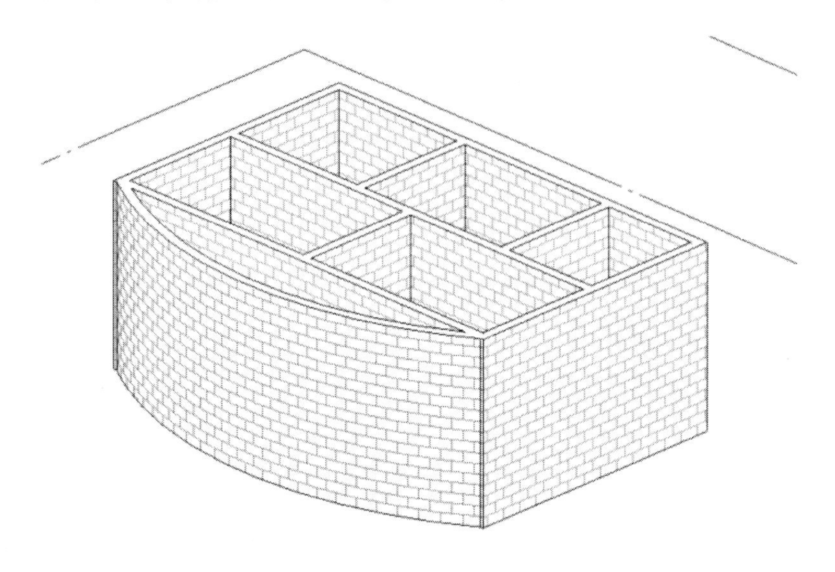

다음과 같이 몇 개의 노드만으로 선을 벽으로 변환할 수 있습니다.

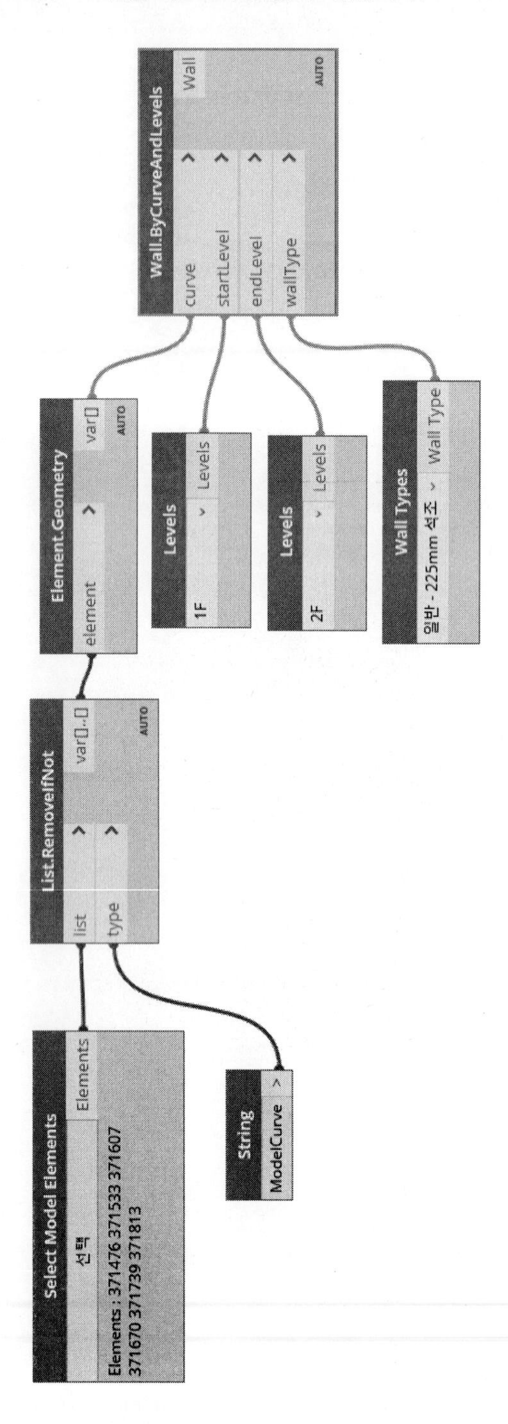

[선을 벽으로 변환 전체 노드]

03_ 요소의 선택과 편집

Revit에서 작업을 진행할 때는 새로운 요소를 배치하는 경우도 있지만 많은 경우는 기존 요소를 선택하여 정보를 취득하거나 편집을 수행합니다. 이번에는 요소를 선택하고 편집하는 방법에 대해 알아보겠습니다.

1. 요소의 선택

요소의 선택은 카테고리나 요소의 유형을 지정하여 지정하여 선택하는 방법과 필요한 개별 요소를 직접 선택하는 방법이 있습니다. 선택과 관련된 노드는 Revit → Selection 카테고리에 배치되어 있습니다.

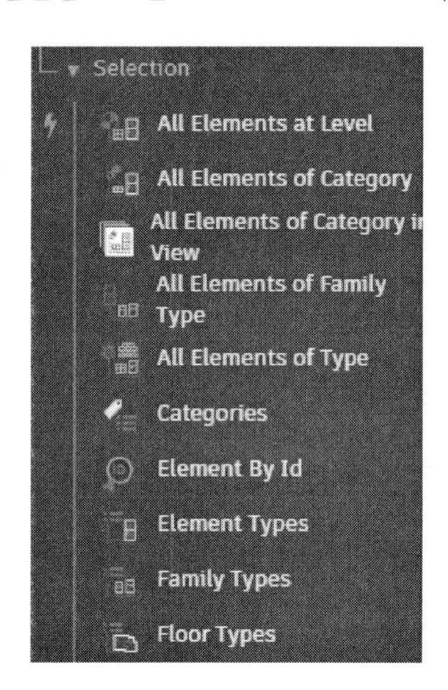

(1) 카테고리와 요소 유형을 지정하여 선택

범주를 지정하여 선택하는 노드는 Element Types노드와 Categories노드가 있습니다.

Categories노드는 카테고리를 선택(지정)하여 요소를 추출(선택)합니다. 모델 공간에 배치된 요소를 카테고리를 기준으로 선택합니다. 선택된 카테고리의 모든 요소를 추출하는 노드는 All Elements of Category 노드입니다. 두 노드를 조합하면 현재 모델에 있는 해당 카테고리의 모든 요소를 추출합니다.

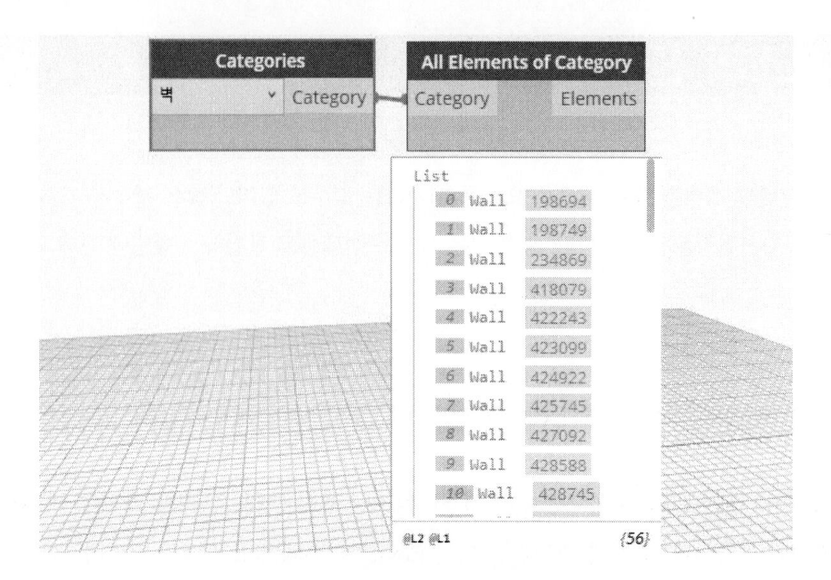

Element Types노드는 Categories노드보다 상세한 정보를 얻을 수 있습니다. Categories 노드로 취득할 수 없는 패밀리 타입을 취득하거나 특정 뷰를 필터링된 요소를 선택할 수 있습니다. Element Types노드에서 'Wall'을 선택하면 Categories 노드와 동일한 정보를 얻을 수 있습니다.

Categories 노드는 번역된 언어(한글)로 표시되지만 Element Types 노드의 선택 항목은 모두 영어로 표시됩니다.

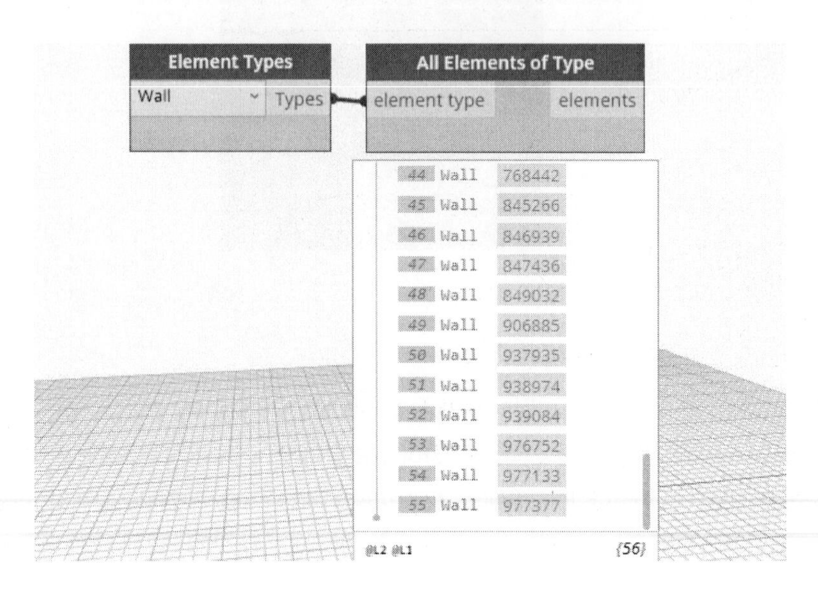

Element Types노드에서 'WallType'을 지정하면 벽체 유형만 추출할 수 있습니다. 이처럼 Element Types노드는 Categories 노드에 비해 더 상세한 정보를 얻을 수 있습니다.

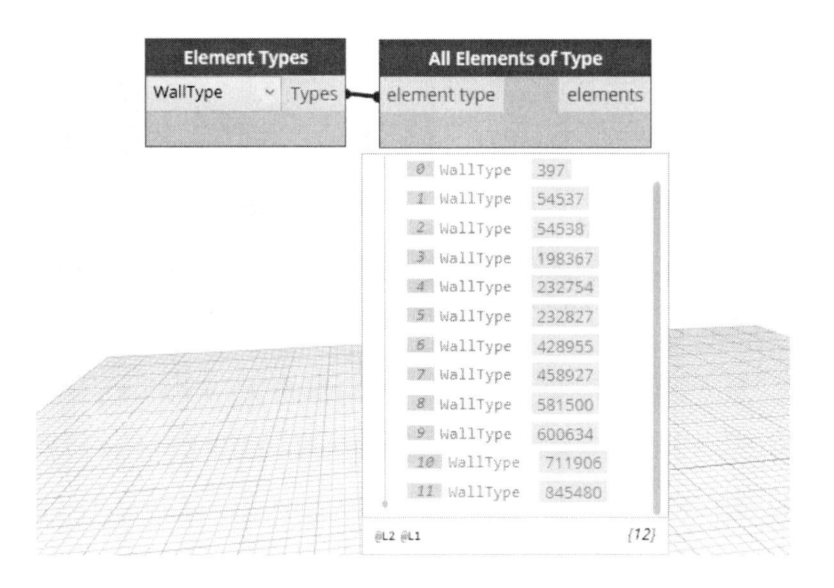

(2) 요소와 ID

선택된 요소는 다음과 같이 요소의 유형과 ID 형식으로 표시됩니다. 요소 ID는 해당 프로젝트 모델에서 유일한 숫자입니다.

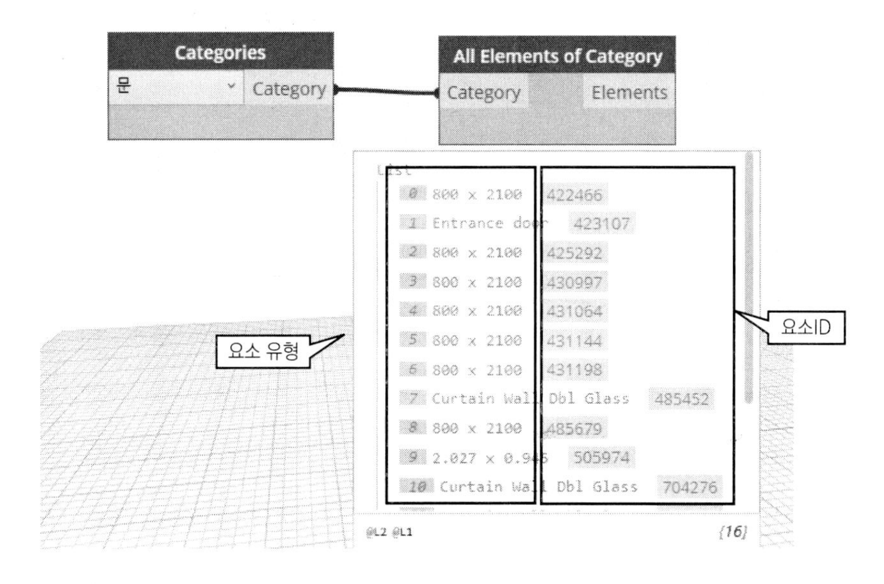

요소 ID를 더블 클릭하면 해당 요소가 확대되어 표시됩니다. ID를 더블클릭하면 해당 요소가 선택됩니다.

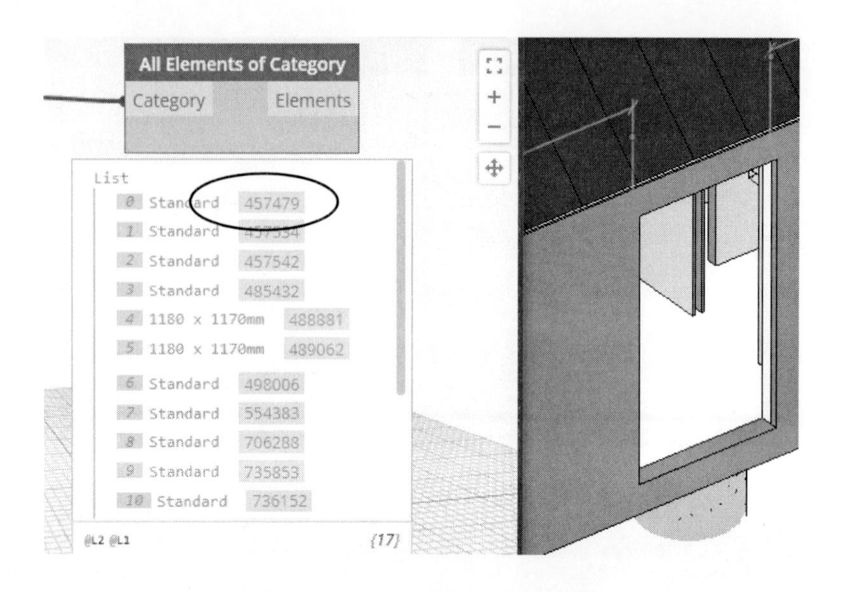

참고 : 요소 ID의 확인 및 표시

Revit에서 선택한 요소의 ID를 확인하고 ID에 해당하는 요소를 표시할 수 있습니다. Revit의 '관리 → 조회 → 선택항목 ID'를 통해 선택한 요소의 ID를 확인할 수 있습니다. 반대로 ID를 이용하여 해당 요소를 선택하려면 '관리 → 조회 → ID별로 선택'을 클릭합니다. ID를 입력한 후 [표시(D)]를 클릭하면 해당 요소가 표시되는 뷰가 펼쳐지며 표시됩니다. Element by ID 노드가 이에 해당됩니다.

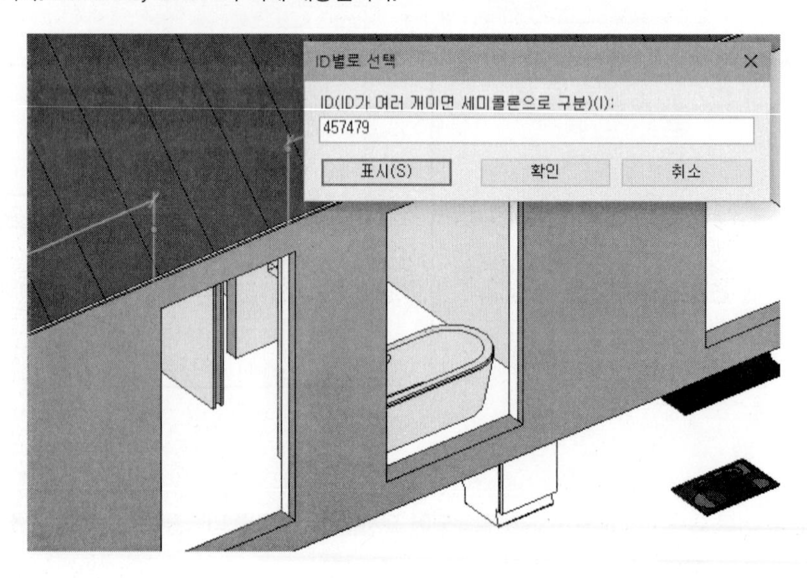

(3) 특정 요소의 선택

Revit에서 요소를 편집하기 위해서는 먼저 편집하고자 하는 요소를 선택해야 합니다. Select Model Element 노드는 특정 요소를 선택합니다. [선택] 버튼을 클릭하여 Revit의 요소를 선택합니다. 선택된 요소의 ID를 반환합니다. Select Model Element 노드는 하나의 요소만 선택할 수 있으며, Select Model Elements는 여러 요소를 선택할 수 있습니다.

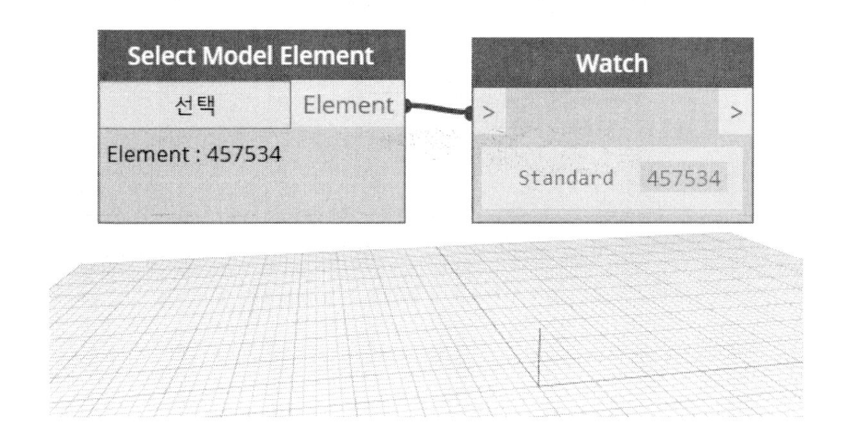

(4) 카테고리별로 필터링된 요소 선택

Select Model Elements By Category 노드는 카테고리를 지정하여 해당 카테고리만 선택합니다. 지정한 카테고리 외에는 선택되지 않습니다. 다음과 같이 '창' 카테고리를 지정하고 모델에서 창을 선택합니다. 세 개의 창을 선택하면 하단에 선택한 요소의 ID가 표시됩니다. 선택이 끝나면 옵션바에서 [완료]를 클릭합니다. 지정한 카테고리의 여러 요소를 선택할 수 있습니다.

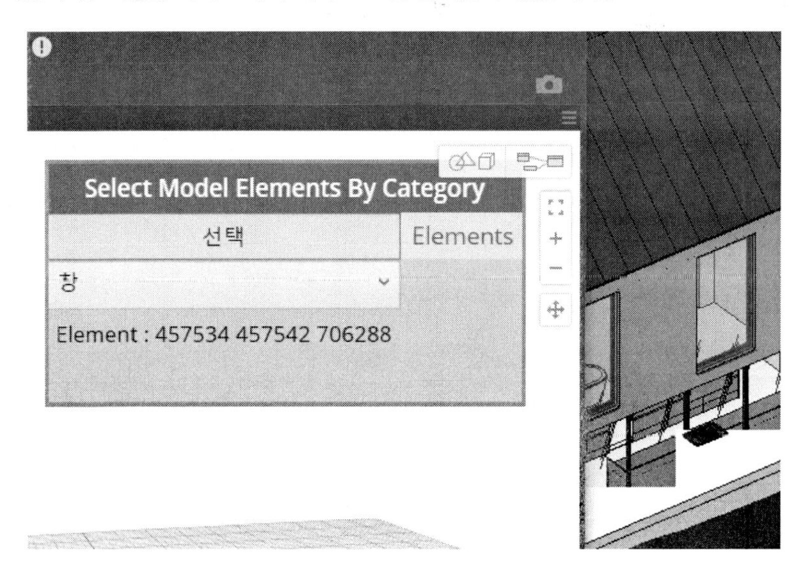

(5) 활성화된 뷰의 요소 선택

All Elements In Active View 노드는 현재 활성화된 뷰에 있는 모든 요소를 선택하는 노드입니다. 이 노드는 Selection 카테고리가 아닌 Views → View 카테고리에 배치되어 있습니다.

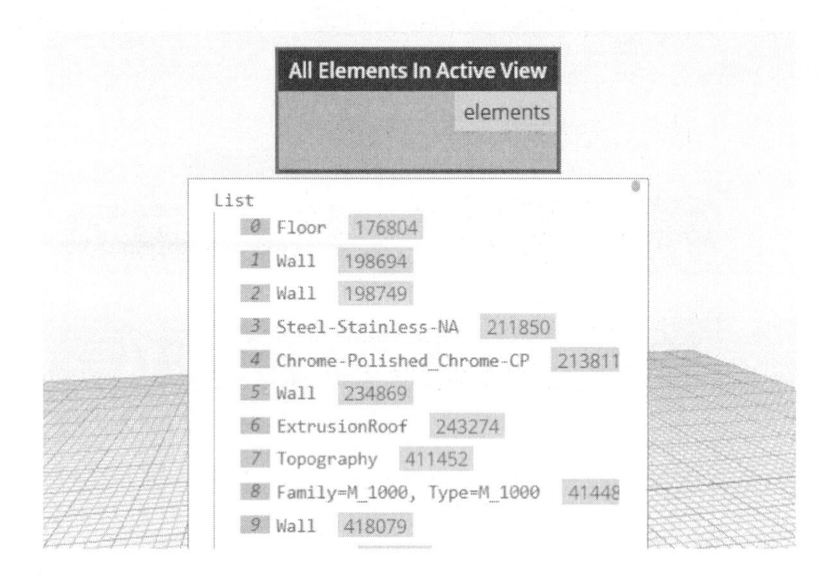

(6) 기타

앞에서 설명한 노드 외에도 특정 패밀리 유형을 지정하여 선택하거나 특정 요소를 지정하는 노드가 있습니다.

-. Family Types : 패밀리의 유형을 지정하여 선택합니다.

-. Levels : 현재 프로젝트에 있는 레벨을 선택합니다.

-. All Elements at Level : 해당 레벨에 존재하는 모든 요소를 선택합니다.

-. Wall Types, Roof Types, Floor Types : 벽체, 지붕, 바닥 등 지정한 시스템 패밀리의 유형만 선택합니다.

-. Sheets, Views : 시트나 뷰를 선택합니다.

이 밖에도 Selection 카테고리에는 다양한 선택 노드를 제공하고 있습니다. 각 노드를 배치하여 어떤 요소나 유형이 선택할 수 있는지 확인해봅니다.

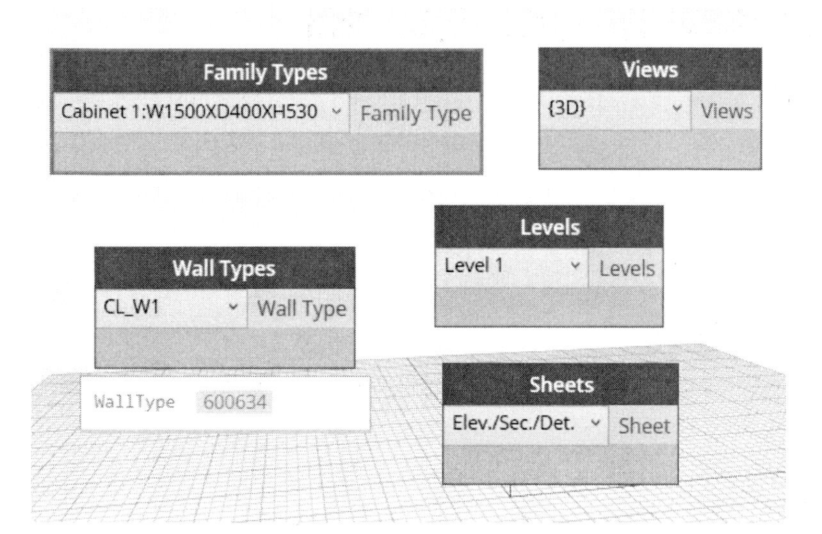
Family Types
Cabinet 1:W1500XD400XH530
Family Type
Views
{3D}
Views
Levels
Level 1
Levels
Wall Types
CL_W1
Wall Type
WallType 600634
Sheets
Elev./Sec./Det.
Sheet

2. 요소의 선택과 컴포넌트(패밀리) 배치

요소의 선택과 활용에 대해 예제를 통해 알아보겠습니다. 먼저 스플라인을 작성한 후 스플라인을 선택하여 일정한 간격으로 요소(패밀리)를 배치하는 기능을 구현해보겠습니다. 사용하는 주요 노드는 다음과 같습니다.

-. Element.Geometry : 요소(element)의 기하학적 정보를 가져옴

-. Curve.Length : 곡선(curve)의 길이를 추출

-. Curve.PointAtSegmentLength : 곡선(curve)의 길이를 따라 특정 호 길이(segmentLength)의 점을 분할하는 점을 반환

-. FamilyInstance.ByPoint : 지정한 위치(point)에 Revit의 패밀리 인스턴스(familyType)를 배치

(1) 먼저, Revit 모델 공간에 모델선 기능으로 스플라인을 작성합니다.

2) Select Model Element 노드를 배치한 후 [선택]을 눌러 스플라인을 선택합니다. 정상적으로 선택되면 다음과 같이 요소 아이디가 표시됩니다. 다음으로 Element.Geometry 노드를 배치하여 기하학 정보를 가져옵니다. 실행을 하면 다음과 같이 Revit에서 선택한 곡선이 Dynamo 툴의 그래픽 화면에 표시됩니다.

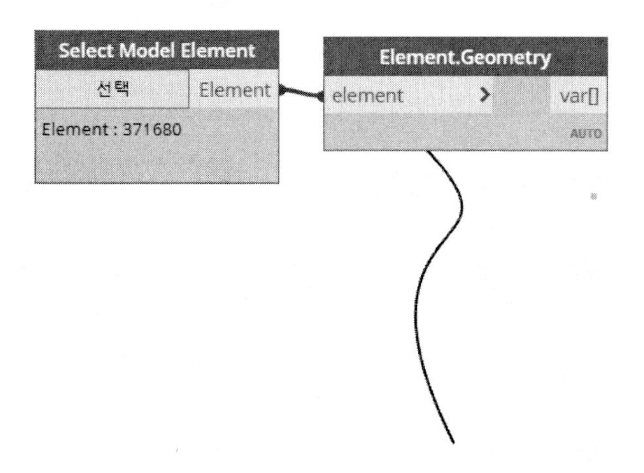

(3) 추출된 기하학 정보를 바탕으로 곡선상에 점을 작성합니다. 먼저, 곡선의 길이를 산출하기 위해 Curve.Length 노드를 배치하여 연결합니다. 다음과 같이 곡선의 길이가 추출됩니다.

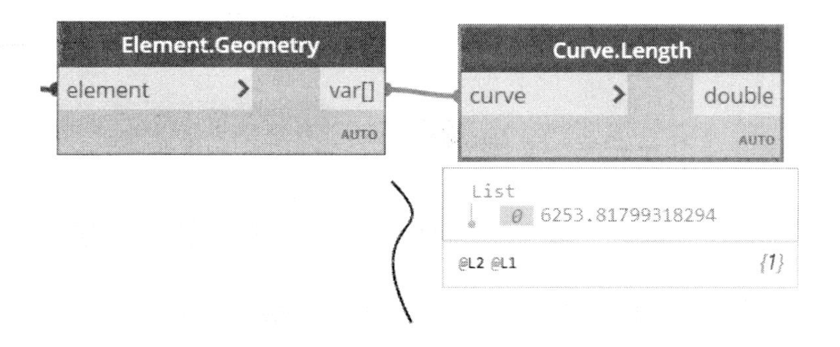

(4) 배치 간격을 지정하기 위해 Range 노드를 배치한 후 start 입력 포트에는 0을 지정합니다. End 입력 포트에는 앞에서 산출한 곡선의 길이, step은 간격을 지정하는 넘버 슬라이더를 연결합니다. 이때 간격이 너무 조밀하면 많은 촘촘하여 많은 시간이 소요되기 때문에 넘버 슬라이더의 step을 1000이상으로 설정합니다.

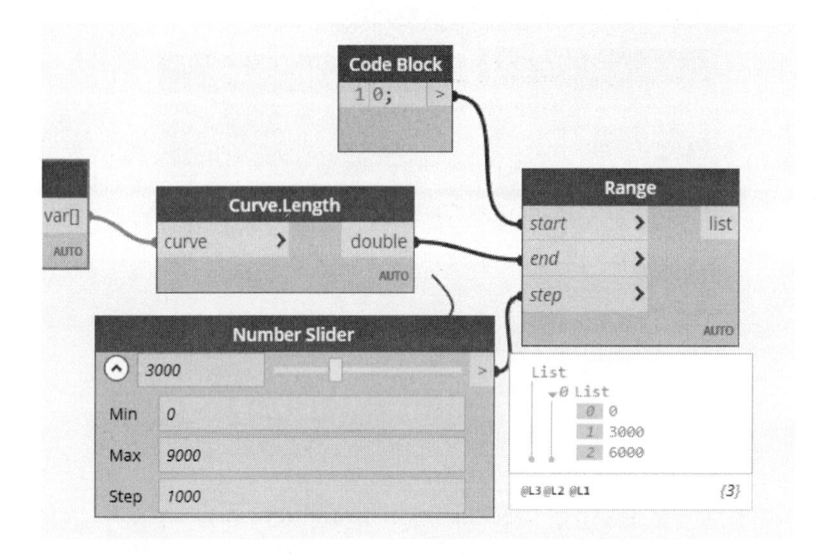

(5) 곡선 상에 일정한 거리로 분할하는 점을 배열하기 위해 Curve.PointAtSegmentLength 노드를 배치합니다. curve 입력 포트에는 지오메트리를 연결하고, segmentLength는 Range의 list를 연결 단순화(List.Flatten)한 값을 연결합니다.

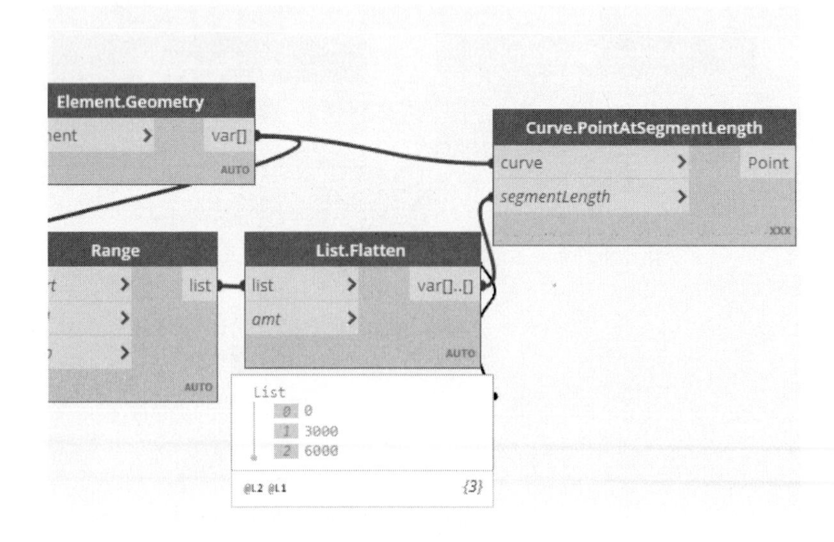

(6) 패밀리를 배치합니다. 패밀리를 배치하는 FamilyInstance.ByPoint 노드와 패밀리를 지정하는 FamilyTypes노드를 배치합니다. FamilyTypes노드를 통해 배치하고자 하는 패밀리를 선택합니다. point 입력 포트에는 Curve.PointAtSegmentLength의 출력 포트인 point를 연결합니다.

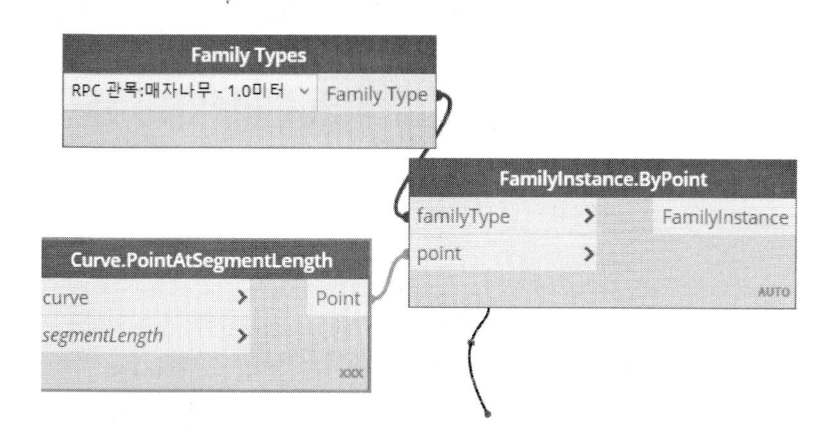

다음과 같이 Revit에서 선택한 곡선에 지정한 간격으로 패밀리(나무)가 배치됩니다. 넘버 슬라이드를 움직여보거나 패밀리 명칭을 바꿔가면서 테스트해봅니다. 문제되는 부분이 있으면 찾아서 수정해보시기 바랍니다.

Dynamo 툴에서 패밀리 형상을 표시하려면 Element.Geometry 노드를 배치합니다. 다음과 같이 곡선 상에 배치된 패밀리 형상이 표시됩니다.

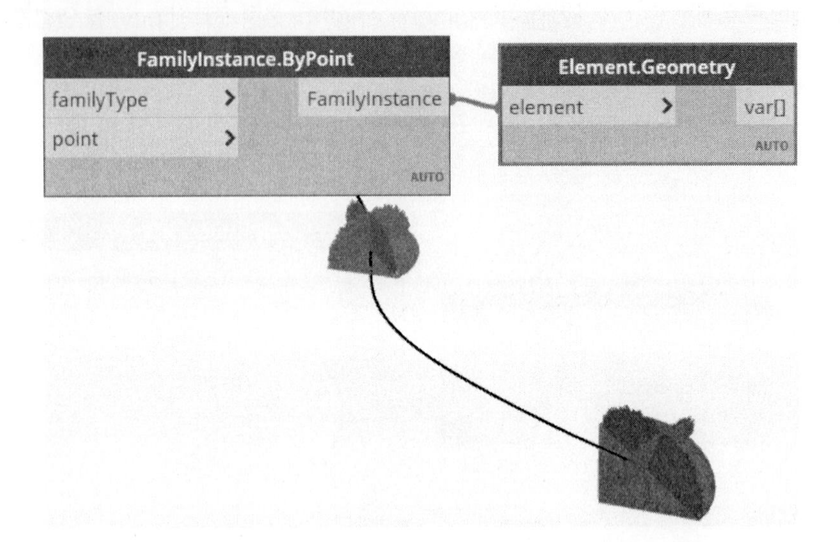

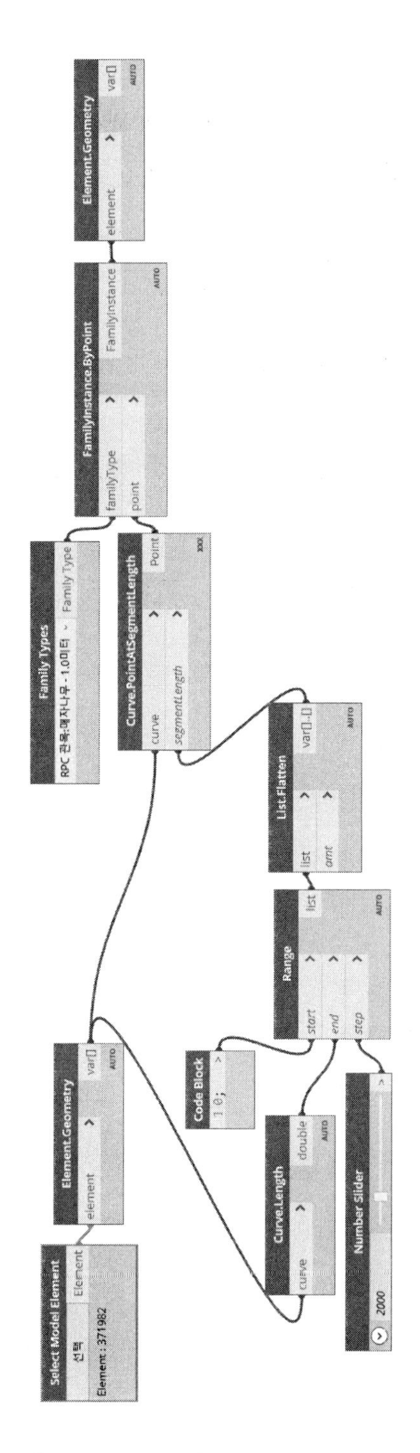

[요소 선택에 의한 패밀리 배치 전체 노드]

3. 요소의 편집(이동, 회전)

배치된 컴포넌트(패밀리)를 선택하여 이동하거나 편집하는 방법에 대해 알아보겠습니다. 의자를 배열한 후 이를 수정하는 코드를 작성하겠습니다. 주요 노드는 다음과 같습니다.

-. Element.MoveByVector : 요소(element)를 지정한 벡터(vector)만큼 이동

-. Element.GetLocation : 요소(element)의 위치를 반환

-. Element.SetLocation : 요소(element)를 지오메트리(geometry) 기반으로 지정한 위치에 배치. 이동 기능으로도 활용

-. FamilyInstance.SetRotation : 패밀리 인스턴스(familyinstance)를 Z축을 중심으로 각도(degree)를 설정

-. Vector.AngleAboutAxis : 회전축(rotationAxis)을 기준으로 두 벡터(vector, otherVector) 사이의 각도를 설정

(1) 다음과 같은 코드를 통해 의자를 배치합니다. 의자 패밀리는 현재 프로젝트에 로드되어 있는 의자를 지정합니다.

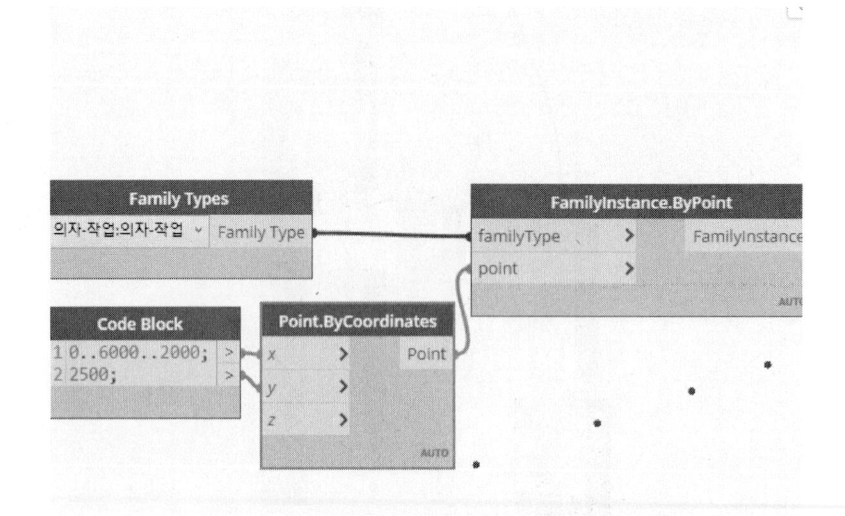

다음과 같이 의자가 배치됩니다. 여기에서는 2000 간격으로 배치했습니다.

(2) 배치된 의자 중 두 개를 선택하여 이동해보겠습니다.

먼저 요소를 여러 개 선택하는 Select Model Elements 노드를 배치합니다. 다음으로 이동하는 노드 Element.MoveByVector를 배치합니다.

AUTO

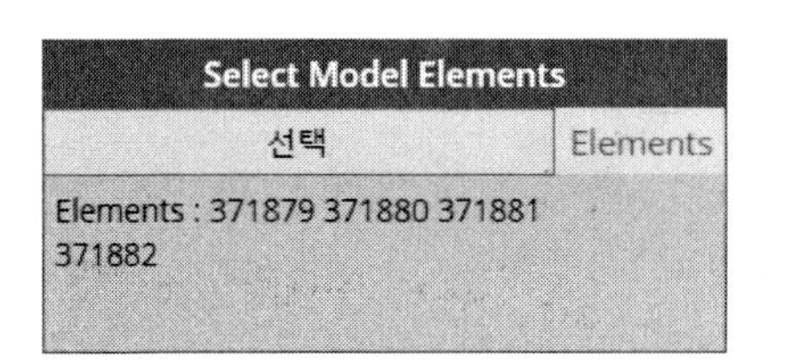

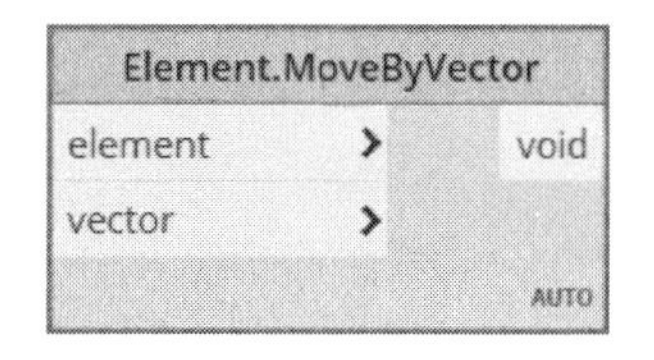

(3) 벡터를 정의하는 노드 Vector.ByCoordinates를 배치한 후 이동하고자 하는 벡터 방향으로 값을 지정합니다. 여기에서는 Y방향으로 2000만큼 이동합니다.

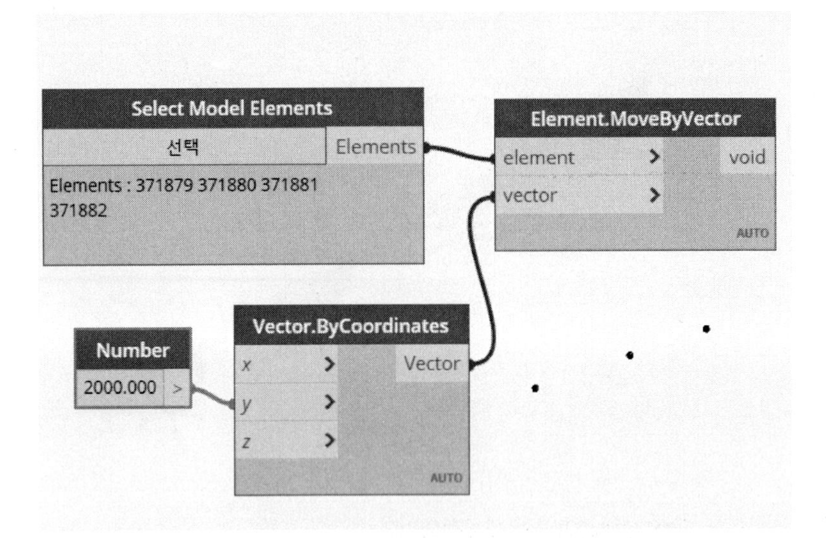

(4) Select Model Elements 노드의 [선택] 버튼을 눌러 Revit 프로젝트에서 요소를 선택합니다. 다음과 같이 두 개의 요소를 선택하면 선택한 요소가 Y축 방향으로 2000만큼 이동합니다.

(5) 다음은 Element.SetLocation노드로 지오메트리를 기반으로 이동합니다. Geometry형은 계승관계상 선분보다 상위이므로 벽과 같이 선을 기반으로 하는 요소의 이동을 가능하게 합니다. 벽체를 이동하는 예를 들어보겠습니다. 두 점을 정의한 후 선을 작성한 후 Wall.ByCurveAndHeight 노드로 이용하여 벽체를 모델링합니다.

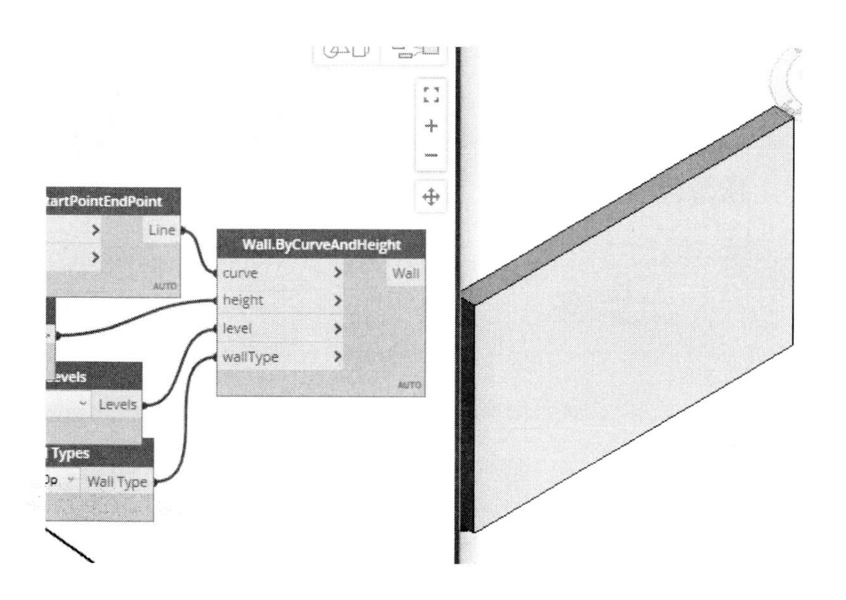

(6) 요소를 선택하는 노드 Select Model Element와 요소의 위치를 반환하는 노드 Element.GetLocation를 배치합니다.

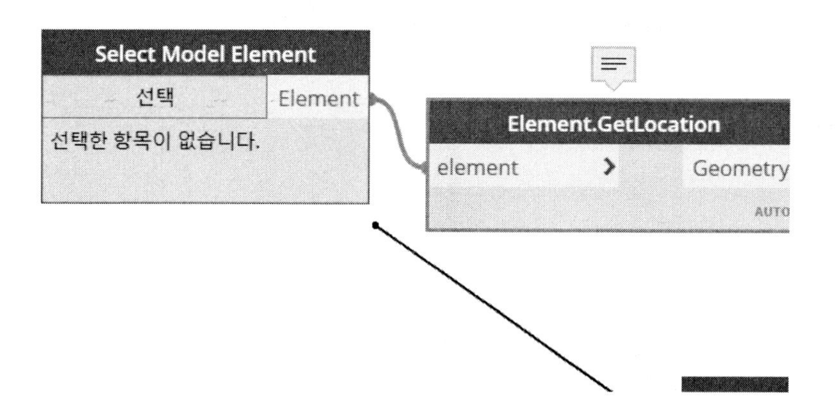

(7) 위치를 지정하는 노드 Element.SetLocation를 배치합니다. 입력 포트 element에는 요소를 선택하는 노드의 출력 포트인 Element를 연결합니다. 입력 포트 geometry에는 Curve.Offset 노드의 출력 포트를 연결합니다. Curve.Offset 노드는 특정 요소(curve)로부터 지정한 거리(distance) 값을 이동하는 노드입니다.

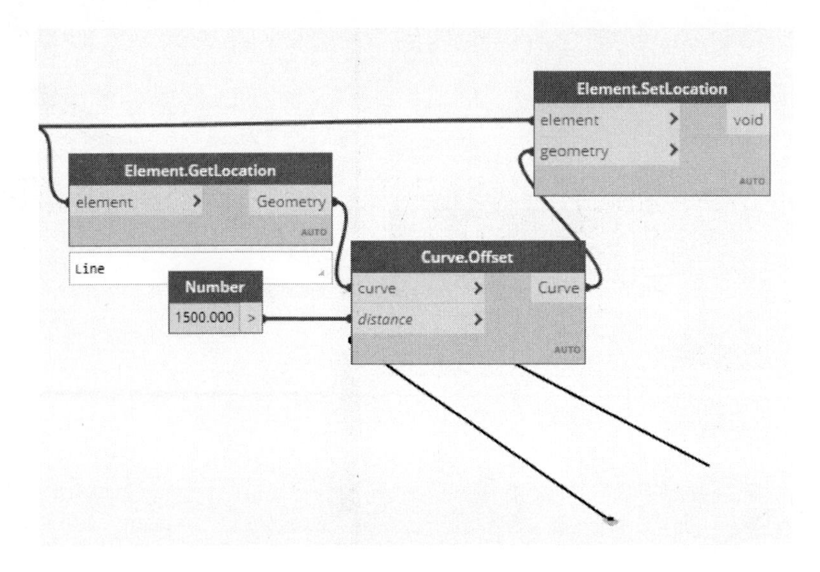

Select Model Element노드의 [선택]을 클릭한 후 벽체를 선택합니다. 다음과 같이 선택한 벽체가 지정한 거리만큼 이동되는 것을 확인할 수 있습니다.

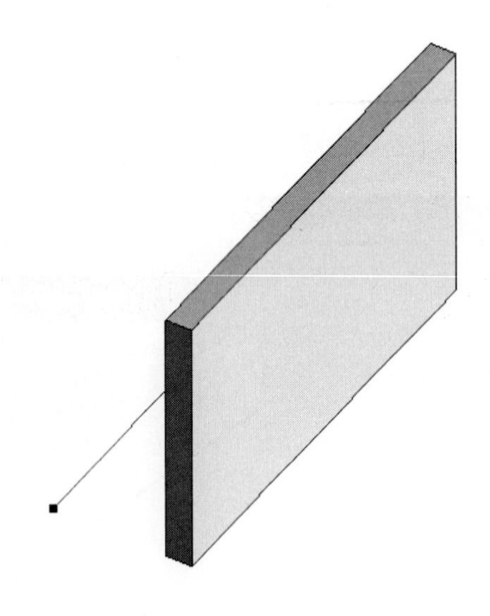

(8) 이번에는 회전하는 방법에 대해 알아보겠습니다. 앞의 방법과 같이 4개의 의자를 배치합니다.

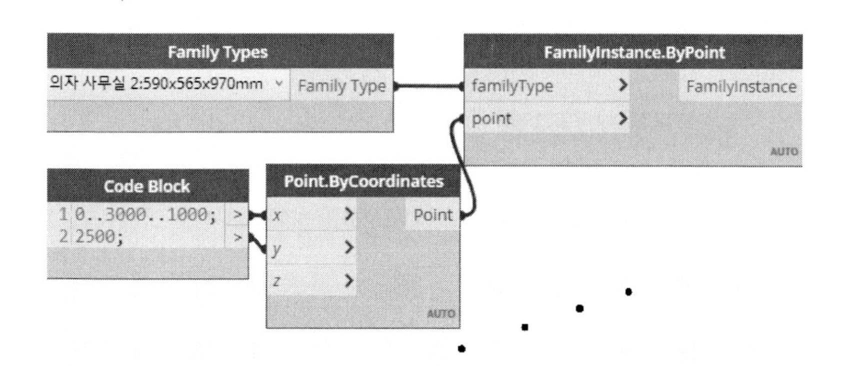

다음과 같이 의자가 배치됩니다.

(9) 요소를 선택하는 노드 Select Model Elements와 회전하는 노드 FamilyInstance.SetRotation를 배치합니다.

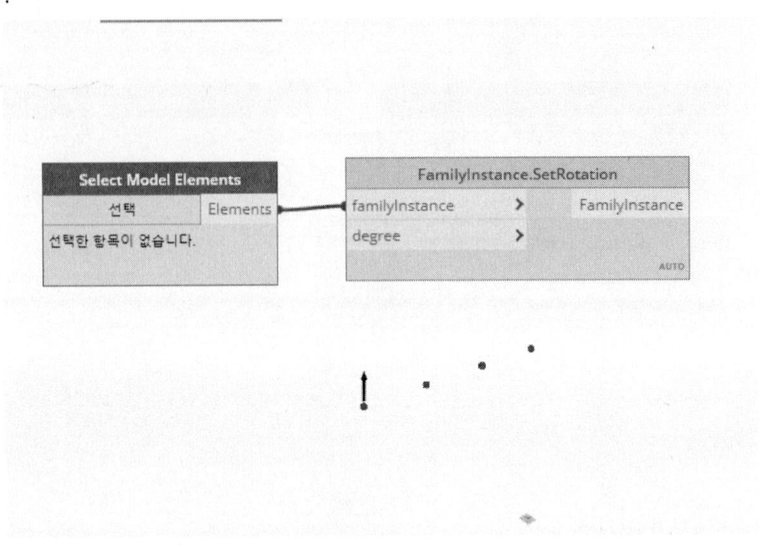

(10) Select Model Elements 노드의 [선택]을 클릭한 후 의자를 선택합니다. Number 노드를 배치하여 각도를 입력하여 degree 입력 포트에 연결합니다.

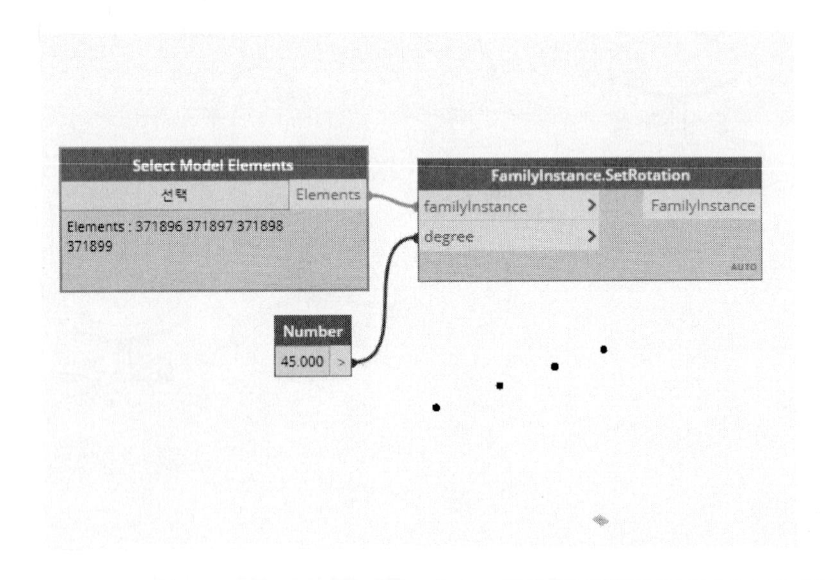

다음과 같이 선택된 요소가 지정한 각도로 회전합니다.

(11) 다음은 하나의 원과 요소(의자)를 배치해놓고 요소의 방향이 원의 중심에 맞춰지도록 해보겠습니다. 먼저 Revit 모델 공간에 원을 작성하고 의자를 배치합니다.

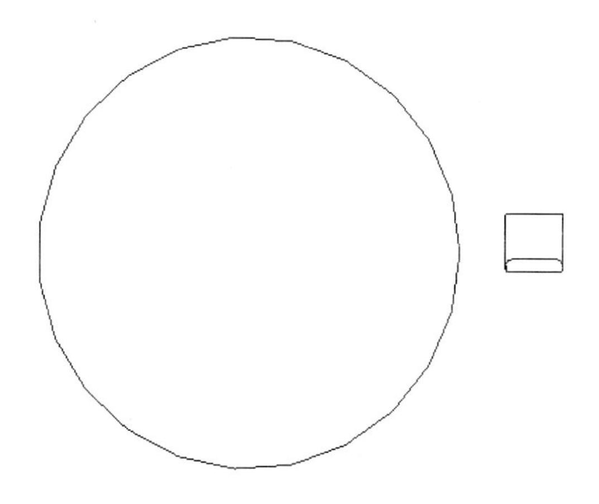

(12) 요소를 선택하는 노드 Select Model Element와 요소의 위치를 반환하는 노드 Element.GetLocation를 배치합니다. 원과 의자를 선택하기 위해 두 개씩 배치합니다.

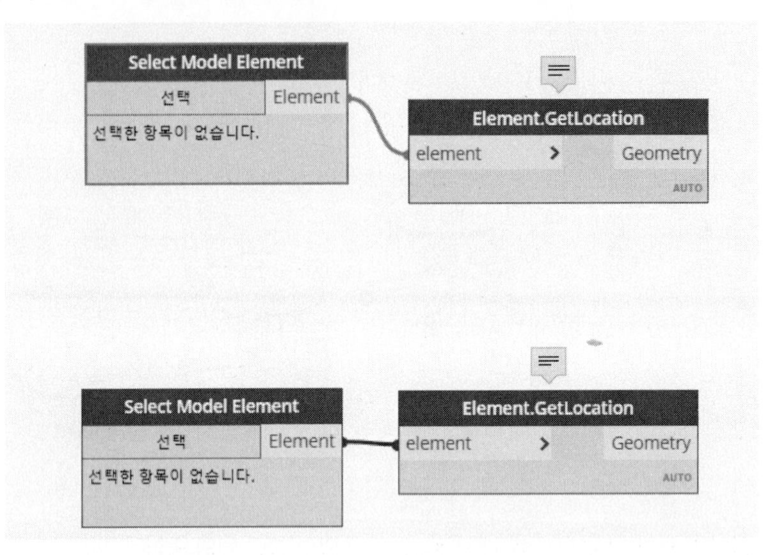

(13) 선분의 중심점을 찾기 위해 Circle.CenterPoint 노드를 배치합니다. 두 점을 이용하여 벡터를 구하기 위한 노드 Vector.ByTwoPoints를 배치하여 입력 포트 start, end에 연결합니다.

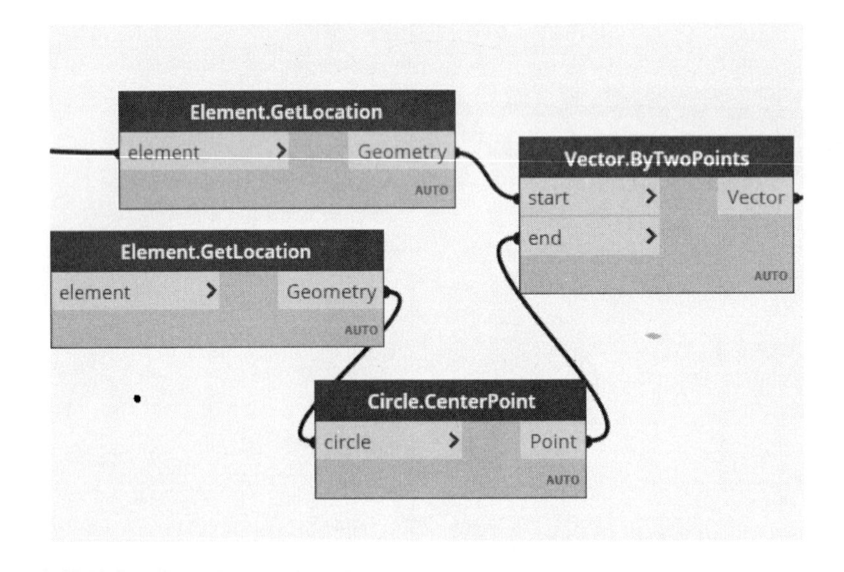

(14) Vector.AngleAboutAxis 노드를 배치합니다. 앞에서 구한 벡터를 입력 벡터 vector에 연결하고, otherVector에는 Vector.YAxis노드를 연결합니다. 작성한 벡터와 Y 축 이 이루는 각도를 구합니다. Y축을 지정한 이유는 작성된 패밀리가 Y축을 향하기 때문입니다. 따라서, 패밀리에 따라서 X축이 될 수도 있습니다. rotatationAxis에는 Vector.ZAxis 노드를 연결합니다. 이는 Z 축을 회전축으로 합니다.

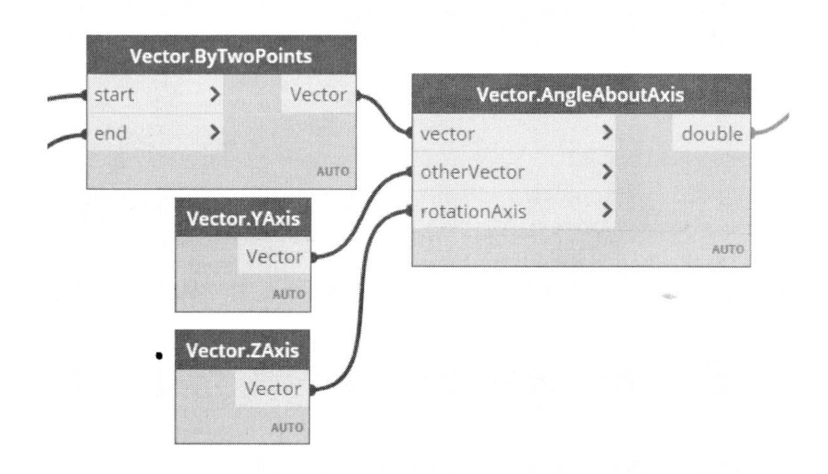

(15) Familyinstance.SetRotation 노드를 배치합니다. familyInstance에는 의자를 선택하는 노드와 연결합니다. 각도(degree)는 Vector.AngleAboutAxis 노드의 출력을 연결합니다. 마지막으로 Element.SetLocation을 배치하여 연결합니다.

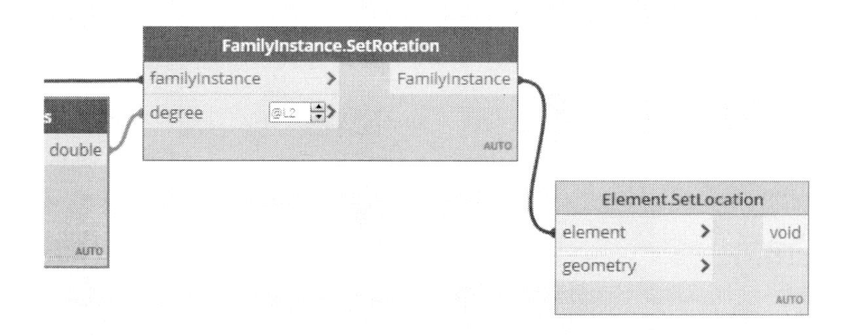

다음과 같이 의자가 원의 중심 방향으로 회전됩니다.

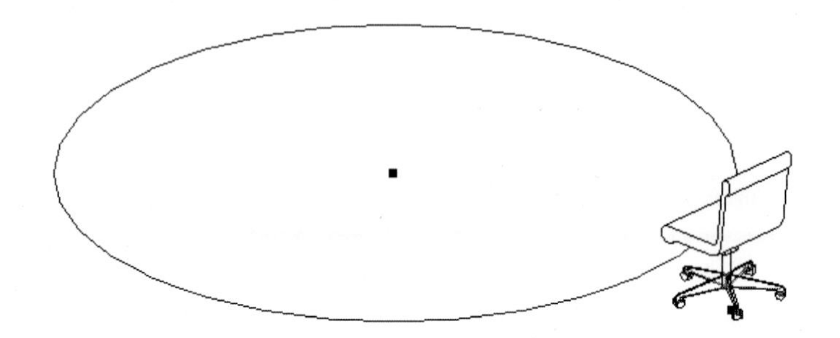

4. 특정 카테고리 비표시

지정한 카테고리만 선택하여 표시하지 않는 예제를 코딩해보겠습니다. 주요 노드는 다음과 같습니다.

-. View.SetCategoryOverrides : 지정한 뷰(view)의 카테고리(category)의 환경(그래픽)을 재설정(overrides)

-. OverrideGraphicSettings.ByProperties : 색상, 패턴, 선 두께, 투명도 등 그래픽관련 환경을 재설정

(1) 먼저 다음과 같이 간단한 건축도를 준비합니다. 건축 모델에서 문과 창 카테고리를 숨기겠습니다.

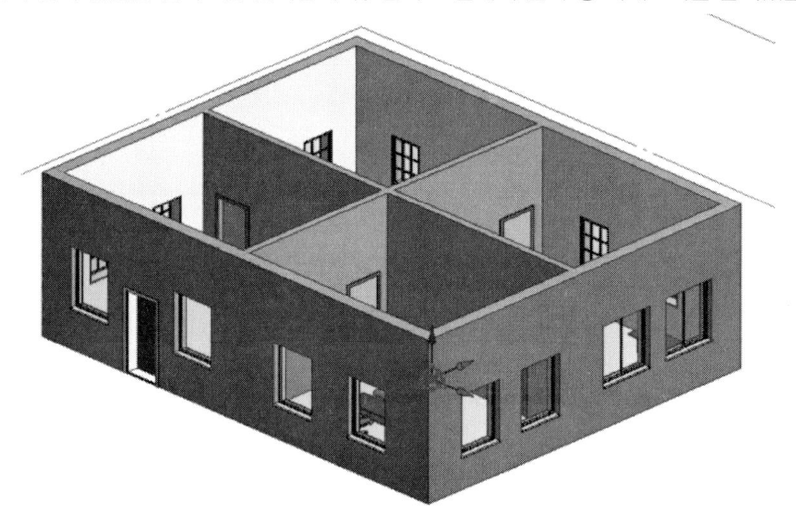

(2) 비표시하고자 하는 카테고리를 지정(Categories)하고 이들 리스트를 결합(List.Join)합니다.

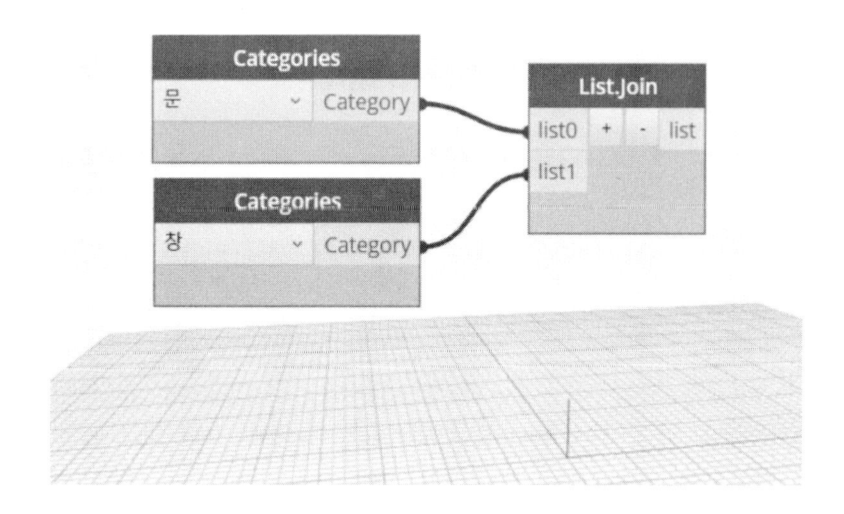

(3) View.SetCategoryOverrides 노드를 배치한 후 카테고리를 재설정합니다. view 입력 포트에는 Views 노드를 배치하여 뷰(3D)를 지정합니다. Category 입력 포트에는 앞에서 작성한 리스트(List.Join)를 연결하고, hide 입력 포트는 true로 설정합니다.

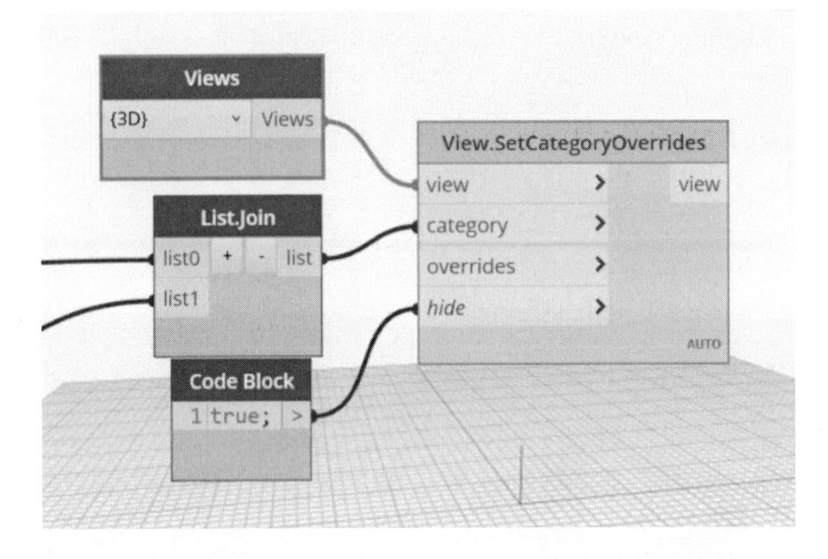

(4) 마지막으로 OverrideGraphicSettings.ByProperties 노드를 배치하여 cutFillColor 출력 포트를 overrides 입력 포트에 연결합니다.

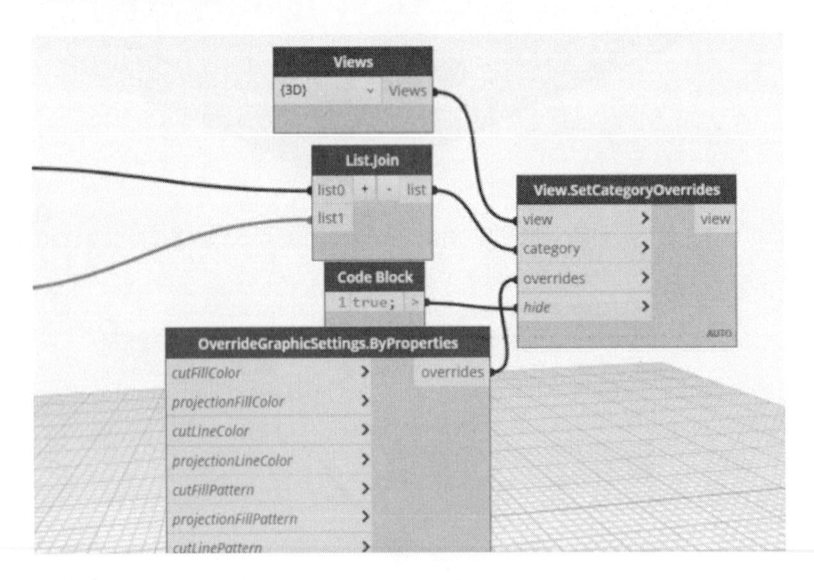

다음과 같이 지정한 카테고리(문, 창)가 비표시됩니다.

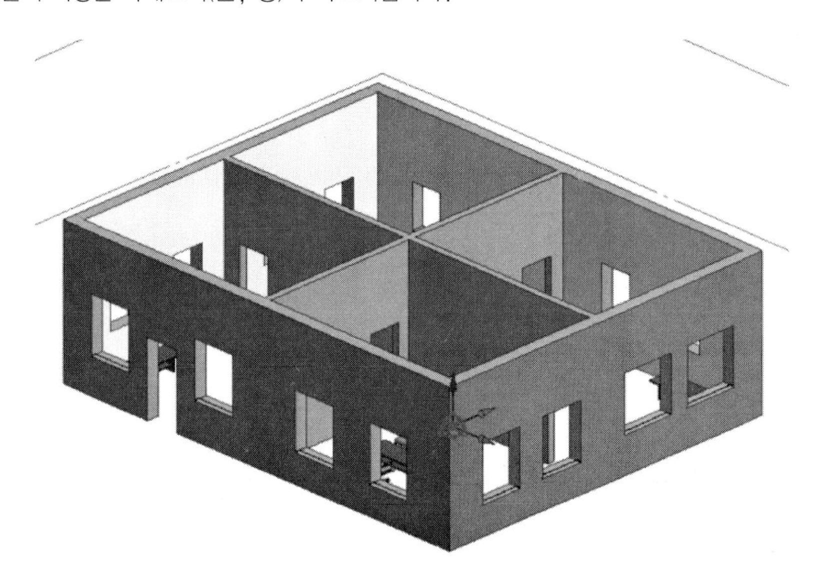

04_ 매개변수의 조작

이번에는 매개변수(parameter) 값의 취득과 조작에 대해 알아보겠습니다. BIM 모델에서 매개변수는 핵심 요소입니다. 모델은 가시적으로 보여지는 형상에 지나지 않지만 매개변수는 정보(Information)를 담고 관리하는 중요한 역할을 합니다. 매개변수의 조작이야말로 핵심이라 할 수 있습니다. 매개변수의 값을 취득하는 방법과 매개변수에 값을 부여하고 수정하는 방법에 대해 알아보겠습니다.

1. 요소의 매개변수

매개변수(Parameter)는 값을 담는 그릇입니다. 매개변수 이름과 값이 하나의 쌍으로 구성됩니다. '매개변수 이름: 값'으로 구성됩니다. 매개변수 이름은 담는 그릇의 이름이며, 값은 그릇에 담긴 내용물입니다. 요소는 유형 이름과 요소 ID 정보는 얻을 수 있습니다만 요소 자체가 매개변수를 갖고 있는 것은 아닙니다. 따라서, 요소 ID와 연계된 매개변수를 호출할 수 있습니다.

다음의 예는 카테고리를 지정하여 해당 카테고리에 속한 요소를 추출하여 해당 요소의 매개변수를 추출합니다.

(1) 먼저 프로젝트에 요소를 모델링합니다. 여기에서는 배관(Pipe)을 모델링하겠습니다. 카테고리를 지정하는 Categories 노드를 배치하고 '배관'카테고리를 지정합니다. 다음으로 카테고리의 요소를 추출하기 위해 All Elements of Category 노드를 배치합니다. 그러면 다음과 카테고리의 모든 요소가 추출됩니다. 하나하나의 요소를 인스턴스라고 부릅니다.

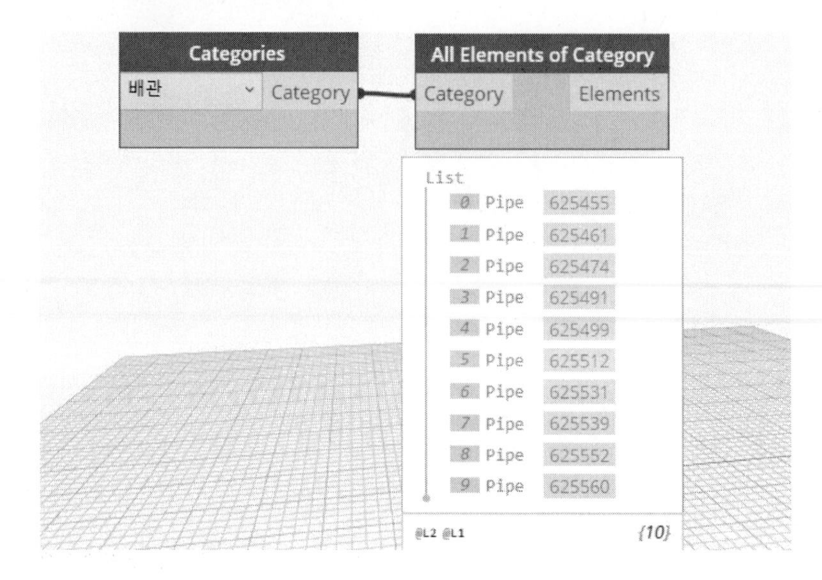

(2) 요소의 매개변수를 추출하는 Element.Parameters 노드를 배치합니다. 이 매개변수는 인스턴스 매개변수입니다.

이처럼 다루는 데이터는 크게 카테고리, 요소, 매개변수로 나눌 수 있습니다.

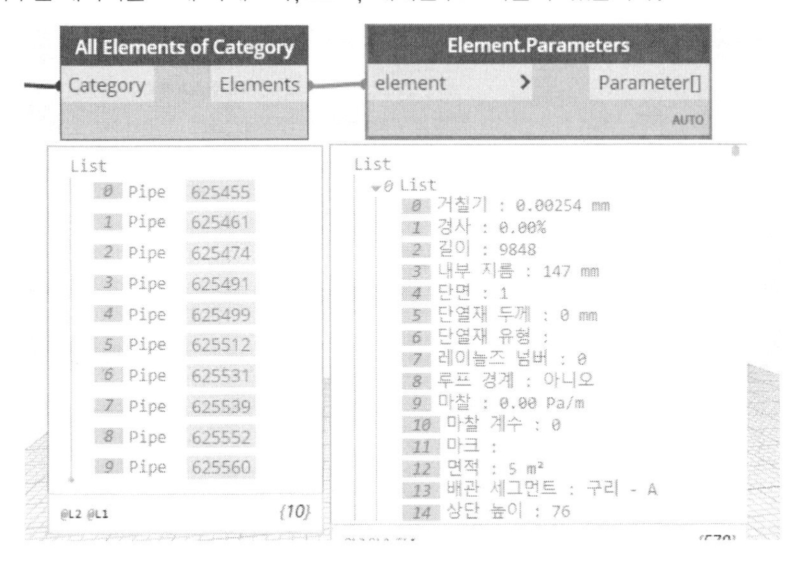

(3) 요소를 한꺼번에 취득한 경우, 에러가 발생할 확률이 많습니다. 특정 매개변수의 값을 취득하려면 매개변수 이름을 지정하여 추출합니다.

Element.GetParameterValueByName 노드로 입력 포트는 element와 parameterName입니다. 다음은 '지름'매개변수를 추출한 예입니다.

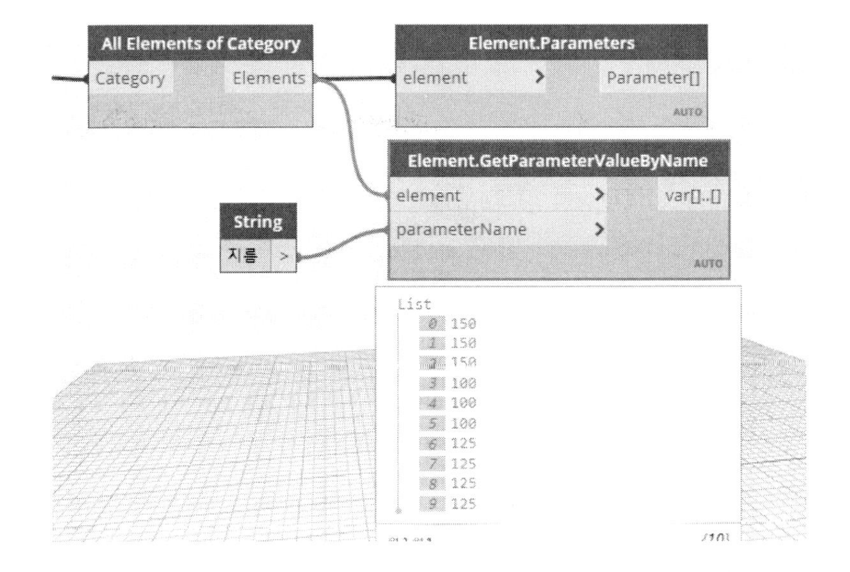

(4) 다음은 리스트의 인덱스로 매개변수 값을 추출할 수 있습니다. 다음과 같이 코드 블록으로 인덱스를 지정하면 첫 번째 요소(Index=0)의 44번째(Index=43) 매개변수인 '지름'값을 추출합니다.

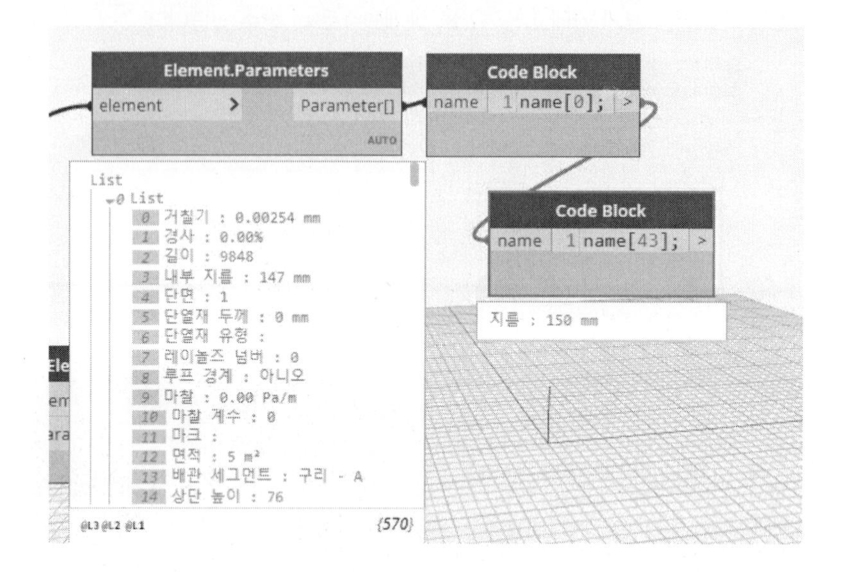

2. 매개변수 값의 취득과 쓰기

예제를 통해 매개변수 값을 추출하고 별도의 매개변수에 특정한 값을 기록하는 방법에 대해 알아보겠습니다.

(1) 먼저 Revit에서 제공하는 샘플 도면(rac_basic_sample_project.rvt)을 엽니다.

(2) Select Model Element 노드를 배치한 후 [선택] 버튼을 눌러 창을 선택합니다. 하단의 출력결과 창을 펼치면 초록색으로 ID가 표시됩니다. ID를 클릭하면 해당 요소가 확대되어 나타납니다.

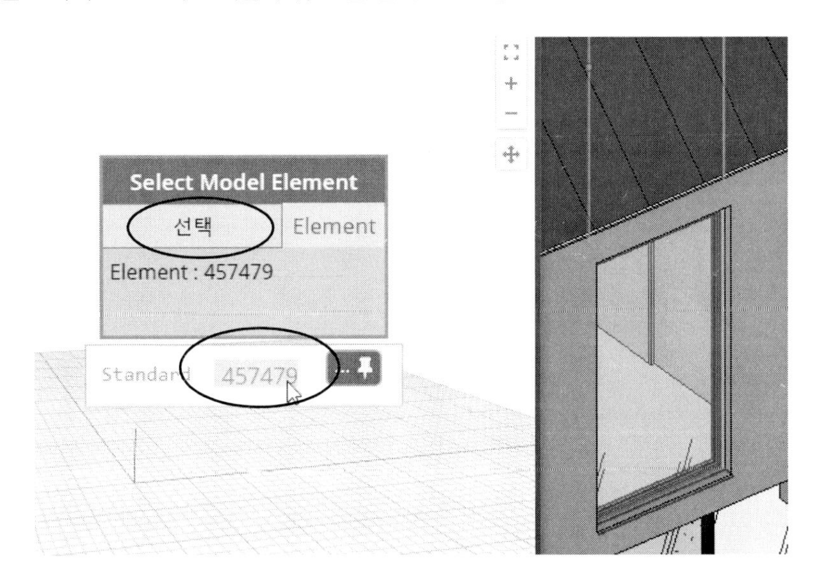

(3) 매개변수 값을 취득하기 위해 Element.GetParameterValueByName 노드를 배치합니다. 입력 포트 element에는 앞에서 선택한 요소를 연결하고, parameterName에는 String 노드를 이용하여 '높이'를 입력합니다. 즉, '높이'라는 매개변수의 값을 얻겠다는 의미입니다. 출력결과 창에 '2700'이 표시됩니다.

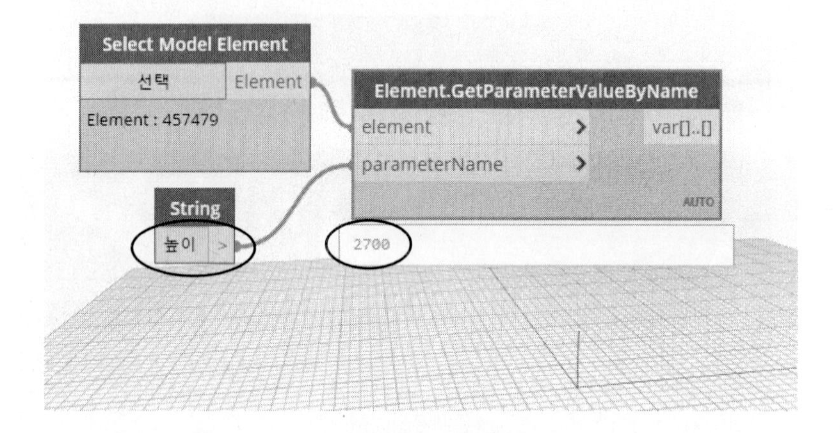

(4) 문자열로 기입하기 위해 값을 문자열로 바꾸겠습니다. 문자열로 바꾸는 노드가 String from Object입니다. 입력 포트 object에 Element.GetParameterValueByName노드와 연결합니다.

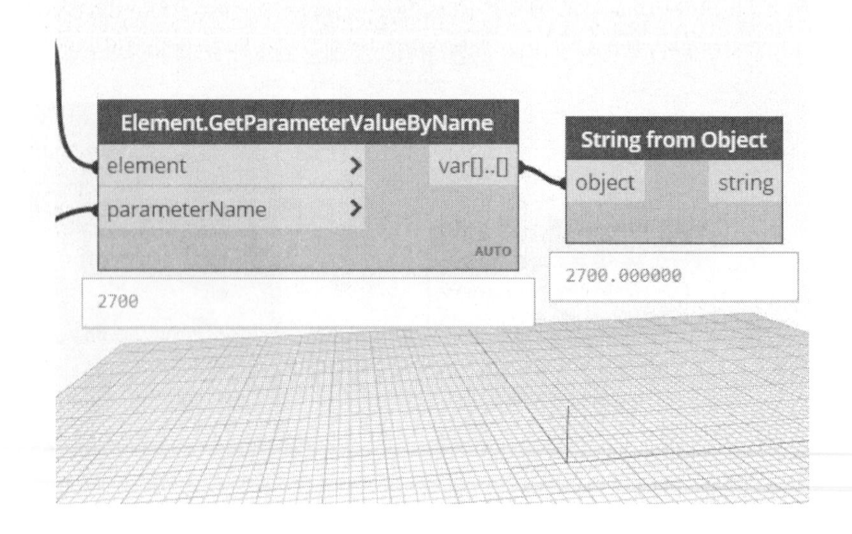

(5) 이 값을 매개변수 '해설'에 기입하겠습니다. 매개변수 이름으로 값을 기입하는 노드는 Element.Set-ParameterByName입니다. Element에는 Select Model Element노드와 연결하고, parameterName은 String 노드에 '해설'을 입력하고, value는 String from Object를 연결합니다.

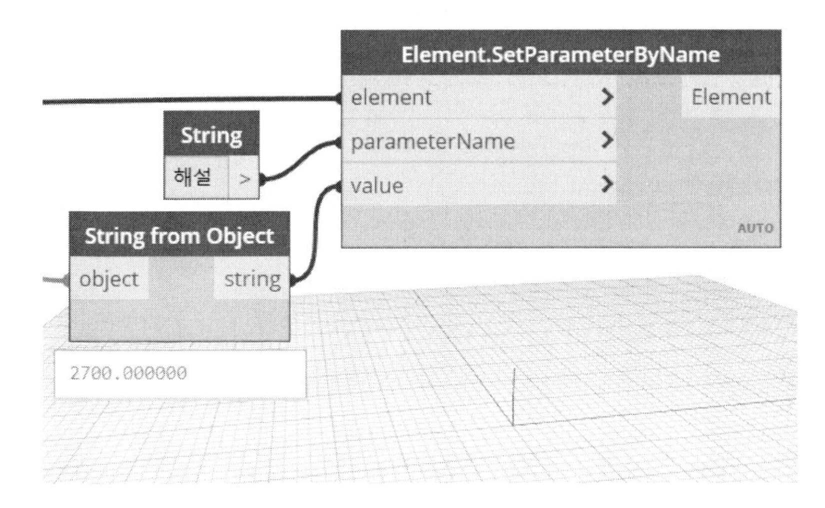

특성 창을 보면 다음과 같이 '해설'에 값이 기록되었습니다.

(6) String노드에 '높이 :'를 입력한 후 + 노드를 이용하여 문자를 합칩니다.

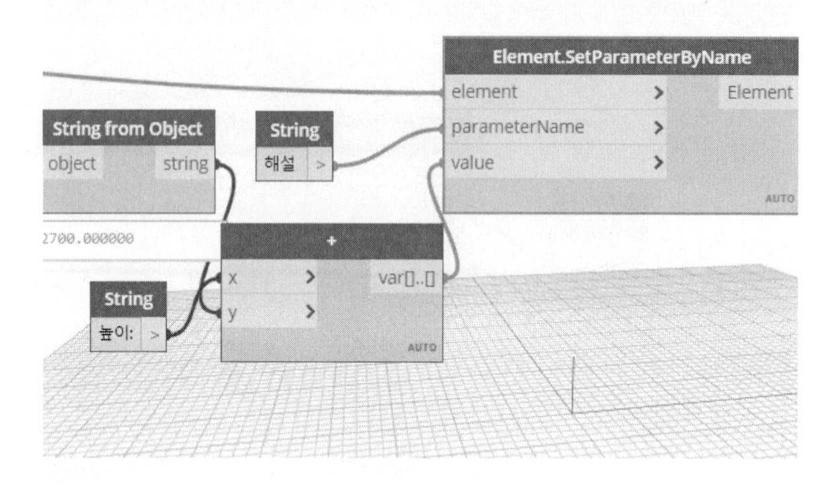

다음과 같이 '높이: 2700'형식으로 기록됩니다.

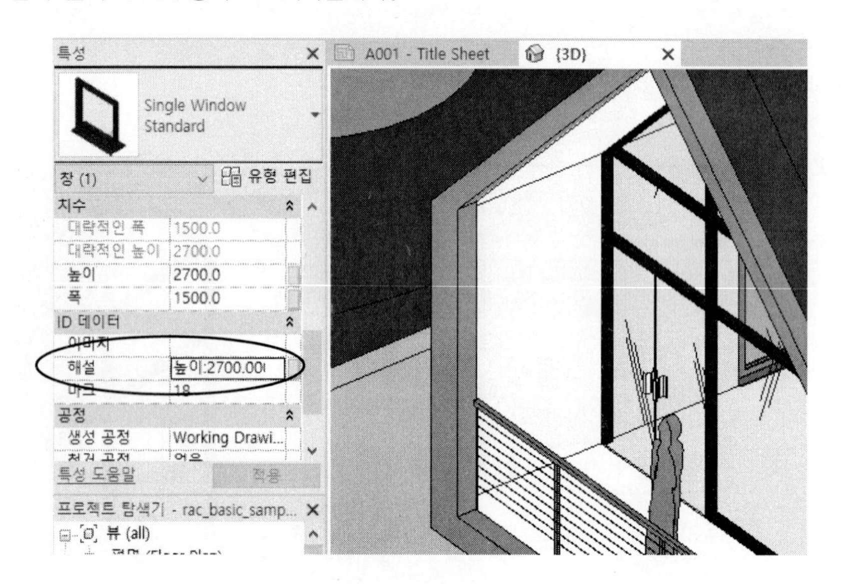

(7) 이번에는 매개변수 값을 바꿔보면서 연동된 '해설:'값이 바뀌는지 확인하겠습니다. 요소(창)을 선택하여 특성 팔레트에서 '높이' 값을 '2600'으로 설정한 후 [적용]을 클릭합니다. 그러면, '해설' 매개변수의 값이 '높이: 2600'으로 바뀌는 것을 확인할 수 있습니다.

3. 카테고리별 요소 선택과 채색

이번에는 카테고리를 지정하여 요소(배관)를 선택하고, 선택된 요소에 대해 높이에 따라 색상을 입히는 예제를 통해 학습하겠습니다.

(1) 먼저 서로 높이(offset)가 다른 배관(Pipe)를 모델링합니다.

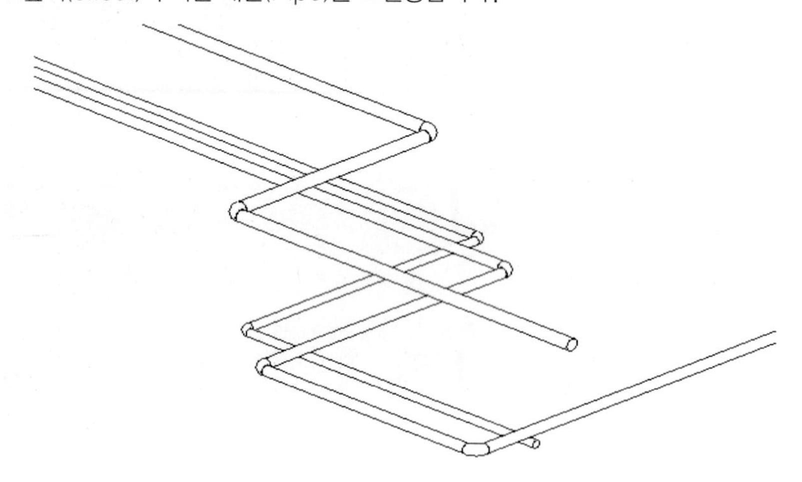

(2) 카테고리를 지정하는 Categories 노드를 배치하고 카테고리의 모든 요소를 취득하는 All Elements of Category 노드를 배치합니다. 다음으로 선택된 요소 중에 매개변수 이름으로 값을 추출하는 Element.GetParameterValueByName 노드를 배치합니다. 매개변수는 '중간 입면도(offset)'입니다. 다음과 같이 값이 추출됩니다.

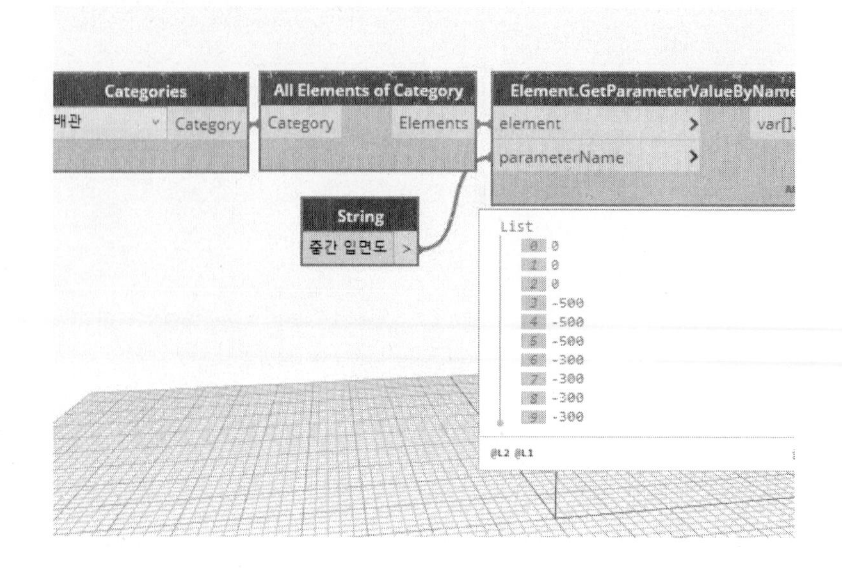

(3) 색상을 정의하기 위해 Color.ByARGB 노드를 두 개 배치한 후 두 노드를 하나의 리스트로 작성합니다.

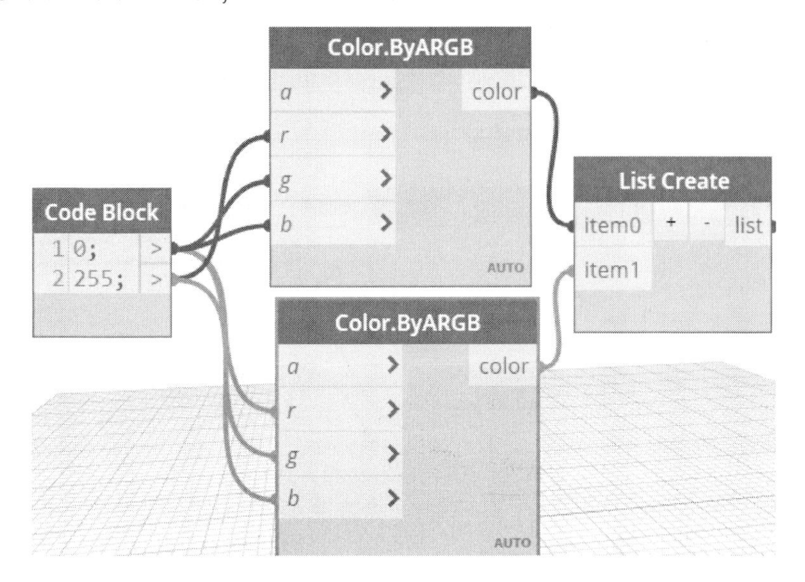

(4) 색상을 맵핑하기 위해 작성된 리스트를 Color Range 노드에 연결합니다.

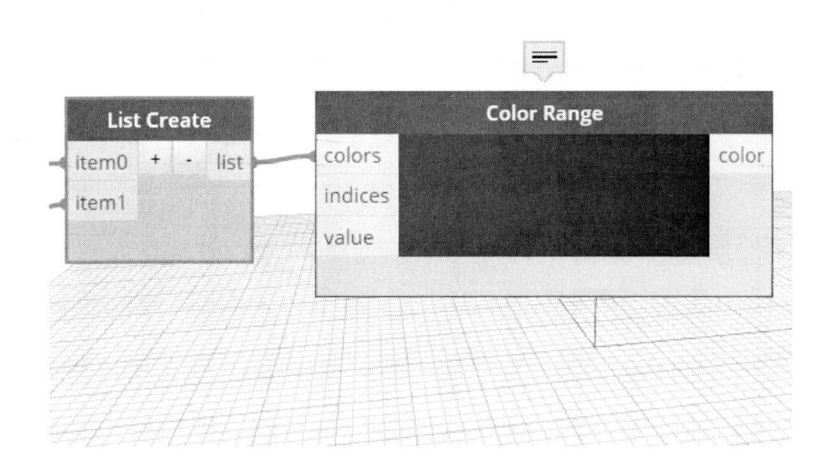

(5) 앞에서 작성한 배관의 '중간 입면도(offset)' 값을 색상의 분포를 지정하기 위해 Math.RemapRange 노드를 배치한 후 0(newMin)과 1(newMax)의 값을 정의합니다.

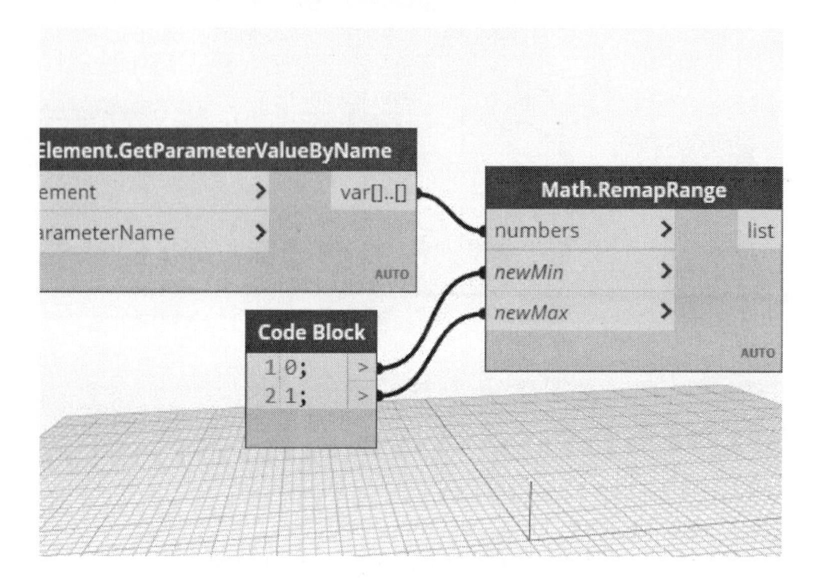

(6) Math.RemapRange 노드의 출력 리스트를 Color Range 노드의 value 입력 포트에 연결합니다.

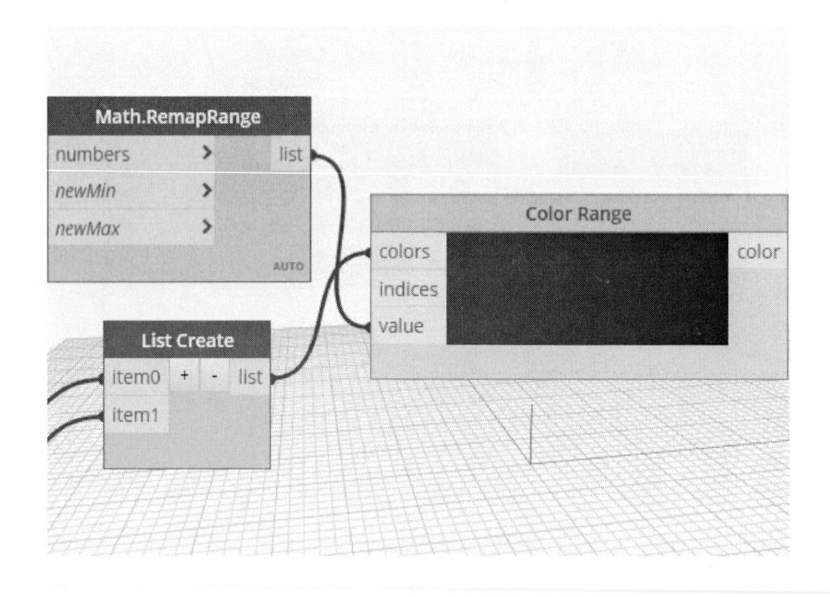

(7) 각 요소(배관)에 색상을 입히기 위해 Element.OverrideColorInView 노드를 배치한 후 elements 입력 포트에는 All Elements of Category노드의 출력 포트(elements)를 연결하고, color 입력 포트에는 Color Range노드의 출력 포트(color)를 연결합니다.

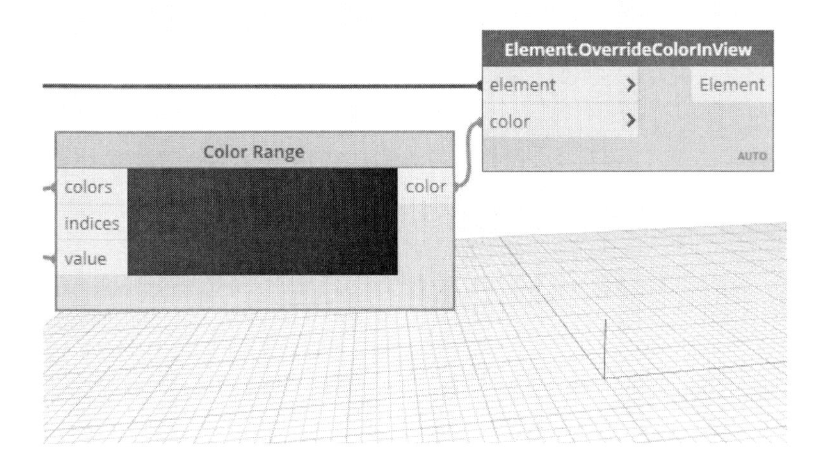

다음과 같이 중간 입면도의 값에 따라 배관의 색상이 채색되는 것을 확인할 수 있습니다.

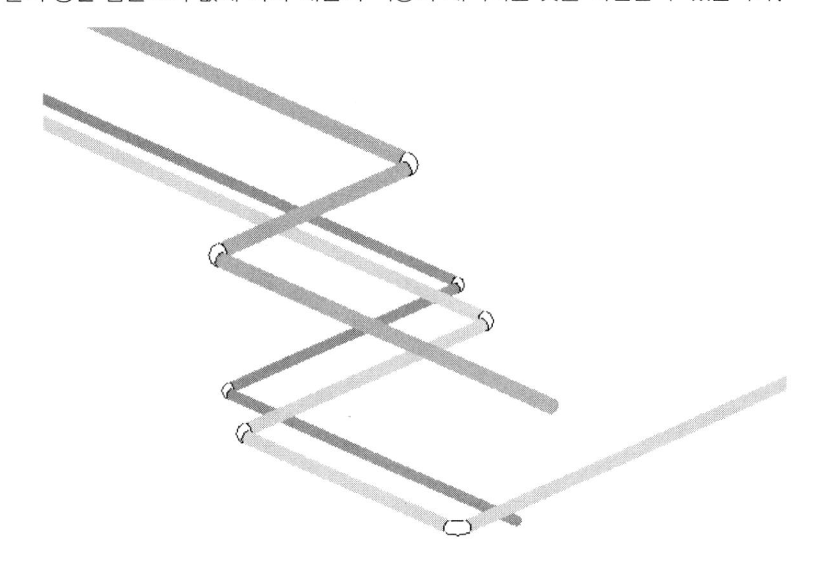

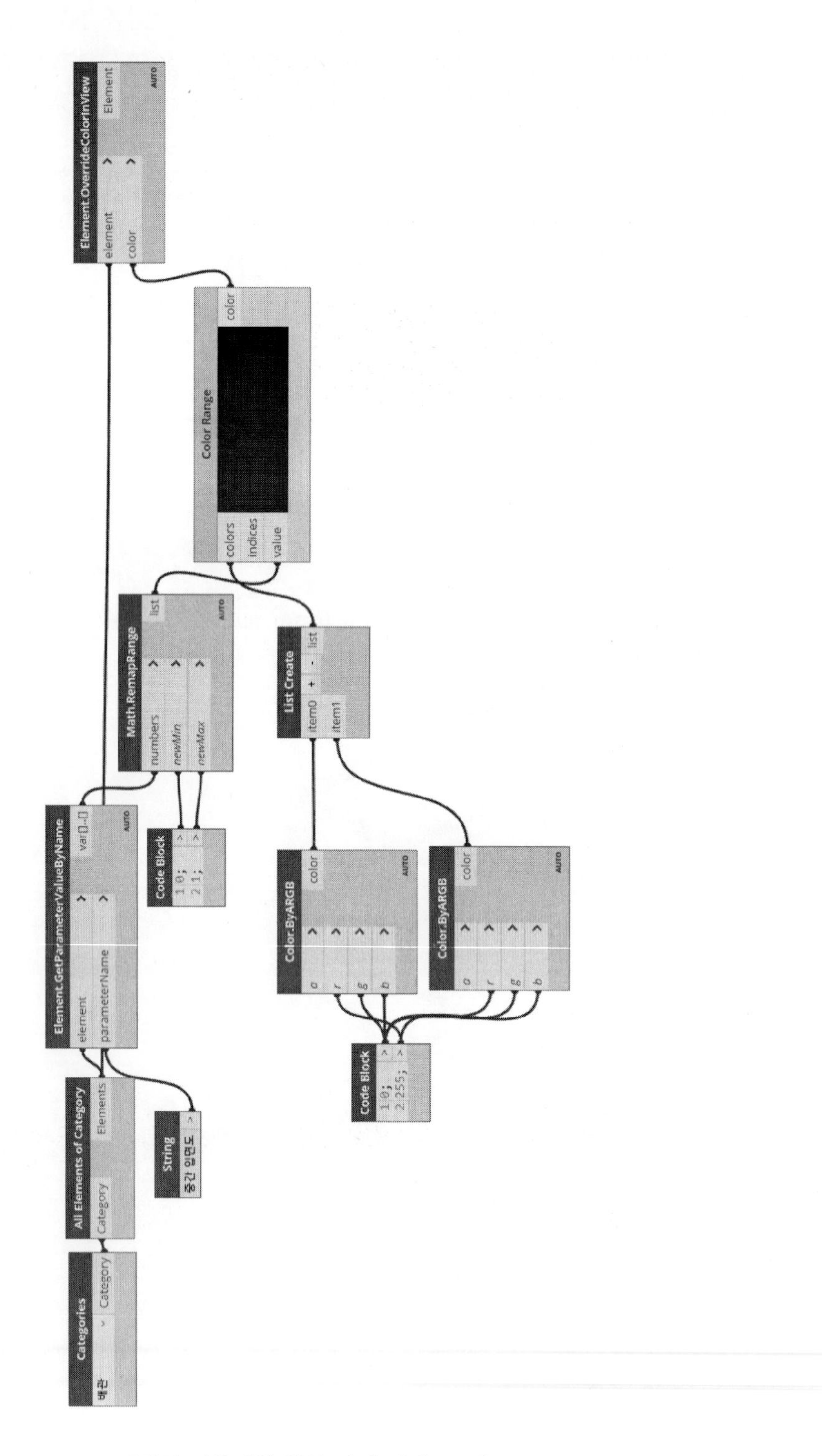

[간격 띄우기별 색상 정의 전체 노드]

05_ 데이터 파일 입출력

Revit에서 추출한 데이터를 다양한 용도로 사용하기 위해 엑셀로 내보내거나 엑셀의 정보를 Revit으로 가져와서 이용할 수도 있습니다. 표 계산 소프트웨어 엑셀(Excel)은 단순한 표 계산뿐 아니라 문서 작성부터 통계 처리, 그래프 작성, 엔지니어링 계산, 회사의 회계 업무 등 거의 모든 업무에 활용한다 해도 과언이 아닙니다. 이번에는 Revit에서 데이터를 외부로 내보내는 방법과 외부 데이터를 가져오는 방법에 대해 알아보겠습니다.

1. 데이터 입출력 노드

입출력에 활용하는 대표적인 데이터는 엑셀입니다. 엑셀과 함께 콤마로 구분된 CSV 파일 포맷이 있습니다만 역시 엑셀에서 다루기 쉬운 파일 포맷입니다. 데이터 입출력을 위한 몇 가지 노드를 알아보겠습니다.

(1) Data.ExportExcel : 지정된 경로와 파일명, 시트에 엑셀 데이터로 내보냅니다. 엑셀이 설치되어 있어야 합니다. 데이터를 저장하기 위해서는 파일 위치와 파일 이름이 지정되어야 하고, 엑셀 데이터에 필요한 시트 이름, 시작 행(startRow)과 열(startCol)을 정의하고, 저장할 데이터(data)와 덮어쓰기(overWrite) 여부를 지정합니다.

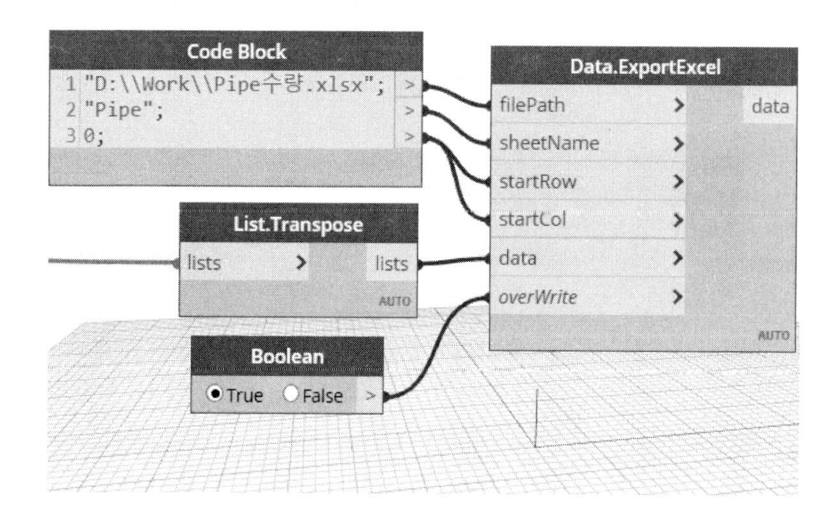

(2) Data.ExportCSV : 지정된 경로에 콤마로 구분된 CSV 파일 포맷으로 내보냅니다. 외부 리스트는 행, 내부 리스트는 열에 저장됩니다.

(3) ScheduleView.Export : 스케줄 일람표를 CSV, TSV 포맷으로 내보냅니다.

(4) View.ExportAsImage : 뷰를 지정된 경로의 이미지로 내보냅니다. 기본 파일 이미지 포맷은 *.png입니다.

(5) ExportToSAT : 지정한 형상을 SAT 파일 포맷으로 내보냅니다.

(6) Data.ImportExcel : 엑셀 데이터를 가져와 리스트에 담습니다. 엑셀이 설치되어 있어야 합니다. 데이터를 가져오기 위해서는 파일을 지정해야 합니다. 파일을 지정할 때는 File Path, File From Path 노드를 이용합니다. 엑셀 데이터의 시트를 지정할 때는 String 노드를 이용하거나 코드 블록으로 문자를 지정합니다.

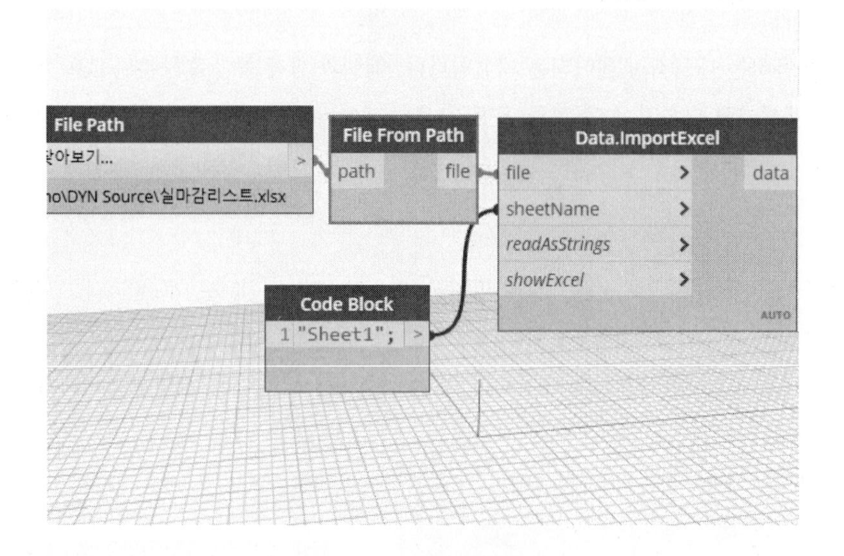

(7) Data.ImportCSV : CSV 포맷 파일을 가져와 리스트에 담습니다.

(8) Geometry.ImportFromSAT : SAT 파일을 가져와 지정한 형식의 배열 리스트를 반환합니다.

2. 엑셀로 내보내기

Revit 요소로부터 매개변수(Parameter) 값을 취득하여 엑셀로 내보내는 실습 예제를 통해 학습하겠습니다. 여기에서는 배관(Pipe)의 관경(지름)과 길이를 추출하여 엑셀로 내보내는 예제를 다루도록 하겠습니다.

(1) 먼저 샘플 도면을 엽니다. 여기에서는 Revit에서 제공하는 MEP 샘플 파일(rae_basic_sample_project.rvt)을 엽니다. 프로젝트 탐색기에서 'Plumbing'의 '3D 뷰: Toilet Room' 뷰를 펼칩니다. 다음과 같은 배관 모델이 펼쳐집니다.

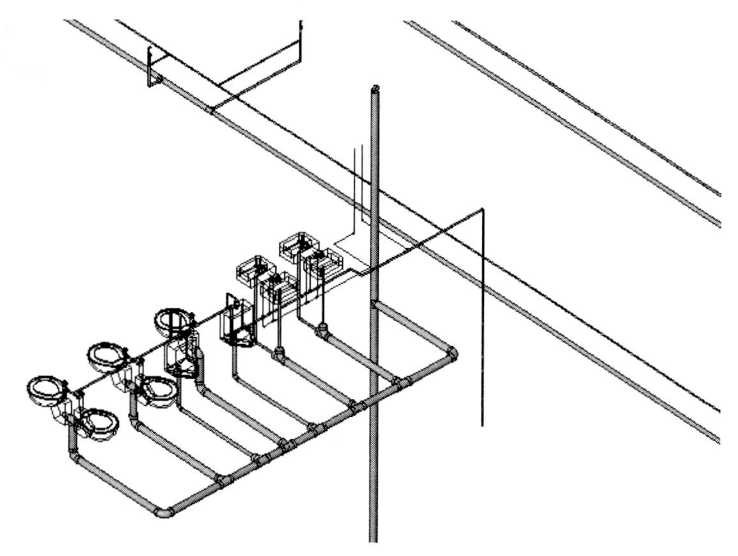

(2) 카테고리를 지정하기 위해 Categories 노드를 배치한 후 '배관'을 선택합니다. 해당 카테고리의 모든 요소를 취득하기 위해 All Elements of Category 노드를 배치합니다.

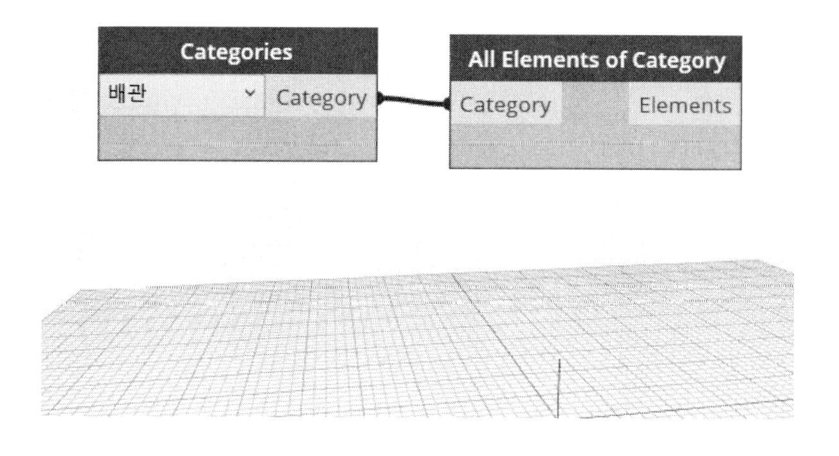

(3) 매개변수 이름으로 값을 취득하기 위해 Parameter.ParameterByName를 배치합니다. 입력 포트 element에는 앞에서 취득한 Elements를 name에는 '지름'을 지정합니다. 같은 방법으로 Parameter.ParameterByName를 배치한 후 name에 '길이'를 지정합니다.

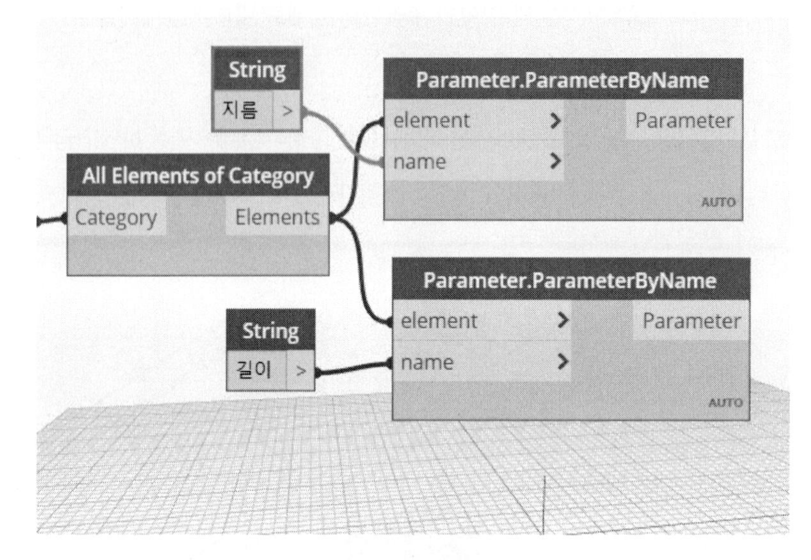

이렇게 하여 다음과 같이 배관의 지름과 길이를 추출합니다.

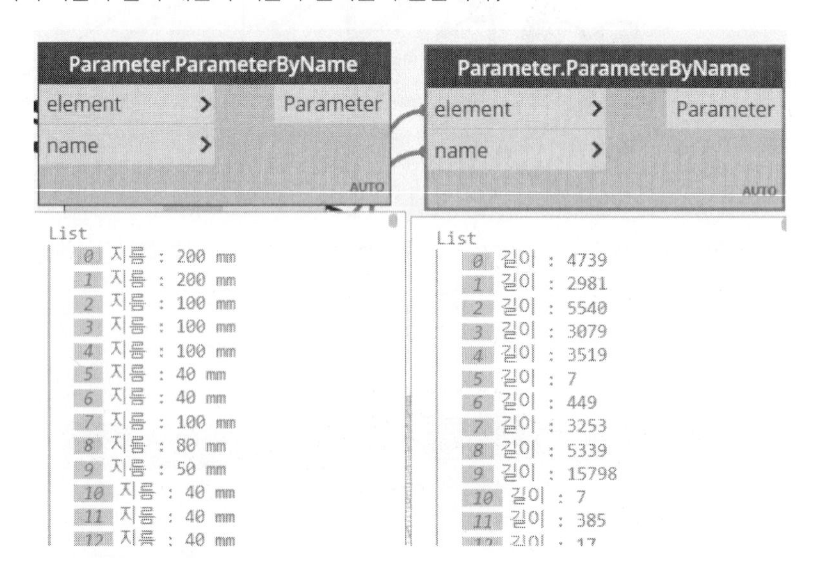

(4) List Create 노드로 두 개의 리스트를 하나의 리스트로 만듭니다. List Create 노드를 배치한 후 아이템 추가'+'를 눌러 입력 포트를 두 개로 만든 후 연결합니다. 다음에 List.Transpose 노드를 이용하여 지름과 길이를 한 쌍의 리스트로 만듭니다.

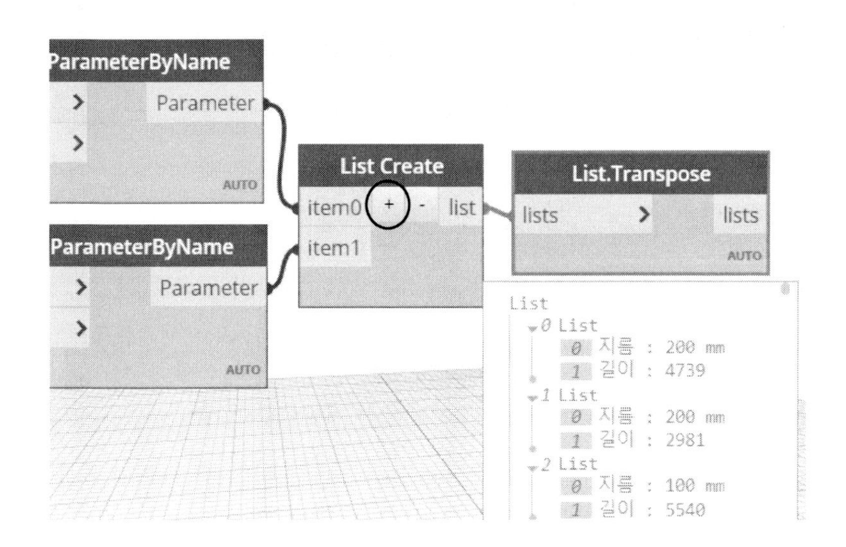

(5) Data.ExportExcel 노드를 배치한 후 filePath에는 저장하고자 하는 폴더의 경로와 파일명을 지정합니다. sheetName에는 'pipe', startRow와 startCol에는 0, data에는 앞의 List.Transpose에서 작성한 리스트, overWrite에는 Boolean 노드의 True를 연결합니다.

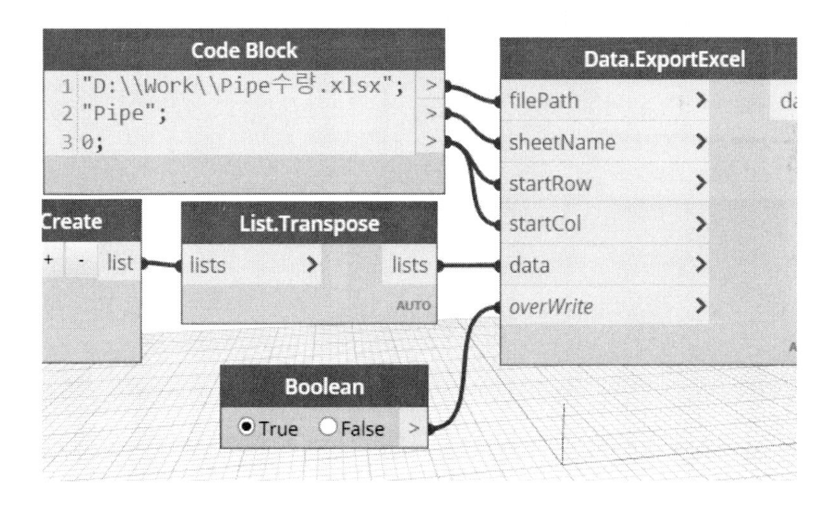

다음과 같이 엑셀 파일의 'Pipe' 탭에 추출한 데이터가 내보내집니다. 작성한 엑셀 파일을 열어보면 다음과 같이 추출된 것을 확인할 수 있습니다.

A1 | 지름 : 200 mm

	A	B	C	D	E
1	지름 : 200 mm	길이 : 4739			
2	지름 : 200 mm	길이 : 2981			
3	지름 : 100 mm	길이 : 5540			
4	지름 : 100 mm	길이 : 3079			
5	지름 : 100 mm	길이 : 3519			
6	지름 : 40 mm	길이 : 7			
7	지름 : 40 mm	길이 : 449			
8	지름 : 100 mm	길이 : 3253			
9	지름 : 80 mm	길이 : 5339			
10	지름 : 50 mm	길이 : 15798			
11	지름 : 40 mm	길이 : 7			
12	지름 : 40 mm	길이 : 385			
13	지름 : 40 mm	길이 : 17			
14	지름 : 40 mm	길이 : 548			
15	지름 : 40 mm	길이 : 170			
16	지름 : 40 mm	길이 : 17			
17	지름 : 40 mm	길이 : 548			
18	지름 : 40 mm	길이 : 160			

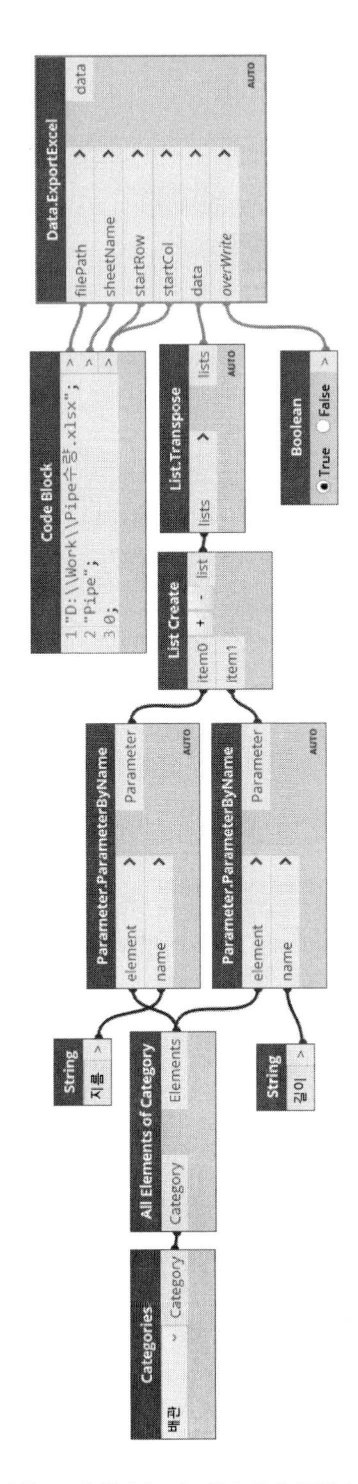

[엑셀로 매개변수 값 내보내기 전체 노드]

3. 엑셀 가져오기 : 레벨 작성

엑셀에서 데이터를 읽어와 Revit에서 레벨을 작성하는 코드를 작성해보겠습니다. 본 파트(Part 5) 첫 단원의 예제 실습에서는 하나의 레벨을 만드는 코드를 작성했습니다. 이번에는 레벨의 이름과 높이가 있는 엑셀 데이터를 읽어와 레벨을 작성하는 예제입니다.

(1) 먼저 엑셀을 이용하여 레벨의 이름과 높이가 기입된 데이터 파일을 작성합니다. 다음과 같이 지하1층부터 지붕까지 레벨 명칭과 레벨 높이를 기입합니다.

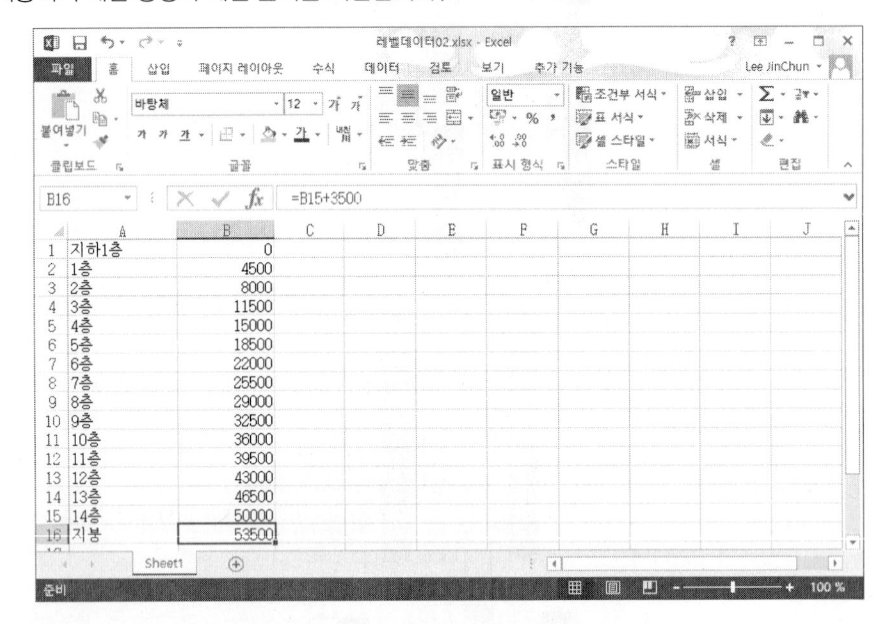

	A	B
1	지하1층	0
2	1층	4500
3	2층	8000
4	3층	11500
5	4층	15000
6	5층	18500
7	6층	22000
8	7층	25500
9	8층	29000
10	9층	32500
11	10층	36000
12	11층	39500
13	12층	43000
14	13층	46500
15	14층	50000
16	지붕	53500

(2) 엑셀 파일을 읽어오기 위해 Data.ImportExcel 노드를 배치합니다.

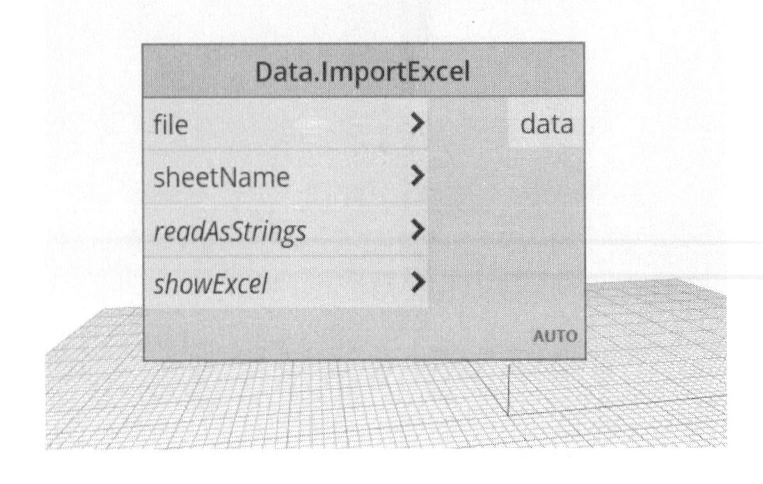

(3) 파일을 지정하기 위해 File Path 노드와 File from Path 노드를 배치하여 Data.ImportExcel 노드의 file에 연결합니다. sheetName에는 String 노드 또는 Code Block을 이용하여 시트 이름을 지정합니다. showExcel 입력 포트는 엑셀 창을 표시할 것인지 True/False로 지정합니다. 다음과 같이 레벨 이름과 높이가 한 쌍으로 된 리스트가 작성됩니다.

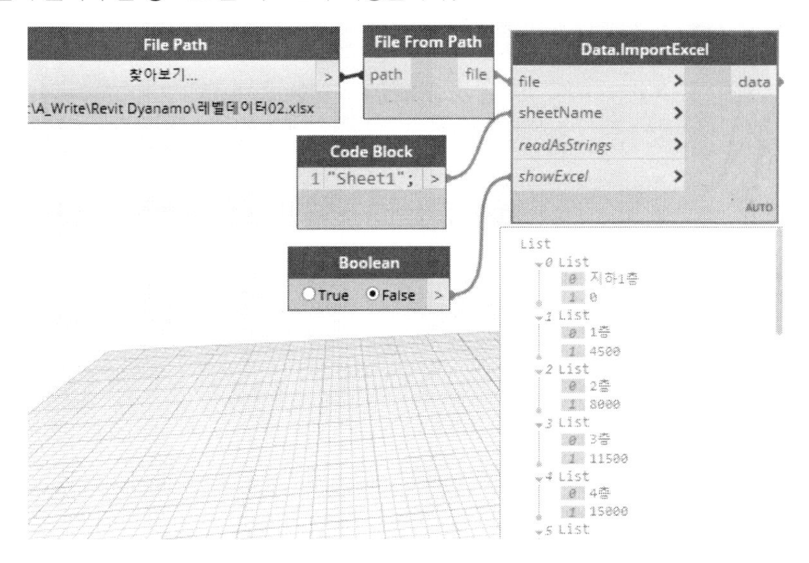

(4) 높이 리스트와 레벨 이름 리스트로 각각 나눠진 리스트를 작성합니다. 합쳐진 리스트를 나눕니다.

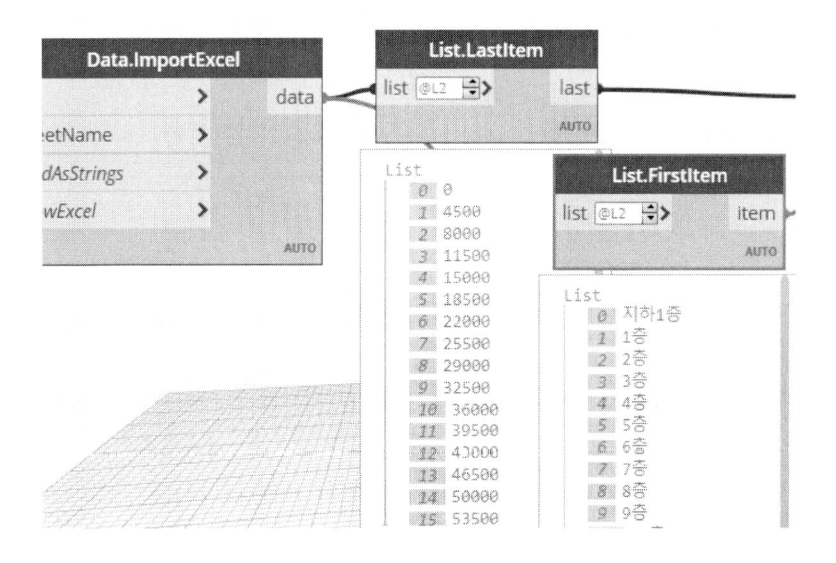

(5) 높이와 이름으로 레벨을 작성하는 노드 Level.ByElevationAndName를 배치한 후 elevation과 name 입력 포트에 연결합니다.

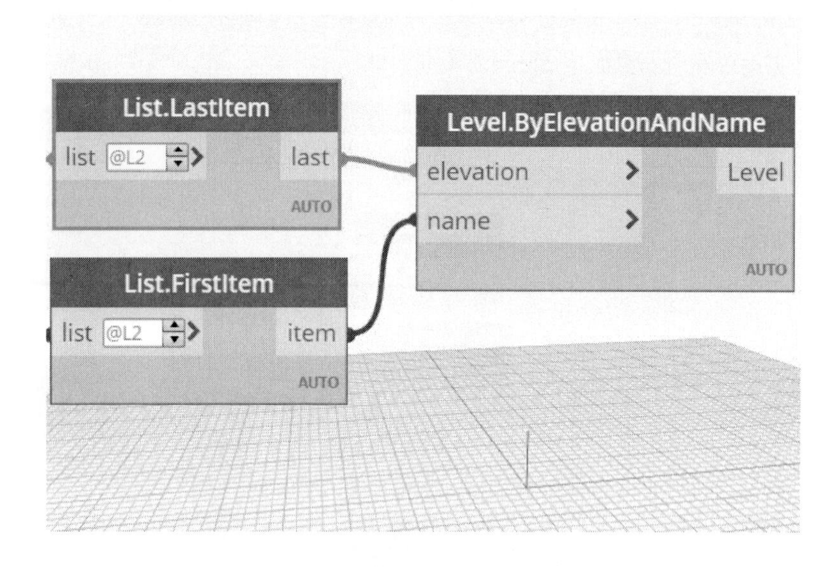

다음과 같이 엑셀에서 지정한 이름과 높이로 레벨이 작성됩니다.

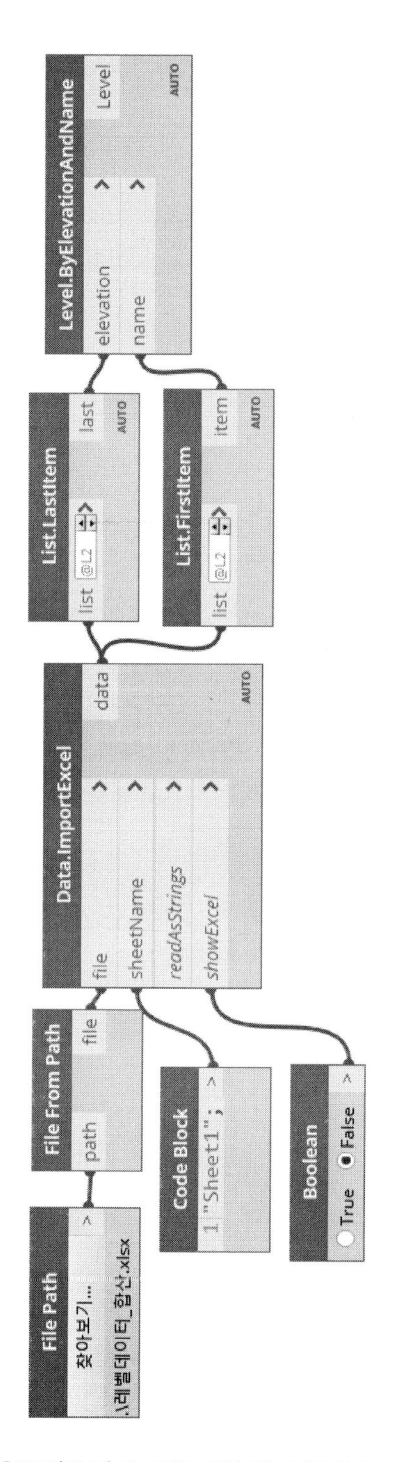

[엑셀(합산)에 의한 레벨 작성 전체 노드]

참고 : 각 레벨별 층고 데이터를 가진 경우

앞의 예제에서는 층고가 바닥에서부터 합산되어 담겨있었는데 이번에는 다음과 같이 각 레벨 별로 층고 값을 가진 데이터를 받아들이는 방법입니다.

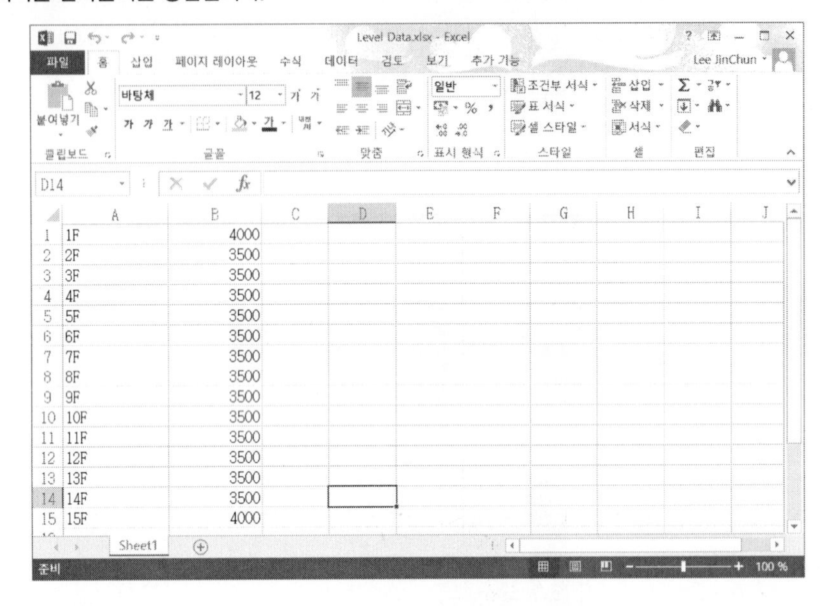

	A	B
1	1F	4000
2	2F	3500
3	3F	3500
4	4F	3500
5	5F	3500
6	6F	3500
7	7F	3500
8	8F	3500
9	9F	3500
10	10F	3500
11	11F	3500
12	12F	3500
13	13F	3500
14	14F	3500
15	15F	4000

(1) 엑셀 데이터를 가져옵니다.

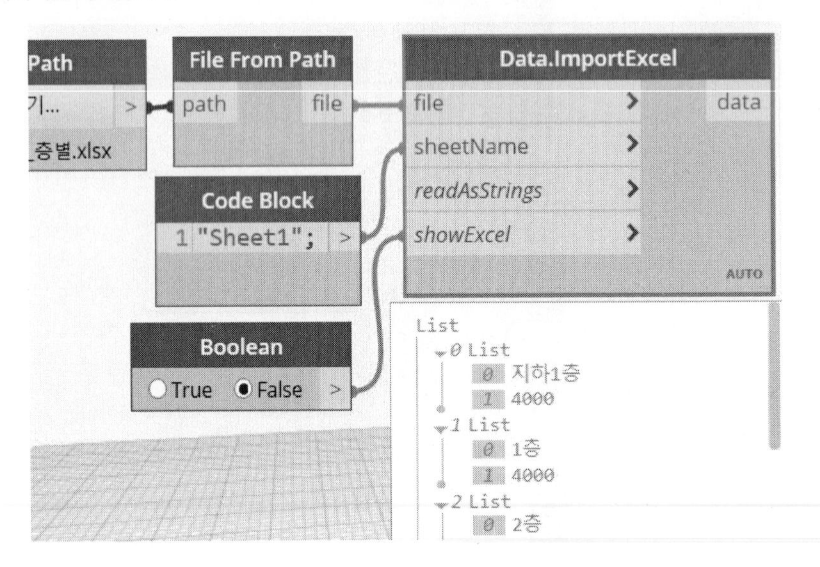

(2) 데이터로부터 층고 데이터만 추출합니다.

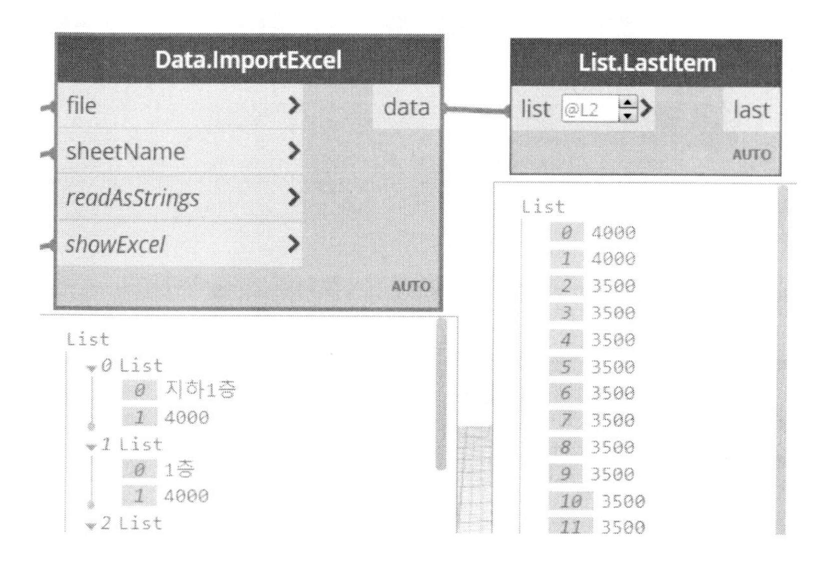

(3) List.Scan 노드를 이용하여 각 층을 합산합니다. reduceFunction에 합산하는 + 노드를 연결합니다.

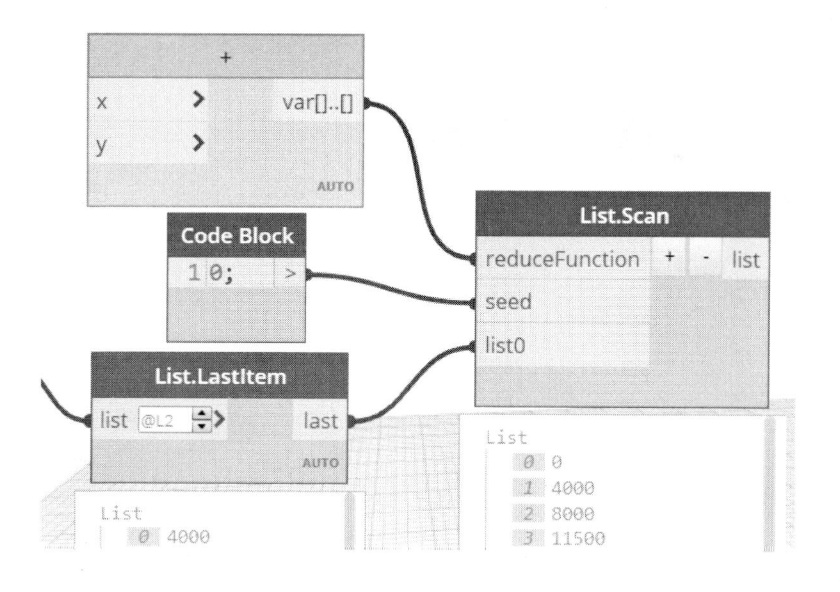

(4) 레벨을 작성하는 Level.ByElevationAndName 노드를 배치한 후, 층고(elevation) 노드와 층 이름(name) 입력 포트에 연결합니다.

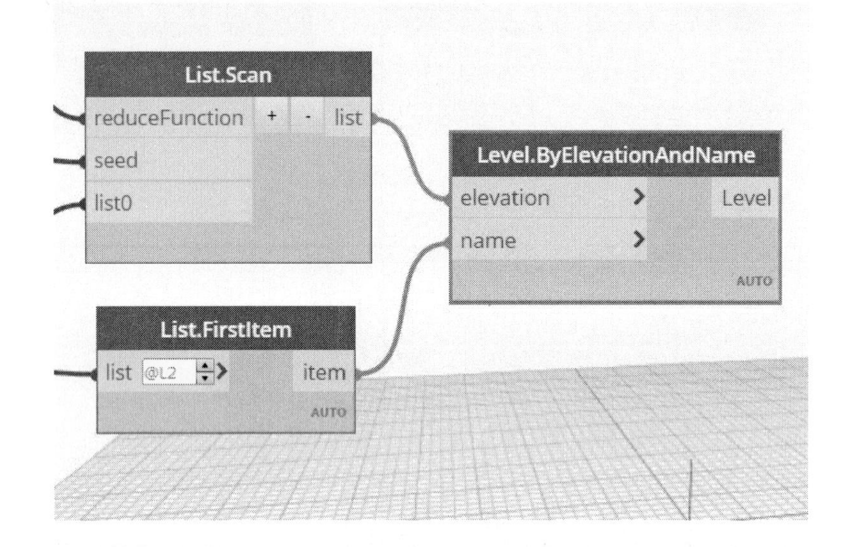

다음과 같이 레벨이 작성됩니다.

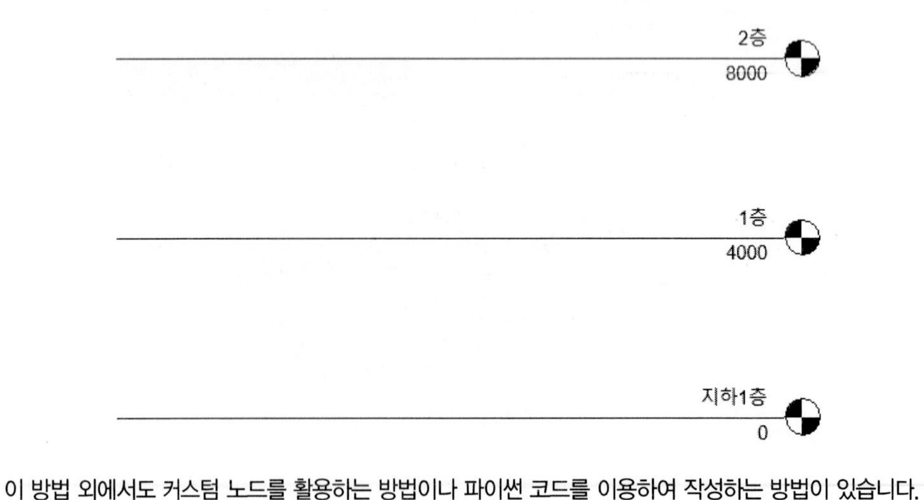

이 방법 외에서도 커스텀 노드를 활용하는 방법이나 파이썬 코드를 이용하여 작성하는 방법이 있습니다.

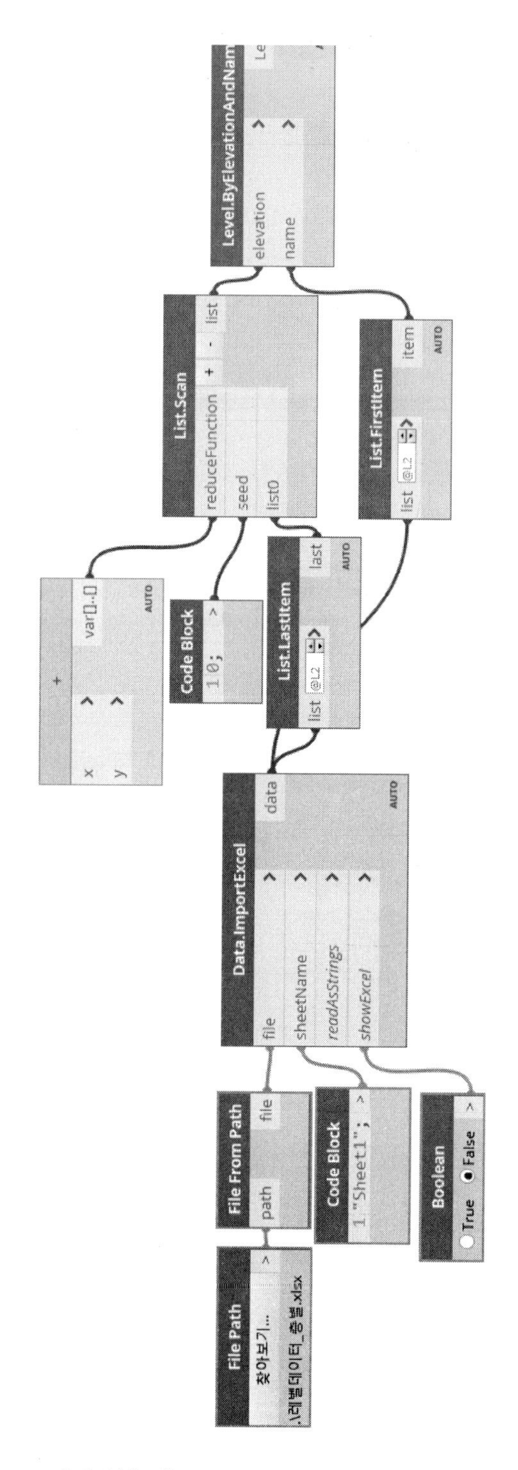

[엑셀(층별)에 의한 레벨 작성 전체 노드]

4. 엑셀 데이터를 Revit 매개변수에 반영

엑셀에서 데이터를 읽어와 Revit의 매개변수를 바꾸는 코드를 작성해보겠습니다. 엑셀에 기록된 벽 마감, 바닥 마감, 천장 마감의 값을 Revit의 각 실(Room)에 반영하는 코드입니다.

(1) 먼저 간단한 건축도를 작성하고 여기에 실을 정의한 후 실명(로비, 회의실, 대기실, 상담실)을 정의합니다.

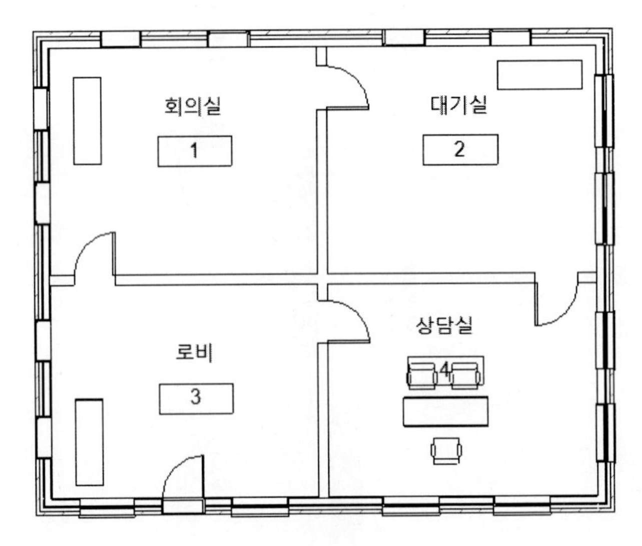

엑셀 데이터를 준비합니다. 다음과 같이 룸 이름과 벽 마감, 천장 마감, 바닥 마감 필드를 만들어 데이터를 입력합니다.

	A	B	C	D
1	실 이름	벽 마감	천장 마감	바닥 마감
2	로비	모자이크 타일	페인트-비닐방수	대리석
3	회의실	방염벽지	텍스타일	PVC 타일
4	대기실	실크벽지	텍스타일	PVC 타일
5	상담실	실크벽지	텍스타일	타일 카펫
6				
7				
8				
9				
10				
11				
12				
13				
14				

(2) 엑셀 파일의 데이터를 가져옵니다.

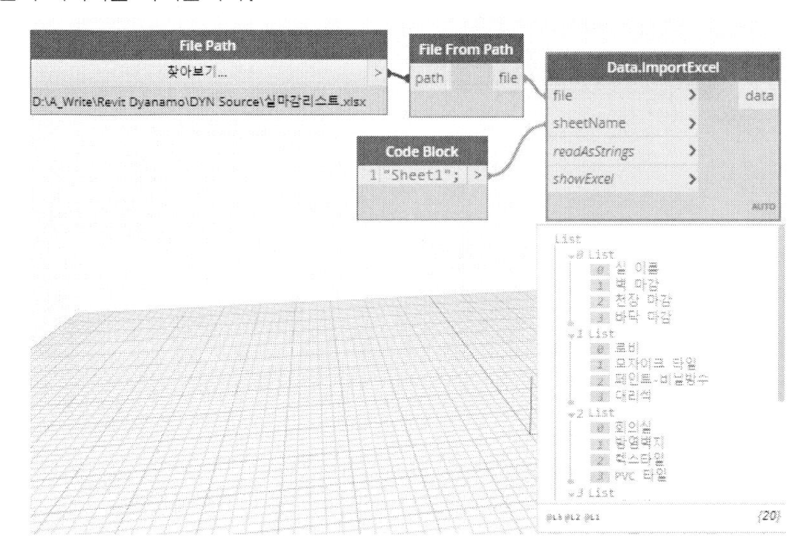

(3) List.Deconstruct 노드를 배치하여 타이틀과 내용(데이터 값)을 각각 리스트로 작성합니다. 즉, 첫 번째 행과 나머지 행을 추출합니다.

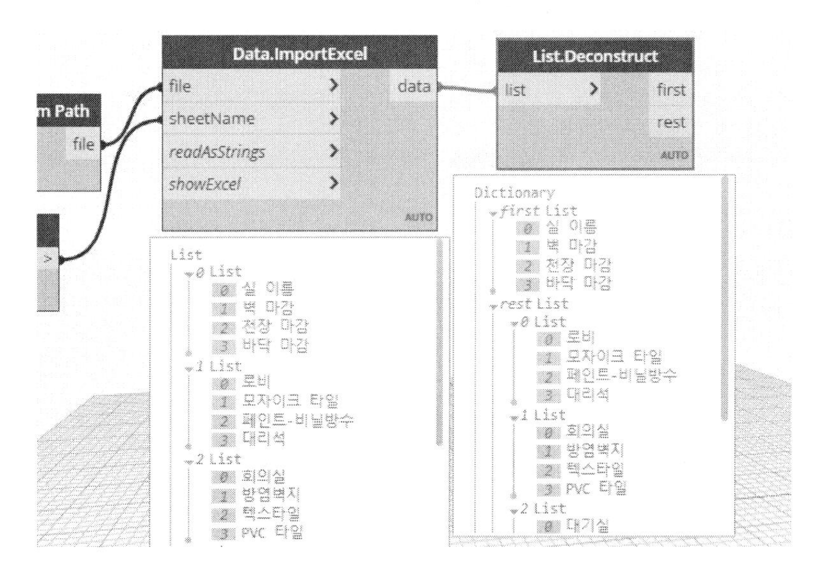

(4) List.GetItemAtIndex노드를 이용하여 0번째 인덱스인 룸 이름만 추출합니다.

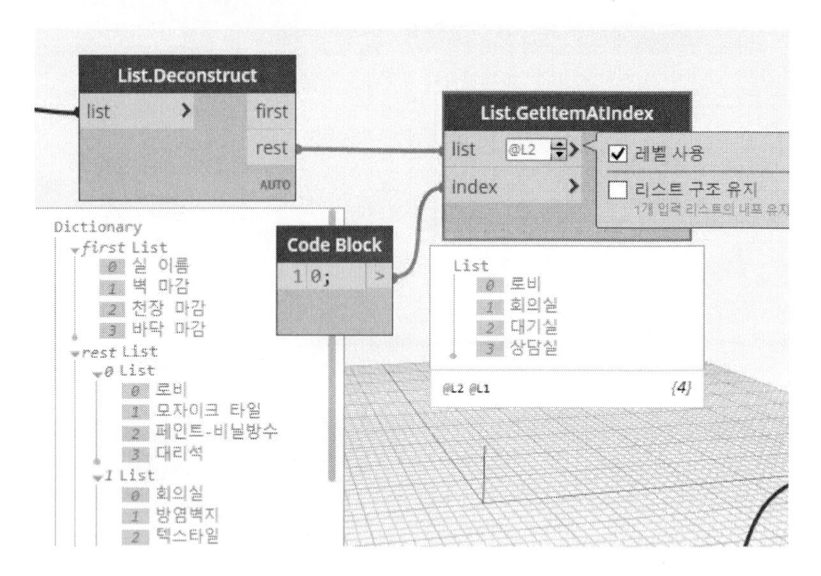

(5) 이제 Revit의 룸 요소를 선택하여 룸 이름만 추출하겠습니다. 카테고리를 '룸'으로 지정한 후 Element.GetParameterValueByName 노드를 이용하여 룸 이름을 추출합니다. 여기에서 룸 이름 매개변수는 '이름'입니다.

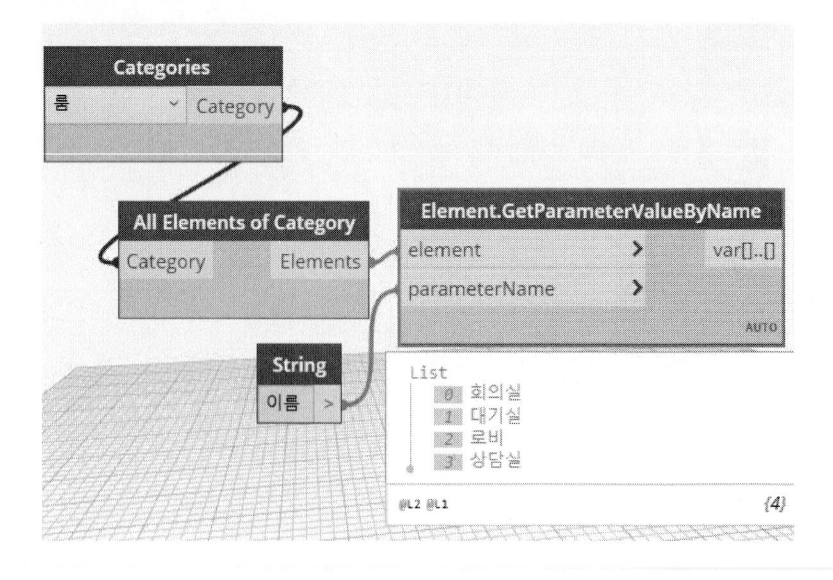

(6) 엑셀과 Revit의 룸 이름이 추출되었으므로 이름을 이용하여 순서를 일치시킵니다. List.IndexOf 노드를 이용하여 인덱스 번호를 추출합니다. 각 룸의 순서가 인덱스 1, 2, 0, 3 순으로 배치되어 있습니다.

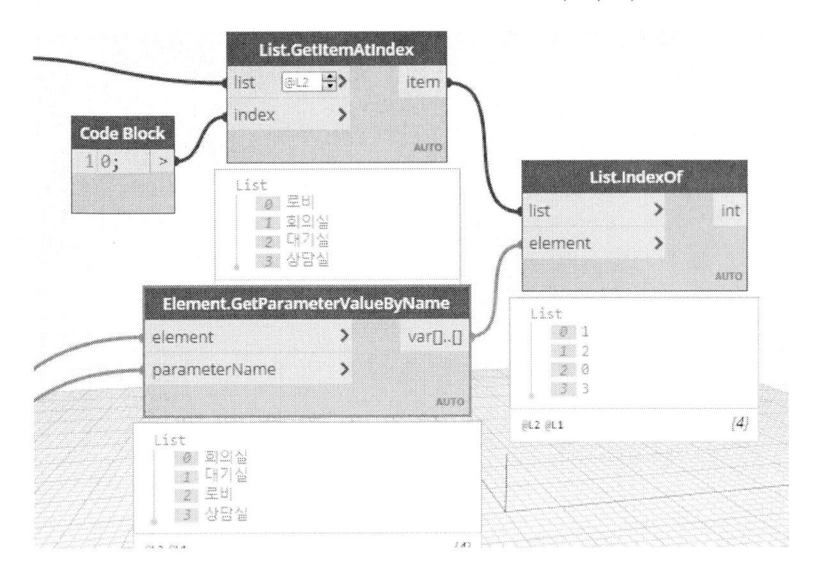

(7) List.GetItemAtIndex 노드를 이용하여 룸 이름을 소트(정렬)하는데 list 입력 포트에는 앞에서 타이틀과 데이터를 분류한 List.Deconstruct 노드의 rest 출력 포트를 연결합니다. 다음과 같이 각 룸별 데이터가 순서대로 추출됩니다.

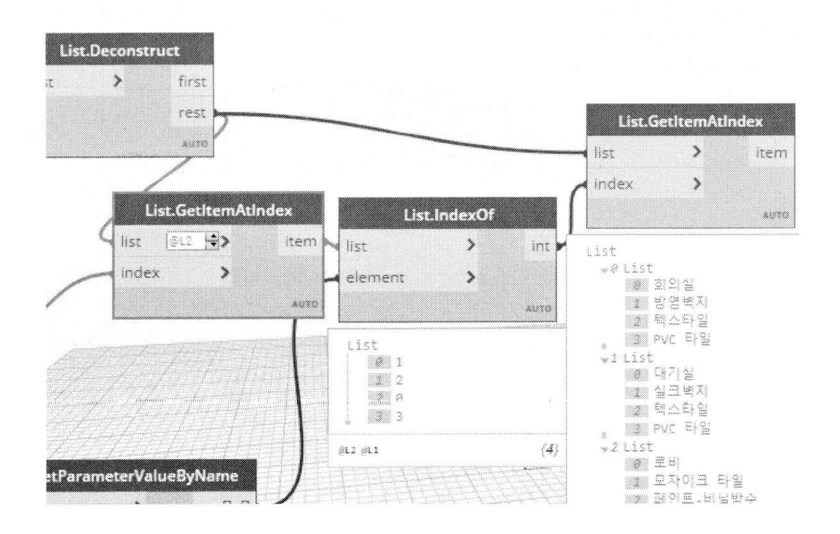

(8) 앞에서 추출한 데이터에는 룸 이름이 들어가 있기 때문에 RestOfItem 노드를 이용하여 룸 이름을 제외한 데이터를 추출합니다. 이때 레벨을 @L2로 지정합니다.

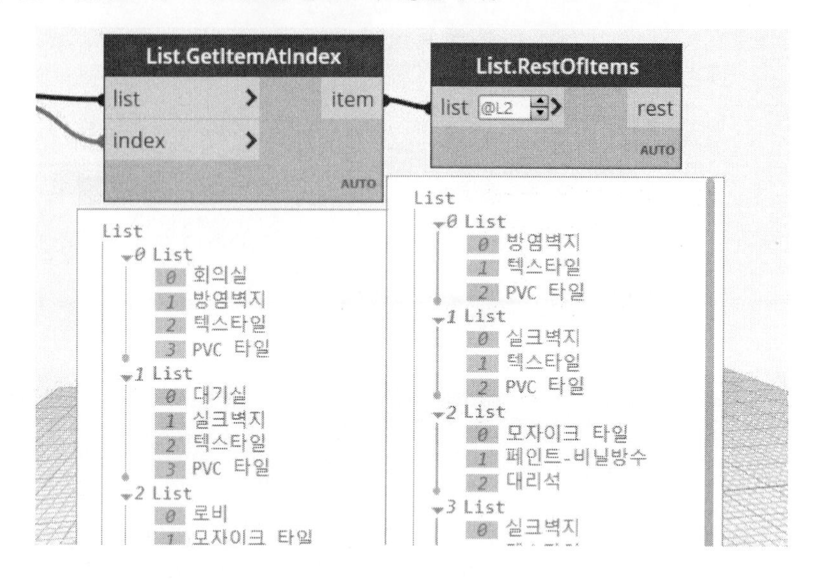

(9) 이제는 값을 설정할 이름을 추출합니다. 엑셀의 타이틀과 Revit의 매개변수와 일치시킵니다. 앞에서 타이틀과 데이터를 분리한 List.Deconstruct 노드의 첫 번째 리스트(first)를 추출합니다.

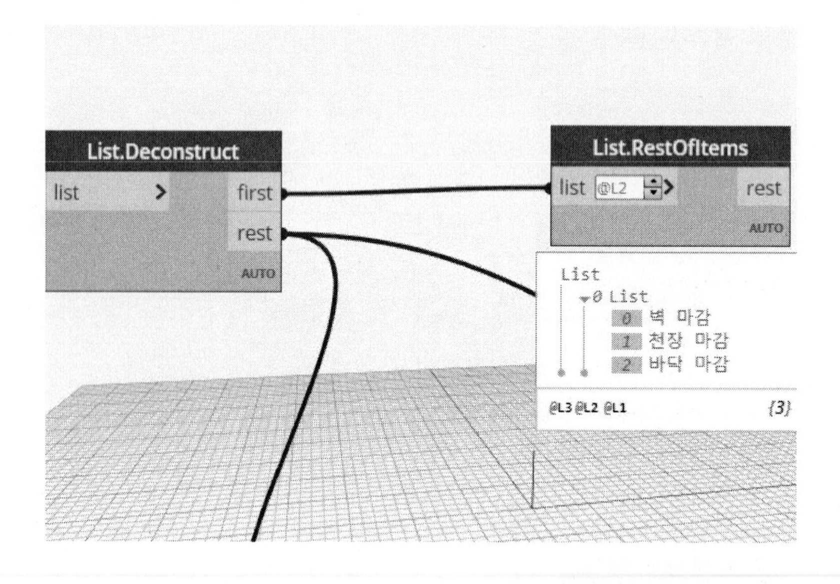

(10) List.Flatten 노드를 이용하여 노드의 계층을 간략화하여 1차원 리스트로 만듭니다.

(11) 이제 매개변수에 값을 입력합니다. Element.SetParameterByName 노드를 이용합니다. 입력 포트 element에는 모든 카테고리 요소(All Element of Category) 노드의 출력(Elements)과 연결합니다. 이때 레벨을 @@L1으로 설정하고, '리스트 구조 유지'를 체크합니다. parameterName입력 포트는 List.Flatten 노드의 출력과 연결하고, value 입력 포트는 List.RestOfItems의 출력과 연결하여 레벨을 @L2로 설정합니다.

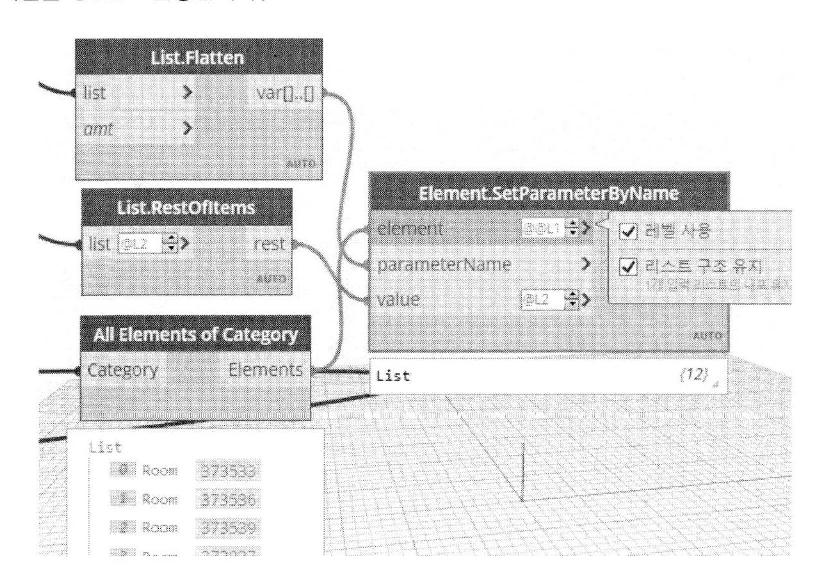

(12) 값이 제대로 설정되었는지 확인합니다. 다음과 같이 룸을 클릭하고 특성 팔레트에서 해당 매개변수 값을 확인합니다. 엑셀의 데이터가 기입된 것을 확인할 수 있습니다.

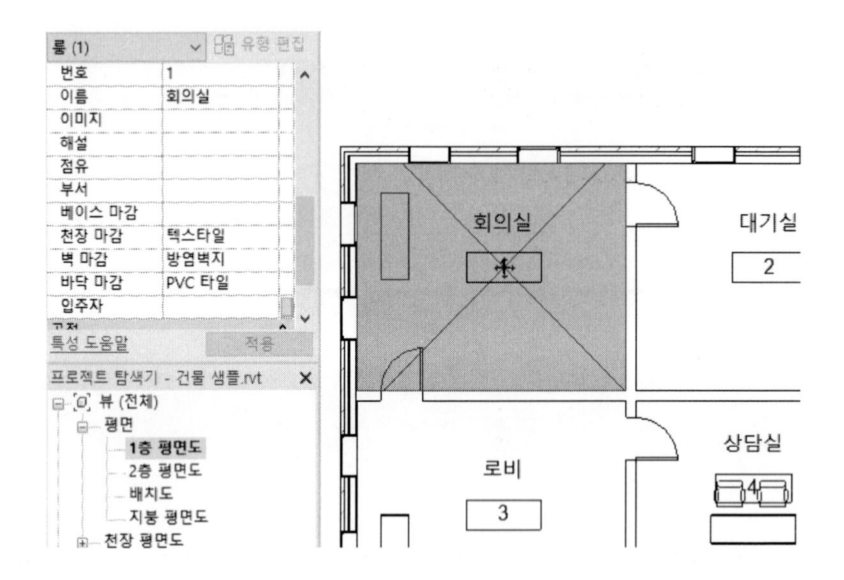

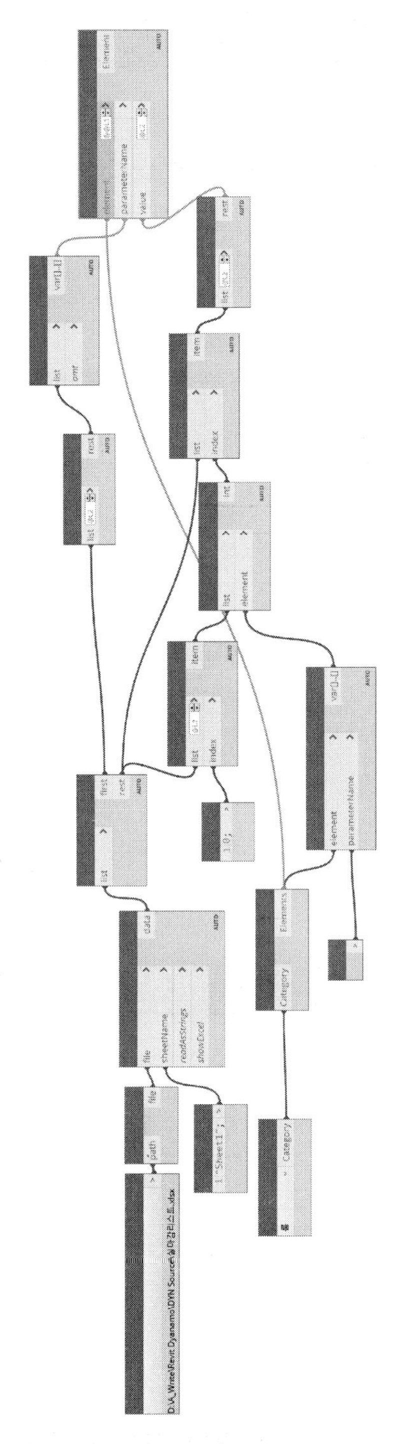

[매개변수에 엑셀 데이터 반영 전체 노드]

06_ Dynamo Player의 활용

실무에 필요한 Dynamo 코드를 작성한 후 사용할 때마다 Dynamo를 기동하여 실행하는 방법은 대단히 불편하고 시간이 소요됩니다. 작성한 Dynamo 코드를 Dynamo의 실행 없이 바로 Revit에서 바로 실행할 수 있습니다. Dynamo Player에 등록하고 실행하는 방법에 대해 알아보겠습니다.

1. Dynamo Player에 등록

작성한 Dynamo 코드를 Dynamo Player에 등록하는 방법입니다.

(1) 먼저 Revit을 실행합니다. '관리 탭 – 시각적 프로그래밍 패널 – Dynamo 플레이어'를 클릭합니다.

다음과 같이 Dynamo 플레이어 대화상자가 나타납니다. 기존에 등록된 Dynamo 코드 일람이 표시됩니다.

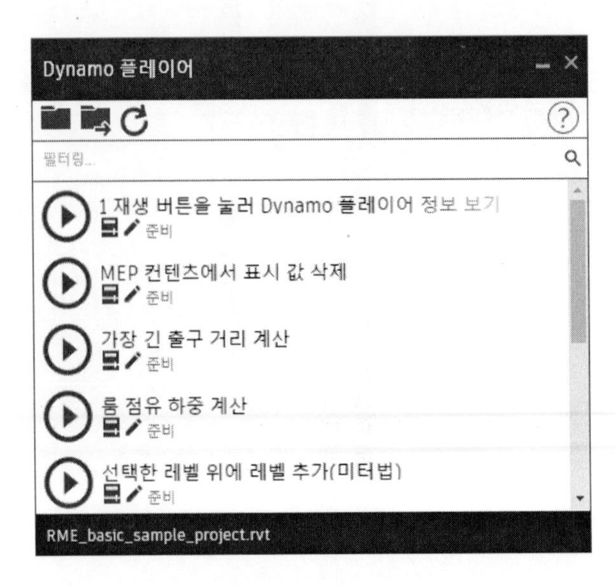

(2) 등록을 위해서는 Dynamo 코드 파일이 있는 폴더를 지정합니다. '폴더 찾아보기'를 클릭합니다. 폴더 찾아보기 대화상자가 나타나면 실행하고자 하는 Dynamo 코드가 있는 폴더를 지정합니다.

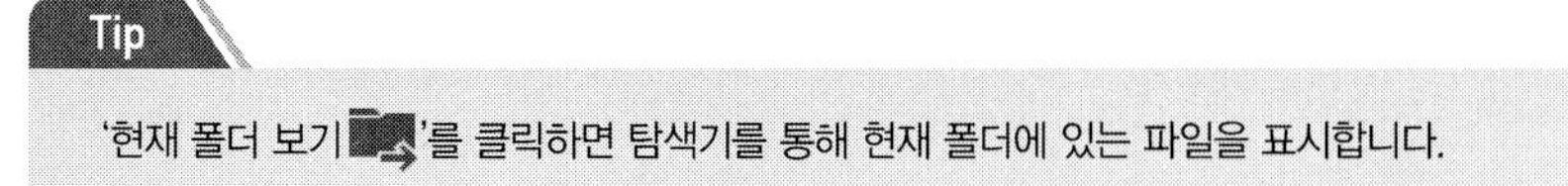

Tip

'현재 폴더 보기'를 클릭하면 탐색기를 통해 현재 폴더에 있는 파일을 표시합니다.

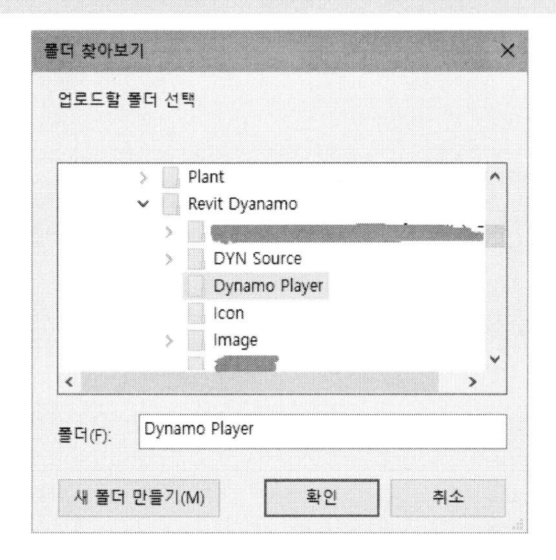

다음과 같이 지정한 폴더의 Dynamo 파일(코드)이 표시됩니다.

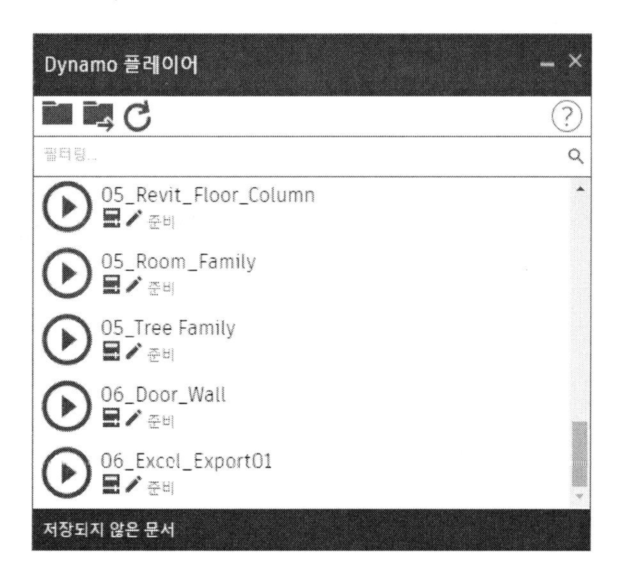

2. Dynamo Player의 실행과 편집

Dynamo Player에 등록된 Dynamo 코드를 실행하고 필요에 따라 코드를 편집하는 방법을 제공하고 있습니다.

(1) 먼저 Revit을 실행하여 작업 모델을 엽니다. '관리 탭 - 시각적 프로그래밍 패널 - Dynamo 플레이어'를 클릭합니다.

참고 : 입력과 편집 아이콘

Dynamo 코드 이름 하단에 입력 아이콘()과 편집 아이콘()이 나타납니다. 코드에서 입력을 요하는 경우는 입력 아이콘()을 클릭하여 입력 또는 요소를 선택합니다. 편집 아이콘()은 Dynamo 코드를 수정할 수 있도록 Dynamo를 실행시킵니다.

(2) 목록 중에서 '06_Door_Wall'을 실행시키면 다음과 같이 '실행 완료'라는 메시지와 함께 Revit에 모델이 작성됩니다. 실행 중 오류가 발생하면 '실행이 완료되었으나 오류 발생'이라는 메시지가 표시됩니다.

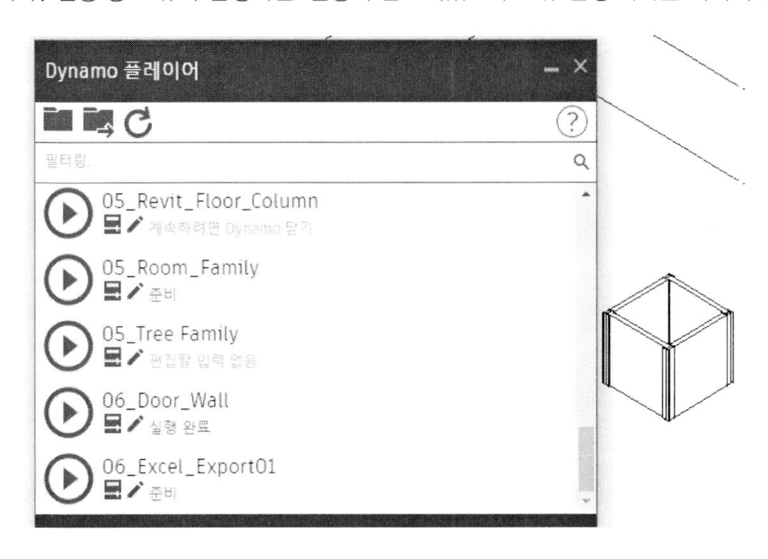

(3) Dynamo 코드를 수정하려면 'Dynamo에서 편집' 아이콘(✏)을 클릭합니다. 다음과 같이 Dynamo 워크스페이스가 펼쳐지면서 해당 코드의 노드와 와이어가 나타납니다. 편집하고자 하는 내용을 편집하여 저장합니다.

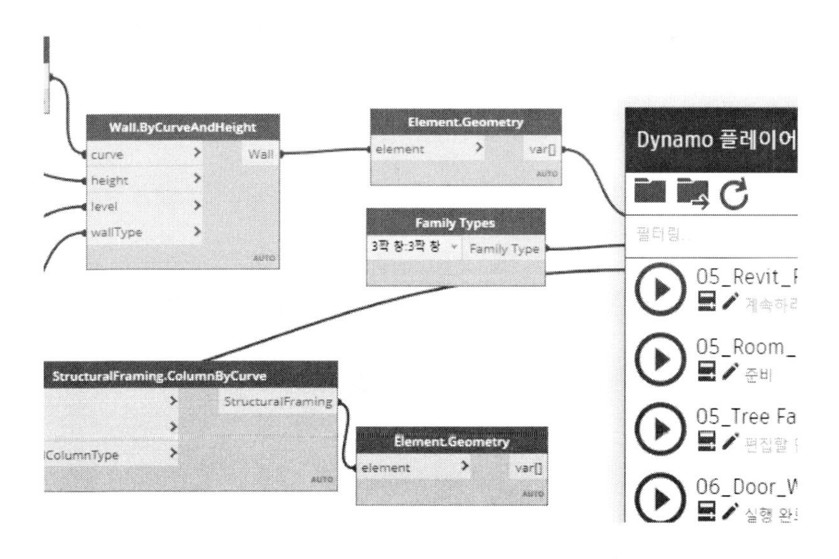

Part_6

패키지의 활용

Dynamo가 제공하는 다양한 노드를 활용하여 원하는 기능을 구현해봤습니다. 여러 기능을 만들어본 사용자라면 무언가 부족하다는 느낌을 받을 겁니다. 자주 사용하는 노드는 기본 프로그램에서 제공하지만 사용자가 작성한 특정 기능을 수행하는 노드는 패키지 형태로 배포하여 사용할 수 있습니다. Dynamo에서 제공하는 기본 노드의 부족한 부분을 채워주는 것이 Dynamo 패키지입니다. 패키지의 활용에 대해 알아보겠습니다.

01_ 패키지란?

패키지는 기본적으로 제공되는 노드(기능) 외에 사용자가 필요에 의해 코드 블록이나 파이썬 등 프로그래밍 언어를 사용하여 기능을 구현한 노드로 '커스텀 노드(Custom Node)'라 부릅니다. 예를 들어, 일정한 패턴의 노드를 반복적으로 배치하는 기능이 있다고 가정하면 이를 하나의 커스텀 노드화하여 간략하게 구현할 수 있습니다. 또는 어려운 수학적 해법을 파이썬 코드로 구현하여 입력 포트를 통해 몇 개의 인수만으로 해를 찾아주는 기능을 하나의 커스텀 노드로 제공하기도 합니다.

사용자가 얼마든지 커스텀 노드를 만들어 배포할 수 있습니다. 반대로 여러 사용자들이 만들어 배포한 커스텀 노드를 설치하여 활용할 수 있습니다. 사용자가 커스텀 노드로 만들어 조직 내에서 사용하거나 외부의 다른 사용자에게 배포하는 것을 '패키지(Package)'라고 합니다. 쉽게 표현하면 패키지는 사용자가 만든 노드의 집합입니다. Dynamo 사용자가 늘어날수록 패키지는 늘어납니다. 어느 정도 Dynamo를 사용할 수 있게 되어 패키지를 활용하면 보다 쉽게 다양한 기능을 활용할 수 있습니다.

패키지에서 제공되는 노드만으로도 실무에 사용할 수 있는 노드도 있지만 직접 코딩을 하다가 필요한 기능이나 어려운 부분은 검색하여 활용하면 보다 효율적으로 작업할 수 있습니다. 아마도 여러분이 생각하고 있는 웬만한 기능은 커스텀 패키지에서 제공하리라 생각됩니다. 자신이 원하는 기능이 딱 맞아 떨어지지 않더라도 유사하거나 참고가 될만한 노드가 있을 겁니다.

Dynamo Package Manager는 온라인 커뮤니티를 통해 배포된 패키지를 다운로드하여 사용하기 위한 커뮤니티 포탈(http://dynamopackages.com)입니다. 여기에서 제공된 커스텀 노드는 모든 사용자가 제한 없이 다운로드하여 사용할 수 있습니다. 고도의 프로그래밍 능력이 없더라도 여기에서 제공된 기능만이라도 유용하게 사용할 수 있다면 업무의 능률을 향상시키는데 큰 도움이 될 것입니다. Dynamo 노드를 이용하거나 파이썬 등을 이용하여 직접 원하는 기능을 구현하여 사용하는 방법도 있지만 다른 사람이 작성한 코드를 최대한 활용한다면 직접 구현하는 노력과 시간을 절약할 수 있습니다. 다른 사람들이 만들어놓은 커스텀 노드를 제대로 활용하기 위해서는 Dynamo에 대한 지식이 많을수록 활용도가 높아질 것입니다.

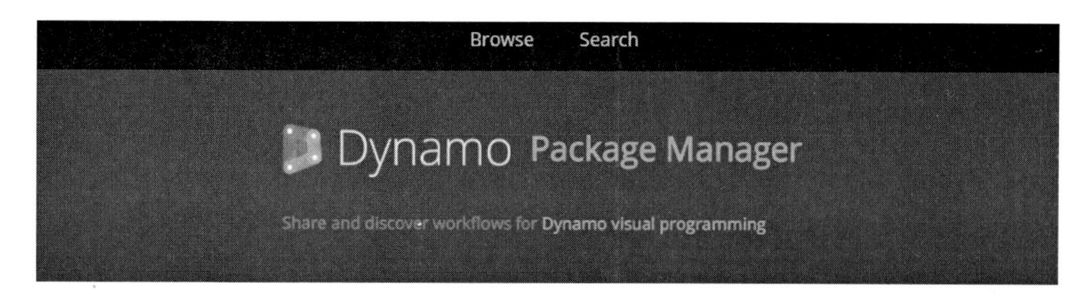

Dynamo Package Manager에는 수 많은 패키지가 게시되어 있습니다. 메인 페이지에서 보면 새로 게시된 패키지(Newest), 가장 최근에 업데이트된 패키지(Most Recently Updated), 가장 많이 설치된 패키지(Most Installed), 가장 많이 사용되는 패키지(Most Depended Upon)가 나열되어 있습니다. 또, 저작자(Authors)별로 분류되어 표시되어 있습니다.

02_ 패키지의 활용 및 관리

앞에서 언급했듯이 패키지 노드를 잘 사용하면 모든 코드를 직접 코딩하는 것보다 시간과 노력을 절약할 수 있습니다. Dynamo의 기본 문법과 간단한 사용법을 이해할 정도만 되어도 공유된 다양한 확장 기능을 활용할 수 있습니다. 지금부터 패키지 노드의 사용 방법과 관리에 대해 알아보겠습니다.

1. 패키지의 검색 및 다운로드

전세계에서 Dynamo를 사용하는 많은 사용자들이 자신이 만든 패키지를 공유하기 위해 업로드한 노드가 많습니다. 이들 노드를 유용하게 활용하기 위해 검색하여 다운로드하는 방법에 대해 알아보겠습니다. 사실 패키지 이름을 구체적으로 알지 않으면 원하는 기능의 노드가 어느 패키지에 있는지 알기 어렵습니다. 따라서 소개를 받거나 구글링을 통해 검색하는 방법밖에 없습니다. 그렇지 않으면 수 많은 패키지를 직접 확인해서 필요한 기능의 패키지를 설치해야 합니다.

여기에서는 앞에서 Part5에서 작성한 기둥과 벽체 예제에 위치를 지정하여 문을 배치하는 기능을 커스텀 노드를 이용하여 작성해보겠습니다.

(1) Dynamo 메뉴에서 '패키지(P) - 패키지 검색(S)'를 클릭합니다. 다음과 같이 검색 대화상자가 나타납니다. 검색창에 검색하고자 하는 키워드를 입력합니다. 예를 들어, 'spring'을 입력하면 이와 관련된 검색 결과가 나타납니다.

(2) 여기에서는 'spring nodes'를 다운로드하겠습니다. 다운로드 마크(아래쪽 화살표)를 클릭하면 다음과 같이 다운로드 확인 대화상자가 나타납니다.

(3) [확인]을 클릭하면 다운로드가 실행되고 다음과 같이 다운로드 완료 메시지가 표시됩니다.

(4) 라이브러리를 보면 'Add-ins' 하단에 'Springs'라는 카테고리가 작성된 것을 확인할 수 있습니다.

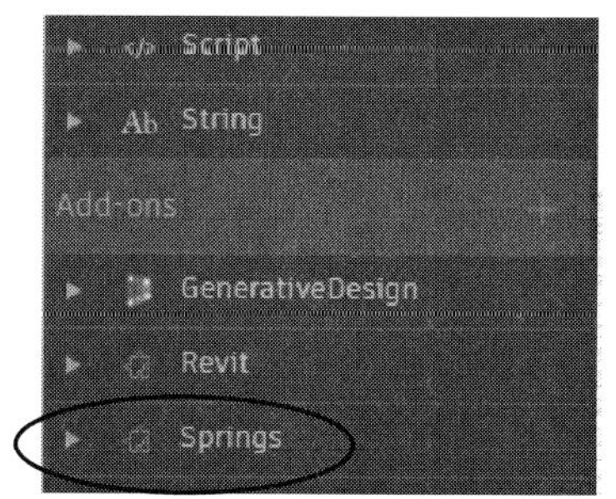

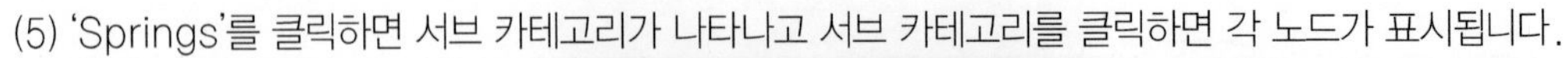

(5) 'Springs'를 클릭하면 서브 카테고리가 나타나고 서브 카테고리를 클릭하면 각 노드가 표시됩니다.

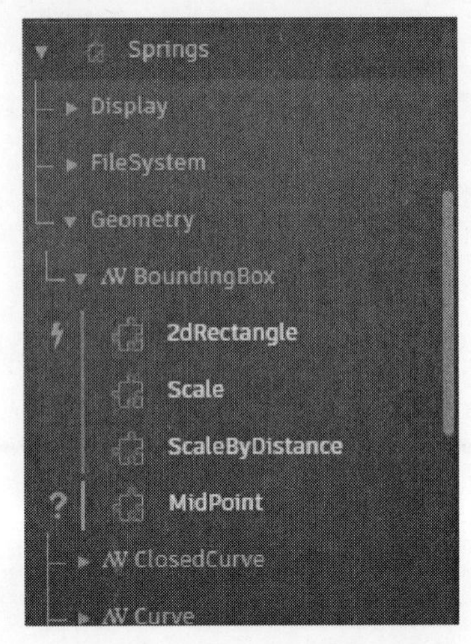

2. 패키지의 활용

이번에는 다운로드한 패키지의 커스텀 모드의 활용 방법에 대해 알아보겠습니다. 이번 예제는 Revit에서 문이나 창을 배치하는 방식대로 주어진 벽체에 문을 배치하는 예제입니다. Springs 라는 패키지를 설치하여 실행합니다. 노드의 사용 방법은 지금까지 사용한 노드의 활용 방법과 동일합니다.

(1) 먼저 사용할 패키지를 설치합니다. 검색창에서 'Springs'를 검색하여 설치합니다. 먼저 기존에 작성한 Dynamo 코드를 엽니다. Part5의 '02. 모델의 작성'에서 작성한 벽체 작성 코드를 엽니다. 다음과 같이 기둥과 바닥, 벽체가 작성된 코드가 열립니다.

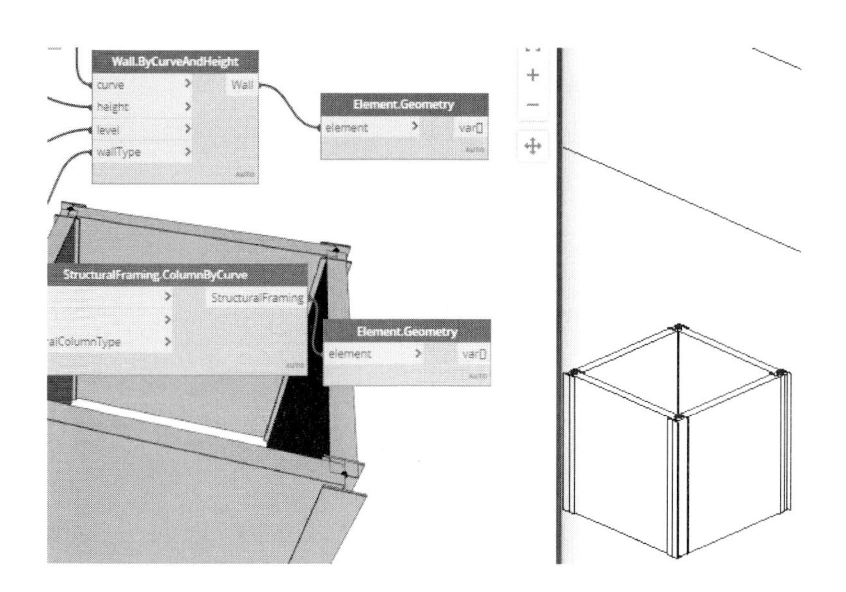

(2) 벽체에 문을 삽입하겠습니다. 검색창에서 'ByHost'를 검색하면 다음과 같이 커스텀 노드가 검색됩니다. ΛW FamilyInstance.ByHostAndPoint 노드를 배치합니다.

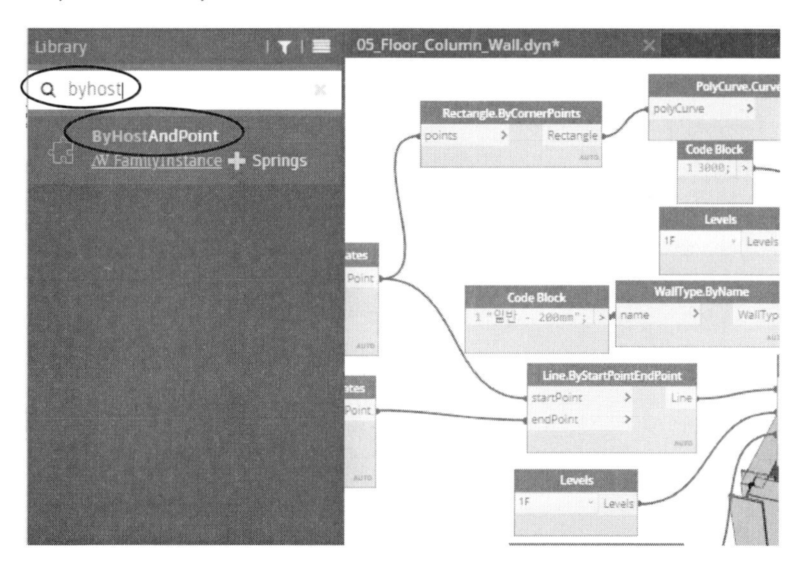

다음과 같은 노드가 배치됩니다. 입력 포트에는 host, type, point가 있습니다. host는 문을 배치할 벽체, type은 문의 유형, point는 문이 배치된 위치입니다.

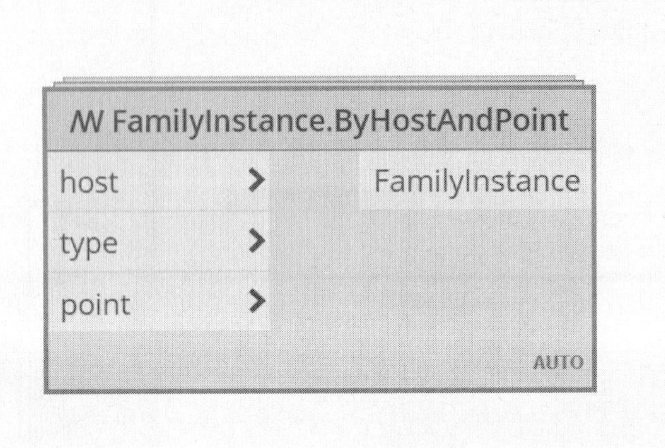

(3) 문의 위치를 지정하기 위해 Select Point on Face 노드를 배치하고 각 x, y, z값을 추출하여 Point.ByCoordinates에 연결하여 점을 지정합니다.

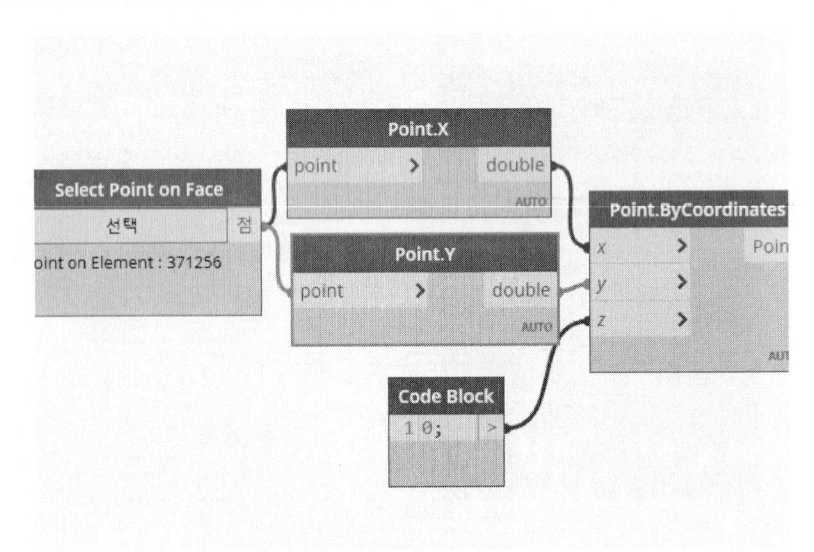

(4) ꟿ FamilyInstance.ByHostAndPoint 노드의 입력 포트에 연결합니다. 문의 유형은 Family Types 노드를 이용하여 지정합니다.

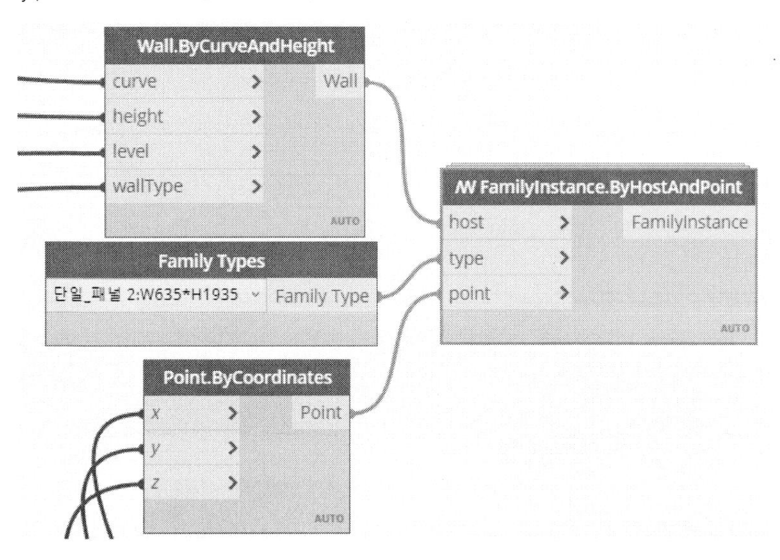

다음과 같이 벽체에 지정한 유형의 문이 배치됩니다.

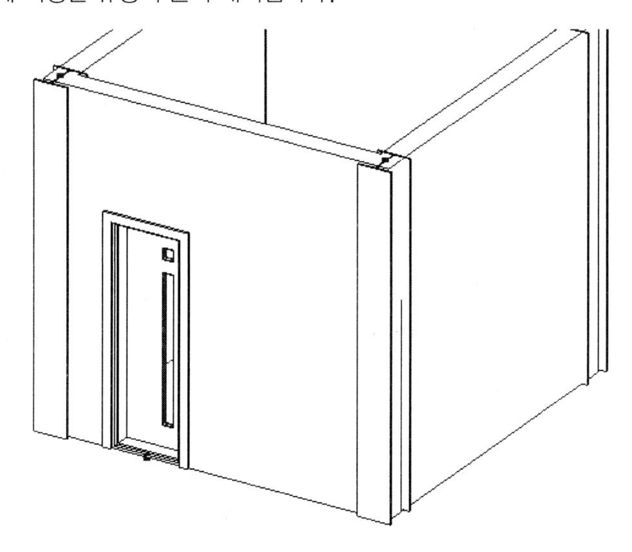

3. 패키지의 관리

패키지를 사용하다 보면 유용하게 활용할 것 같은 패키지가 많습니다. 그래서 일단 패키지를 다운로드해서 설치해놓는 경우가 많습니다. 그러나 실제는 한 번도 사용하지 않는 패키지도 있습니다. 이번에는 다운로드한 패키지의 관리 방법에 대해 알아보겠습니다.

(1) 메뉴의 '패키지(P) – 패키지 관리(M)'를 클릭합니다. 다음과 같이 설치된 패키지 대화상자가 나타납니다.

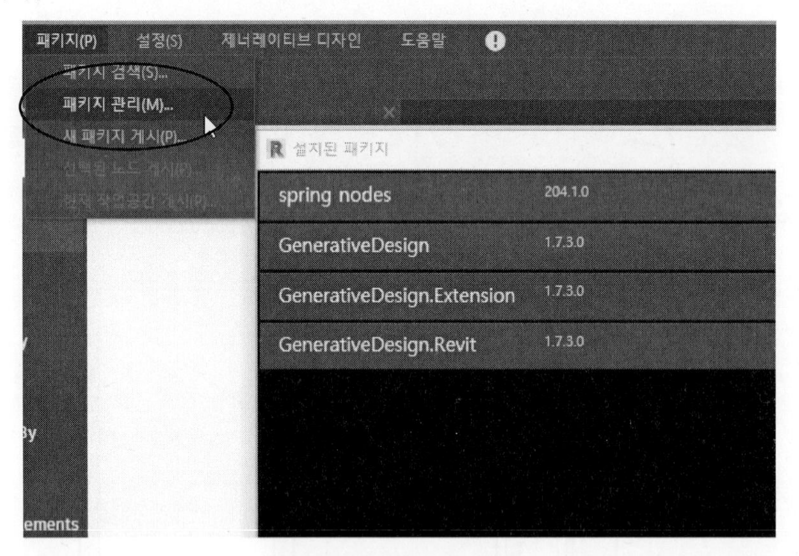

(2) **내용 표시** : 패키지 이름 끝에 표시된 목록 표시 아이콘(:)에 커서를 대고 오른쪽 버튼을 누르면 다음과 같이 바로가기 메뉴가 나타납니다.

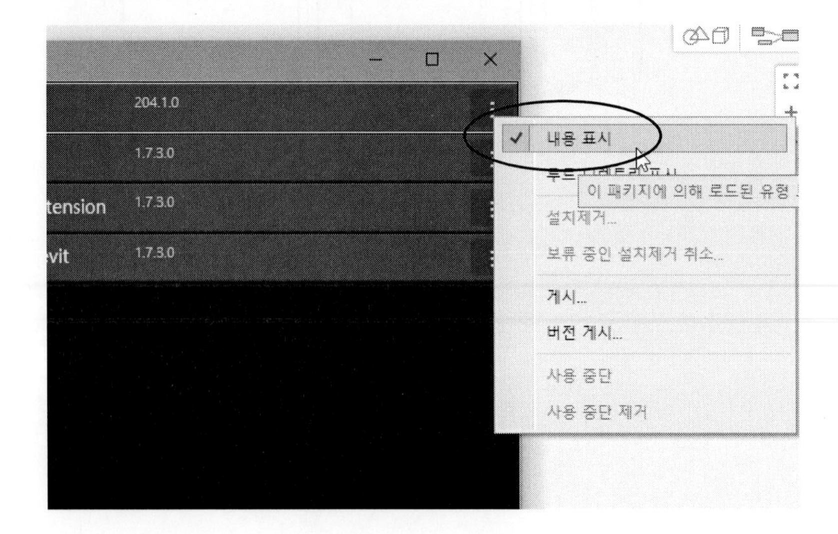

바로가기 메뉴에서 '내용 표시'를 클릭하면 다음과 같이 해당 패키지의 커스텀 노드 목록을 확인할 수 있습니다.

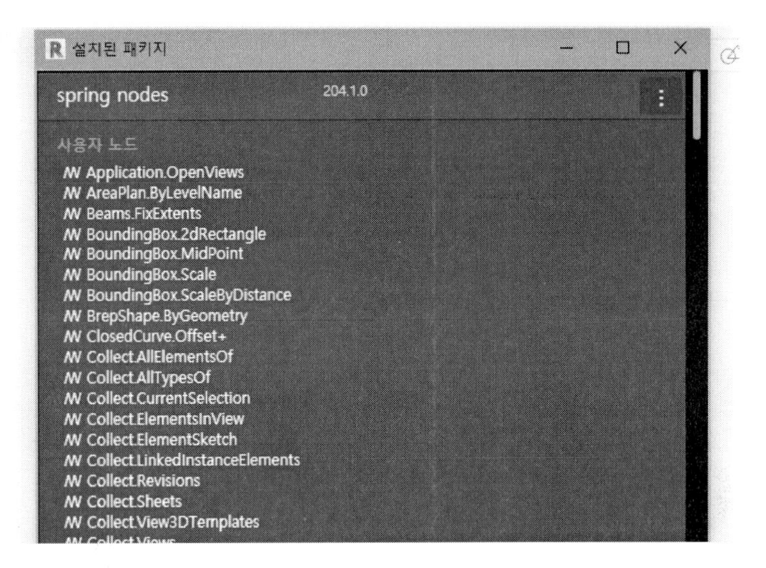

(3) **루트 디렉토리 표시** : 바로가기 메뉴에서 '루트 디렉토리 표시'를 클릭하면 파일 탐색기로 해당 패키지가 저장된 폴더를 보여줍니다.

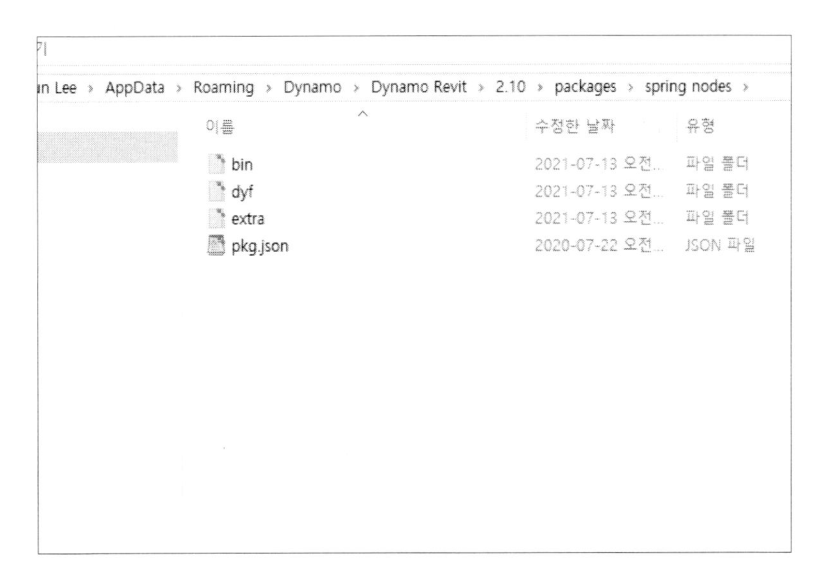

(4) **설치 제거** : 사용하지 않는 패키지가 있으면 바로가기 메뉴에서 '설치 제거'를 클릭하면 패키지를 제거합니다. 제거 하기 전에 정말 제거할 것인지 확인하거나 제거 후 응용 프로그램(Revit)을 다시 시작해야 적용된다는 메시지가 표시됩니다.

패키지에 따라 바로 제거를 묻는 창이 나타나기도 하고 응용 프로그램을 다시 시작해야 한다는 창이 나타나기도 합니다.

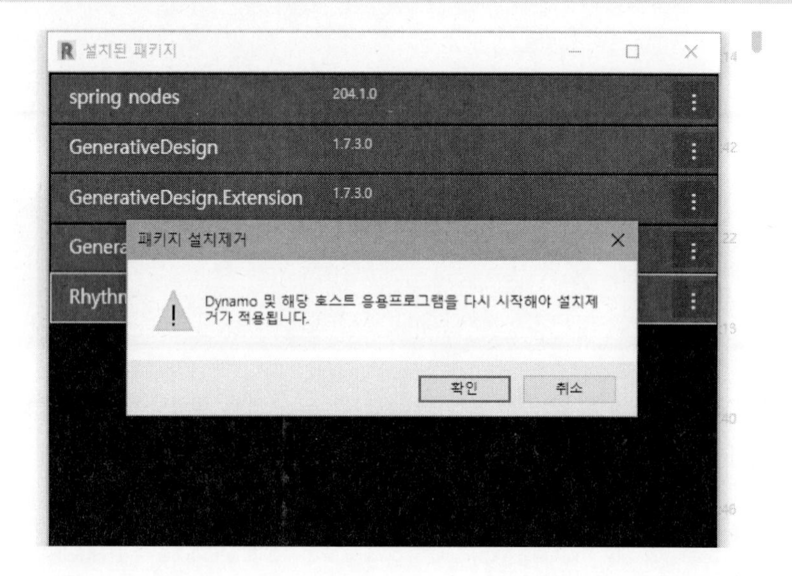

이때 [확인]을 클릭하면 즉시 제거되지 않고 해당 패키지에 빨간색으로 '보류 중인 설치 제거'라는 메시지가 나타납니다.

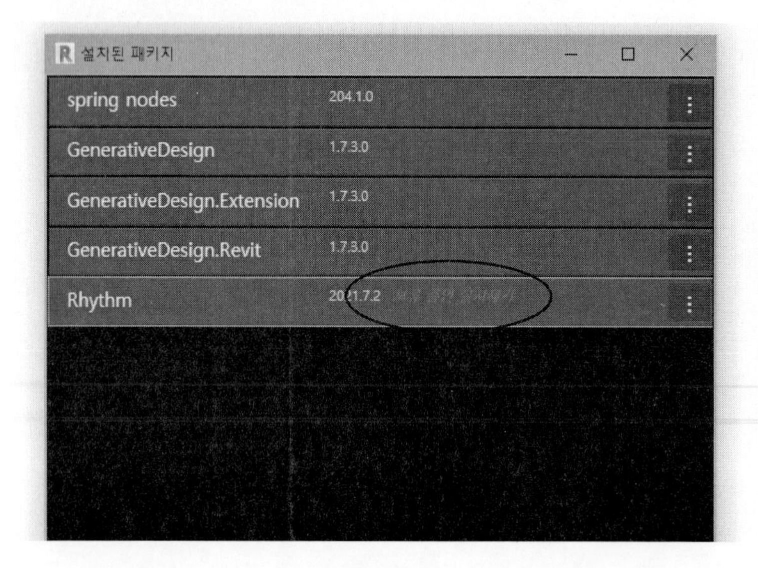

(5) **보류 중인 설치 제거 취소** : '보류 중인 설치 제거'패키지의 제거를 취소합니다. 즉, 설치 제거를 취소하여 설치된 상태로 되돌립니다. 해당 패키지의 '보류 중인 설치 제거'표시가 사라집니다.

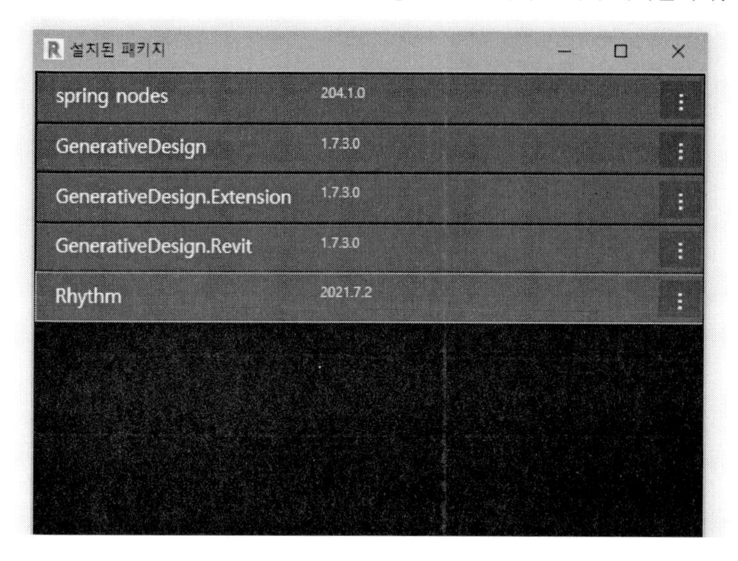

(6) **게시** : 자신이 만든 패키지를 다른 사람들과 공유하기 위해 게시(Publishing)합니다. 또는 메뉴에서 '패키지(P) – 새 패키지 게시(P)'를 클릭해도 동일한 기능을 수행합니다. 다음과 같이 약관 동의 창이 나타납니다. [동의함]을 클릭하면 패키지에 대한 내용을 기입하는 창이 나타납니다. 내용을 기입한 후 게시합니다.

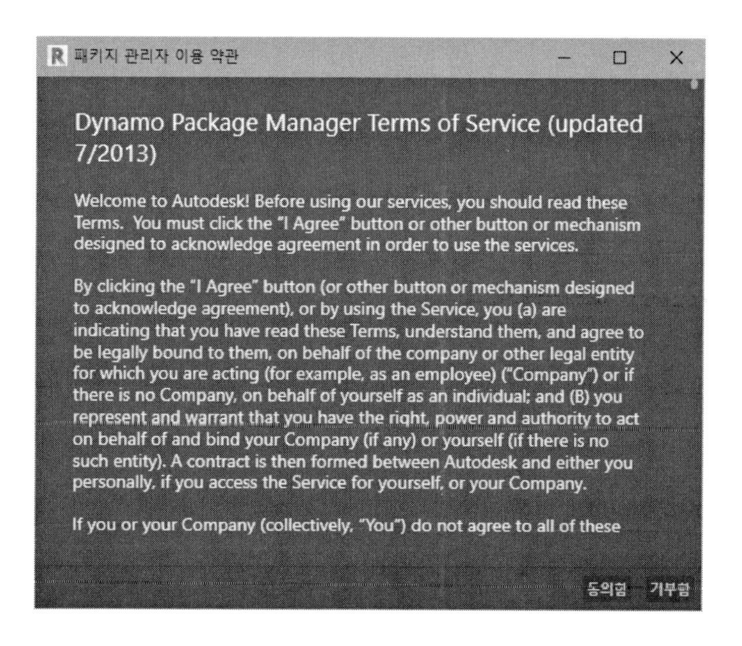

패키지 관리자 이용 약관

Dynamo Package Manager Terms of Service (updated 7/2013)

Welcome to Autodesk! Before using our services, you should read these Terms. You must click the "I Agree" button or other button or mechanism designed to acknowledge agreement in order to use the services.

By clicking the "I Agree" button (or other button or mechanism designed to acknowledge agreement), or by using the Service, you (a) are indicating that you have read these Terms, understand them, and agree to be legally bound to them, on behalf of the company or other legal entity for which you are acting (for example, as an employee) ("Company") or if there is no Company, on behalf of yourself as an individual; and (B) you represent and warrant that you have the right, power and authority to act on behalf of and bind your Company (if any) or yourself (if there is no such entity). A contract is then formed between Autodesk and either you personally, if you access the Service for yourself, or your Company.

If you or your Company (collectively, "You") do not agree to all of these

동의함 거부함

(7) **버전 게시** : 이미 게시한 패키지에 수정 또는 추가 사항이 발생할 경우 새로운 버전으로 다시 게시합니다.

(8) **사용 중단** : 해당 패키지를 사용하지 않는 패키지로 지정할 수 있습니다.

(9) **사용 중단 제거** : 사용하지 않는 패키지로 지정한 패키지를 해제하여 다시 사용합니다.

참고 : 패키지의 설치 및 사용

다양한 패키지를 효율적으로 활용하면 매우 유용합니다. 인터넷이나 다른 사람으로부터 추천받은 기능의 Dynamo를 설치했는데 에러가 발생하는 경우는 해당 코드에서 사용한 커스텀 노드가 설치되지 않았기 때문입니다. 이럴 때는 해당 노드의 패키지를 설치해야 합니다. 하지만 이런 저런 패키지를 모두 설치하면 라이브러리가 복잡하고 노드를 검색할 때 혼란스럽습니다. 그리고 설치한 패키지의 노드에 따라서는 에러가 발생하는 경우가 상당수 있습니다. 특정 패키지의 노드를 이용했는데 무한 루프로 빠져 강제로 종료해야 하는 경우도 발생합니다.

패키지의 문제로 인해 충돌이 발생할 수도 있습니다. 패키지로 인해 다음과 같은 메시지가 표시되기도 합니다. 따라서 패키지를 설치할 때는 충분히 검토하여 본인에게 꼭 필요한 패키지인지 확인한 후 설치하시기 바랍니다.

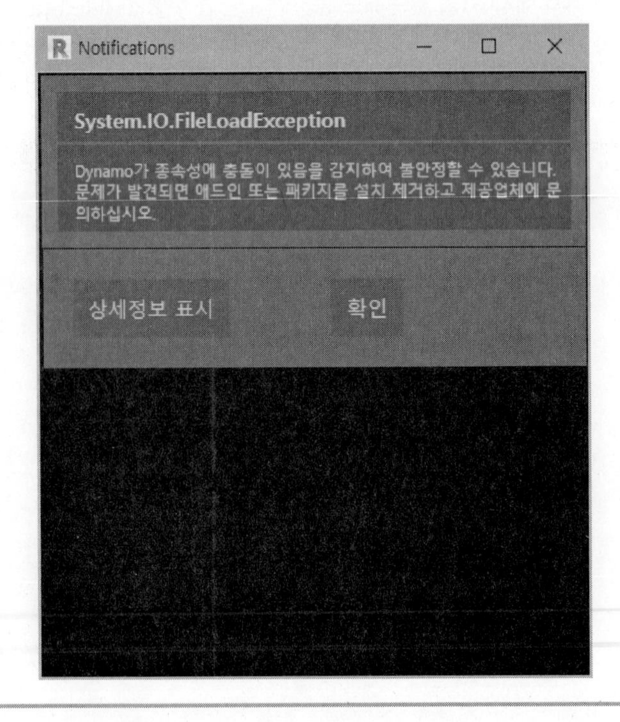

03_ 유용하게 활용되는 패키지

Dynamo Package Manager에는 수 많은 패키지가 있습니다. 여러분이 Dynamo를 공부하고 있는 사이에도 많은 수의 패키지가 올라오고 기존 패키지가 업데이트되고 있습니다. 그렇다고 모두 설치해서 사용할 수 없습니다. 이 패키지도 자신의 목적이나 스타일에 맞춰 설치해서 활용하는 것이 중요합니다. 이번에는 자주 사용하는 대표적인 패키지에 대해 특징에 대해 알아보겠습니다.

1. Dynamo 패키지 매니저의 통계

특정한 패키지에 대한 정보가 없을 때는 Dynamo Package Manager (https://dynamo-packages.com/) 메인 페이지의 통계 목록을 보고 많은 사람들이 설치하거나 활용하는 패키지를 설치할 것을 추천합니다. 다음은 Dynamo Package Manager 사이트 메인 화면입니다.

3345645	1631	986
INSTALLS	PACKAGES	AUTHORS

Packages

Newest		Most Recently Updated		Most Installed		Most Depended Upon	
test potato	3 days ago	Structural Design	16 hours ago	archi-lab.net	333911	archi-lab.net	124
20210728_Multiply test	3 days ago	Genius Loci	17 hours ago	LunchBox for Dynamo	289869	Clockwork for Dynamo 1.x	123
CustomNodeModel_1	4 days ago	test potato	3 days ago	spring nodes	208029	LunchBox for Dynamo	79
Custom1233	4 days ago	20210728_Multiply test	3 days ago	Rhythm	186068	spring nodes	68
Test_WPF_1	5 days ago	Infra.Studio	4 days ago	Clockwork for Dynamo 1.x	167623	Clockwork for Dynamo 2.x	62
Node Custom Larin	1 weeks ago	Synthesize toolkit	4 days ago	Clockwork for Dynamo 2.x	140737	Rhythm	60

메인 화면에 표시된 통계 목록을 보면 다음과 같습니다.

(1) **새로 게시된 패키지(Newest)** : 가장 최근에 게시된 패키지입니다. 어떤 커스텀 모드가 있는지 확인해 보는 것은 필요한데 설치를 추천하지는 않겠습니다. 유용한 노드도 많이 있겠지만 최신의 패키지라 검증되지 않은 노드도 많으리라 짐작됩니다.

(2) **가장 최근에 업데이트된 패키지(Most Recently Updated)** : 가장 최근에 업데이트된 목록이기 때문에 혹시 이전에 설치해서 사용하고 있는 패키지가 있다면 업데이트 하시기 바랍니다. 새로운 기능의 노드가 추가되었을 수도 있고 기존 노드의 에러를 수정했다거나 기능 향상이 되었을 수도 있습니다.

(3) **가장 많이 설치된 패키지(Most Installed)** : 패키지에 대한 별다른 정보가 없다면 추천하고자 하는 목록입니다. 많이 설치되었다는 것은 그만큼 유용하기 때문일 것입니다.

(4) **가장 많이 사용되는 패키지(Most Depended Upon)** : 가장 추천하고자 하는 패키지 목록입니다. 설치만 해놓고 사용하지 않는 패키지도 있을 수 있습니다. 이 목록은 가장 많이 사용(의존)하는 패키지이기 때문에 그만큼 유용한 기능의 노드가 많다는 점을 증명한다 할 수 있습니다.

(5) 통계는 아니지만 Dynamo Primer에서 추천하는 패키지 리스트(https://primer.dynamobim.org/ko/Appendix/A-3_packages.html)가 있습니다. 패키지 이름과 간단한 소개가 실려있습니다.

또 하나의 방법으로 패키지 검색 대화상자에서 '정렬 기준'을 클릭하여 목록에서 '다운로드'를 체크한 후 '오름차순'으로 표시하면 가장 많이 다운로드받은 패키지 순으로 나열됩니다. 필터링 기준으로 검색할 수 있는데 Revit, Civil3D, Alias, Advanced Steel, Formlt 등으로 필터링할 수 있습니다.

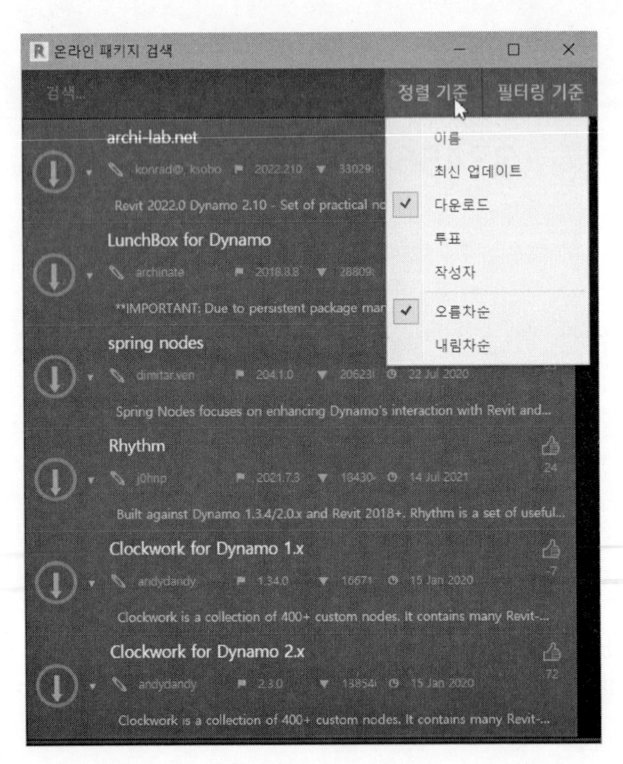

2. 주요 패키지의 특징

자주 사용되는 주요 패키지에 대해 알아보겠습니다.

(1) **아키랩-범블비(archilab_Bumblebee)** : archi-lab과 Bumblebee 패키지가 있는데 한 회사(archi+lab)에서 배포한 패키지입니다. 두 패키지를 설치하면 라이브러리에 archilab_Bumblebee 카테고리가 생성됩니다. archi-lab은 Revit과 연계한 커스텀 노드가 많은 패키지로 많은 사용자들이 이용하는 패키지입니다. 범블비(Bumblebee)는 엑셀과 관련된 유용한 커스텀 노드를 제공하는 패키지입니다. 엑셀 파일을 가져오고 내보내는 노드를 포함하여 시트나 데이터를 검색하고 작성하는데 유용한 커스텀 노드가 많이 있습니다.

(2) **스프링 노드(spring nodes)** : 12개의 서브 카테고리로 구성됩니다. Dynamo와 Revit의 상호작용과 관련된 노드를 많이 제공하고 있습니다. 문자를 지오메트릭 포인트로 변환하거나 지오메트릭 포인트를 문자로 변환하는 단순한 기능에서부터 간섭요소와 간섭 수를 추출하여 보고서를 작성하는 등 복잡한 기능까지 다양한 노드를 제공합니다.

(3) **클럭워크(Clockwork)** : 400여개 이상의 커스텀 노드를 제공하고 있는 패키지입니다. 목록 관리, 수학 연산, 문자열 연산, 기하학적 연산(경계 상자, 메쉬, 평면, 점, 표면, UV 및 벡터 등)과 같은 다양한 노드를 제공하고 있습니다.

(4) **리듬(Rhythm)** : 설치하면 8개의 서브 카테고리로 구성됩니다. Revit과 Dynamo를 연결하는 커스텀 노드를 많이 제공합니다. 별도의 Revit 서브 카테고리를 가지고 있으며 환경에서 바로 사용할 수 있는 노드가 많습니다. GenerativeDesign 서브 카테고리를 포함하여 Geometry, String, Number 등 다양한 노드를 제공하고 있습니다.

(5) **다이나웍스(DynaWorks)** : Dynamo를 이용하여 Navisworks를 컨트롤할 수 있습니다. Dynaworks의 커스텀 노드를 이용하면 Navisworks를 기동해 파일을 열고 Navisworks Manage의 간섭체크를 실행해 그 정보를 취득하고 Navisworks내의 특성 정보를 취득할 수 있습니다. Navisworks내의 뷰 정보를 취득할 수도 있습니다. 예를 들어, Navisworks의 간섭체크를 실행하여 그 정보를 취득해 간섭이 되는 벽을 Revit에서 빨간색으로 표시하고, 간섭체크의 크래쉬 이름을 기입할 수 있습니다.

(6) **큐알코더(QRCoder)** : 재미있는 패키지로 Dynamo에서 QR코드를 간단히 생성할 수 있습니다. QRCode 노드의 str입력 포트에 문자열을 정의하면 QR코드의 이미지가 생성됩니다. ECCLevel 입

력 포트의 설정은 QR코드의 오류를 정정하는 것으로 QR코드가 손상이 되더라도 데이터를 복원하는 레벨입니다. QR.ECCLevel 노드를 배치하면 드롭다운 리스트에서 레벨을 설정할 수 있습니다.

(7) **엠이피오버(MEPover)** : 설비(MEP)관련 커스텀 노드를 위한 패키지입니다. 선분을 케이블 트레이로 변환(CableTray.ByLines)하거나 선분을 덕트로 변환(DuctRound.ByLines)합니다. 배관이나 덕트의 커넥터를 가져오거나(MEP Connector Info+) 시스템 유형, 흐름의 방향, 크기 등 다양한 MEP 정보(MEP connector info)를 취득할 수 있습니다.

(8) **다이나모엠이피(DynamoMEP)** : 위치 및 레벨을 기반으로 한 MEP 스페이스를 작성하는 등 MEP관련 기능의 노드와 문이나 창을 기반으로 룸을 추출하는 노드 등 룸과 스페이스 관련 노드로 구성된 패키지입니다.

3. 패키지를 활용한 파이프 작성의 예

선분을 파이프(배관)로 바꾸는 예제를 이용하여 패키지의 사용에 대해 알아보겠습니다. 덕트나 파이프 즉, 기계 설비관련 패키지 중 MEPover을 설치하여 코딩하겠습니다. 선을 파이프로 바꾸는 노드는 Pipe.ByLines 노드입니다. 입력 포트는 선 정보, 파이프 유형, 시스템 유형, 레벨, 직경입니다.

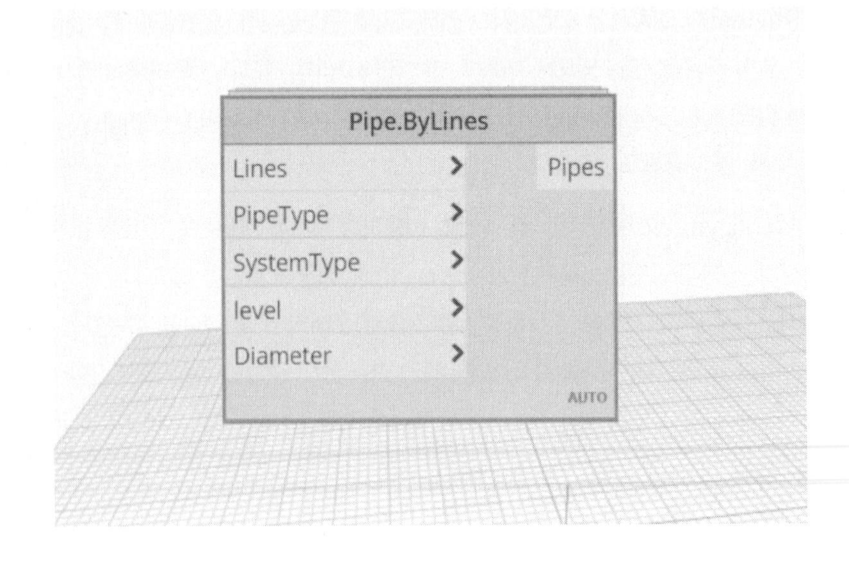

(1) 먼저 패키지를 로드합니다. 메뉴 '패키지' – '패키지 검색'을 누릅니다. 검색창에서 'ME-Pover'을 입력한 후 패키지를 설치합니다. 다음과 같이 패키지가 설치된 것을 확인할 수 있습니다.

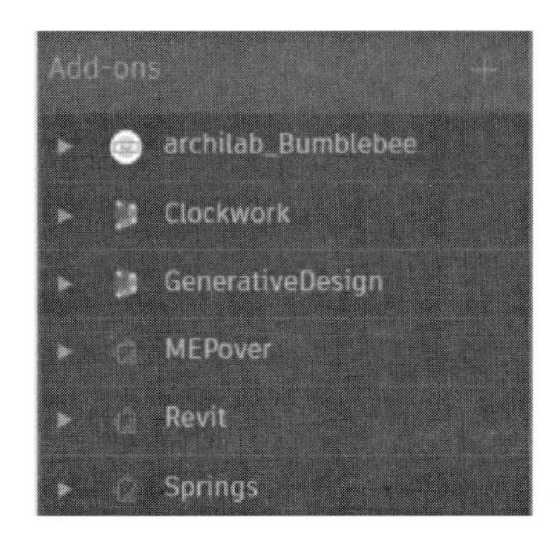

(2) 먼저 모델 선을 작성합니다. Select Model Elements 노드를 이용하여 요소를 선택합니다. List.RemoveIfNot노드를 이용하여 선 요소만 추출한 후 Element.Geometry 노드를 이용하여 지오메트리 정보를 추출합니다.

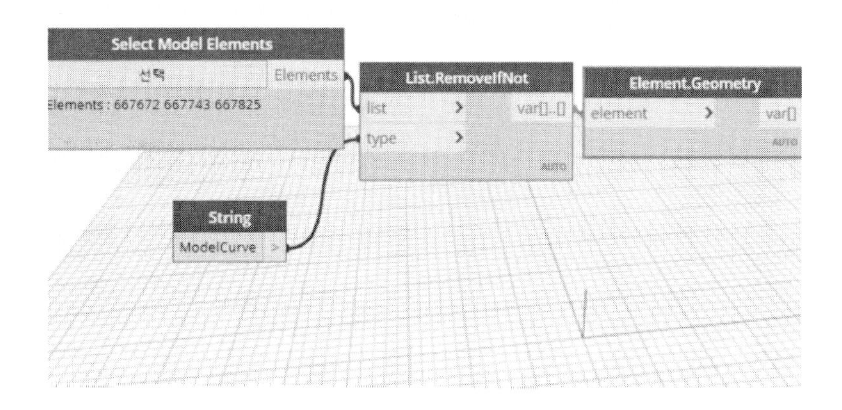

(3) Pipe.ByLines 노드에 연결할 파이프 유형(PipeType)을 추출합니다. Element Types 노드에서 'PipeType'을 지정하고, All Elements of Type 노드로 모든 파이프 유형을 추출한 후, List.GetItemAtIndex 노드를 이용하여 원하는 인덱스의 유형을 선택합니다.

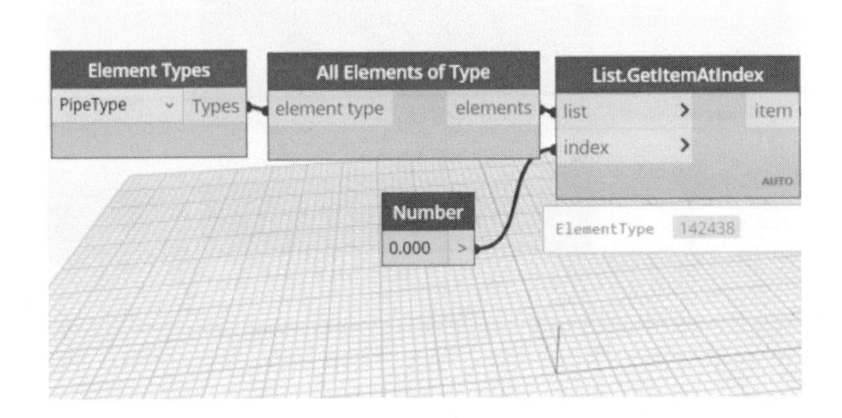

(4) 시스템 유형을 정의합니다. 유형은 'PipingSystemType'를 지정합니다. 앞의 파이프 유형에서와 동일한 노드와 절차를 이용하여 유형을 지정합니다.

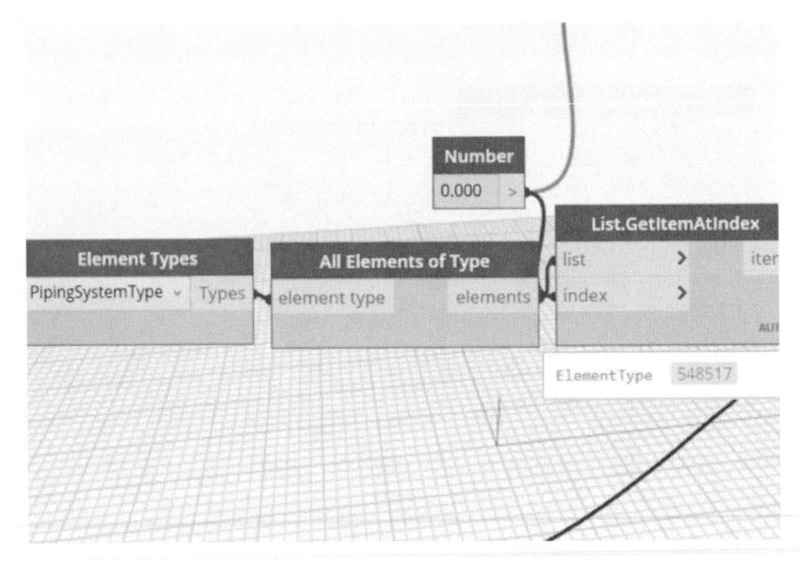

(5) Pipe.ByLines노드를 배치한 후 입력 포트에 각 노드를 연결합니다. Pipe.ByLines노드는 MEPover 패키지에 설치되는 노드입니다. 앞에서 추출한 선분은 List.Flatten 노드를 이용하여 1차원 배열로 만든 후 연결합니다. 레벨과 파이프의 직경을 정의합니다.

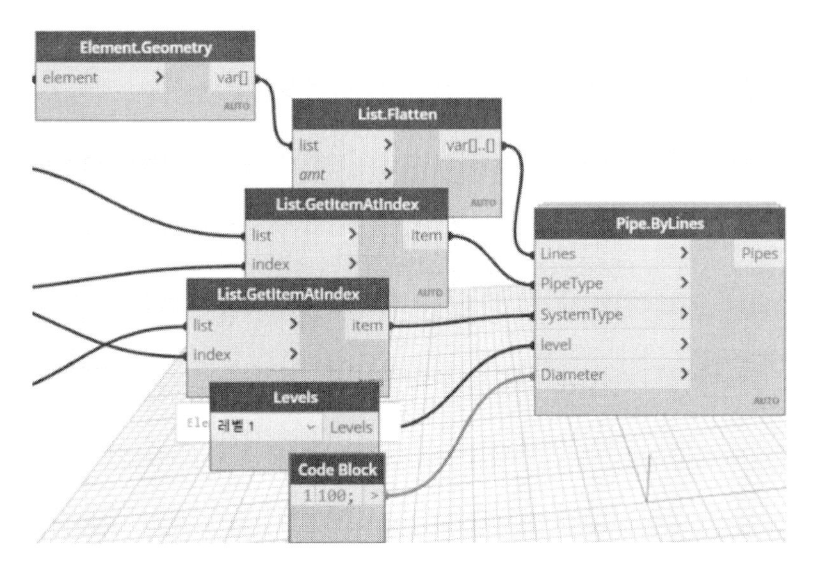

다음과 같이 선분이 지정된 조건의 파이프로 변환됩니다.

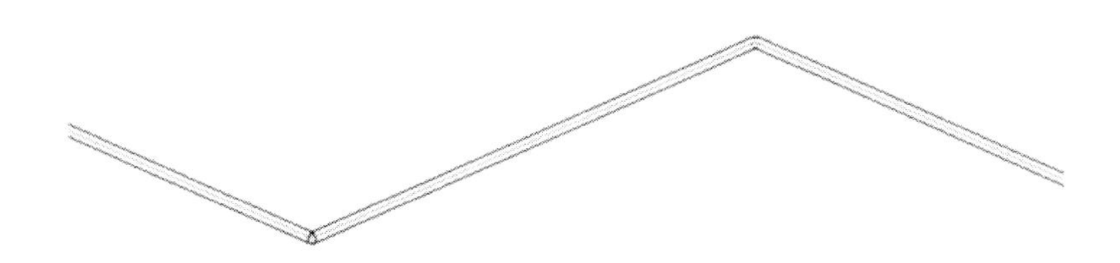

(6) 동일한 방법으로 각형 덕트도 변환해보도록 합니다. 덕트를 작성하는 노드는 DuctRectangular.ByLines입니다. 먼저 모델 선으로 선을 작성합니다.

(7) DuctRectangular.ByLines 노드를 배치한 후 각 입력 포트를 연결합니다. 방법은 파이프와 동일합니다.

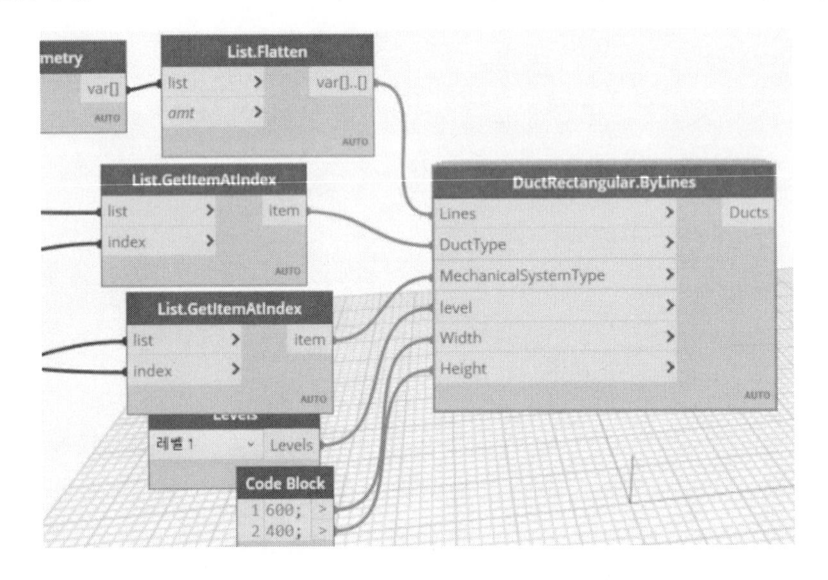

(8) 다음과 같이 덕트가 모델링됩니다. 단, 엘보와 같은 덕트 부속류는 삽입되지 않습니다.

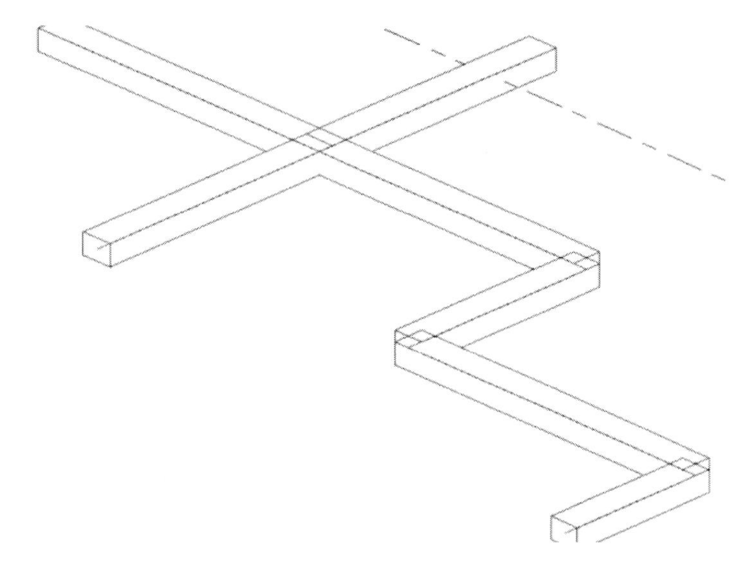

이와 같이 유용한 패키지를 이용하여 업무의 효율을 기할 수 있습니다. 이 패키지는 이 외에도 커넥터 정보를 얻거나 시스템을 추출하고 정의하는 기능을 제공합니다. 덕트와 파이프뿐 아니라 케이블 트레이, 전선관을 작성하고 편집할 수 있습니다.

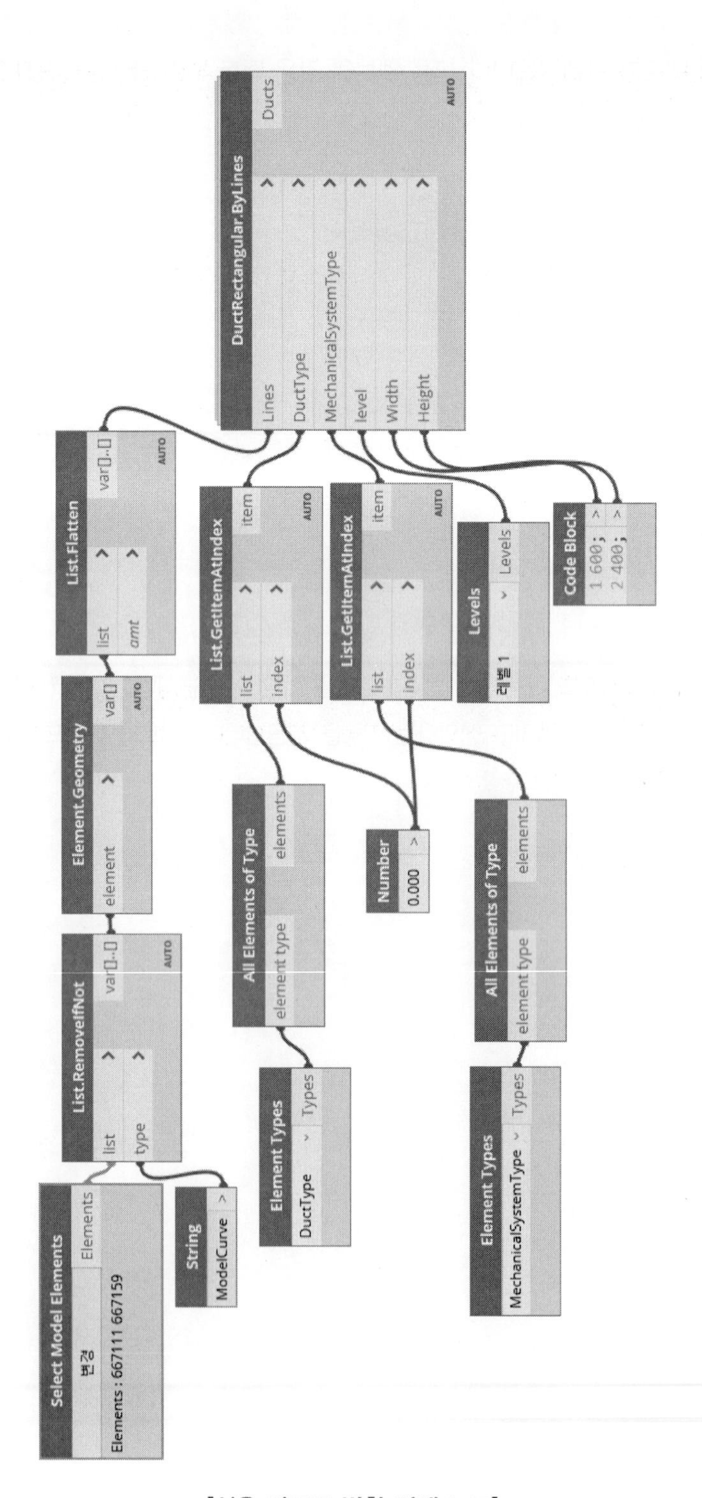

[선을 덕트로 변환 전체 노드]

04_ Dynamo 포럼의 활용

Dynamo 코딩 작업을 하다가 해결되지 않는 문제나 궁금한 사항이 있으면 Dynamo 포럼을 활용합니다. 한국어 사이트도 있고 영어 사이트도 있습니다. 한국어 사이트보다는 전세계의 많은 사람들이 이용하는 영어 사이트가 회신 속도나 양적인 면에서 월등합니다.

로그인을 하고 질문을 올리면 회신이 올라옵니다. 회신을 받고 해결을 하고 나면 반드시 해결되었다고 회신하는 것이 예의입니다. 또, 해결되지 않은 문제에 대해서는 얼마든지 다시 질문을 하면 됩니다.

다음은 영어 포럼 사이트(https://forum.dynamobim.com/)입니다. 여러 국가의 사람으로부터 다양한 의견이나 해법이 올라옵니다.

Dynamo Learn Explore Blog Forum Get Dynamo Resources Log In

Topic	Replies	Views	Activity
Level overlap error Revit dynamo	12	93	4h
How to determine bounding boxes of floor slabs (real geometry) with their x/y/z coordinates? (to be used in intersection rule) Revit dynamo, geometry	1	43	5h
Animation in dynamo python Developers dynamo, revit, python	2	66	5h
Can Use Dynamo SandBox with Fusion 360 FAQ dynamo, geometry	1	41	5h
All Elements of Category Packages	10	2.5k	7h
[New Feature Preview] Python 3 Support Issue Thread Request for Feedback	93	6.8k	12h
Polycurve point at chord length Geometry	16	3.7k	12h

다음은 한국어 포럼 사이트(http://www.bimguidebook.co.kr/forum/list.jsp)입니다.

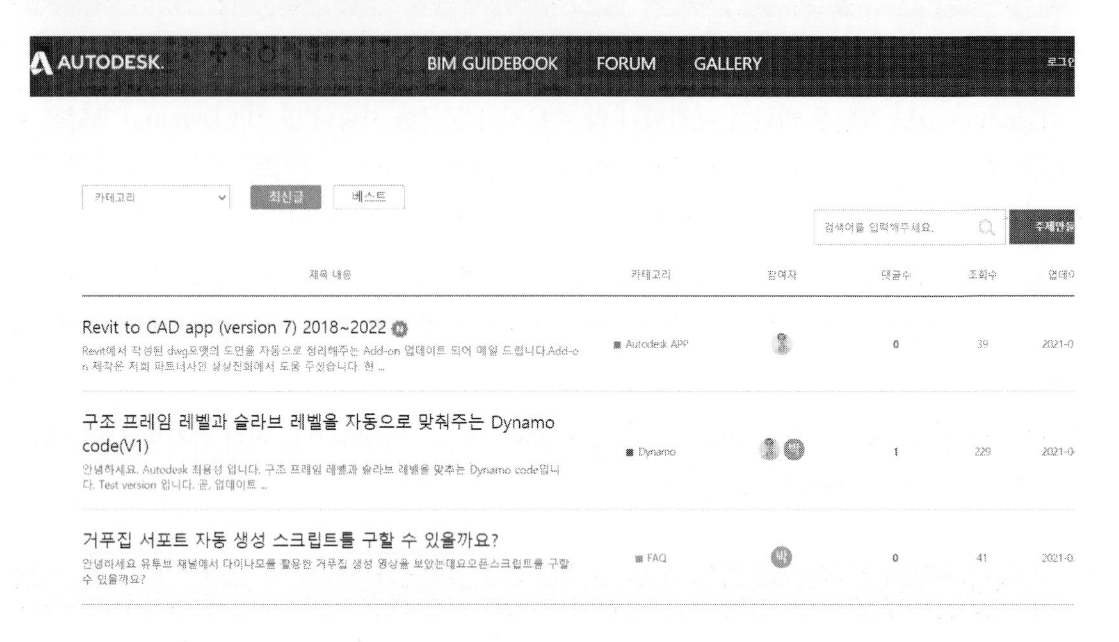

기초 단계부터 응용 코드를 개발하는 과정에서 매우 유용하게 활용할 수 있는 사이트이므로 반드시 활용하시기 바랍니다.

따라하며 익히는 설비 BIM

초판 발행 : 2022년 1월 5일

저　　자 : 이진천, 이주호

발 행 처 : 도서출판 뉴웨이브

주　　소 : 서울시 송파구 충민로 66 가든파이브 라이프리빙관 L-9092

전　　화 : 02-415-1653

I S B N : 979-11-88462-05-6

가　　격 : 32,000원